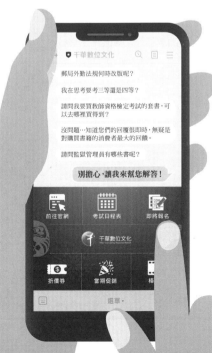

高齡金融規劃顧問師資格測驗

完整考試資訊
立即了解更多

■ **辦理依據**：因應金融監督管理委員會推動信託2.0計畫，為培訓能與高齡者對談、瞭解高齡者需求，進而建議高齡者合適的財產、安養規劃方向之專業服務人員，中華民國信託業商業同業公會特委託台灣金融研訓院辦理「高齡金融規劃顧問師」測驗。

■ **報名資格**：以下皆須具備

一、金融服務業及相關單位從業人員、高齡服務相關之專門職業及技術人員、長照服務人員。

二、參訓並完成信託公會認可之金融專業訓練機構辦理之「高齡金融規劃顧問師」專業課程(https://web.tabf.org.tw/page/1100317/default.htm)，應符合下列條件之一：

(一)參訓並完成信託公會認可之金融專業訓練機構辦理之「高齡金融規劃顧問師」系列1至系列9，共9系列72小時之訓練課程；

(二)具「信託業業務人員信託業務專業測驗」合格證明書者，視為已完成系列4與系列5之訓練課程，應參訓並完成信託公會認可之金融專業訓練機構辦理之「高齡金融規劃顧問師」系列1~3、系列6~9，共7系列56小時之訓練課程；

(三)同時具備「證券投資信託及顧問事業之業務員測驗」及「信託業業務人員信託法規乙科測驗」合格證明書者，視為已完成系列4與系列5之訓練課程，應參訓並完成信託公會認可之金融專業訓練機構辦理之「高齡金融規劃顧問師」系列1~3、系列6~9，共7系列56小時之訓練課程；

三、無違反職業道德之情形並簽署同意遵守顧問師之職業道德及執業準則聲明書。

■ **報名日期**：113 年9月27 日(五)10:00 至113年10月23日(三)17:00 止。

■ **報名費用**：新台幣 1,015 元整（或愛學習點數 101 點）。

■ 報名方式

一、個人報名：一律採個人網路報名方式辦理，恕不受理現場報名。

二、團體報名方式僅適用於同一機構 10 人(含)以上集體報名，團體報名機構先行統一建檔與繳款。

■ 測驗日期及考區

一、測驗日期：第7期113年11月16日。

二、考　　區：分為台北、台中、高雄、花蓮等四個考區。

■ 測驗科目、時間及內容

一、測驗科目、時間及題型

節次	時間	試題題數	測驗題型及方式
第一節	14：00～15：30	60題	測驗分兩節，不分科目，四選一單選題，採答案卡作答
第二節	16：00～17：30	60題	

二、測驗科目及內容：

(一)高齡者的基本認知　　(二)高齡者相關法規介紹

(三)民法相關規範　　(四)信託重要法規及信託相關課稅規定

(五)信託實務　　(六)高齡金融相關商品

(七)安養信託契約重要內容解析與高齡者金融應用延伸

(八)信託業發展高齡金融特色商品與趨勢

(九)高齡金融規劃案例研討

■ **合格標準**：本項測驗採分節不分科，每節以 100 為滿分，兩節成績平均達 70 分(含)以上為合格。

～以上資訊僅供參考，詳細內容請參閱招考簡章～

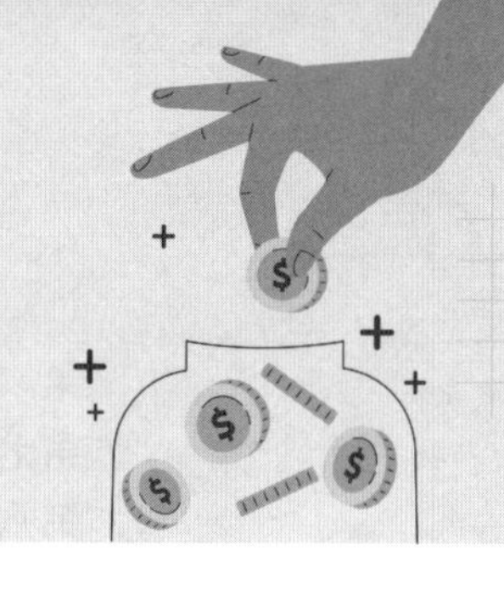

目次

第五章 高齡金融規劃案例研討

第六章 其他主題

第七章 歷屆考題詳解

本書特色

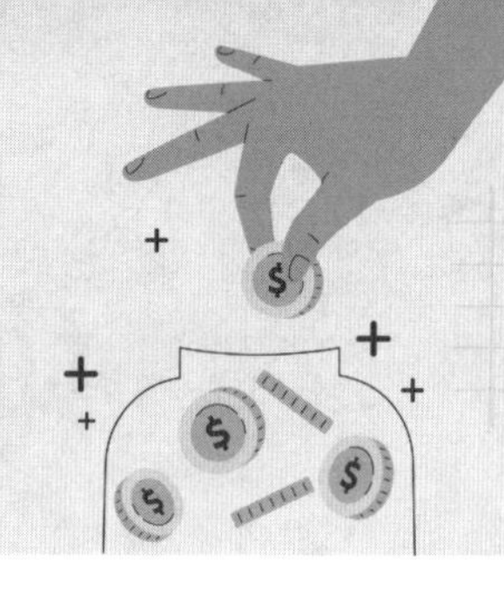

本書配合高齡金融規劃顧問師之考照基本內容，採逐題分析歷屆考題內容，統計出題重點，再以法令為基準，列點表示該法令之重點。為了使讀者能在短時間內抓住出題重心，本書各章：

1. 本證照內容涵括甚廣，到底納入哪些法令，並未明文規定，為使讀者能聚焦學習，本書一開始即**針對歷屆考題分析**，**統計法令落點及出題重心**，清楚各法出題方向。
2. 採**列點式簡要**表示法令重點條文內容。
3. 採**圖表式整理對照**，讓讀者更能統整記憶。
4. 各項主題均有**牛刀小試**題目，讓讀者能在閱讀內容時，開始理解出題方式及文字敘述方法。
5. 各章均提供**模擬試題**，讓讀者可以在該章閱讀完畢時，小試身手。
6. 針對**歷屆考題逐題詳解**，加強對於各法條印象及綜合運用。

如何一次考上本證照

從歷屆考題逐一分析，要能一次考上本證照，相較其他證照，讀者要能有多方涉略，非單一主題了解，十分考驗讀者對於各項法令及主管機關發布之規定熟悉程度，且要能對稅法有一定認識。

1. **必須對高齡者生理及心理基本知識有所了解**，讀者可以先理解「老化」、「高齡」之定義與生理及心理上的各項表徵。

2. 針對我國長照法令多加研究，尤其是**我國長照2.0歷年發展與對象**，另再針對長照機構之分類進行了解，尤其是**各種不同機構適合哪些對象**、**此些對象條件**。

3. 民法規範甚多，要**熟讀民法親第四篇親屬之第四章監護**、**第五篇繼承**，每個法條都很重要，是本證照最大考題重點，此與高齡者的特性有關，建議讀者可以**多研讀國家考試與民法有關出題**作為加強，並且要特別注意與**稅務主題**連動，任何規劃都與稅務有關，要能完全理解房屋稅、地價稅、土地增值稅、贈與稅、遺產稅之納稅義務人及贈與稅計算方式。

4. 此證照為「高齡金融規劃顧問師」，對於相關跟金融有關之法令必須特別注意，因此讀者必須針對**信託**、**保險**等多研究，不能僅限於與高齡者有關的投資工具，此證照也會針對**一般投資工具規定與運用**加以測試，再搭配高齡者特性延伸相關考題，例如「以房養老」、「遺囑信託」等特定主題。

5. 其他法令之考題本證照未深入，多為基本條文，讀者對於該法令之**立法目的**、**主管機關**、**對象及補助條件**等多加留意。

歷屆考題統計與分析

本書針對每一期考題之主題加以統計分析，內容即聚焦在此些重點主題簡要整理，幫助讀者能在短時間內複習與衝刺。

一、歷屆考題統計：以主題統計

主題	第1期	主題	第2期	主題	第3期	主題	第4期	主題	第5期	主題	第6期
民法	20	民法	17	民法	17	民法	19	民法	20	民法	20
信託	19	信託	24	信託	23	信託	24	信託	21	信託	26
高齡	17	高齡	13	高齡	13	高齡	10	高齡	8	高齡	6
安養信託	11	安養信託	17	安養信託	11	安養信託	6	安養信託	7	安養信託	6
長照	10	長照	9	長照	14	長照	18	長照	18	長照	19
信託業	7	信託業	5	信託業	5	信託業	3	信託業	1	信託業	7
所得稅	4	所得稅	1	所得稅	3	所得稅	4	所得稅	5	所得稅	3
贈與稅	3	贈與稅	4	贈與稅	3	贈與稅	2	贈與稅	5	贈與稅	3
智慧醫療	2										
遺產稅	2					遺產稅	4	遺產稅	4	遺產稅	3
投資型保險	2	投資型保險	2	投資型保險	1	投資型保險	1	投資型保險	1	投資型保險	1
土地增值稅及契稅	3	土地增值稅	1	土地增值稅及契稅	1			土地增值稅	1		
包租代管	1	包租代管	2								

(6) 歷屆考題統計與分析

主題	第1期	主題	第2期	主題	第3期	主題	第4期	主題	第5期	主題	第6期
病人自主權利法	1	病人自主權利法	4	病人自主權利法	1	病人自主權利法	1	病人自主權利法	2	病人自主權利法	2
以房養老	1	以房養老	2	以房養老	5	以房養老	3	以房養老	3	以房養老	4
退休準備平台	1	退休準備平台	1	退休準備平台	1						
重大疾病保險	1										
房地合一	1	房地合一	2	房地合一	2	房地合一	2	房地合一	1	房地合一	2
房屋稅與地價稅	1	保險	1	房屋稅	1						
年金保險	1	年金保險	2	年金保險	3			年金保險	1	年金保險	2
長期看護保險	1										
自用住宅優惠	1										
微型及小額終老保險	1	微型及小額終老保險	1	微型及小額終老保險	1	微型及小額終老保險	2			微型及小額終老保險	1
金融商品	1										
		老人福利法	2	老人福利法	1						
						不動產投資	1				
其他	8	其他	10	其他	14	其他	20	其他	22	其他	15
總計	120	總計	120	總計	120	總計	120	總計	120	總計	120

二、法令別統計：歷屆合計

法令	次數
民法	121
信託法	46
遺產及贈與稅法	19
老人福利法	14
金融消費者保護法	13
長期照顧服務法	12
病人自主權利法	12
土地稅法	9
信託業法	8
所得稅法	7
信託業建立非專業投資人商品適合度規章應遵循事項	6
老人安養信託契約參考範本	5
銀行業公平對待高齡客戶自律規範	5
信託業法施行細則	4
土地登記規則	3
金融服務業確保金融商品或服務適合金融消費者辦法	3
長期照顧服務申請及給付辦法	3
長期照顧保險單示範條款	3
信託業建立非專業投資人商品適合度規章	3
信託業辦理指定營運範圍或方法之單獨管理運用金錢信託業務應遵循事項	3
殯葬管理條例	3
中低收入老人特別照顧津貼發給辦法	2
中華民國信託業商業同業公會會員辦理公益信託實務準則	2

(8) 歷屆考題統計與分析

法令	次數
老人住宅管理要點	2
老人福利機構設立標準	2
身心障礙者安養信託契約（自益）範本	2
金融服務業提供金融商品或服務前説明契約重要內容及揭露風險辦法	2
長期照顧服務人員訓練認證繼續教育及登錄辦法	2
長期照顧服務機構設立標準	2
都市更新條例	2
新世代打擊詐欺策略行動綱領1.5版	2
人身保險商品審查應注意事項	1
不動產經紀業管理條例	1
不動產證券化條例	1
中央銀行104年6月9日台央外伍字	1
內政部89年5月3日台內中地字	1
內政業務公益信託許可及監督辦法	1
安寧緩和醫療條例	1
安養信託契約範本	1
住院醫療費用保險單示範條款（實支實付型）	1
私法人買受供住宅使用之房屋許可辦法	1
房地合一稅2.0	1
房屋稅	1
房屋稅條例	1
法務部90年9月11日法九十律字第029283號函	1

法令	次數
法務部95年9月25日法政字第0950028232號函	1
社會救助法	1
金管會金管銀票字第1110272235號	1
金管銀票字第10440004050號函	1
金融服務業公平待客原則	1
金融監督管理委員會組織法	1
信託公會老人安養信託契約參考範本	1
信託業辦理不指定營運範圍方法金錢信託運用準則	1
信託資金集合管理運用管理辦法	1
契稅條例	1
建築技術規則建築設計施工編	1
財北國稅審二字第1060001837號	1
財政部84年5月24日台財稅第841624289號函	1
財政部94年2月23日台財稅字第09404509000號函	1
強制執行法	1
長期照顧服務申請及給付辦法	1
電子支付機構管理條例	1
預售屋履約保證機制	1
遞延年金保險單示範條款	1
銀行經營信託或證券業務之營運範圍及風險管理準則	1
適合度規章	1
總計	357

三、歷屆考題分析

從歷屆考題中可以發現，每一屆均聚焦在以下主題：

(一) **高齡**：包括高齡化社會定義、各項老化名詞、比率定義及公式、高齡者身心狀況及應受到之照顧，包括住宅等法令規定。

(二) **長照**：需熟讀長照2.0內容，包括長照適用對象、分類及相關補助等。

(三) **民法、遺產及贈與稅法**：遺產及贈與規定，尤其是繼承、贈與部分最多，得多留意應繼分、特留分、遺產分配、遺囑種類、監護規定等，並與相關稅務課徵搭配，要會計算贈與稅金額。此為每屆出題最重的部分，讀者必須詳讀民法相關條文。

(四) **信託**：包括信託法、信託法施行細則、信託種類及內容、遺囑信託，必須細讀相關法令規定，尤其是委託人、受託人、受益人、信託監察人等定義及責任。

(五) **信託業**：注意信託業法、銀行從事信託業務之規定。

(六) **以房養老**：此主題有逐年加重出題趨勢，必須熟知以房養老規定，此為貸款，有何適用條件及目的。

(七) **稅**：需特別注意贈與稅、遺產稅、土地增值稅、房屋稅等之課徵與免課徵條件、誰是納稅義務人，另外要留心自用住宅優惠稅率之適用。

(八) **其他**：則須注意金融服務業公平待客原則（逐年增加出題數）、金融消費者保護法、預售屋履約擔保及自然保費與平準保費之差異。

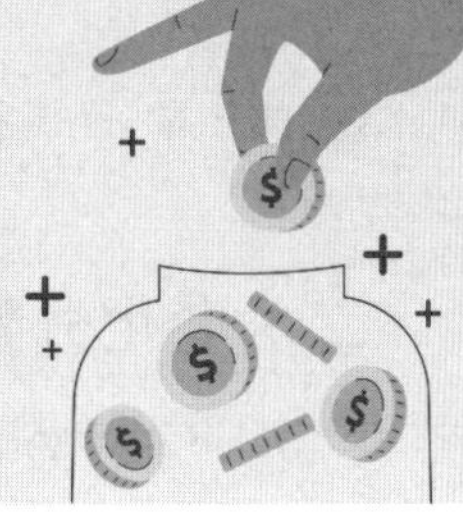

第一章　高齡者的基本認知

學習重點

高齡化社會定義、各項老化名詞、比率定義及公式、高齡者身心狀況及應受到之照顧，包括住宅等法令規定。

第一節　老化

一、老化定義

(一) **老化**

非單指衰退或疾病，是一種自然形成且必須的過程，此過程是漸進，亦是所有生命有機體對個人功能和外界反應時皆會產生的現象，同時影響著和社會環境的互動。

(二) **世界衛生組織（WHO）定義**

「以生物學角度而言，老化是各種分子和細胞損傷隨時間逐步積累的結果，將導致身心能力逐漸下降、患病以及最終死亡的風險日益增加。」[註1]

(三) **成功老化**

能做到延緩老化的過程，避免次級老化的發生，逃避慢性病的侵襲，具有活力與積極主動的精神，直到生命的極限。成功老化，並不是要逃避老化過程，而是要迎接老年。

(四) **活躍老化**

世界衛生組織於2002年開始推廣的概念，意指高齡者的健康、參與和安全達到最適化機會的過程，以便促進其生活品質，「活躍」代表的是持續地參與社會、經濟、文化、靈性與市民事務，不只是要有身體活動能力或還有勞動力參與。

關鍵重點

實施活躍老化政策可能帶來的影響：

1. 減少早逝。
2. 減少老年時因慢性病造成的失能。
3. 提高老年之生活品質。
4. 更多老人能在社會、經濟、文化與政治上的參與，更為活躍。
5. 降低醫療與照顧服務成本。

二、老化分類：四種分類[註2]

(一)人的老化隨著年齡增長產生「自然老化」，又稱「時序老化」。
(二)隨著年齡增加，各種生理器官功能開始衰退的「生物老化」或「生理老化」。
(三)面對社會壓力與逐漸衰老產生力不從心之「心理老化」。
(四)社會對老人的刻板印象、親友凋零，使得老人逐漸脫離社會活動產生之「社會老化」。

牛刀小試

(　　)　老人學家由4種不同層面來探討老化的過程。一般所說的肌少症係指下列何者？　(A)時序老化　(B)生理老化　(C)心理老化　(D)社會老化。　**【第3期】**

解答與解析

(B)。隨著年齡增加，各種生理器官功能開始衰退的「生物老化」或「生理老化」。故肌少症為生理老化。

三、老化階段

根據不同的老化情況可分為不同的老化階段，可分為基本老化、次級老化、三級老化。

老化階段	老化情況	說明
基本老化（初級老化）（常規老化）（常態老化）（時序老化）（正常老化）	1. 每個人都會發生。 2. 每一個個體的速率不一。	1. 與年齡、基因有關的改變，可為自己或他人所觀察得到。 2. 終生普遍而不可避免的現象。
次級老化	因生活經驗的結果交互作用，所帶來的器官或組織功能的衰退。	1. 包括疾病、不用、誤用、錯用和濫用等因素造成。 2. 例如：認為皺紋是正常老化的現象，或許因受到陽光照射而堆積太多的輻射線的緣故。

老化階段	老化情況	說明
三級老化	生命將近結束時(最末階段),在生理、社會、認知各層面功能所呈現的衰退現象。	1. 健康、認知、社會功能的顯著改變。 2. 對外界(人、事、物)興趣降低,躺在床上睡覺居多。

四、老化現象

外觀	內在
頭髮老化:白髮、毛髮稀疏、禿頭	神經系統損傷,大腦退化:例如阿茲海默症、帕金森氏症、中風等
皮膚老化:老人斑、皺紋、失去彈性	器官功能老化:臟器退化,產生慢性病 1. 視覺退化:常見老花眼、視力衰退 2. 聽覺神經萎縮:重聽、耳聾
骨骼肌肉老化:鈣質流失,容易骨折、骨刺	心智衰退:記憶力衰退,老人癡呆症

五、老化理論

(一) 程式論

1. 主張老化是自然現象,在人類的每個器官中,本來就潛伏著老化的因子,只要達到一定年齡,老化現象自然浮現。
2. 此種老化理論,包括:

理論	說明
免疫系統理論(自我免疫理論)	免疫系統會隨著年齡的增長而衰退,保護身體免於感染的能力降低,自我免疫功能喪失。
老化時鐘理論	老化具有程序性結構的變化,就像時鐘一樣有其週期性。
細胞分裂理論(細胞衰老理論)	主張老化是由於基因物質的耗盡,細胞分裂功能衰退所致。
長壽基因論	個體的基因會影響其衰老及壽命。

(二) 其他理論[註3]

其他常見老化理論包括：

理論	說明
耗損理論	主張個體日常生活會逐漸傷害生物的系統，而影響於組織或器官功能的發揮，因而造成老化。
撤離理論	1. 在邁入老年後，慢慢脫離社會關係和社會活動，老年人因身心之日漸衰竭，從現存的社會角色、人際關係及價值體系中的撤離。 2. 要成功地邁入老年角色，必須接受「老年生活是一種逐漸撤離的過程」的事實。
活動理論	個體要成功的老化必須維持某種程度的活動參與及角色的投入。
持續理論	1. 強調無論撤離理論或活動理論均不足以解釋老化過程，老人並非同質性團體，而是擁有不同人格特性的團體。 2. 人們一種追尋延續不變的傾向，在過去、現在與未來間保持一種延續性的的關係謂之持續理論，人們將以不同的模式發展個人特有的老年生活。
角色存在理論	1. 側重老人晚年生活與社會團體個人互動關係。 2. 老人雖因離開工作崗位喪失許多重要的社會關係所賦予的角色，但同時老年人也建立其他的新關係，特別是私人互動關係的增加。
發展理論	1. 強調人生發展由嬰兒時期、幼兒時期、遊戲時期、學校時期、青少年時期、青年時期、壯年時期到老年時期，有八個階段。 2. 每個階段都可能有積極或消極的發展，每個階段的適應均會經歷一個危機，產生生理與社會環境的變化、每個階段的反應都將影響到下一階段的情境，一旦危機渡過，自我更趨向成熟，建立穩定的認同。 3. 著重在社會壓力對老年生活調適的影響，成功老化受文化因素的制約，因此老年人應接受老化的事實，重組老年生活空間、建立社會關係網絡、個人價值和生活目標的重新整合。

牛刀小試

( ) **1** 老人學家由4種不同層面來探討老化的過程，而一般所說的年齡指的是？ (A)時序老化 (B)生理老化 (C)心理老化 (D)社會老化。 【第2期】

( ) **2** 有關「成功老化」之敘述，下列何者錯誤？ (A)成功老化的精神並不在於永保年輕，而是在於如何妥善的老化 (B)成功老化重視如何逆轉與對抗「時序老化」的過程 (C)成功老化強調要保持參與生活的心態，因為每一個人都是自己人生的主角 (D)成功老化提倡從現在跨出第一步，以正向的心態經營自己的老年生活。 【第3期】

解答與解析

1 (A)。(A) 人的老化隨著年齡增長產生「自然老化」，又稱「時序老化」。
(B) 隨著年齡增加，各種生理器官功能開始衰退的「生物老化」或「生理老化」。
(C) 面對社會壓力與逐漸衰老產生力不從心之「心理老化」。
(D) 社會對老人的刻板印象、親友凋零，使得老人逐漸脫離社會活動產生之「社會老化」。

2 (B)。成功老化包含生理、心理和社會三個層面，在生理方面維持良好的健康及獨立自主的生活；在心理方面適應良好，認知功能正常無憂鬱症狀；在社會方面維持良好的家庭及社會關係，讓身心靈保持最佳的狀態，進而享受老年的生活。簡單的說，就是身心健康，還能享受生活，因此並非重視如何逆轉與對抗「時序老化」的過程。

第二節 高齡定義及特徵

一、高齡定義

(一)中高齡者及高齡者就業促進法第3條

1. **中高齡者**：指年滿45歲至65歲之人。
2. **高齡者**：指逾65歲之人。

(二)老人福利法第2條

本法所稱老人，指年滿65歲以上之人。

關鍵重點

國際上將65歲以上人口占總人口比率達到7%、14%及20%，分別稱為高齡化社會、高齡社會及超高齡社會。

(三)就業服務法第2條

中高齡者：指年滿45歲至65歲之國民。

(四)三階段之人口類型定義

1. 幼年人口＝0～14歲人口。
2. 青壯年人口＝15～64歲人口。
3. 老年人口＝65歲以上人口。

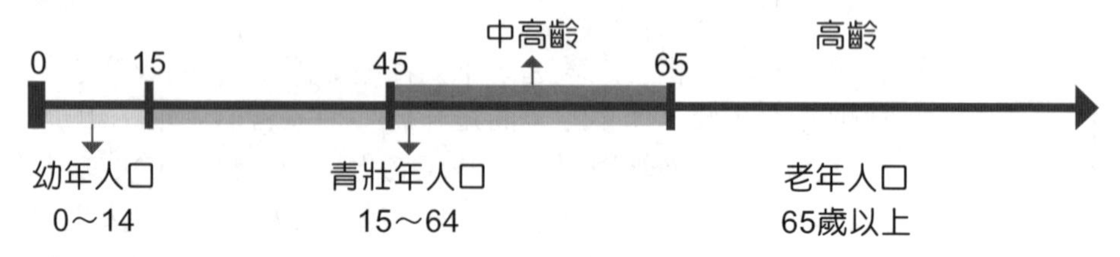

二、扶養指數

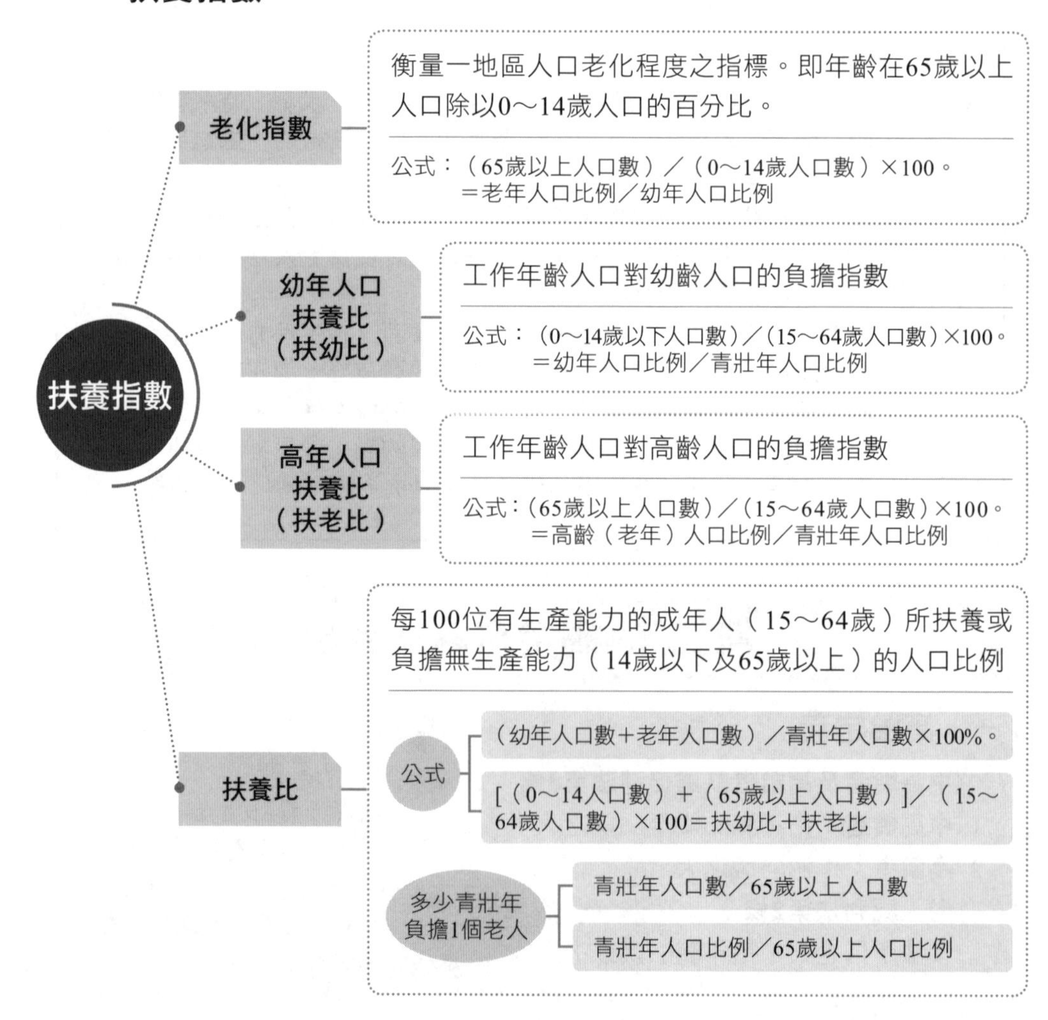

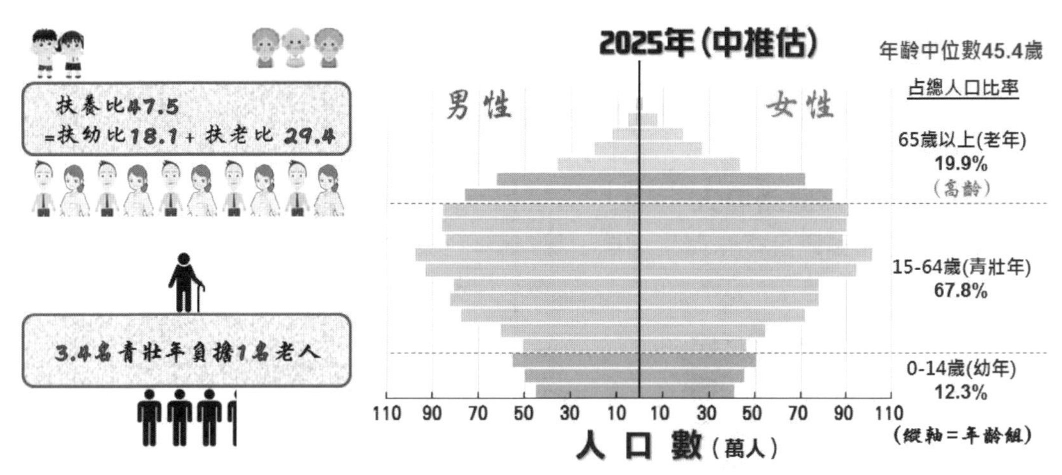

資料來源：國家發展委員會，每5年人口金字塔及扶養比動態圖，
https://www.ndc.gov.tw/cp.aspx?n=AAE231302C7BBFC9。

扶幼比＝12.3%／67.8%＝18.1；扶老比＝19.9%／67.8%＝29.4%。

青壯年比例67.8%／老年人口比例19.9%=3.4，3.4名青壯年負擔1名老人。[註4]

三、高齡者特徵

(一)一般高齡者的心理特徵

1. 社會互動的頻率隨著年齡的增加而減少。
2. 生理機能逐漸退縮，使其在日常生活上趨於孤立，導致人際疏離。
3. 自我概念、能力、價值、重要性的看法改變，變得過分關心自己，易患「慮病症」。
4. 因記憶力衰退、學習力變慢、智力退化產生認知改變。
5. 容易固執己見、以自我為中心，變得獨來獨往，我行我素。

(二)一般高齡者的生理特徵

外觀、感官、神經系統、呼吸系統、心血管系統、消化系統、泌尿生殖系統、肌肉骨骼系統、內分泌及免疫系統等老化。

四、亞健康

老人的健康狀態大致可以分為健康、亞健康（或輕度失能）與失智失能。

(一)亞健康定義

1. 人體處於一個健康與疾病之間的過渡時期，介於健康與疾病之間的狀態，又稱慢性疲勞症候群或「第三狀態」。

2. 身體心理上無明確患病的證據，就醫檢驗檢查也都無異常狀況，卻感到沒有精神或不太舒服的感覺。
3. 當處於亞健康時期，已是未來患病的警訊，且人體已具有疾病的危險因子。

健康老人
身體健康且行動與生活自如的高齡者。

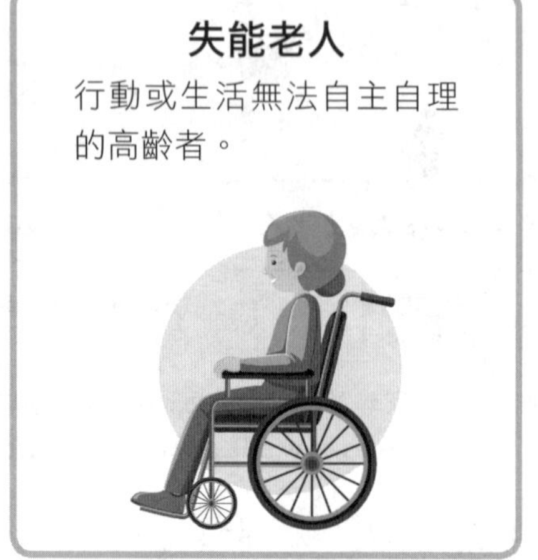
失能老人
行動或生活無法自主自理的高齡者。

(二) 如何將亞健康轉為健康

1. 克服不良生活習慣。
2. 加強身心健康，保持運動與活動。
3. 消除疲勞、提高體質，注意調整與休息。
4. 適當地選用保健品，注重飲食營養。

五、疾病三段五級

「三段」與「五級」分別為：

(一) **第一段預防**：第一級為健康促進、第二級為特殊保護。

(二) **第二段預防**：第三級為早期診斷（發現）、早期治療（疾病控制）。

(三) **第三段預防**：第四級為限制殘障（蔓延）、第五級為復健（恢復常態）。

因此，第一段是疾病前的預防，第二段是疾病發生時的早期預防，第三段則是疾病進入臨床期，探討的就是如何在疾病中預防疾病惡化。

牛刀小試

( ) 1 有關對高齡者的基本認識，下列敘述何者錯誤？ (A)健康老人是指身體健康且行動與生活自如的高齡者 (B)亞健康老人完全不需要他人協助 (C)失能老人是指行動或生活無法自主自理的高齡者 (D)與醫療院所、長照機構合作，提供高齡者相關服務。 【第1期】

( ) 2 我國預計2025年老年人口比將超過20%，依據WHO的定義，2025年我國的人口結構將轉型邁入為？ (A)高齡社會 (B)高齡化社會 (C)老老社會 (D)超高齡社會。 【第2期】

解答與解析

1 (B)。當處於亞健康時期，已是未來患病的警訊，且人體已具有疾病的危險因子，因此需有人照護及注意。

2 (D)。國際上將65歲以上人口占總人口比率達到7%、14%及20%，分別稱為高齡化社會、高齡社會及超高齡社會。

第三節 高齡者照護

一、高齡者的照護模式

可以分為居家照護、社區照護及機構照護等三種模式。

居家照護

由家人或看護、社工人員、護理人員或其他專業人員在高齡者家中提供照顧。

適合對象：「失業」之高齡者。

優點

1. 讓高齡者不需離家，能夠在較為熟悉的環境中獲得照顧，毋須脫離既有習慣之家庭環境。
2. 家人、配偶或是家中子女成為照顧者，亦能發揮就地取材之照顧人力。

社區照護

由社區提供照顧給社區中需要獲得照顧的人。

適合對象：老人、身心障礙者、精神病患者、學習障礙者等

照護的提供者：

1. 正式部分：由政府作為主要的照顧提供者。
2. 非正式部門：由家庭自行負起照顧的責任。

兩個層面：

1. 在社區照護：
   (1)運用法定資源，讓案主在家裡或社區為基礎的中心接受服務，並取代大規模之非人性的機構照顧。
   (2)動員社區內的資源，提供需要照顧高齡者的服務，例如：志願組織、非正式照顧者（朋友、鄰里及親屬）。
2. 由社區照護：照顧的責任主要來自於社區，而政府部門的服務僅有特殊的情境下才被使用，被視為最後照顧之手段。

機構照護

依據高齡者之身心狀況進行分級照顧，以醫護人員為主，提供其醫院式之照護模式。

適合對象：「失智」或「失能」之高齡者需要專人與專業照顧。

優點：可接受專業照顧。

缺點：

1. 照顧機構在失能與失智高齡者收容人數過多，造成在照顧上困難，亦造成環境擁擠之現象。
2. 高齡者需離家，脫離原有之家庭環境。
3. 價格較為昂貴，增加負擔。

二、養護照顧相關機構

(一)照護需求的程度從輕到重

養生村**、老人公寓、共居宅→安養機構（安養中心、養老院）→老人照顧中心（養護型）→老人養護中心（長期照顧型）或護理之家**

1. **養生村**：適合健康狀況佳、預算闊綽者。
2. **老人公寓**：適合能自理生活、60或65歲以上者（依各家規定），由各縣市社會局設立，屬於公辦民營機構，因此收費較為親民。各縣市的老人公寓入住條件略有不同，但以能自理生活、無精神疾病者為主，部分縣市提供中低收入戶、獨居長者和無自用住宅者優先入住。
3. **共居宅**：適合心態開放、不排斥與年輕人共住者。效仿國外高齡住宅精神，落實「世代共好」。
4. **安養中心**：適合照護需求高，但可以自行打理生活起居。
5. **養護中心**：65歲以上行動不便，無法自主生活但毋須專門看護服務的長者，都是老人養護機構服務的主要對象。
6. **老人養護中心（長期照顧型）／護理之家**：有慢性病且有長期需要護理者。

(二)護理之家、養護機構、安養機構之差異[註5]

類別	護理之家	老人長期照顧中心（長期照顧型）	老人長期照顧中心（養護型）	安養機構
服務對象與內容	1. 慢性病等需長期護理的患者。 2. 出院後需要護理的患者。 3. 目前台灣的護理之家主要有兩種型態： (1) 醫院附設的護理之家。 (2) 獨立型態的護理之家。	1. 有慢性病且有長期醫療服務需求的長者。 2. 與護理之家不同之處是設立之負責人非護理人員。	1. 無法自主生活，但不需要專門看護服務的長者。 2. 收容有意識但需要協助生活行為的長者。 * 現在也有養護中心會提供場所讓長者做復健活動及休閒康樂。	1. 欲自費入住的長者。 2. 有長照必要的獨居長者。 3. 無重大疾病，生活可自理的長者。 4. 提供基本保健服務、運動休閒空間，及醫護通報的環境，但無法行使醫療行為。

類別	護理之家	老人長期照顧中心（長期照顧型）	老人長期照顧中心（養護型）	安養機構
基本人員配置	1. 每15床至少應有1位護理人員。 2. 24小時均應有護理人員值班。	1. 每15床至少應有1位護理人員。 2. 24小時均應有護理人員值班。	1. 隨時保持至少1位護理人員值班。 2. 每20位長者應配置1位護理人員。	隨時保持至少1位護理人員值班。
限制條件	可服務至插3管的患者，沒使用或只使用1-2管也可服務。 *3管指的是鼻胃管、導尿管、氣切管	可服務至插3管的患者，沒使用或只使用1-2管也可服務。 *3管指的是鼻胃管、導尿管、氣切管	無法服務至插3管的患者，可服務至插2管的患者，沒使用或只使用1管也可服務。	可生活自理，無插管且沒失智的長輩。
機構類型	護理機構	老人福利機構	老人福利機構	老人福利機構
主管單位	衛生主管機關	社會福利主管機關	社會福利主管機關	社會福利主管機關
屬性	公立、私立 (財團法人、獨立型態)	公立、私立 (財團法人、小型)	公立、私立 (財團法人、小型)	公立、私立 (財團法人、小型)

牛刀小試

( ) **1** 我國國人想申請入住到住宿式長照服務機構時，依本人的身心功能，由健康、亞健康到有長期照顧需求的狀態，國人可以選擇的正確順序，依序排列為下列何者？ 甲、護理之家；乙、養護中心；丙、安養中心；丁、養生村 (A)丁→丙→乙→甲 (B)乙→甲→丙→丁 (C)甲→乙→丙→丁 (D)丙→丁→甲→乙。 【第1期】

( ) **2** 早發性失智的王先生，生活尚能自理，最不適合的照護方式為下列何者？ (A)失智據點 (B)護理之家 (C)團體家屋 (D)日照中心。 【第3期】

解答與解析

1 (A)。養生村、老人公寓、共居宅（適合健康狀況佳）→安養機構（安養中心、養老院）→老人照顧中心（養護型）→老人養護中心（長期照顧型）或護理之家。

2 (B)。護理之家主要是提供患有重大疾病和慢性病，而無法自理生活的人，因此不適合王先生。

(三) **長期照顧服務機構設立標準**

1. **依據法源**：依長期照顧服務法第24條第1項及第30條第2項規定訂定。

2. **業務負責人**：

(1) **人數**：1人，專任。

(2) **認證證明資格**：依長期照顧服務法第18條第4項所定辦法之規定，持有在有效期間內之認證證明文件。

長期照顧服務法第18條第4項：長照人員之資格、訓練、認證、繼續教育課程內容與積分之認定、證明效期及其更新等有關事項之辦法，由中央主管機關定之。

(3) **於不影響本職工作情形下，經長照機構負責人同意後，得兼任**：

A. 教學、研究工作。

B. 非營利法人或團體之無償職務。

3. **各類長照機構業務負責人之資格**：

(1) **居家式服務類**：下列資格之一

A. 師級以上醫事人員、社會工作師：具有2年以上長照服務相關工作經驗。

B. 護理師或護士：

(A) 護理師：具2年以上臨床護理相關工作經驗。

(B) 護士：具4年以上臨床護理相關工作經驗。

C. 專科以上學校醫事人員相關科、系、所畢業，或社會工作、公共衛生、醫務管理、老人照顧或長期照顧相關科、系、所、學位學程畢業：具3年以上長照服務相關工作經驗。

D. 專科以上學校，前款以外科、系、所、學位學程畢業，領有照顧服務員技術士證者：具4年以上長照服務相關工作經驗。

E. 高級中等學校護理、老人照顧相關科、組畢業：具5年以上長照服務相關工作經驗。

F. 照顧服務員技術士：具7年以上專任照顧服務員相關工作經驗。

(2) **社區式服務類（無家庭托顧服務）**：同「居家式服務類」。

(3) **社區式服務類（有家庭托顧服務）**：同「居家式服務類」＋具**500小時**以上照顧服務經驗。

(4) **機構住宿式服務類**：下列資格之一

A. 師級以上醫事人員、社會工作師：具有2年以上長照服務相關工作經驗。

B. 護理師或護士：

(A) 護理師：具2年以上臨床護理相關工作經驗。

(B) 護士：具4年以上臨床護理相關工作經驗。

C. 專科以上學校醫事人員相關科、系、所畢業，或社會工作、公共衛生、醫務管理、長期照顧、老人照顧或教育相關科、系、所、學位學程畢業：具**3年以上機構住宿式服務類長照機構**相關工作經驗。

D. 專科以上學校，前款以外科、系、所、學位學程畢業，領有照顧服務員技術士證者：具**4年以上機構住宿式服務類長照機構**相關工作經驗。

E. 高級中等學校護理、老人照顧相關科、組畢業，或高級中等學校畢業領有照顧服務員技術士證者：具**5年以上住宿式長照機構**相關工作經驗。

(5) **綜合式服務類**：下列資格之一

A. 合併提供**居家式服務類**及**社區式服務類**者，其業務負責人資格，依**社區式服務類**規定。

B. 合併提供服務內容包括**機構住宿式服務類**者，其業務負責人資格，依**機構住宿式服務類**規定。

4. 不得擔任業務負責人之規定：有下列情事之一者

(1) 有施打毒品、暴力犯罪、性騷擾、性侵害行為，經緩起訴處分或有罪判決確定。

(2) 曾犯詐欺、背信、侵占罪或貪污治罪條例之罪，經判處有期徒刑一年以上之刑確定。但受緩刑宣告或易科罰金執行完畢者，不在此限。

(3) 有遺棄、身心虐待、歧視、傷害、違法限制長照服務使用者人身自由或其他侵害權益之行為，經查證屬實。

(4) 行為違法或不當，其情節影響長照服務使用者權益重大，經查證屬實。
現職工作人員於任職長照機構期間有上列各款情事之一者，長照機構應依勞動基準法或勞動契約之規定，停止其職務、調職、資遣、退休或終止勞動契約。

5. 社區式及住宿式長照機構，每聘滿社會工作人員4人者，應有1人以上領有**社會工作師證書及執業執照**。
6. 住宿式長照機構，或綜合式長照機構設有機構住宿式服務者，其設立規模，以200人為限。但經中央主管機關專案同意者，不在此限。

牛刀小試

(　　) **1** 有關長期照顧服務機構設立標準所規定之長照機構負責人，下列敘述何者錯誤？ (A)家庭托顧業務負責人，應具五百小時以上照顧服務經驗 (B)長期照顧服務機構應設置符合長期照顧服務人員資格之業務負責人一人，綜理長照業務，除本標準另有規定外，應為專任 (C)綜合式服務類長照機構業務負責人，合併提供居家式服務類及社區式服務類者，其業務負責人資格，應符合機構住宿式業務負責人資格 (D)居家式或住宿式長照機構提供醫事照護服務，其業務負責人之資格應同時具備醫事人員資格。【第2期】

(　　) **2** 下列敘述何者錯誤？ (A)老人福利機構的主管機關是社會及家庭署 (B)精神護理之家的主管機關是護理及健康照護司 (C)身心障礙福利機構的主管機關是社會及家庭署 (D)住宿式服務之長期照顧服務機構的主管機關是長期照顧司。【第3期】

解答與解析

1 (C)。合併提供居家式服務類及社區式服務類者，其業務負責人資格，依社區式服務類規定。

2 (B)。精神護理之家的主管機關是心理健康司。

模擬試題

( ) **1** 每百個工作年齡人口（15至64歲）所需負擔依賴人口（14歲以下及65歲以上）的比例稱之為：
(A)扶養比 (B)扶老比
(C)依賴比 (D)負擔比。 【初等考試】

( ) **2** 台灣老齡人口數自1990年以來快速增加，1993年達到總人口數7.1%的「高齡化社會」，於2009年老齡人口數已占總人口的10.6%，以下有關人口高齡化相關指數定義，何者錯誤？
(A)扶養比係指0～14歲人口與65歲以上人口總和除以15～64歲人口之比率
(B)扶老比係指65歲以上人口除以0～14歲人口之比率
(C)扶幼比係指0～14歲人口除以15～64歲人口之比率
(D)人口自然增加率係指出生人數減去死亡人數除以年中人口數之比率。 【社會工作師專技高考】

( ) **3** 下列有關影響老年人記憶及認知的敘述何者錯誤？
(A)健康狀態會影響老年人記憶
(B)社交活動比較活躍的老年人記憶較好
(C)要多加強老年人生活情境的變化，刺激老年人腦部運用
(D)老年人行動不便，為了安全限制其活動範圍及時間不會影響老年人的記憶及認知。

( ) **4** 有關銀髮族生涯規劃需要注意的事項，何者有誤？
(A)做好生活方式的調配
(B)理財投資趨向保守穩健
(C)未免碰觸禁忌，後事計畫交由子孫規劃
(D)量力而為。

( ) **5** 下列有關敘述何者錯誤？
(A)老年人的壓力反應較多係以行為問題的方式出現，而非身體症狀的方式
(B)老年人的正面思考是成功老化的重要關鍵
(C)老年人擁有豐富的自我控制技能，有助於採用正面思考與問題解決，進而減少負面情緒的反應
(D)老年人若罹患憂鬱症，其自殺的危險性較一般年輕人高。

( ) **6** 下列有關不同銀髮族類型特徵的敘述，何者有誤？
(A)重組型的老人生命力豐富，充滿幹勁
(B)固守型的老人自我防禦性強，盡量不改變自己的生活型態
(C)解組型老人最容易適應社會生活
(D)冷漠型老人活動量較低，對生活要求不高。

( ) **7** 下列何項運動有助於促進老年人健康？
(A)耐力運動 (B)肌力運動
(C)平衡運動 (D)以上皆是。

( ) **8** 有關老化對壓力反應的影響，下列敘述何者有誤？
(A)老人新腎上腺素增加，所以警覺狀態與敏捷度降低
(B)老年人因為腦幹多巴胺（Dopamine）減少，所以老年人說話較慢
(C)老人血清激壓素減少，所以會減少唾液分泌而口乾、甚至引發憂鬱症
(D)老人膽鹼激素減少，所以影響老年人的記憶能力。

( ) **9** 有關老人的睡眠問題，下列敘述何項有誤？
(A)相較於其他年齡，老年人有較高比例的睡眠障礙
(B)老年人的睡眠能力與年齡增長沒有太大的關係
(C)老年人的睡眠問題主要改變是躺床時間多，深度睡眠比例下降
(D)正常老化會減少NREM的量及減少深睡期睡眠，淺層睡眠期增加，以及第一次REM出現的時間也會減少，這些睡眠結構的變化，讓老年人容易夜晚淺眠頻繁中斷醒來，容易出現驚醒。

( ) **10** 銀髮族生活規劃的需求必須考量：
(A)生理健康 (B)心理需求
(C)生理健康及心理需求 (D)社會需求。

( ) **11** 隨著年齡增加，各種生理器官功能開始衰退是屬於 (A)時序老化 (B)生物老化 (C)心理老化 (D)社會老化。

( ) **12** 下列何者非為一般高齡者的心理特徵？
(A)社會互動的頻率隨著年齡的增加而減少
(B)生理機能逐漸退縮，使其在日常生活上趨於孤立，導致人際疏離
(C)因記憶力衰退、學習力變慢、智力退化產生認知改變
(D)隨著年齡增長，心智成熟，會變得容易接受他人意見，常會與群體一起活動。

( ) **13** 以下哪一個不屬於亞健康狀態？
(A)人體處於一個健康與疾病之間的過渡時期，介於健康與疾病之間的狀態，又稱慢性疲勞症候群或「第三狀態」
(B)身體心理上無明確患病的證據，就醫檢驗檢查也都無異常狀況，卻感到沒有精神或不太舒服的感覺
(C)身體呈現無法行走或失智，必須依賴他人處理日常事務
(D)當處於亞健康時期，已是未來患病的警訊，且人體已具有疾病的危險因子。

( ) **14** 容易導致壓瘡的情境，下列何者不正確？
(A)長時間臥床不動 (B)皮膚衛生不良
(C)營養不良 (D)床鋪太平整。

( ) **15** 老年人易得骨質疏鬆症的原因有： a.肌力不足；b.鈣質攝取不夠；c.缺乏運動；d.賀爾蒙改變，下列何者組合正確？ (A)abc (B)bcd (C)acd (D)abd。

( ) **16** 老人福利機構設立標準規定，所稱私立小型老人安養、養護機構，是指收容人數未滿多少人？ (A)30人 (B)45人 (C)50人 (D)20人。

( ) **17** 辦理申請敬老福利生活津貼的單位是哪一單位？ (A)勞保局 (B)縣市政府社會局 (C)內政部 (D)戶籍所在地的鄉、鎮、市、區公所。

( ) **18** 下例哪一項不是目前台灣長期照護服務的模式？ (A)社區照護 (B)機構照護 (C)居家照護 (D)私人管家。

( ) **19** 居家照護是指哪一種照護服務模式？
(A)由家人或看護、社工人員、護理人員或其他專業人員在高齡者家中提供照顧
(B)由社區提供照顧給社區中需要獲得照顧的人
(C)依據高齡者之身心狀況進行分級照顧，以醫護人員為主，提供其醫院式之照護模式
(D)由政府蓋房子出租給民眾、或者是由政府承租民間的空屋轉租給民眾的住宅，高齡者可以居住。

( ) **20** 選擇長期機構時，最主要第一優先應注意哪一個部分？
(A)機構環境是否整潔 (B)機構是否有足夠的護理人員
(C)機構是否為合法立案成立 (D)機構是否有無障礙空間。

解答與解析

1 (A)。扶養比＝（14歲以下人口＋65歲以上人口）／15～64歲人口×100%，又稱依賴人口指數，係指每百個工作年齡人口（15至64歲人口）所需負擔依賴人口（即14歲以下幼年人口及65歲以上老年人口）之比，比率越高，表示有生產力者負擔較重，比率越低，表示有生產力者負擔較輕。

2 (B)。扶老比＝（65歲以上人口）／（15～64歲人口）×100

3 (D)。限制老年人活動及時間，會降低老年人記憶及認知能力。

4 (C)。應事先規劃後事計畫。

5 (A)。(A)老年人的壓力反應較多係以身體症狀的方式出現。

6 (C)。解組型老人：生活沒有一定目標，心理運作功能有所缺陷，情緒常常失控，生活能力最為惡化，適應不良。

7 (D)。各方面的適度運動均有助於促進老人健康。

8 (A)。(A)老人新腎上腺素減少，所以警覺狀態與敏捷度降低。

9 (B)。隨著年齡增長，人們睡眠模式往往發生變化，比如難以入睡、時常清醒，因此老年人的睡眠能力與年齡增加有關係。

10 (C)。需同時考慮生理健康及心理需求。

11 (B)。

(A) 人的老化隨著年齡增長產生「自然老化」，又稱「時序老化」。

(B) 隨著年齡增加，各種生理器官功能開始衰退的「生物老化」或「生理老化」。

(C) 面對社會壓力與逐漸衰老產生力不從心之「心理老化」。

(D) 社會對老人的刻板印象、親友凋零，使得老人逐漸脱離社會活動產生之「社會老化」。

12 (D)。一般高齡者容易固執己見、以自我為中心，變得獨來獨往，我行我素。

13 (C)。當身體呈現無法行走或失智，必須依賴他人處理日常事務時，已為失智失能狀態。

14 (D)。避免壓瘡要保持床單及衣服乾淨、乾燥、平整、無皺摺。

15 (B)。肌力不足為所謂的肌少症，為一種持續且全身骨骼肌數量、質量及功能減少的症狀。因此a非答案。

16 (C)。老人福利機構設立標準第7條，小型設立長期照顧機構或安養機構，其設立規模，以49人為限。

17 (D)。敬老福利生活津貼須向戶籍所在地鄉（鎮、市、區）公所申請。

18 (D)。私人管家為個人意願，非目前台灣長照服務模式。

19 (A)。(B)社區照護。(C)機構照護。(D)社會住宅概念。

20 (C)。無論機構外在環境多好，合法立案為第一且必備條件。

本章註解

[註1] 鄭光廷，健康老化-定義、全球人口老化，https://today.line.me/tw/v2/article/YrO0JW。

[註2] 大智活智齡研究群，老人福祉研究專欄-成功老化，http://ewpg.insight.ntu.edu.tw/12-3276920154311193104930740313502356027396-25104211513276921270.html

[註3] 2~5整理自李瑞金，活力老化--銀髮族的社會參與，99年12月，社區發展季刊132期。

[註4] 資料來源：國家發展委員會，每5年人口金字塔及扶養比動態圖，https://www.ndc.gov.tw/cp.aspx?n=AAE231302C7BBFC9。

[註5] 社團法人育成社會福利基金會，護理之家、養護機構、安養機構差異在哪裡？一張圖表告訴你，https://ycswf.org.tw/%E8%AD%B7%E7%90%86%E4%B9%8B%E5%AE%B6%E3%80%81%E9%A4%8A%E8%AD%B7%E6%A9%9F%E6%A7%8B%E3%80%81%E5%AE%89%E9%A4%8A%E6%A9%9F%E6%A7%8B%E5%B7%AE%E7%95%B0%E5%9C%A8%E5%93%AA%E8%A3%A1%EF%BC%9F%E4%B8%80%E5%BC%B5/

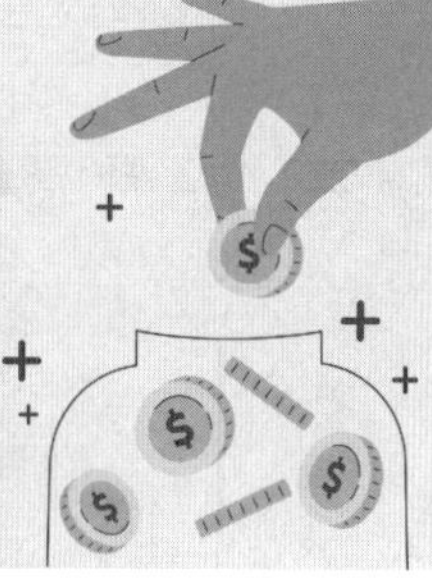

第二章　高齡者相關法規介紹及民法相關規範

學習重點

長照2.0內容，包括長照適用對象、分類及相關補助等、遺產及贈與規定，尤其是繼承部分，得多留意應繼分、特留分、遺產分配、遺囑種類等，並與相關稅務課徵搭配。

第一節　我國建構友善高齡環境之措施概要

建構友善高齡環境之措施共6項

- 減輕身心失能者家庭的負擔
  - 修正《所得稅法》，申報綜合所得稅，不論聘用看護、使用長照機構或在家照顧，皆可適用每人每年12萬元的「長照特別扣除額」
  - 提供「住宿式服務機構使用者補助方案」，入住本方案規定之機構滿90天以上，並符合條件者，每人每年最高可領取6萬元補助。
  - 符合失能等級者，只要外籍家庭看護工休假，即可申請喘息服務。
- 提升住宿式服務機構品質
  - 推動「住宿式服務機構品質提升卓越計畫」，針對公私立機構給予每床1至2萬元的獎勵。
  - 110年共有1,402家公私立住宿式機構參與，通過查核1, 291家，獎勵7萬2,790床。
- 推動高齡友善健康照護機構
  - 推動「高齡友善健康照護機構」認證。
  - 至112年共有1,173家（醫院、衛生所、診所、長照機構）獲得認證，提供長者更優質的高齡友善服務。

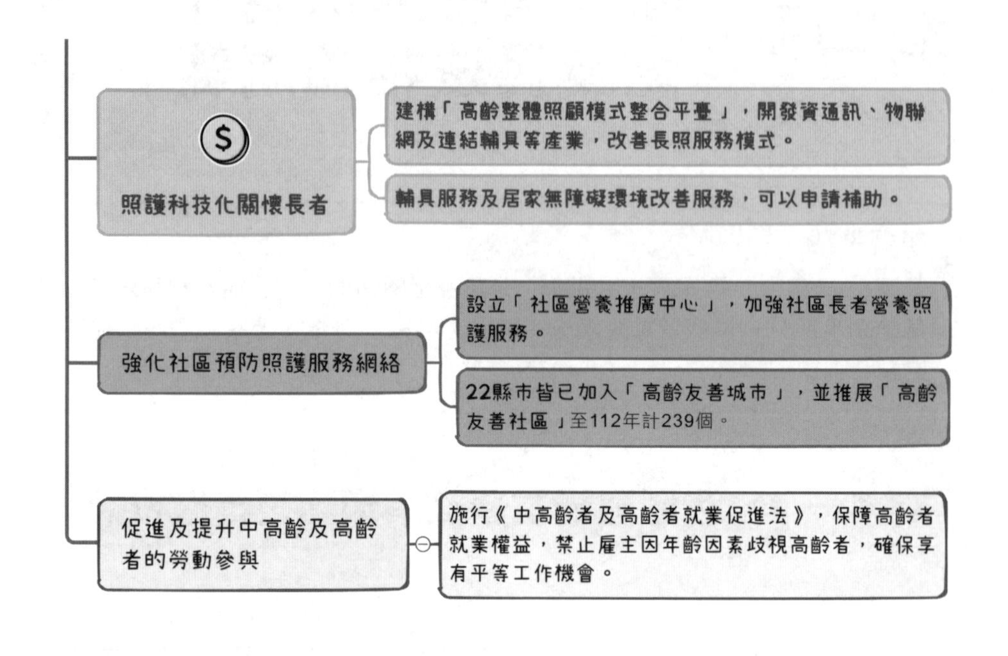

第二節　長照1.0 & 2.0

一、長照1.0

(一) 概述

長照1.0，即為從2007至2016年實施的「長照十年計畫」：

1. 「長照十年計畫」2007年通過，2008年正式開始施行。
2. 主要針對失能老人及其家庭給予實物或經濟上的補助。
3. 內容分兩種：「機構式社區服務」與「居家服務」。
   (1) 「機構服務」即為設計特殊機構使失能者能夠進駐，並在其中提供服務，最常見的為各式失能老人安養中心。
   「社區服務」是以社區為單位提供服務。
   (2) 「居家服務」則是派遣照顧服務員至失能者家庭進行服務等。

(二) 長照1.0服務原則[註1]

1. 以實物給付（服務提供）為主，現金給付為輔，並以補助失能者使用各項照顧服務措施為原則。
2. 依民眾失能程度及家庭經濟狀況，提供合理的補助；失能程度愈高者，政府提供的補助額度愈高。
3. 失能者在補助額度內使用各項服務，需部分負擔經費；收入愈高者，部分負擔的費用愈高。

(三) 長照1.0缺點[註2]

1. 長期照顧管理專員人力不足。
2. 長照人力不足。
3. 服務時數嚴重不足，依照申請者的輕、中、重度情況，每月提供25、50、90小時服務，若超過者，就要自費。
4. 外勞成為最好的支援力量。
5. 家屬最終放棄政府的長照服務，轉而自力救濟，自救之路有三：聘用外籍看護、送往養護機構、家屬自行照顧，但都不在政府「長照1.0」的選項中。

二、長照2.0[註3]

(一) 長照2.0服務項目：

1. 從長照1.0之8項服務，延伸至長照2.0之17項服務。

長照1.0服務項目	長照2.0新增服務項目
照顧服務	失智照顧
復健服務	小規模多機能
交通接送	社區預防照顧
營養餐飲	居家醫療
居家護理	原住民社區整合
喘息服務	照顧者服務據點
輔具服務	預防／延緩失能
機構服務	延伸出院準備
	社區三級整合服務

2. 長照1.0以在地老化為原則，長照2.0向前延伸至預防階段，向後延伸至安寧服務。
3. 長照2.0，特別強調建立以社區為基礎的長照服務體系，並規劃推動試辦社區整體照顧模式，以ABC三級別將所有服務組織（社區三級整合服務模式），並由A級提供B級、C級督導與技術支援，於各鄉鎮設立：

A級

長照旗艦店，社區整合型服務中心

每一個鄉鎮市區1個。可能單位：長照服務提供單位、提供日間照顧服務及居家服務。

B級

長照專賣店，複合型服務中心

每一國中學區1個。可能單位：長照服務提供單位、提供複合型長照服務或日間托老服務。

C級

長照柑仔店，巷弄長照站

每三個村里1個。可能單位：長照服務提供單位、社區照顧關懷據點、社區發展協會、村（里）辦公室、老人服務中心、樂智據點、瑞智互助家庭。

4. 長照2.0的目標在於：

5. 長照2.0的服務對象：

長照1.0	長照2.0
1. 65歲以上失能老人 2. 55歲以上失能山地原住民 3. 50歲以上身心障礙者 4. 65歲以上僅IADL（工具性日常生活活動能力量表）需協助之獨居老人	1. 50歲以上失智症患者 2. 55-64歲失能平地原住民 3. 49歲以下失能身心障礙者 4. 65歲以上輕度失能之衰弱（frailty）老人

6. 長照2.0的4包錢：有效減輕長照家庭的負擔壓力，以下4項補助，簡稱「長照四包錢」：
   (1) 照顧及專業服務。　(2) 交通接送服務。
   (3) 輔具服務及居家無障礙環境改善服務。　(4) 喘息服務。
7. 長照服務專線：1966

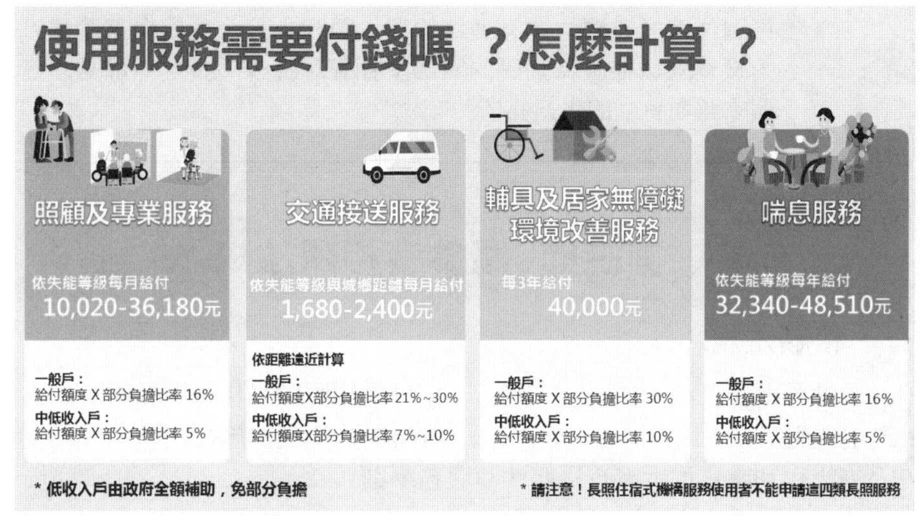

資料來源：衛福部長照專區

牛刀小試

(　　) 有關長照十年計畫2.0長照服務，下列敘述何者正確？　(A)我國政府補助的四大項長照服務項目是指，照顧及專業服務、交通接送服務、輔具與居家無障礙環境改善服務、喘息服務　(B)符合資格之有長照需求的國人，可獲得由我國政府補助的四大項長照服務項目，實際使用的各項長照服務本人無需付費，相關費用全額由政府補助　(C)若是長照需求者已經有雇用外籍看護人員在家中協助照顧本人的生活起居，則不符合資格向當地主管機關申請長照服務　(D)我國政府設計的四大項長照服務，是專門為長照需求者本人的需求進行規劃，以期達到協助長照需求者延長居住在自宅的生活期間。　【第1期】

解答與解析

(A)。(B)有部分負擔，低收入戶可獲得100%補助。
(C)家中聘僱外籍看護者，除「照顧服務」無法申請補助外，其餘服務均可申請。
(D)為了實現讓所有國人都能在地老化，提供從支持家庭、居家、社區到住宿式照顧之多元連續服務，要建立普及的照顧服務體系，落實建立以社區為基礎的照顧型社區，提升「長期照顧需求者」與「照顧者」的生活品質。

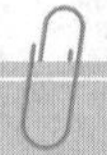

第三節 高齡者相關法規

一、相關法規

(一)長期照顧服務法
(二)長期照顧服務法施行細則
(三)老人福利法
(四)老人福利法施行細則
(五)老人福利服務提供者資格要件及服務準則
(六)中低收入老人生活津貼發給辦法
(七)中低收入老人特別照顧津貼發給辦法
(八)老人參加全民健康保險無力負擔費用補助辦法
(九)老人健康檢查保健服務及追蹤服務準則

其中以長期照顧服務法更形重要，此涉及我國長照10年計畫與高齡者照護。

二、長期照顧服務法及其施行細則

(一)**長期照顧服務法授權9個子法，如下列：**

1. 長期照顧服務人員訓練認證繼續教育及登錄辦法
2. 長期照顧服務資源發展獎助辦法
3. 長期照顧服務機構設立許可及管理辦法
4. 長期照顧服務機構設立標準
5. 長期照顧服務機構專案申請租用公有非公用不動產審查辦法
6. 外國人從事家庭看護工作補充訓練辦法
7. 長期照顧服務法施行細則
8. 長期照顧服務機構評鑑辦法
9. 長期照顧服務機構法人條例

(二)長期照顧服務法基本內容

長期照顧服務法7章，66條

主管機構

中央：衛生福利部
直轄市：直轄市政府
縣（市）：（縣）市政府
長照機構之管理：規範設置標準、許可登記、查核與評鑑。
接受長照服務者之權益保障：課責主管機關／長照機構，提供支持性服務、個人看護者訓練。

主題

長期服務內容：居家、社區、機構住宿式、家庭照顧者之服務內容。
長照服務及長照體系：實施長照服務網計畫、獎勵資源發展、限制資源不當擴充
長照人員之管理：訓練、認證、繼續教育
長照機構之管理：規範設置標準、許可登記、查核與評鑑
接受長照服務者之權益保障：課責主管機關／長照機構、提供支持性服務、個人看護者訓練

名詞定義

長期照顧（長照）：身心失能持續已達或預期達6個月以上者，依其個人或其照顧者之需要，所提供之生活支持、協助、社會參與、照顧及相關之醫護服務。
身心失能者（失能者）：身體或心智功能部分或全部喪失，致其日常生活需他人協助者。
家庭照顧者：於家庭中對失能者提供規律性照顧之主要親屬或家人。
長照服務人員（長照人員）：經長期照顧法所定之訓練、認證，領有證明得提供長照服務之人員。
長照服務機構（長照機構）：以提供長照服務或長照需要之評估服務為目的，依長期照顧法規定設立之機構。
長期照顧管理中心（照管中心）：由中央主管機關指定以提供長照需要之評估及連結服務為目的之機關（構）。
長照服務體系（長照體系）：長照人員、長照機構、財務及相關資源之發展、管理、轉介機制等構成之網絡。
個人看護者：以個人身分受僱，於失能者家庭從事看護工作者。

長期照顧服務之提供不得因服務對象之性別、性傾向、性別認同、婚姻、年齡、身心障礙、疾病、階級、種族、宗教信仰、國籍與居住地域有差別待遇之歧視行為。

(三) 長期服務提供方式

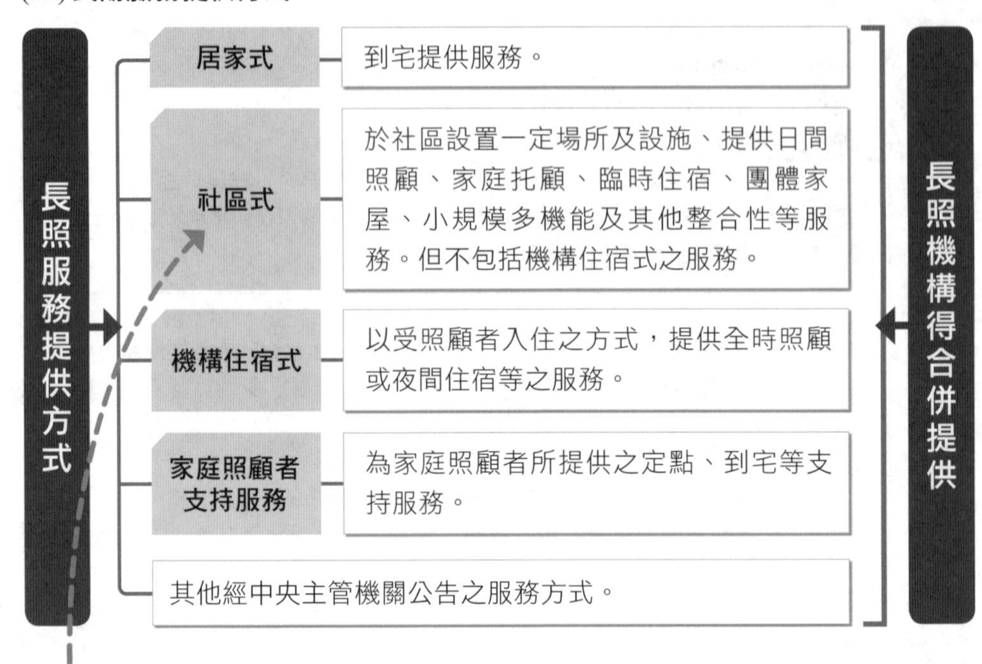

長照服務提供方式
居家式
到宅提供服務。
社區式
於社區設置一定場所及設施、提供日間照顧、家庭托顧、臨時住宿、團體家屋、小規模多機能及其他整合性等服務。但不包括機構住宿式之服務。
機構住宿式
以受照顧者入住之方式，提供全時照顧或夜間住宿等之服務。
家庭照顧者支持服務
為家庭照顧者所提供之定點、到宅等支持服務。
其他經中央主管機關公告之服務方式。
長照機構得合併提供

說明

日間照顧：提供長期照顧（長照）服務對象於日間往返社區式長照機構，接受身體與日常生活照顧及其他多元服務。

家庭托顧：提供長照服務對象於往返家庭托顧服務人員住所，接受身體及日常生活照顧服務。

臨時住宿服務：提供長照服務對象機構住宿式以外之住宿服務。

團體家屋：於社區中，提供具行動力之失智症者家庭化及個別化之服務。

小規模多機能：配合長照服務對象之需求，提供日間照顧、臨時住宿，或到宅提供身體與日常生活照顧、家事服務及其他多元之服務。

夜間住宿服務：提供長照服務對象於夜間住宿之服務。

(四) 長照服務之項目

項目	居家式長照服務	社區式長照服務	機構住宿式
身體照顧服務	✓	✓	✓
日常生活照顧服務	✓	✓	✓

項目	居家式長照服務	社區式長照服務	機構住宿式
家事服務	✓		
住宿服務		**臨時**住宿服務	住宿服務
餐飲及營養服務	✓	✓	✓
輔具服務	✓	✓	✓
必要之住家設施調整改善服務	✓		
心理支持服務	✓	✓	✓
緊急服務	緊急**救援**服務		緊急**送醫**服務
醫事照護服務	✓	✓	✓
交通接送服務		✓	
社會參與服務		✓	✓
家屬教育服務			✓
預防引發其他失能或加重失能之服務	✓	✓	✓
其他	其他由中央主管機關認定**到宅**提供與長照有關之服務	其他由中央主管機關認定**以社區為導向**所提供與長照有關之服務	其他由中央主管機關認定以**入住**方式所提供與長照有關之服務

家庭照顧者支持服務提供之項目：
1. 有關資訊之提供及轉介。
2. 長照知識、技能訓練。
3. 喘息服務。
4. 情緒支持及團體服務之轉介。
5. 其他有助於提升家庭照顧者能力及其生活品質之服務。

5. **長期照顧管理中心及失能分級**

(1) 長期照顧管理中心：一個長期照護資源整合平台，民眾申請長期照顧服務，長照中心的照顧管理專員會到家裡進行需求評估，依據個案的失能狀況及意願，擬定照顧計畫，進而引進相關服務到家中。

(2) 長照2.0將失能程度由原本的輕、中、重度，更精細地區分為長期照顧需要**8等級**，長照失能等級表及對應之服務請領資格等級如下表，希望有長照需求的民眾，能選擇更多元及妥適的長照服務。

ADL	日常生活活動量表，日常生活中需要進行的活動，例如：洗澡、更衣、進食等。在醫療照護中，會藉由ADL的項目來觀察長輩是否能獨立進行，進一步判斷長輩的失能狀況。在台灣常使用的ADL量表為巴氏量表（Barthel Index），透過評鑑內容的分數累積，來認定長輩的失能程度為何。
IADL	工具性日常生活活動量表，以「工具性日常生活活動」來檢視長輩能力的量表，與ADL不同的是IADL不一定是生活基本活動，其所檢視的能力都是個體是否能在社會中獨立生活的工具性技能，例如：購物、洗衣等。

A. 輕度失能【1至2項ADLs失能者，以及僅IADL失能且獨居老人】

B. 中度失能【3至4項ADLs失能者】

D. 重度失能【5項（含）以上ADLs失能者】

牛刀小試

( ) **1** 有關長期照顧服務，下列敘述何者錯誤？
(A)向照管中心申請長照服務時，由照顧管理專員來做需求評估
(B)居督是長照重要的靈魂人物，協助個案討論及調整照顧計畫、追蹤服務品質、連結長照服務，並擔任申訴管道
(C)長照新制等級對應長照1.0之輕、中、重度分別為：第2～3級為輕度失能，第4～6級為中度失能，第7～8級為重度失能
(D)長照新制將失能程度由原本的輕、中、重度，更精細區分為長期照顧需要8等級，並分成照顧及專業服務、交通接送服務、輔具與居家無障礙環境改善服務、喘息服務。【第2期】

( ) **2** 有關老人福利機構，下列敘述何者正確？
(A)失能者於日常生活中需使用三管，可以入住到安養機構
(B)老人的年齡是以戶籍登記的出生年月日計算

(C)年齡未滿法定老人定義的國人，不能使用老人福利機構提供的各項服務

(D)我國於1980年制定長期照顧服務法統一規範老人福利機構的設置規定與服務項目等相關辦法。 【第2期】

解答與解析

1 (B)。「照顧管理專員」是長照重要的靈魂人物，其透過家庭訪視完成了個案發掘、轉介、需求評估、服務資格核定、照顧計畫擬訂、連結服務，並進行後續品質監督及結案工作，即使在民眾不符合政府所規定的資格下，亦可協助轉介給相關的機構以提供協助。

2 (B)。(A)應入住長照機構。(C)60歲以上未滿65歲自願負擔費用者，老人福利機構得視內部設施情形，提供安養、照顧服務。(D)應為老人福利法。

三、老人福利法及其施行細則

(一)定義

1. 老人福利法所稱老人，指**年滿65歲以上**之人。
2. 主管機關：在中央為內政部；在直轄市為直轄市政府；在縣（市）為縣（市）政府。

(二)主管機關

1. 主管機關應依老人需要自行或結合民間資源辦理下列老人福利機構：
   (1) 長期照顧機構。
   (2) 安養機構。
   (3) 其他老人福利機構。
2. 主管機關應至少每5年舉辦老人生活狀況調查，出版統計報告。
3. 主管機關及各目的事業主管機關權責劃分：

權責劃分

- **主管機關**
  - 主管老人權益保障之規劃、推動及監督等事項。
- **各目的事業主管機關**
  - **衛生主管機關**：主管老人預防保健、心理衛生、醫療、復健與連續性照護之規劃、推動及監督等事項。
  - **教育主管機關**：主管老人教育、老人服務之人才培育與高齡化社會教育之規劃、推動及監督等事項。
  - **勞工主管機關**：主管老人就業促進及免於歧視、支援員工照顧老人家屬與照顧服務員技能檢定之規劃、推動及監督等事項。
  - **都市計畫、建設、工務主管機關**：主管老人住宅建築管理、老人服務設施、公共設施與建築物無障礙生活環境等相關事宜之規劃、推動及監督等事項。
  - **住宅主管機關**：主管供老人居住之社會住宅、購租屋協助之規劃及推動事項。
  - **交通主管機關**：主管老人搭乘大眾運輸工具、行人與駕駛安全之規劃、推動及監督等事項。
  - **金融主管機關**：主管本法相關金融、商業保險、財產信託措施之規劃、推動及監督等事項。
  - **警政主管機關**：主管老人失蹤協尋、預防詐騙及交通安全宣導之規劃、推動及監督等事項。
  - **消防主管機關**：主管老人福利法相關消防安全管理之規劃、推動及監督等事項。
  - 其他措施由各相關目的事業主管機關依職權規劃辦理。

(三) **直轄市、縣（市）主管機關**

1. 各級政府老人福利之經費來源：

(1) 按**年**編列之老人福利預算。　(2) 社會福利基金。

(3) 私人或團體捐贈。　(4) 其他收入。

2. 老人照顧服務應依**全人照顧**、**在地老化**、**健康促進**、**延緩失能**、**社會參與**及**多元連續服務**原則規劃辦理。
3. 直轄市、縣（市）主管機關應依據上列2.之原則針對老人需求：
   (1) 提供居家式、社區式或機構式服務，並建構妥善照顧管理機制辦理。
   (2) 服務提供方式：結合家庭及社區生活為原則，並得支援居家式或社區式服務。
      A. **居家式**：為協助失能之居家老人得到所需之連續性照顧，直轄市、縣（市）主管機關應自行或結合民間資源提供。
      B. **社區式服務**：為提高家庭照顧老人之意願及能力，提升老人在社區生活之自主性，直轄市、縣（市）主管機關應自行或結合民間資源提供。
      C. **機構式服務**：
         (A) 為滿足居住機構之老人多元需求，主管機關應輔導老人福利機構依老人需求提供。
         (B) 機構式服務應以**結合家庭及社區生活**為原則，並得**支援居家式或社區式服務**。

老人福利法規定之服務對照表

項目	居家式	社區式	機構式
醫護服務	✓	✓	✓
復健服務	✓	✓	✓
身體照顧	✓		
家務服務	✓		
關懷訪視服務	✓		
電話問安服務	✓		
餐飲／膳食服務	**餐飲**服務	**餐飲**服務	**膳食**服務
緊急救援／送醫服務	緊急**救援**服務		緊急**送醫**服務
住家環境改善服務	✓		
保健服務		✓	

項目	居家式	社區式	機構式
輔具服務		✓	
心理諮商服務		✓	
日間照顧服務		✓	✓
家庭托顧服務		✓	
教育服務		✓	
法律服務		✓	
交通服務		✓	
退休準備服務		✓	
休閒服務		✓	
資訊提供及轉介服務		✓	
住宿服務			✓
生活照顧服務			✓
社交活動服務			✓
家屬教育服務			✓
其他	其他相關之居家式服務	其他相關之社區式服務	其他相關之機構式服務

(四) **津貼及補助**

1. **中低收入老人**未接受收容安置者，得申請發給生活津貼。
2. 領有生活津貼，且其失能程度經評估為重度以上，實際由家人照顧者，照顧者得向直轄市、縣（市）主管機關申請發給特別照顧津貼。
3. 津貼請領**不得**有設籍時間之限制。
4. **不符合**請領資格而領取津貼者：領得之津貼，由直轄市、縣（市）主管機關以書面命本人或其繼承人自**事實發生之日起60日內**繳還；屆期未繳還者，依法移送行政執行。
5. 老人搭乘國內公、民營水、陸、空大眾運輸工具、進入康樂場所及參觀文教設施，應予以**半價**優待。文教設施為中央機關（構）、行政法人經營者，**平日應予免費**。

6. 直轄市、縣（市）主管機關應協助中低收入老人修繕住屋或提供租屋補助；住宅主管機關應推動社會住宅，排除老人租屋障礙。
7. 為協助老人維持獨立生活之能力，增進生活品質，直轄市、縣（市）主管機關應自行或結合民間資源辦理輔具服務：
   (1) 輔具之評估及諮詢。
   (2) 提供有關輔具、輔助性之生活用品及生活設施設備之資訊。
   (3) 協助老人取得生活輔具。
8. 依老人福利法請領各項現金給付或補助之權利，**不得扣押、讓與或供擔保**。

(五) **費用負擔**

1. 有法定扶養義務之人應善盡扶養老人之責，主管機關得自行或結合民間提供相關資訊及協助。
2. 老人或其法定扶養義務人就老人參加全民健康保險之保險費、部分負擔費用或保險給付未涵蓋之醫療費用無力負擔者，直轄市、縣（市）主管機關應予補助。
3. 無扶養義務之人或扶養義務之人無扶養能力之老人死亡時，當地主管機關或其入住機構應為其辦理喪葬；所需費用，由其遺產負擔，無遺產者，由當地主管機關負擔。

(六) **老人福利機構**

1. 經許可設立私立老人福利機構者，應於3個月內辦理財團法人登記。但小型設立且符合下列情形者，得免辦財團法人登記：

☑ **不對外募捐**　☑ **不接受補助**　☑ **不享受租稅減免**

2. 接受私人或團體捐贈：
   (1) 應於每年**6月**及**12月**將接受捐贈財物、使用情形及公開徵信相關資料陳報主管機關。
   (2) 公開徵信應至少**每6個月**將捐贈者姓名、金額、捐贈日期及指定捐贈項目等基本資料，刊登於機構所屬網站或發行之刊物；無網站及刊物者，應刊登於新聞紙或電子媒體。
3. **60歲以上未滿65歲**之人自願負擔費用者，老人福利機構得視內部設施情形，提供長期照顧、安養或其他服務。

4. 適合老人安居之住宅，其設計應符合下列規定：
(1) 提供老人寧靜、安全、舒適、衛生、通風採光良好之環境與完善設備及設施。
(2) 建築物之設計、構造與設備及設施，應符合建築法及其有關法令規定，並應具無障礙環境。
(3) 消防安全設備、防火管理、防焰物品等消防安全事項，應符合消防法及其有關法令規定。

牛刀小試

( ) **1** 依老人福利法，為提高家庭照顧老人之意願及能力，提升老人在社區生活之自主性，直轄市、縣（市）主管機關應自行或結合民間資源提供之社區式服務不包括下列何者？ (A)法律服務 (B)輔具服務 (C)心理諮商服務 (D)住家環境改善服務。【第2期】

( ) **2** 有關與老人相關之各目的事業主管機關及其業務權責之敘述，下列何者錯誤？ (A)教育主管機關主責老人教育與學習等之相關服務 (B)消防主管機關主責確認服務提供場域是否符合安全性 (C)內政主管機關主責老人預防保健、醫療、復健與連續性照顧服務的規劃與推動 (D)警政主管機關主責老人失蹤協尋、預防詐騙等的規劃與推動。【第2期】

解答與解析

1 (D)。老人福利法第17條，住家環境改善屬於居家式服務。
2 (C)。應該是衛生主管機關。

四、病人自主權利法及其施行細則

(一) 主管機關

在中央為衛生福利部；在直轄市為直轄市政府；在縣（市）為縣（市）政府。

(二) **內容**

1. **維持生命治療**：心肺復甦術、機械式維生系統、血液製品、為特定疾病而設之專門治療、重度感染時所給予之抗生素等任何有可能延長病人生命之必要醫療措施。
2. **人工營養及流體餵養**：透過導管或其他侵入性措施餵養食物與水分。
3. **預立醫療決定**：
   (1) 事先立下之書面意思表示，指明處於特定臨床條件時，希望接受或拒絕之維持生命治療、人工營養及流體餵養或其他與醫療照護、善終等相關意願之決定。
   (2) 預立醫療決定應包括意願人於病人自主權利法第14條特定臨床條件時，接受或拒絕維持生命治療或人工營養及流體餵養之全部或一部。
   A. 第14條：病人符合下列臨床條件之一，且有預立醫療決定者，醫療機構或醫師得依其預立醫療決定終止、撤除或不施行維持生命治療或人工營養及流體餵養之全部或一部：
   (A) 末期病人。
   (B) 處於不可逆轉之昏迷狀況。
   (C) 永久植物人狀態。
   (D) 極重度失智。
   (E) 其他經中央主管機關公告之病人疾病狀況或痛苦難以忍受、疾病無法治癒且依當時醫療水準無其他合適解決方法之情形。
   B. 前項各款應由**2位**具相關專科醫師資格之醫師確診，並經緩和醫療團隊**至少2次**照會確認。
   C. 醫療機構或醫師依其專業或意願，無法執行病人預立醫療決定時，得不施行之。
   D. 前項情形，醫療機構或醫師應告知病人或關係人。
   E. 醫療機構或醫師對第14條之病人，於開始執行預立醫療決定前，應向有意思能力之意願人確認該決定之內容及範圍。
   (3) 預立醫療決定之內容、範圍及格式，由中央主管機關定之。
   (4) 醫療機構或醫師依第14條規定終止、撤除或不施行維持生命治療或人工營養及流體餵養之全部或一部，**不負刑事與行政責任**；因此所生之損害，除有故意或重大過失，且違反病人預立醫療決定者外，**不負賠償責任**。

4. **意願人**：以**書面**方式為預立醫療決定之人。
   具**完全行為能力**之人，得為預立醫療決定，並得**隨時**以**書面**撤回或變更之。
5. **醫療委任代理人**：接受意願人**書面**委任，於意願人意識昏迷或無法清楚表達意願時，代理意願人表達意願之人。

項目	規定
資格	意願人指定之醫療委任代理人，應以**成年且具行為能力之人**為限，並經其**書面**同意。
不得為醫療委任代理人	下列之人，**除意願人之繼承人外**，**不得**為醫療委任代理人： 1. 意願人之受遺贈人。 2. 意願人遺體或器官指定之受贈人。 3. 其他因意願人死亡而獲得利益之人。
委任代理人權限	醫療委任代理人於意願人意識昏迷或無法清楚表達意願時，代理意願人表達醫療意願，其權限如下： 1. 聽取第五條之告知。 病人就診時，醫療機構或醫師應以其所判斷之適當時機及方式，將病人之病情、治療方針、處置、用藥、預後情形及可能之不良反應等相關事項告知本人。病人未明示反對時，亦得告知其關係人。 病人為無行為能力人、限制行為能力人、受輔助宣告之人或不能為意思表示或受意思表示時，醫療機構或醫師應以適當方式告知本人及其關係人。 2. 簽具第六條之同意書。 病人接受手術、中央主管機關規定之侵入性檢查或治療前，醫療機構應經病人或關係人同意，簽具同意書，始得為之。但情況緊急者，不在此限。 3. 依病人預立醫療決定內容，代理病人表達醫療意願。
委任代理人有二人以上	醫療委任代理人有2人以上者，**均得單獨代理**意願人。
終止委任	醫療委任代理人得**隨時**以**書面**終止委任。
當然解任	有下列情事之一者，當然解任： 1. 因疾病或意外，經相關醫學或精神鑑定，認定心智能力受損。 2. 受輔助宣告或監護宣告。
出具身分證明	醫療委任代理人處理委任事務，應向**醫療機構**或**醫師**出具身分證明。

6. **預立醫療照護諮商**：病人與醫療服務提供者、親屬或其他相關人士所進行之溝通過程，商討當病人處於特定臨床條件、意識昏迷或無法清楚表達意願時，對病人應提供之適當照護方式以及病人得接受或拒絕之維持生命治療與人工營養及流體餵養。
7. **緩和醫療**：為減輕或免除病人之生理、心理及靈性痛苦，施予緩解性、支持性之醫療照護，以增進其生活品質。
8. **註記**：中央主管機關應將預立醫療決定註記於**全民健康保險憑證**。
9. 醫療機構或醫師終止、撤除或不施行維持生命治療或人工營養及流體餵養時，應提供病人緩和醫療及其他適當處置。
10. 醫療機構依其人員、設備及專長能力無法提供時，應建議病人轉診，並提供協助。

牛刀小試

(　　) **1** 有關病人自主權利法，下列敘述何者錯誤？　(A)立法目的旨在尊重病人醫療自主、保障其善終權益，促進醫病關係和諧　(B)病人簽署預立醫療決定之後，醫師可以依照內容執行醫療行為，無需再次向本人確認內容與範圍　(C)病人簽署預立醫療決定之後，可隨時以書面的方式撤回或是變更內容　(D)醫師依照病人簽署的預立醫療決定內容，撤除維持生命治療相關醫療儀器時，仍應提供病人緩和醫療以及其他適當的處置。【第1期】

(　　) **2** 下列敘述何者錯誤？　(A)病人自主權利法之下，醫師扮演醫療訊息提供者的角色以及協助病人進行醫療決策的角色　(B)預定醫療決定是指，事先制定書面方式表示自己在符合法令規範的臨床條件下，對於維持生命治療、人工營養及流體餵養或其他與醫療照護方式、善終等相關意願的決定　(C)人工營養及流體餵養是指，透過導管或其他侵入性措施提供病人所需之食物與水分　(D)若是病人的意思表現能力已經明顯受限，為提升醫療成效，醫師只需告知關係人相關訊息，由關係人替代病人選擇與決定最佳的醫療選項。【第2期】

解答與解析

1 (B)。病人自主權利法第14條，病人符合下列臨床條件之一，且有預立醫療決定者，醫療機構或醫師得依其預立醫療決定終止、撤除或不施行維持生命治療或人工營養及流體餵養之全部或一部：(1)末期病人。(2)處於不可逆轉之昏迷狀況。(3)永久植物人狀態。(4)極重度失智。(5)其他經中央主管機關公告之病人疾病狀況或痛苦難以忍受、疾病無法治癒且依當時醫療水準無其他合適解決方法之情形。以上情況應由2位具相關專科醫師資格之醫師確診，並經緩和醫療團隊至少2次照會確認。

2 (D)。病人自主權利法第5條，病人為無行為能力人、限制行為能力人、受輔助宣告之人或不能為意思表示或受意思表示時，醫療機構或醫師應以適當方式告知本人及其關係人。

五、老人住宅基本設施及設備規劃設計規範

(一)設置原則

老人住宅設置之設備及設施應能提供老人**寧靜**、**安全**、**衛生**、**通風採光良好**之環境為原則。

(二)居住單元與居室服務空間規劃：

1. 老人住宅之居住單元規劃，得視服務對象及訂定之營運計畫，由單人房或夫妻房等單獨組合或混合組合。單人房組合得按性別予以適當的分區。
2. 居住單元規劃考量老人生活對安寧、舒適、私密性及日常活動交誼等需求，適當配置生活簇群，宜以6人至10人組成基本簇群。
3. 宜以三個以上基本簇群組成生活簇群，應設置餐廳，公共廚房，公共洗衣間，並提供一處戶外共同活動空間。
4. 臥室擺設之床位應有2面以上可供上下床。臥室應考慮隔音、容易避難及輪椅使用空間。

(三)全面無障礙樓地板

老人住宅室內應為全面無障礙樓地板，建造地板時需考慮其溫度及溼度，同時考慮因有跌倒情形發生，鋪面材料應考慮彈性柔軟材質。

(四) **設備能源**

老人住宅之能源得採用電力、瓦斯、石油、太陽能系統，並應遵守供應機構之安全配管及使用規定。

(五) **垂直上下之昇降設備**

1. 老人住宅若為**2層樓以上**之建築物，應設有**昇降機**。
2. 老人住宅為**獨戶雙層住宅**時，其垂直移動設備可選用**階梯昇降機或個人用住宅昇降機**。

(六) **住宅安全**

1. 老人住宅之隔間、門扇、傢俱等裝設之玻璃，其常與身體有接觸可能時，應使用安全玻璃。
2. 老人住宅之室內電氣應採用**三路安全開關**、**專用安全迴路**。切換時可選用肘碰開關或線拉式開關，並有漏電、斷電裝置。
3. 電源開關及插座不宜設於各角落，應以距離牆角100公分以上為宜。

(七) **公共服務空間**

1. 老人住宅應設置交誼室、公共餐廳、公共廚房及辦公室等公共服務空間。交誼室、公共餐廳、廚房等空間配置應使老人方便到達，並考慮老人及輪椅使用者之便利性。
2. **服務管理室應和居住單元呼救系統相連線**。

牛刀小試

( ) 下列何者不是內政部社會司訂定老人住宅管理要點？ (A)經營管理方式 (B)面積規定 (C)老人住宅定義 (D)長照機構設置。 【第2期】

解答與解析

(D)。老人住宅管理要點第2條，老人住宅之設置及營運管理規劃，除法令另有規定外，適用本要點之規定。第7條，興建老人住宅應符合區域計畫法、都市計畫法及其他相關法令規定，其建築基地面積應符合下列規定……。老人住宅管理要點第3條，本要點所稱老人住宅，指依老人福利法或依其他相關法令規定興建，且其基本設施及設備規劃設計，符合建築主管機關老人住宅相關法令規定，供生活能自理之老人居住使用之建築物。

六、社區住宅包租代管方案[註4]

(一)社會住宅方案

社會住宅包租代管分為「包租」及「代管」兩種模式，均由政府委託民間租賃住宅服務業，以優惠價格出租住宅給弱勢戶，而房東能獲得稅賦減免、修繕補助等優惠。

(1) **包租**：政府委託業者以市場租金價格的8折承租市場空餘屋，再轉租給弱勢房客當二房東，且於租賃期間代為管理。

A. **雙方簽約人**：房東與業者簽3年委託約，業者與房客再簽約。

B. **租金**：業者給房東。

(2) **代管**：政府委託業者媒合租屋市場上的房東及弱勢房客租屋，房東以市場租金價格的9折出租給房客且於租賃期間代為管理。

A. **雙方簽約人**：房東與房客簽訂租約。

B. **租金**：房客給房東。

弱勢戶	包含特殊境遇家庭、3名未成年子女以上家庭、身心障礙者、老人、原住民等等，其包租代租的租金為5到7折，差額由政府補助。
一般戶	一般戶的界定主要希望協助有就學就業需求的租屋者，申請人及其家庭成員名下不能有自有住宅，且需符合該縣市的所得條件，其包租租金為8折、代租為9折。

(二)加入包租代管計畫，政府提供之優惠措施

1. **房東**：專業管理、房東輕鬆收租、稅賦減免（房屋稅、地價稅、綜合所得稅）、修繕補助等；另包租增加居家安全相關保險費用補助。
2. **房客**：政府補助租金差額及公證費，減輕房客租屋負擔。
3. **包租代管333**

(1) **3費有補助**：

A. **公證費**：租屋雙方的合約需要公證才有法律保障，而公證費一般是房東與房客出各半。雙北每次每件補助最高不超過4,500元，其他直轄市、縣（市）每次每件補助最高不超過3,000元

B. **修繕費**：每年每屋補助最高10,000元，最長補助3年。

C. **居家安全相關保險費（包租）**：每年每屋補助最高3,500元。

(2) **3稅有減免：**

A. **房屋稅**：地方政府可以減徵房屋稅。授權地方政府，各縣市不同。

B. **地價稅**：地方政府也可以減徵地價稅。授權地方政府，各縣市不同。

※地價稅及房屋稅可以分別比照自用住宅及單一自住優惠稅率：只要屋主將閒置合法的房屋提供作包租代管社會住宅，或將房子租給符合租金補貼資格（如低收入戶、中低收入戶、身心障礙者等），經認定為公益出租人，此類公益性出租的地價稅及房屋稅，適用相當於自住用優惠稅率2‰、1.2%課徵。

C. **租金所得稅**：現行辦法每月租金收入免稅額度最高為15,000元，必要費用減除率為60%。

(3) **3年有服務**：業者提供專業的管理，免服務費，業者都是政府標案的得標廠商，才有資格承做這項社宅業務。

牛刀小試

( ) **1** 房東加入社會住宅包租代管計畫即可享有稅費優惠，下列敘述何者錯誤？ (A)所得稅減徵，每戶有1萬元的免稅額 (B)房屋稅及地價稅以自用住宅稅率計算 (C)房屋修繕費每年有1萬元的補助 (D)公證費及居家安全險有補助。 【第1期】

( ) **2** 房東加入社會住宅包租代管計畫即可享有稅費優惠，但不包括下列何種稅款？ (A)地價稅 (B)房屋稅 (C)綜合所得稅 (D)遺產稅。 【第2期】

解答與解析

1 (A)或(B)

(A)租金所得稅：現行辦法每月租金收入免稅額度最高為15,000元。

(B)房屋稅及地價稅以自用住宅稅率計算：符合公益出租人條件才能享受。

2 (D)。房東加入社會住宅包租代管計畫可以享有地價稅、房屋稅及綜合所得稅稅費優惠。

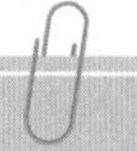

第四節 民法相關規範

一、遺囑

(一)定義

1. 遺囑是被繼承人在生前所為，死亡時發生效力的無相對人之單獨行為。一般而言，遺囑在繼承財產的方面上，其可能的內容包含了指定應繼分、遺贈和特留分等事項。
2. 遺囑人於不違反關於特留分規定之範圍內，得以遺囑自由處分遺產。

(二)立遺囑人

1. 無行為能力人，不得為遺囑。
2. 限制行為能力人，無須經法定代理人之允許，得為遺囑。但未滿16歲者，不得為遺囑。

(三)效力

1. 遺囑自遺囑人死亡時發生效力。
2. 遺囑所定遺贈，附有停止條件者，自條件成就時，發生效力。
3. 受遺贈人於遺囑發生效力前死亡者，其遺贈不生效力。

(四)遺囑方式

自書遺囑

1. 應自書遺囑全文，記明年、月、日，並親自簽名。
2. 如有增減、塗改，應註明增減、塗改之處所及字數，另行簽名。

公證遺囑

1. 指定2人以上之見證人，在公證人前口述遺囑意旨，由公證人筆記、宣讀、講解，經遺囑人認可後，記明年、月、日，由公證人、見證人及遺囑人同行簽名，遺囑人不能簽名者，由公證人將其事由記明，使按指印代之。
2. 所定公證人之職務，在無公證人之地，得由法院書記官行之，僑民在中華民國領事駐在地為遺囑時，得由領事行之。

密封遺囑

1. 應於遺囑上簽名後，將其密封，於封縫處簽名，指定2人以上之見證人，向公證人提出，陳述其為自己之遺囑。
2. 如非本人自寫，並陳述繕寫人之姓名、住所，由公證人於封面記明該遺囑提出之年、月、日及遺囑人所為之陳述，與遺囑人及見證人同行簽名。
3. 不具備所定之方式，而具備自書遺囑之方式者，有自書遺囑之效力。

代筆遺囑

由遺囑人指定3人以上之見證人，由遺囑人口述遺囑意旨，使見證人中之一人筆記、宣讀、講解，經遺囑人認可後，記明年、月、日及代筆人之姓名，由見證人全體及遺囑人同行簽名，遺囑人不能簽名者，應按指印代之。

口授遺囑

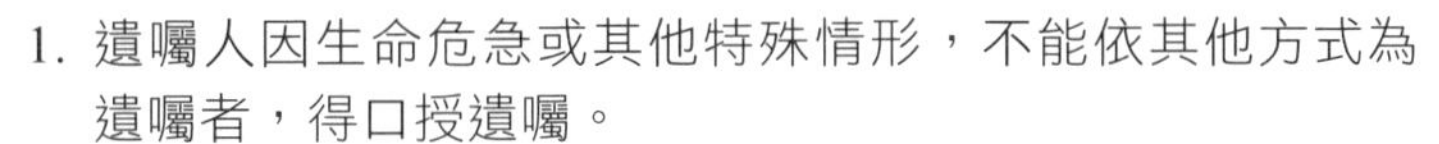

1. 遺囑人因生命危急或其他特殊情形，不能依其他方式為遺囑者，得口授遺囑。
2. 方式：
   (1)由遺囑人指定2人以上之見證人，由遺囑人口述遺囑意旨，使見證人中之一人筆記、宣讀、講解，經遺囑人認可後，記明年、月、日及代筆人之姓名，由見證人全體及遺囑人同行簽名，遺囑人不能簽名者，應按指印代之。
   (2)由遺囑人指定2人以上之見證人，並口述遺囑意旨、遺囑人姓名及年、月、日，由見證人全體口述遺囑之為真正及見證人姓名，全部予以錄音，將錄音帶當場密封，並記明年、月、日，由見證人全體在封縫處同行簽名。
3. 失效：自遺囑人能依其他方式為遺囑之時起，經過3個月而失其效力。
4. 應由見證人中之1人或利害關係人，於為遺囑人死亡後3個月內，提經親屬會議認定其真偽，對於親屬會議之認定如有異議，得聲請法院判定之。

(五)不得為遺囑見證人：

1. 未成年人。
2. 受監護或輔助宣告之人。
3. 繼承人及其配偶或其直系血親。
4. 受遺贈人及其配偶或其直系血親。
5. 為公證人或代行公證職務人之同居人助理人或受僱人。

(六)遺囑執行

1. 遺囑執行人：遺囑生效後，依照遺囑內容執行遺囑之人，例如依照遺囑分配遺產、交付遺贈物、申報遺產稅、訴訟行為等。
2. 遺囑執行人可由遺囑指定，如遺囑未指定，可以由親屬會議選定，親屬會議無法選定時，得由利害關係人聲請法院指定。
3. 繼承人擔任遺囑執行人，我國並未禁止，因此遺囑執行人並非必要，若遺囑並未指定，親屬會議亦無意見，可以由繼承人自行執行。但繼承人擔任遺囑執行人多會有利益衝突情形，建議由律師、代書等具有專業知識的人來擔任比較保險。
4. 遺囑執行人不得由未成年人、受監護宣告之人、受輔助宣告之人擔任。
5. 遺囑執行人有數人時，其執行職務，以過半數決之。但遺囑另有意思表示者，從其意思。
6. 遺囑執行人就職後，於遺囑有關之財產，如有編製清冊之必要時，應即編製遺產清冊，交付繼承人。
7. 發現遺囑執行人有怠於執行職務或其他重大事由時，可以由利害關係人請親屬會議改選其他人或聲請法院另行指定。
8. 遺囑執行人不論是由律師、代書或是繼承人自行擔任，都可以請求報酬的，但報酬金額應由繼承人及遺囑執行人協議，不能協議的時候，可以請求法院酌定。

(七)遺囑撤回

1. 遺囑人得隨時依遺囑之方式，撤回遺囑之全部或一部。
2. 前後遺囑有相牴觸者：其牴觸之部分，前遺囑視為撤回。
3. 遺囑人於為遺囑後所為之行為與遺囑有相牴觸者：其牴觸部分，遺囑視為撤回。
4. 遺囑人故意破毀或塗銷遺囑，或在遺囑上記明廢棄之意思者：遺囑視為撤回。

(八) **遺贈**

1. 遺囑人以一定之財產為遺贈，而其財產在繼承開始時，有一部分不屬於遺產者，其一部分遺贈為無效；全部不屬於遺產者，其全部遺贈為無效。但遺囑另有意思表示者，從其意思。
2. 遺囑人因遺贈物滅失、毀損、變造、或喪失物之占有，而對於他人取得權利時，推定以其權利為遺贈；因遺贈物與他物附合或混合而對於所附合或混合之物取得權利時亦同。
3. 以遺產之使用、收益為遺贈，而遺囑未定返還期限，並不能依遺贈之性質定其期限者，以受遺贈人之終身為其期限。
4. 遺贈附有義務者，受遺贈人以其所受利益為限，負履行之責。

(九) **遺贈拋棄**

1. 受遺贈人在遺囑人死亡後，得拋棄遺贈。
2. 遺贈之拋棄，溯及遺囑人死亡時發生效力。
3. 繼承人或其他利害關係人，得定相當期限，請求受遺贈人於期限內為承認遺贈與否之表示；期限屆滿，尚無表示者，視為承認遺贈。
4. 遺贈無效或拋棄時，其遺贈之財產，仍屬於遺產。

牛刀小試

(　　) **1** 民法關於口授遺囑之規定，下列敘述何者錯誤？
(A)屬於民法規定之遺囑之一種
(B)自遺囑完成時起，經過3個月而失其效力
(C)應由見證人中之一人或利害關係人，於為遺囑人死亡後3個月內，提經親屬會議認定其真偽
(D)利害關係人對於親屬會議認定口授遺囑之真偽如有異議，得聲請法院判定之。【第2期】

(　　) **2** 有關遺贈之敘述，下列何者正確？
(A)遺贈為契約行為
(B)遺贈須與受贈與人雙方意思表示一致
(C)遺贈須以口頭約定或以書面成立贈與契約
(D)遺贈必須滿16歲始得為之。【第3期】

解答與解析

1 (B)。民法第1196條，口授遺囑，自遺囑人能依其他方式為遺囑之時起，經過3個月而失其效力。

2 (D)。民法債篇各論之贈與契約（民法第406條）之處，就作為之行為能力而言，贈與為契約，贈與人須有完全行為能力；但遺贈則以遺囑為之，為單獨行為，16歲以上之未成年人不用法定代理人之允許，即可立遺囑（民法第1186條第2項）。
法律不要求贈與契約須履行一定之方式，故贈與為不要式行為；但遺贈須以遺囑依法定方式為之，故屬要式行為。

二、繼承

(一)繼承發生之要件

積極要件	1. 繼承，因被繼承人死亡而開始。 2. 原則上自然人在其權利能力範圍內有繼承能力。 3. 法人不得為繼承人，得為遺贈之受贈人。
消極要件	1. 繼承人需無喪失繼承權之情事發生。 2. 有下列各款情事之一者，喪失其繼承權： (1) 故意致被繼承人或應繼承人於死或雖未致死因而受刑之宣告者。（當然失權之絕對失權） (2) 以詐欺或脅迫使被繼承人為關於繼承之遺囑，或使其撤回或變更之者。 (3) 以詐欺或脅迫妨害被繼承人為關於繼承之遺囑，或妨害其撤回或變更之者。 (4) 偽造、變造、隱匿或湮滅被繼承人關於繼承之遺囑者。 (5) 對於被繼承人有重大之虐待或侮辱情事，經被繼承人表示其不得繼承者。 (6) 繼承人對被繼承人有重大之虐待或侮辱情事時，並非當然喪失繼承權，須經被繼承人表示其不得繼承後始發生喪失繼承權的效果（表示失權）。 前項(2)至(4)之規定，**如經被繼承人宥恕者**，其繼承權不喪失（當然失權之相對失權）。

(二)遺產繼承人

1. 遺產繼承人，除配偶外，依下列順序定之：（**法定繼承人**）

關鍵重點

配偶有相互繼承遺產之權，其**應繼分**，依下列各款定之：
1. 與第1順序之繼承人同為繼承時，其應繼分與他繼承人平均。
2. 與第2順序或第3順序之繼承人同為繼承時，其應繼分為遺產1/2。
3. 與第4順序之繼承人同為繼承時，其應繼分為遺產2/3。
4. 無第1順序至第4順序之繼承人時，其應繼分為遺產全部。

(1) **第1順序**：直系血親卑親屬→按人數與配偶均分。
　A. 以親等近者為先。
　B. 有於繼承開始前死亡或喪失繼承權者，由其直系血親卑親屬代位繼承其應繼分。
(2) **第2順序**：父母→配偶得1／2；其餘1／2按人數均分。
(3) **第3順序**：兄弟姊妹→配偶得1／2；其餘1／2按人數均分。
(4) **第4順序**：祖父母→配偶得2／3；其餘1／3按人數均分。
　A. 同一順序之繼承人有數人時，按人數平均繼承。但法律另有規定者，不在此限。
　B. 先順位無人繼承時，後順位繼承者方得繼承。

繼承人應繼分		
繼承人	**配偶**	**其他繼承人**
1.配偶＋直系血親卑親屬	全體繼承人依人數均分	
2.配偶＋父母	1／2	父母均分1／2
3.配偶＋兄弟姊妹	1／2	兄弟姊妹均分1／2
4.配偶＋祖父母	2／3	祖父母均分1／3

2. 繼承權被侵害：
(1) 繼承權被侵害者，被害人或其法定代理人得請求回復之。
(2) 前項回復請求權，自知悉被侵害之時起，**2年間**不行使而消滅；自繼承開始時起逾**10年**者亦同。

3. 代位繼承：
   (1) 第1順位之原繼承人（直系血親卑親屬，如：子女、孫子女）於「被繼承人」死亡前去世或喪失繼承權，才會由「原繼承人的直系血親卑親屬」代位繼承其應繼分，亦即代位繼承的事由，僅限於被代位繼承人死亡或喪失繼承權，不包括拋棄繼承。繼承人必須在繼承開始時仍活著，才能繼承。
   (2) 保險金的受益人如果是「法定繼承人」，則代位繼承人，也是法定繼承人之一，保險的保險金受益人所指定之「法定繼承人」，也包含代位繼承人。

關鍵重點

1. 已過世者不能繼承別人的財產，唯有活著的時候才能繼承。
2. **只有第1順位繼承人**（直系血親卑親屬，如：子女、孫子女）才有代位繼承，其他順位的繼承人（如：父母、兄弟姐妹）死亡或喪失繼承權，沒有所謂的代位繼承問題。
3. 配偶（媳婦、女婿）不能代位繼承。

   (3) 代位繼承是固有權，跟一般的繼承人一樣。我國繼承是採當然繼承主義，代位繼承不需要特別聲請，代位繼承沒有時效問題。
4. 拋棄繼承：
   (1) 指繼承開始後，依法有繼承權之人依法定方式所為否認繼承效力之意思表示；也就是說應該繼承的人，具狀向法院表示不要繼承被繼承人遺留財產上之一切權利及義務，包含：全部財產、債權及債務。
   (2) 「代位繼承」與「拋棄繼承」間的關係
      A. 「拋棄繼承」不符合代位繼承的要件（繼承開始前死亡或喪失繼承）。
      B. 例如：父、子、孫。
         (A) 子對父辦理拋棄繼承：孫不能代位繼承。因子對父的那份繼承權，已經被拋棄。
         (B) 孫對子辦理拋棄繼承：孫能代位繼承，因孫是對子的繼承權拋棄，不是拋棄繼承「父」的那份，「父」的那份未曾被拋棄（繼承）過，所以孫還是可以（代位）繼承。
   (3) 代位繼承可以拋棄繼承，從知悉起3個月內向法院聲請拋棄繼承。

5. 繼承人不明：

繼承開始時，繼承人之有無不明者，由親屬會議於1個月內選定遺產管理人，並將繼承開始及選定遺產管理人之事由，向法院報明。

關鍵重點

只有繼承開始時，繼承人有無不明時，親屬會議才需要選定遺產管理人，如果繼承人為誰，並無任何疑義，僅須由所有繼承人共同管理。

(三) **遺產特留分**

1. 繼承人之特留分，依下列各款之規定：
   (1) 直系血親卑親屬之特留分，為其應繼分1／2。
   (2) 父母之特留分，為其應繼分1／2。
   (3) 配偶之特留分，為其應繼分1／2。
   (4) 兄弟姊妹之特留分，為其應繼分1／3。
   (5) 祖父母之特留分，為其應繼分1／3。

繼承人特留分		
繼承人	**配偶特留分**	**其他繼承人**
1.配偶＋直系血親卑親屬	1／2	各人應繼分的1／2
2.配偶＋父母	1／2	各人應繼分的1／2
3.配偶＋兄弟姊妹	1／2	各人應繼分的1／3
4.配偶＋祖父母	1／2	各人應繼分的1／3

2. 如遺囑中指定的遺贈或遺產分配侵害特留分，不會直接導致遺囑無效，但特留分被侵害的繼承人可以行使「特留分扣減權」來回復特留分。
3. 「特留分扣減權」自扣減權人知其特留分被侵害之時起2年間不行使而消滅，自繼承開始起逾10年者，亦同。

三、監護

(一)未成年人之監護

1. 相關設置、資格、產生方式及監護義務：

設置時點	未成年人無父母，或父母均不能行使、負擔對於其未成年子女之權利、義務時。
監護人資格	監護人不得為未成年人，受監護或輔助宣告尚未撤銷之人、受破產宣告上為復權之人、失蹤之人。
產生方式	1. 監護職務之委託：得因特定事項，由父母以書面委託他人於一定期限內行使監護之職權。 2. 遺囑指定監護人：最後行使、負擔對未成年子女之權利義務之父、母，得以遺囑指定監護人。 3. 法定監護人： (1)父母均不能行使、負擔對於未成年子女之權利義務，或父母死亡而無遺囑指定監護人，或遺囑指定之監護人拒絕職時，依順序定其監護人。 (2)順序：與未成年同居之祖父母→與未成年人同居之兄姐→不與未成年人同居之祖父母。 (3)未能依前述定其法定監護人：法院得依聲請，為未成年子女之最佳利益選定監護人，並得指定監護方法。
監護義務	1. 監護人需以善良管理人之注意執行監護職務。 2. 監護人有數人，對於受監護人重大事項權利之行使意思不一致時，得聲請法院依受監護人之最佳利益，酌定由其中一監護人行使之。 3. 非經法院許可，不生效力 (1)代理受監護人購置或處分不動產。 (2)代理受監護人，就供其居住之建築物或其基地出租、供他人使用或終止租賃。

2. 財產、特別代理人、辭職與更改監護人之規定：

受監護人之財產	1. 受監護人之財產，由監護人管理。執行監護職務之必要費用，由受監護人之財產負擔。 2. 監護人對於受監護人之財產，非為受監護人之利益，不得使用、代為或同意處分。 3. 監護人不得受讓受監護人之財產。 4. 監護人不得以受監護人之財產為投資。但購買公債、國庫券、中央銀行儲蓄券、金融債券、可轉讓定期存單、金融機構承兌匯票或保證商業本票，不在此限。 5. 監護開始時，監護人對於受監護人之財產，應依規定會同遺囑指定、當地直轄市、縣（市）政府指派或法院指定之人，於2個月內開具財產清冊，並陳報法院。法院得依監護人之聲請，於必要時延長之。
特別代理人選任	1. 監護人於監護權限內，為受監護人之法定代理人。 2. 若監護人有與受監護人利益相反或不得代理之情事時，法院得依聲請或依職權，替受監護人選任特別代理。
監護人辭職	監護人有正當理由時，經法院許可得辭任監護人職務。
法院另行選定適當之監護人	1. 監護人死亡。 2. 監護人經法院許可辭任。 3. 監護人之資格不符。 4. 有事實足認監護人不符受監護人之最佳利益，或有顯不適任之情事者。

另行選定監護人確定前，由當地社會福利主管機關為其監護人。

3. 其他：

(1) 監護人於執行監護職務時，因故意或過失，致生損害於受監護人者，應負賠償之責。賠償請求權，自監護關係消滅之日起，**5年間**不行使而消滅；如有新監護人者，其期間自新監護人就職之日起算。

(2) 法院於選定監護人、許可監護人辭任及另行選定或改定監護人時，應依職權囑託**該管戶政機關登記**。

(二) 成年人之監護及輔助

1. 受監護宣告之人應置監護人。
2. 監護人：

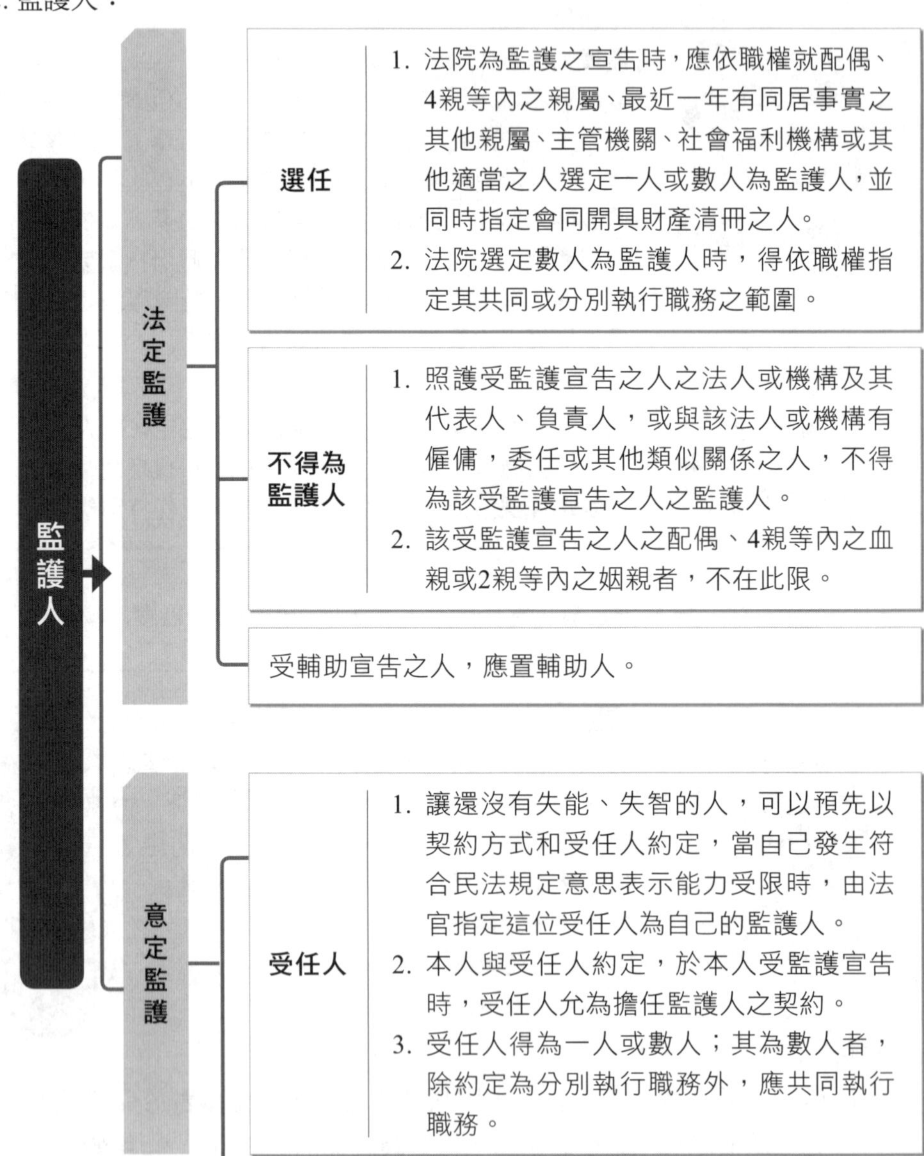

監護人
法定監護
選任
1. 法院為監護之宣告時，應依職權就配偶、4親等內之親屬、最近一年有同居事實之其他親屬、主管機關、社會福利機構或其他適當之人選定一人或數人為監護人，並同時指定會同開具財產清冊之人。
2. 法院選定數人為監護人時，得依職權指定其共同或分別執行職務之範圍。
不得為監護人
1. 照護受監護宣告之人之法人或機構及其代表人、負責人，或與該法人或機構有僱傭，委任或其他類似關係之人，不得為該受監護宣告之人之監護人。
2. 該受監護宣告之人之配偶、4親等內之血親或2親等內之姻親者，不在此限。
受輔助宣告之人，應置輔助人。
意定監護
受任人
1. 讓還沒有失能、失智的人，可以預先以契約方式和受任人約定，當自己發生符合民法規定意思表示能力受限時，由法官指定這位受任人為自己的監護人。
2. 本人與受任人約定，於本人受監護宣告時，受任人允為擔任監護人之契約。
3. 受任人得為一人或數人；其為數人者，除約定為分別執行職務外，應共同執行職務。

意定監護契約	1. 意定監護契約之訂立或變更，應由公證人作成公證書始為成立。公證人作成公證書後7日內，以書面通知本人住所地之法院。 2. 公證，應有本人及受任人在場，向公證人表明其合意，始得為之。 3. 意定監護契約於本人受監護宣告時，發生效力。 4. 前後意定監護契約有相牴觸者，視為本人撤回前意定監護契約。 5. 意定監護契約已約定報酬或約定不給付報酬者，從其約定；未約定者，監護人得請求法院按其勞力及受監護人之資力酌定之。 6. 意定監護契約訂立後，當事人於法院為監護宣告前，得隨時撤回。
意定監護之優先	1. 法院為監護之宣告時，受監護宣告之人已訂有意定監護契約者，應以意定監護契約所定之受任人為監護人，同時指定會同開具財產清冊之人。 2. 有事實足認意定監護受任人不利於本人，或有顯不適任之情事，法院得依職權選定監護人，不受意定監護契約之限制。 3. 意定監護契約已載明會同開具財產清冊之人者，法院應依契約所定者指定之。 4. 意定監護契約未載明會同開具財產清冊之人或所載明之人顯不利本人利益者，法院得依職權指定之。 5. 撤回： (1)法院為監護之宣告前，意定監護契約之本人或受任人得隨時撤回。 (2)應以書面先向他方為之，並由公證人作成公證書後，始生撤回之效力。公證人作為公證書後7日內，以書面通知本人住所地之法院。 (3)契約經一部撤回者，視為全部撤回。

3. 其他：

(1) 法院為監護之宣告、撤銷監護之宣告、選定監護人、許可監護人辭任及另行選定或改定監護人時，應依職權囑託該管戶政機關登記。

(2) 法院為監護之宣告後，本人有正當理由者，得聲請法院許可終止意定監護契約。受任人有正當理由者，得聲請法院許可辭任其職務。

牛刀小試

( ) 甲與乙婚後有子丙、丁、戊3人，丙未婚死亡無子嗣，丁與戊共同遭遇車禍而死亡，丁有子A，戊有女B及C。若三年後甲死亡，遺產應如何繼承？ (A)乙享有2／3，A、B、C則各享有1／9 (B)乙享有1／2，A、B、C則各享有1／6 (C)乙與A、B、C平均分配，各享有1／4 (D)乙享有1／3，A代位繼承1／3，B及C則共同代位繼承1／3。 【第1期】

解答與解析

(C)。因甲過世時，直系的子女均已過世，因此為直系血親卑親屬A、B、C與配偶乙共同繼承，全體繼承人依人數均分，因此各自享有1／4。

模擬試題

( ) **1** 我國長期照顧政策的描述，下列何者正確？ (A)立法院尚未通過長期照顧保險法 (B)長期照顧十年計畫的居家式服務，當財源來自於內政部或地方政府預算時，「需求評估」優於「資產調查」程序 (C)長期照顧十年計畫中的服務使用者依失能程度與家庭經濟狀況，所繳納的費用不同 (D)長期照顧十年計畫中規定只要家有失能老人者，皆可申請喘息服務。

(　　) **2** 長期照顧服務法及以房養老的方案，將有助於減緩哪一項社會問題？ (A)跨國婚姻問題 (B)少子化問題 (C)離婚問題 (D)老人照顧問題。

(　　) **3** 下列長期照顧機構，哪些是依據老人福利法設立的？(1)護理之家(2)長期照顧機構(3)養護機構(4)安養機構(5)慢性病院(6)居家護理所。 (A) 123 (B)146 (C) 234 (D) 345。

(　　) **4** 長期照顧保險的給付內容包括：(1)社區式照護(2)全日住宿型機構式照護(3)居家服務(4)喘息服務(5)住院醫療，以下何者正確？ (A)1234 (B)12345 (C)124 (D)245。

(　　) **5** 長期照顧的服務對象包含哪些人？下列何者為非？ (A)65歲以上老人 (B)50-64歲身心障礙者 (C)僅IADLs失能 (D)55-64歲原住民。

(　　) **6** 長照十年2.0服務申請流程排序： a.照顧專員到家評估；b.共同擬定照顧計畫；c.向長照管理中心提出申請： (A)a＋b＋c (B)c＋a＋b (C)c＋b＋a (D)b＋a＋c。

(　　) **7** 長照十年2.0服務項目總共分為四類，以下何者為非？ (A)交通接送 (B)居家護理 (C)照顧及專業服務 (D)輔具服務及居家無障礙環境改善服務。

(　　) **8** 下列何者為全國長期照顧服務專線？ (A)1999 (B)1966 (C)1977 (D)1955。

(　　) **9** 長照十年2.0所推C級巷弄長照站功能，下列何者為非？ (A)提供具近便性的照顧服務及喘息服務 (B)向後延伸提供居家醫療、安寧服務功能 (C)短時數照顧服務或喘息服務（臨托服務） (D)營養餐飲服務（共餐或送餐）。

(　　) **10** 下列有關長期照顧的重要理念，何者為非？ (A)享有長期照顧服務是人權 (B)須依社區需求，規劃服務的種類與數量 (C)期望服務達到「可近性」與「公平性」 (D)「機構化」與「貴族化」是基本精神。

( ) **11** 何種比率最適合用來推估老人長期照顧服務之需求量？ (A)死亡率 (B)罹病率 (C)失能率 (D)失業率。

( ) **12** 依現行老人福利法規定，老人福利機構的分類不包含下列那一類？ (A)長期照護型 (B)養護型 (C)社區關懷型 (D)失智照顧型。 【101社會工作師】

( ) **13** 關於老人安養照顧的問題，何者敘述有誤？ (A)為保障老人的生活，政府通過了老人福利法 (B)老人的安養照顧將完全依賴政府來解決 (C)政府逐步規劃完善的社會福利政策 (D)宣導三代同鄰來協助改善家庭面臨老人安養照顧的難題。

( ) **14** 下列何者不是老人福利法第16條所規定的老人照顧服務原則？ (A)促進自立與發展 (B)全人照顧 (C)在地老化 (D)多元連續。

( ) **15** 老人福利法中對於請領特別照顧津貼之資格要件，不包括下列那一項？ (A)老人失能程度為重度以上 (B)老人為中低收入且未接受收容安置並領有生活津貼 (C)老人實際上由家人照顧 (D)負責照顧老人之家屬曾接受居家服務員之訓練。

( ) **16** 依老人福利法第23條，主管機關應辦理專業人員之評估及諮詢、提供有關輔具之資訊、協助老人取得生活輔具等服務，其目的是？ (A)協助老人維持學習研發之能力 (B)協助老人維持休閒娛樂之能力 (C)協助老人維持經濟生產之能力 (D)協助老人維持獨立生活之能力。

( ) **17** 據老人福利法規定，老人短期保護與安置所需之費用，由直轄市、縣（市）主管機關先行支付者，直轄市、縣（市）主管機關得檢具費用單據影本及計算書，通知老人之直系血親卑親屬或依契約有扶養義務者於幾日內償還？ (A)10日 (B)30日 (C)60日 (D)90日。

( ) **18** 下列何者為老人福利法中所規範的社區式服務？ (A)輔具服務 (B)住宿服務 (C)社交活動服務 (D)緊急送醫服務。

( ) **19** 依老人福利法，下列何者並非各縣（市）主管機關規劃辦理老人照顧服務時所應依循的原則？ (A)全人照顧 (B)在地老化 (C)使用者付費 (D)延遲失能。

( ) **20** 根據老人福利法，我國對老人經濟安全保障主要採取的制度形式不包括下列那一種形式？ (A)長期安置機構 (B)年金保險 (C)生活津貼 (D)特別照顧津貼。

( ) **21** 老人福利法對於津貼之發給的敘述，下列何者有誤？ (A)中低收入老人未接受收容安置者，得申請發給生活津貼 (B)中低收入老人特別照顧津貼與中低收入老人生活津貼應擇一領取 (C)中低收入老人津貼之請領資格不得有設籍時間之限制 (D)中低收入老人津貼請領權利不得扣押、讓與或供擔保。【105地方政府特種考試】

( ) **22** 以下哪一個不是長照申請管道： (A)撥打1966長照服務專線 (B)向輔具廠商申請 (C)親自洽詢照管中心 (D)若即將出院且有長照需求，能直接洽詢醫院護理站相關資訊。

( ) **23** 依據長期照顧服務法規定，長期照顧是指身心失能持續已達或預期達多少時間以上者，依其個人或其照顧者之需要，所提供之生活支持、協助、社會參與、照顧及相關之醫護服務？ (A)6個月 (B)9個月 (C)1年 (D)2年。

( ) **24** 下列何者才算長期照顧服務法所謂之身心失能者？ (A)失智症者 (B)糖尿病患 (C)心臟病患 (D)高血壓患者。

( ) **25** 關於中低收入老人特別照顧津貼的發給對象資格條件，下列敘述何者正確？ (A)必須符合社會救助法對於中低收入戶的所得門檻 (B)必須同時領有中低收入老人生活津貼 (C)必須符合IADL重度失能 (D)照顧者必須65歲以下，但同住配偶不在此限。 【107社會工作師】

( ) **26** 關於民法「意定監護契約」之規定，下列敘述何者錯誤？ (A)意定監護契約之受任人僅得為一人 (B)意定監護契約應由公證人作成公證書始為成立 (C)法院為監護之宣告後，本人有正當理由者，仍得聲請法院許可終止意定監護契約 (D)法院為監護之宣告前，意定監護契約之本人得隨時撤回之。

( ) **27** 甲有配偶乙、成年子女丙、丁。甲在民國（下同）109年8月1日與丙訂立意定監護契約，約定由丙擔任甲唯一之監護人。甲又在109年12月1日與丁訂立意定監護契約，約定由丁擔任甲唯一之監護人。嗣後，甲判斷能力下降，法院欲對之為監護宣告，假設上述2份契約均有效，法院應以何人為監護人？ (A)乙 (B)丙 (C)丁 (D)丙、丁。

( ) **28** 所謂意定監護者，係指下列何者與受任人約定，於本人受監護宣告時，受任人允為擔任監護人之契約？ (A)本人 (B)配偶 (C)主管機關 (D)檢察官。

( ) **29** 配偶之特留分，為其應繼分之多少？ (A)二分之一 (B)三分之一 (C)四分之一 (D)五分之一。

( ) **30** 下列何者，為民法規定之繼承關係？ (A)養子女之繼承順序與婚生子女同，但其應繼分為婚生子女的二分之一 (B)未成年人之繼承權被侵害者，其法定代理人於知悉侵害後2年內得請求回復之 (C)被繼承人無子女，因此以遺囑指定其弟之長子為繼承人 (D)配偶與曾孫子女同為繼承時，其應繼分為遺產的三分之二。

( ) **31** 下列關於繼承的敘述，何者錯誤？ (A)繼承人對於被繼承人的債務，以因繼承所得遺產為限，負清償責任 (B)如繼承人在繼承開始前2年內，從被繼承人受有財產的贈與，該財產視為其所得遺產 (C)被繼承人的配偶與被繼承人的父母同為繼承時，其應繼分為遺產二分之一 (D)繼承人對於被繼承人的權利、義務，因繼承而消滅。

( ) **32** 民法繼承編，繼承人為無行為能力人或限制行為能力人對於被繼承人之債務，負何種責任？ (A)負無限責任 (B)按其應繼分比例負擔之 (C)以所得遺產為限，負清償責任 (D)不負任何清償責任。

( ) **33** 立法院於98年5月22日通過民法繼承編及施行法部分條文，規定子女對繼承採： (A)部分限定繼承 (B)全面限定繼承 (C)部分拋棄繼承 (D)全面拋棄繼承。

(　　) **34** 甲死亡，其子女均拋棄繼承權時，應由何人繼承？　(A)甲之父母　(B)甲之兄弟姊妹　(C)甲之祖父母　(D)甲之孫子女。

(　　) **35** 張三過世時，留下一筆1千萬元遺產，卻欠債2千萬元，其子認為繼承的結果，沒有實際利益，應在得知可以繼承起三個月內，以書面向法院提出：　(A)脫離父子關係　(B)破產宣告　(C)拋棄繼承權　(D)禁治產宣告。

解答與解析

1 (C)。(A)已於110年6月9日通過。(B)當財源來自於「內政部或地方政府預算時」→表示要花政府的錢，財源有限，所以「資產調查」會優於「需求評估」程序。(D)設籍並實際居住於各該縣市，符合各該縣市規定資格的失能身心障礙者、65歲以上衰弱者、50歲以上失智症、55歲以上失能原住民者等之照顧者，便可申請喘息服務。

2 (D)。長照服務法主要是解決老人照顧問題。

3 (C)。老人福利法第34條，主管機關應依老人需要，自行或結合民間資源辦理下列老人福利機構：一、長期照顧機構。二、安養機構。三、其他老人福利機構。

護理之家是能提供三管醫療服務的護理機構，其中三管指的是鼻胃管、尿管管、氣切管，主管機關為衛福部。專門照護有罹患慢性病、需要長期護理的患者，或在急病出院後仍需要醫療服務的病患。

居家護理所即是衛生福利部核准的專業居家照護機構，由專業護理人員所組成，提供對具長期性護理健康指導與技術需求的患者，由護理人員到家中提供個人及家庭的健康照顧。

4 (A)。長期照顧保險給付項目建議應包括：

(1) 機構照護：提供全日型住宿照護，其中包含失智者安全看顧。
(2) 社區式照護：建議提供日間與夜間照顧、社區復健、喘息服務。
(3) 居家照護服務：建議提供居家護理、居家復健、居家服務、家庭托顧（含失智者安全看顧）、喘息服務。
(4) 其他服務：喘息服務、交通接送、輔具、營養與送餐服務、無障礙環境改善、照護諮詢、免付費照護課程、照護提供者之支持等。

5 (C)。長照服務申請資格應為長照需要等級第2級（含）以上者，且符合下列情形之一者：

(1) 65歲以上老人。
(2) 領有身心障礙證明者。
(3) 55～64歲原住民。
(4) 50歲以上失智症者。

6 (B)。長照2.0的申請流程：(1)打1966長照專線服務，或是向各縣市照管中心提出申請撥打1966長照服務專線或親自洽詢照管中心、(2)專業人員到府評估、(3)照管師到宅訪視後共同安排、擬定照顧計畫、(4)由醫院或居服單位等提供服務機構，派員至民眾家中服務、(5)民眾支付費用給服務機構。

7 (B)。長照2.0服務分四大類：照顧及專業服務、交通接送服務、輔具與居家無障礙環境改善服務、喘息服務。

8 (B)。全國長照服務專線統一為1966。

9 (B)。C級巷弄長照站：屬於社區中第一線的長照服務組織，C級據點所服務的對象，主要是健康、亞健康，或屬於失智、失能前期的長者，就近獲得特約社區提供社會參與、健康促進、共餐服務、預防及延緩失能等服務。

10 (D)。享有長期照顧服務是人權而非特權，「個別化」、「人性化」與「社區化」的照顧服務是長期照顧的基本精神。

11 (C)。推估老人長期照顧服務需求，除失能率外，其餘選項均不適合。

12 (C)。老人福利機構設立標準第2條：老人福利機構：(一)長期照顧機構：(1)長期照護型：以罹患長期慢性病，需醫護服務的老人為對象。(2)養護型：以無生活自理能力，需他人照顧的老人；或需鼻胃管、導尿管等護理服務之老人為對象。(3)失智照顧型：以經診斷為失智症中度以上、具行動能力，需要受照顧的老人為對象。

13 (B)。老人照顧安養是全體社會問題，要家庭、社區、機構及政府政策整體配合解決。

14 (A)。老人福利法第16條，老人照顧服務應依全人照顧、在地老化、健康促進、延緩失能、社會參與及多元連續服務原則規劃辦理。

15 (D)。老人福利法第12條，中低收入老人未接受收容安置者，得申請發給生活津貼。前項領有生活津貼，且其失能程度經評估為重度以上，實際由家人照顧者，照顧者得向直轄市、縣（市）主管機關申請發給特別照顧津貼。

16 (D)。老人福利法第23條，為協助老人維持獨立生活之能力，增進生活品質，直轄市、縣（市）主管機關應自行或結合民間資源辦理輔具服務：(1)輔具之評估及諮詢、(2)提供有關輔具、輔助性之生活用品及生活設施設備之資訊、(3)協助老人取得生活輔具。

消防主管機關應提供前項老人居家消防安全宣導與諮詢。

中央主管機關得視需要獎勵研發老人生活所需之各項輔具、用品及生活設施設備。

17 (C)。老人福利法第41條第3項，第一項老人保護及安置所需之費用，由直轄市、縣（市）主管機關先行支付者，直轄市、縣（市）主管機關得檢具費用單據影本、計算書，及得減輕或免除之申請程序，以書面行政處分通知老人、老人之配偶、直系血親卑親屬或依契約負照顧義務者於60日內返還。

18 (A)。老人福利法第18條，為提高家庭照顧老人之意願及能力，提升老人在社區生活之自主性，直轄市、縣（市）主管機關應自行或結合民間資源提供下列社區式服務：(1)保健服務。(2)醫護服務。(3)復健服務。(4)輔具服務。(5)心理諮商服務。(6)日間照顧服務。(7)餐飲服務。(8)家庭托顧服務。(9)教育服務。(10)法律服務。(11)交通服務。(12)退休準備服務。(13)休閒服務。(14)資訊提供及轉介服務。(15)其他相關之社區式服務。

19 (C)。老人福利法第16條，老人照顧服務應依全人照顧、在地老化、健康促進、延緩失能、社會參與及多元連續服務原則規劃辦理。直轄市、縣（市）主管機關應依前項原則，並針對老人需求，提供居家式、社區式或機構式服務，並建構妥善照顧管理機制辦理之。

20 (A)。老人福利法第11條，老人經濟安全保障，採生活津貼、特別照顧津貼、年金保險制度方式，逐步規劃實施。

21 (B)。老人福利法第12條，中低收入老人未接受收容安置者，得申請發給生活津貼。

前項領有生活津貼，且其失能程度經評估為重度以上，實際由家人照顧者，照顧者得向直轄市、縣（市）主管機關申請發給特別照顧津貼。

前二項津貼請領資格、條件、程序、金額及其他相關事項之辦法，由中央主管機關定之，並不得有設籍時間之限制；申請應檢附之文件、審核作業等事項之規定，由直轄市、縣（市）主管機關定之。

老人福利法第12-1條，依本法請領各項現金給付或補助之權利，不得扣押、讓與或供擔保。

22 (B)。長照申請管道有3種：(1)撥打1966長照服務專線、(2)親自洽詢照管中心、(3)若即將出院且有長照需求，能直接洽詢醫院護理站相關資訊。

23 (A)。長期照顧服務法第3條，長期照顧（以下稱長照）：指身心失能持續已達或預期達6個月以上者，依其個人或其照顧者之需要，所提供之生活支持、協助、社會參與、照顧及相關之醫護服務。

24 (A)。長期照顧服務法第3條，身心失能者（以下稱失能者）：指身體或心智功能部分或全部喪失，致其日常生活需他人協助者。因此，答案為(A)。

25 **(B)**。中低收入老人特別照顧津貼發給辦法第2條請領中低收入老人特別照顧津貼（以下簡稱本津貼）之受照顧者應符合下列規定：(1)領有中低收入老人生活津貼、(2)未接受機構收容安置、居家服務、未僱用看護（傭）、未領有政府提供之日間照顧服務補助或其他照顧服務補助、(3)失能程度經直轄市、縣（市）主管機關指定或委託之評估單位（人員）作日常生活活動功能量表評估為重度以上，且實際由家人照顧、(4)實際居住於戶籍所在地。
第3條請領本津貼之照顧者並應符合下列規定：一、年滿十六歲，未滿六十五歲，且無社會救助法第五條之三第一款至第三款、第六款及第七款規定之情事。二、屬下列情形之一者：(一)同為領取中低收入老人生活津貼應計算家庭總收入全家人口之成員。(二)出嫁之女兒或子為他人贅夫者及其配偶。(三)受照顧者二親等以內之直系血親卑親屬。三、未從事全時工作，且實際負責照顧受照顧者。四、與受照顧者設籍及實際居住於同一直轄市、縣（市）。

26 **(A)**。民法第1113-2條，稱意定監護者，謂本人與受任人約定，於本人受監護宣告時，受任人允為擔任監護人之契約。前項受任人得為一人或數人；其為數人者，除約定為分別執行職務外，應共同執行職務。

27 **(C)**。民法第1113-8條，前後意定監護契約有相牴觸者，視為本人撤回前意定監護契約。

28 **(A)**。民法第1113-2條，稱意定監護者，謂本人與受任人約定，於本人受監護宣告時，受任人允為擔任監護人之契約。前項受任人得為一人或數人；其為數人者，除約定為分別執行職務外，應共同執行職務。

29 **(A)**。民法第1223條，繼承人之特留分，依左列各款之規定：一、直系血親卑親屬之特留分，為其應繼分二分之一。

30 **(B)**。民法第1146條，繼承權被侵害者，被害人或其法定代理人得請求回復之。前項回復請求權，自知悉被侵害之時起，2年間不行使而消滅；自繼承開始時起逾10年者亦同。

31 **(D)**。民法第1154條，繼承人對於被繼承人之權利、義務，不因繼承而消滅。

32 **(C)**。民法第1162-2條，繼承人違反第1162條之1規定者，被繼承人之債權人得就應受清償而未受償之部分，對該繼承人行使權利。繼承人對於前項債權人應受清償而未受償部分之清償責任，不以所得遺產為限。但繼承人為無行為能力人或限制行為能力人，不在此限。

33 (B)。民法第1148條，繼承人自繼承開始時，除本法另有規定外，承受被繼承人財產上之一切權利、義務。但權利、義務專屬於被繼承人本身者，不在此限。繼承人對於被繼承人之債務，以因繼承所得遺產為限，負清償責任。

34 (A)。民法第1138條，遺產繼承人，除配偶外，依左列順序定之：一、直系血親卑親屬。二、父母。三、兄弟姊妹。四、祖父母。

35 (C)。民法第1174條，繼承人得拋棄其繼承權。前項拋棄，應於知悉其得繼承之時起3個月內，以書面向法院為之。拋棄繼承後，應以書面通知因其拋棄而應為繼承之人。但不能通知者，不在此限。

本章註解

[註1] 整理自保險雲世代，【長照專題】系列五之二：認識長照1.0，https://www.tw-insurance.info/article.cfm?ct=11002。

[註2] 整理自保險雲世代，【長照專題】系列五之二：認識長照1.0，https://www.tw-insurance.info/article.cfm?ct=11002。

[註3] 整理自衛生福利部長照政策專區-長照.2.0。

[註4] 資料整理自五泰房屋，社會住宅包租代管：屋主一定要知道的好處介紹，及新北市政府網站。

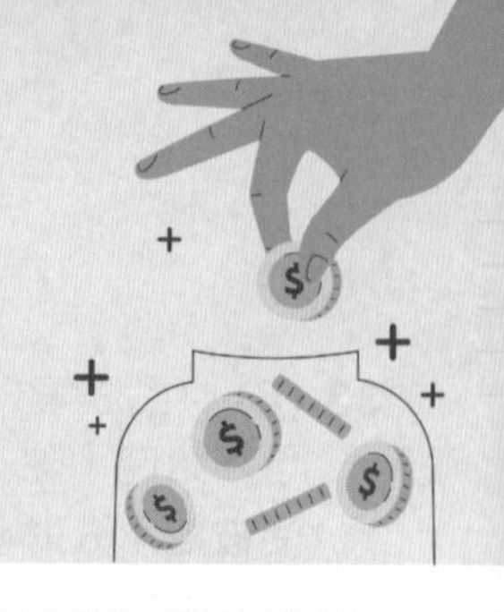

第三章 高齡者信託法規及課稅實務

學習重點

包括信託法、信託法施行細則、信託種類及內容、遺囑信託，必須細讀相關法令規定，尤其是委託人、受託人、受益人、信託監察人等定義及責任、注意信託業法、銀行從事信託業務之規定。另需特別注意贈與稅、遺產稅、土地增值稅之課徵與免課徵條件、自用住宅優惠稅率之適用。

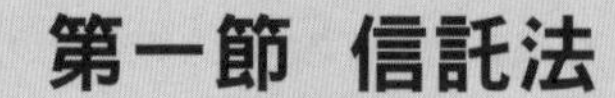

第一節 信託法

一、信託意義

信託

1.受託人將財產權轉移或為其他處分，使受託人依信託本旨，為受益人之利益或為特定之目的，管理或處分信託財產之關係。

2.除法律另有規定外，應以契約或遺囑為之。

3.信託關係，因信託行為所定事由發生，或因信託目的已完成或不能完成而消滅。

二、信託成立三法則（有效要件）

私益信託而言，信託目的、信託財產及受益人確定，被認為係信託之有效要件，亦即信託是否成立，須符合三法則（要件）：

(一) 信託設立意圖（信託目的）確定性法則

若委託人對於信託意欲實現之內容，無具體而明確表示者，信託無由成立；而以清償債務為目的，將財產權移轉於債權人者，非為信託。

(二) **信託標的（信託財產）確定性法則**

信託之標的不是委託人有權處分之財產權者，或委託人欲意信託之財產權非明確者，信託不能成立。

(三) **受益人確定性法則**

1. 此原則並不適用於公益信託。
2. 雖然受益人原則上並不以信託成立時存在或特定為必要條件，但須可得而確定。

三、信託財產

(一) 受託人因信託行為取得之財產權為信託財產。

(二) 受託人因信託財產之管理、處分、滅失、毀損或其他事由取得之財產權，仍屬信託財產。

(三) 屬於信託財產之債權與不屬於該信託財產之債務不得互相抵銷。

(四) 受託人死亡、破產時，信託財產不屬於其遺產。

(五) 信託財產為所有權以外之權利時，受託人雖取得該權利標的之財產權，其權利亦不因混同而消滅。

(六) 受託人應將信託財產與其自有財產及其他信託財產分別管理：

1. 信託財產為金錢者，得以分別記帳方式為之。

   受託人違反規定獲得利益者，委託人或受益人得請求將其利益歸於信託財產。

2. 不同信託之信託財產間，信託行為訂定得不必分別管理者，從其所定。

   受託人雖無過失，亦應負損害賠償責任；但受託人證明縱為分別管理，而仍不免發生損害者，不在此限。

四、公示性

(一) **以應登記或註冊之財產權為信託者**

非經信託登記，不得對抗第三人。

(二) **以有價證券為信託者**

非依目的事業主管機關規定於證券上或其他表彰權利之文件上載明為信託財產，不得對抗第三人。

(三) **以股票或公司債券為信託者**

非經通知發行公司，不得對抗該公司。

五、信託撤銷

撤銷，不影響受益人已取得之利益。但受益人取得之利益未屆清償期或取得利益時明知或可得而知有害及債權者，不在此限。

信託撤銷

1.信託行為有害於委託人之債權人權利者，債權人得聲請法院撤銷。

2.信託成立後6個月內，委託人或其遺產受破產之宣告者，推定其行為有害及債權。

3.撤銷權
(1)自債權人知有撤銷原因時起，1年間消滅。
(2)自行為時起逾10年者，亦同。

六、信託無效

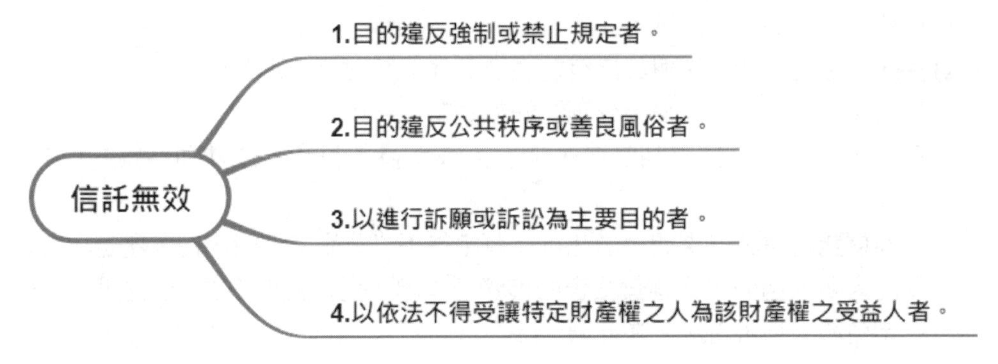

信託無效
1.目的違反強制或禁止規定者。
2.目的違反公共秩序或善良風俗者。
3.以進行訴願或訴訟為主要目的者。
4.以依法不得受讓特定財產權之人為該財產權之受益人者。

七、受託人

(一) **以善良管理人之注意，處理信託事務。**

(二) **不得為受託人**

1. 未成年人。
2. 受監護或輔助宣告之人。
3. 破產人。

(三) **受託人有數人**

1. 信託財產為其公同共有。
2. 共同受託人中之一人任務終了時，信託財產歸屬於其他受託人。

(四) **受託人變更**

1. 已辭任之受託人於新受託人能接受信託事務前，仍有受託人之權利及義務。
2. 信託財產視為於原受託人任務終了時，移轉於新受託人。
3. 由新受託人承受原受託人因信託行為對受益人所負擔之債務。
4. 受託人因處理信託事務負擔之債務，債權人亦得於新受託人繼受之信託財產限度內，請求新受託人履行。
5. 原受託人應就信託事務之處理作成結算書及報告書，連同信託財產會同受益人或信託監察人移交於新受託人。

(五) **信託財產強制執行**

於受託人變更時，債權人仍得依原執行名義，以新受託人為債務人，開始或續行強制執行。

(六) **報酬**

1. 受託人係信託業或信託行為訂有給付報酬者，得請求報酬。
2. 約定之報酬，依當時之情形或因情事變更顯失公平者，法院得因委託人、受託人、受益人或同一信託之其他受託人之請求增減其數額。

(七) **代款款項／損害補償**

1. 受託人就信託財產或處理信託事務所支出之稅捐、費用或負擔之債務，得以信託財產充之。
2. 於上之權利未獲滿足前，得拒絕將信託財產交付受益人。
3. 受託人就信託財產或處理信託事務所受損害之補償，準用上(1)&(2)規定。

(八) **受託人之任務，因受託人死亡、受破產、監護或輔助宣告而終了。其為法人者，經解散、破產宣告或撤銷設立登記時，亦同。**

(九) **監督**

1. 信託除營業信託及公益信託外，由法院監督。
2. 法院得因利害關係人或檢察官之聲請為信託事務之檢查，並選任檢查人及命為其他必要之處分。
3. 受託人不遵守法院之命令或妨礙其檢查者，處新臺幣1萬元以上10萬元以下罰鍰。

八、信託監察人

(一) 受益人不特定、尚未存在或其他為保護受益人之利益認有必要時，法院得因利害關係人或檢察官之聲請，選任一人或數人為信託監察人。

(二) 信託行為定有信託監察人或其選任方法者，從其所定。

(三) 信託監察人有數人

1. 職務之執行除法院另有指定或信託行為另有訂定外，以過半數決之。
2. 就信託財產之保存行為得單獨為之。

(四) 信託監察人得以自己名義，為受益人為有關信託之訴訟上或訴訟外之行為；受益人得請求信託監察人為此項之行為。

(五) **不得**為信託監察人：

1. 未成年人。
2. 受監護或輔助宣告之人。
3. 破產人。

(六) 報酬

1. 法院因信託監察人之請求，得斟酌其職務之繁簡及信託財產之狀況，就信託財產酌給相當報酬。
2. 信託行為另有訂定者，從其所定。

(七) 辭任

信託監察人有正當事由時，得經指定或選任之人同意或法院之許可辭任。

(八) 解任

1. 信託監察人怠於執行其職務或有其他重大事由時，指定或選任之人得解任之。
2. 法院得因利害關係人或檢察官之聲請將其解任。

(九) 信託監察人辭任或解任時，除信託行為另有訂定外，指定或選任之人得選任新信託監察人；不能或不為選任者，法院亦得因利害關係人或檢察官之聲請選任之。

九、信託關係圖[註1]

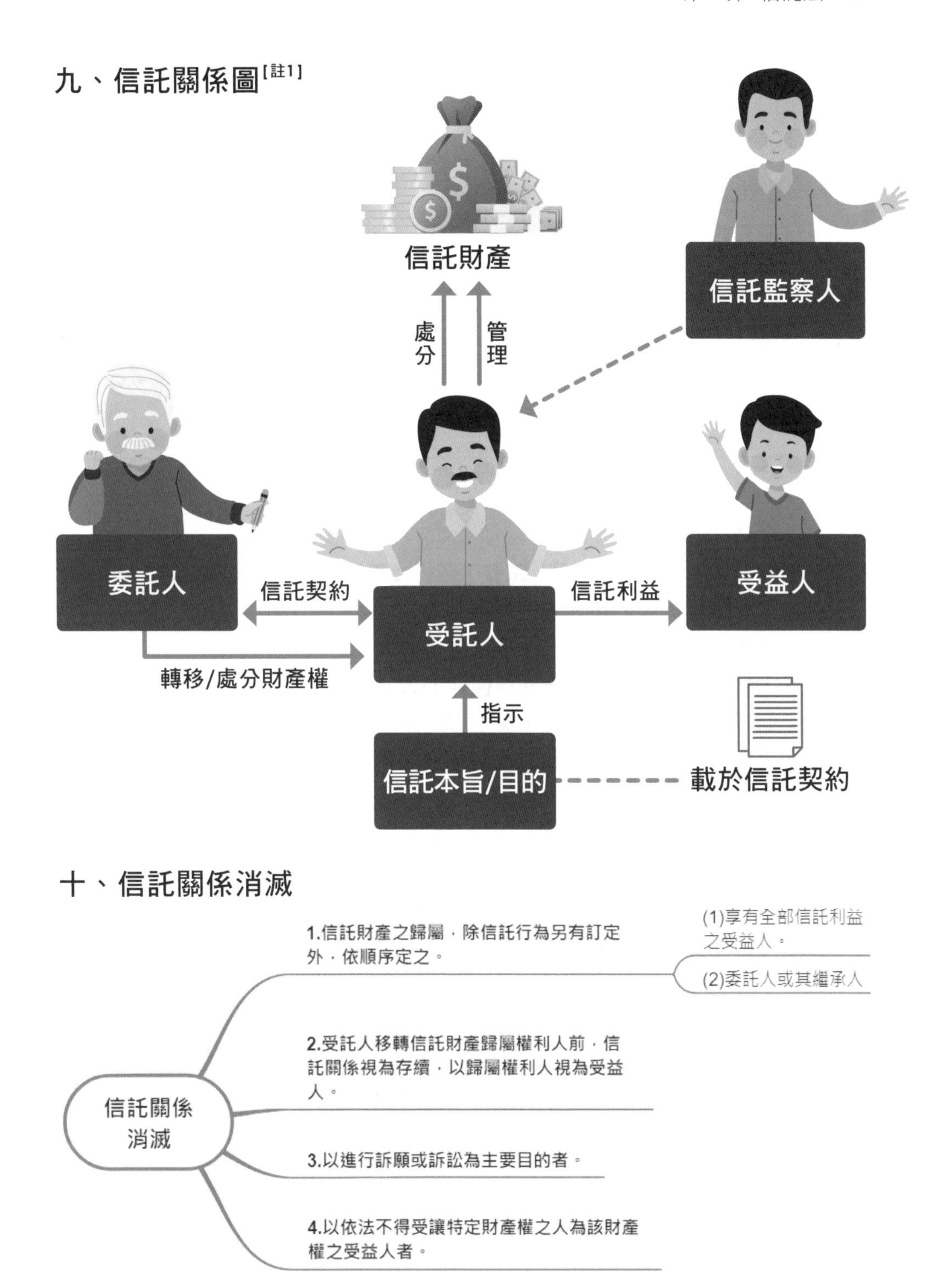

十、信託關係消滅

信託關係消滅
1.信託財產之歸屬，除信託行為另有訂定外，依順序定之。
(1)享有全部信託利益之受益人。
(2)委託人或其繼承人
2.受託人移轉信託財產歸屬權利人前，信託關係視為存續，以歸屬權利人視為受益人。
3.以進行訴願或訴訟為主要目的者。
4.以依法不得受讓特定財產權之人為該財產權之受益人者。

牛刀小試

( ) 信託成立後多少期間內，委託人或其遺產受破產宣告者，推定其行為有害債權？

(A)3個月 (B)6個月

(C)1年 (D)3年。 【第3期】

解答與解析

(B)。信託法第6條，信託成立後6個月內，委託人或其遺產受破產之宣告者，推定其行為有害及債權。

十一、公益信託

(一) **以慈善、文化、學術、技藝、宗教、祭祀或其他以公共利益為目的之信託。**

(二) **公益信託應置信託監察人：**

受託人應每年至少1次定期將信託事務處理情形及財務狀況，送公益信託監察人審核後，報請主管機關核備並公告之。

(三) **公益信託之設立及其受託人，應經目的事業主管機關之許可。**

1. 目的事業主管機關得隨時檢查信託事務及財產狀況；必要時並得命受託人提供相當之擔保或為其他處置。
2. 成立後發生信託行為當時不能預見之情事時，目的事業主管機關得參酌信託本旨，變更信託條款。
3. 違反設立許可條件、監督命令或為其他有害公益之行為者，目的事業主管機關得撤銷其許可或為其他必要之處置。其無正當理由連續3年不為活動者，亦同。

   處分前，應通知委託人、信託監察人及受託人於限期內表示意見。但不能通知者，不在此限。

(四) **法人為增進公共利益，得經決議對外宣言自為委託人及受託人，並邀公眾加入為委託人。**

對公眾宣言前，應經目的事業主管機關許可。

(五) **受託人**

1. 非有正當理由，並經目的事業主管機關許可，不得辭任。
2. 責任：
   (1) 公益信託關係因信託行為所定事由發生，或因信託目的已完成或不能完成而消滅，受託人應於1個月內，將消滅之事由及年月日，向目的事業主管機關申報。
   (2) 信託關係消滅時，受託人應就信託事務之處理作成結算書及報告書，並取得受益人、信託監察人或其他歸屬權利人之承認。
   取得信託監察人承認後15日內，向目的事業主管機關申報。

(六) **公益支出**

1. 公益信託之信託資產總額未達新臺幣3,000萬元者，其依信託本旨所為之年度公益支出金額，除信託成立當年度外，應不低於該年度之公益信託行政管理費。
2. 公益信託之信託資產總額達新臺幣3,000萬元（含）以上者，依信託本旨所為之年度公益支出，除信託成立當年度外，原則上應不低於前一年底信託資產總額之1%。
3. 前二款所稱信託資產總額係指前一年底資產負債表之資產合計總額，若信託財產屬未上市（櫃）且非興櫃公司之股份或股權，並未以評價方式列入資產負債表者，其股票價值應以該未上市（櫃）且非興櫃公司最近一期財務報表所載之每股淨值計算。
4. 就信託財產中屬有價證券、不動產或其他現金以外之標的，原則上以該項財產之孳息作為公益支出之來源。

十二、金錢之信託種類 重要!

金錢之信託種類		說明
指定營運範圍或方法	單獨管理運用金錢信託	指受託人與委託人個別訂定信託契約，由委託人概括指定信託資金之營運範圍或方法，受託人於該營運範圍或方法內具有運用決定權，並為單獨管理運用者。
	集合管理運用金錢信託	委託人概括指定信託資金之營運範圍或方法，並由受託人將信託資金與其他不同信託行為之信託資金，就其營運範圍或方法相同之部分，設置集合管理運用帳戶，受託人對該集合管理運用帳戶具有運用決定權者。

金錢之信託種類		說明
不指定營運範圍或方法	單獨管理運用金錢信託	委託人不指定信託資金之營運範圍或方法，由受託人於信託目的範圍內，對信託資金具有運用決定權，並為單獨管理運用者。
	集合管理運用金錢信託	委託人不指定信託資金之營運範圍或方法，並由受託人將該信託資金與其他不同信託行為之信託資金，於信託法第32條第1項規定之營運範圍內，設置集合管理運用帳戶，受託人對該集合管理運用帳戶具有運用決定權者。
特定單獨管理運用金錢信託		委託人對信託資金保留運用決定權，並約定由委託人本人或其委任之第三人，對該信託資金之營運範圍或方法，就投資標的、運用方式、金額、條件、期間等事項為具體特定之運用指示，並由受託人依該運用指示為信託資金之管理或處分者。
特定集合管理運用金錢信託		委託人對信託資金保留運用決定權，並約定由委託人本人或其委任之第三人，對該信託資金之營運範圍或方法，就投資標的、運用方式、金額、條件、期間等事項為具體特定之運用指示，受託人並將該信託資金與其他不同信託行為之信託資金，就其特定營運範圍或方法相同之部分，設置集合管理帳戶者。

牛刀小試

(　　)　信託業辦理指定單獨管理運用金錢信託，運用信託財產從事有價證券投資交易，逾越法令或信託契約所定限制範圍者，應由下列何者負履行責任？　(A)委託人　(B)受益人　(C)受託人　(D)信託監察人。　【第1期】

解答與解析

(C)。信託業辦理指定營運範圍或方法之單獨管理運用金錢信託業務應遵循事項第8條，信託業辦理指定單獨管理運用金錢信託業務運用信託財產從事有價證券投資交易，逾越法令或信託契約所定限制範圍者，應由信託業負履行責任。亦即由受託人負履行責任。

十三、信託業經營之業務項目，依受託人對信託財產運用決定權之有無分類

(一) **受託人對信託財產具有運用決定權之信託**：依委託人是否指定營運範圍或方法，分為下列二類：

1. **委託人指定營運範圍或方法**：指委託人對信託財產為概括指定營運範圍或方法，並由受託人於該概括指定之營運範圍或方法內，對信託財產具有運用決定權。
2. **委託人不指定營運範圍或方法**：指委託人對信託財產不指定營運範圍或方法，受託人於信託目的範圍內，對信託財產具有運用決定權。

(二) **受託人對信託財產不具有運用決定權之信託**：指委託人保留對信託財產之運用決定權，並約定由委託人本人或其委任之第三人，對信託財產之營運範圍或方法，就投資標的、運用方式、金額、條件、期間等事項為具體特定之運用指示，並由受託人依該運用指示為信託財產之管理或處分。

十四、信託課稅原則

我國信託課稅原則：(1)原則採導管理論。(2)原則所得發生時課稅。(3)原則採受益人課稅原則。

(一) **導管理論**：認為信託僅為委託人將信託利益移轉於受益人之一種手段或導管，應對移轉財產權之人、享受信託利益之人或信託財產之實質權利人課稅。

(二) 我國以「得為權利主體之自然人或法人」為納稅義務人，無以「財產權」為課稅對象。受益人應將享有信託利益之權利價值，併入成立年度之所得額，依規定課徵所得稅。

(三) 信託關係存續中，變更受益人或追加信託財產，致增加非委託人享有信託利益之權利者，亦同。

牛刀小試

(　　) **1** 高齡者為自己設立安養信託，將退休安養資金移轉給受託銀行管理，有關該財產於信託生效後，下列敘述何者正確？ (A)受益人享有經濟實質上之受益權 (B)受託人係以委託人名義管理財產 (C)委託人喪失對信託財產之管理及決定權 (D)為盡忠實義務，該信託財產列示於受託銀行自有資產項下。 【第2期】

(　　) **2** 甲擬提供新臺幣1億元成立公益信託，由A銀行擔任受託人。依中華民國信託業商業同業公會會員辦理公益信託實務準則第1條第2規定，A銀行於執行公益信託時應注意該公益信託依信託本旨所為之年度公益支出，除信託成立當年度外，原則上應不低於前一年底信託資產總額之多少比例，且必要時於公益信託契約中應為約定？　(A)1%　(B)3%　(C)5%　(D)10%。

【第2期】

解答與解析

1 (A)。(A) 安養信託為自益信託，委託人與受益人為同一人，所以受益人享有經濟實質上之受益權。

(B) 受託人應以信託專戶名義為委託人。

(C) 委託人對信託財產有管理及決定權。

(D) 信託財產與受託銀行自有資產分開。

2 (A)。中華民國信託業商業同業公會會員辦理公益信託實務準則第10條，公益信託之信託資產總額未達新臺幣3千萬元者，其依信託本旨所為之年度公益支出金額，除信託成立當年度外，應不低於該年度之公益信託行政管理費。

公益信託之信託資產總額達新臺幣3千萬元（含）以上者，依信託本旨所為之年度公益支出，除信託成立當年度外，原則上應不低於前一年底信託資產總額之1%。

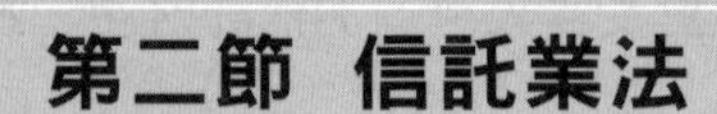

第二節　信託業法

一、定義

(一) **主管機關**：金融監督管理委員會。

(二) **信託業**：依信託業法經主管機關許可，以經營信託為業之機構。

1. 為促進普惠金融及金融科技發展，不限於信託業，得依金融科技發展與創新實驗條例申請辦理信託業務創新實驗。
2. 信託業之名稱，應標明信託之字樣。但經主管機關之許可兼營信託業務者，不在此限。

3. 信託業之組織，以股份有限公司為限。但經主管機關之許可兼營信託業務者，不在此限。
4. 政黨或其他政治團體不得投資或經營信託業。

(三) **信託業負責人**：依公司法或其他法律或其組織章程所定應負責之人。

(四) **信託業之利害關係人，指有下列情形之一者：**
1. 持有信託業已發行股份總數或資本總額5%以上者。
2. 擔任信託業負責人。
3. 對信託財產具有運用決定權者。
4. 第一款或第二款之人獨資、合夥經營之事業，或擔任負責人之企業，或為代表人之團體。
5. 第一款或第二款之人單獨或合計持有超過公司已發行股份總數或資本總額10%之企業。
6. 有半數以上董事與信託業相同之公司。
7. 信託業持股比率超過5%之企業。

(五) **共同信託基金**：指信託業就一定之投資標的，以發行受益證券或記帳方式向不特定多數人募集，並為該不特定多數人之利益而運用之信託資金。

二、業務及附屬業務項目

(一) **信託業經營之業務項目如下：**
1. 金錢之信託。
2. 金錢債權及其擔保物權之信託。
3. 有價證券之信託。
4. 動產之信託。
5. 不動產之信託。
6. 租賃權之信託。
7. 地上權之信託。
8. 專利權之信託。
9. 著作權之信託。
10. 其他財產權之信託。

(二) **信託業經營之附屬業務項目如下：**
1. 代理有價證券發行、轉讓、登記及股息、利息、紅利之發放事項。
2. 提供有價證券發行、募集之顧問服務。
3. 擔任有價證券發行簽證人。
4. 擔任遺囑執行人及遺產管理人。
5. 擔任破產管理人及公司重整監督人。
6. 擔任信託監察人。
7. 辦理保管業務。

8. 辦理出租保管箱業務。
9. 辦理與信託業務有關下列事項之代理事務：
   (1) 財產之取得、管理、處分及租賃。 (2) 財產之清理及清算。
   (3) 債權之收取。 (4) 債務之履行。
10. 與信託業務有關不動產買賣及租賃之居間。
11. 提供投資、財務管理及不動產開發顧問服務。
12. 經主管機關核准辦理之其他有關業務。

三、信託契約

信託契約之訂定，應以書面為之。委託人得依契約之約定，委託信託業將其所信託之資金與其他委託人之信託資金集合管理及運用。

四、信託財產

(一) **信託業之信託財產為應登記之財產者，應依有關規定為信託登記。**

(二) **信託業之信託財產為有價證券**：信託業將其自有財產與信託財產分別管理，並以信託財產名義表彰，其以信託財產為交易行為時，得對抗第三人，不適用信託法第四條第二項規定。

(三) **信託業之信託財產為股票或公司債券**：信託業以信託財產名義表彰，並為信託過戶登記者，視為通知發行公司。

1. 信託業之信託財產為股票者，其表決權之行使，得與其他信託財產及信託業自有財產分別計算，不適用公司法第181條但書規定。
2. 信託業行使前項表決權，應依信託契約之約定。

五、不指定營運範圍或方法之金錢信託

信託業辦理委託人不指定營運範圍或方法之金錢信託，其營運範圍以下列為限：

(一) 現金及銀行存款。

(二) 投資公債、公司債、金融債券。

(三) 投資短期票券。

(四) 其他經主管機關核准之業務。

(五) 主管機關於必要時，得對前項金錢信託，規定營運範圍或方法及其限額。

六、共同信託基金

(一) **募集**：應先擬具發行計畫，載明該基金之投資標的及比率、募集方式、權利轉讓、資產管理、淨值計算、權益分派、信託業之禁止行為與責任及其他必要事項，報經主管機關核准。信託業非經主管機關核准，不得募集共同信託基金。

(二) **共同信託基金受益證券**：應為記名式。

(三) 共同信託基金受益證券由受益人背書轉讓之。但非將受讓人之姓名或名稱通知信託業，不得對抗該信託業。

七、不得為之行為

(一) 對信託財產具有運用決定權者，不得兼任其他業務之經營。

(二) 信託業不得以信託財產為下列行為：

1. 購買本身或其利害關係人發行或承銷之有價證券或票券。
2. 購買本身或其利害關係人之財產。
3. 讓售與本身或其利害關係人。
4. 其他經主管機關規定之利害關係交易行為。
   (1) 信託契約約定信託業對信託財產不具運用決定權者，不受前項規定之限制。
   (2) 信託業應就信託財產與信託業本身或利害關係人交易之情形，充分告知委託人。如受益人已確定者，並應告知受益人。
   (3) 政府發行之債券，不受1.規定之限制。

(三) 信託業不得以信託財產辦理銀行法第5條之2所定授信業務項目。

(四) 信託業不得承諾擔保本金或最低收益率。

(五) 信託業不得以信託財產借入款項。但以開發為目的之土地信託，依信託契約之約定、經全體受益人同意或受益人會議決議者，不在此限。

受益人會議之決議，應經受益權總數2／3以上之受益人出席，並經出席表決權數1／2以上同意行之。

(六) 信託業除依信託契約之約定，或事先告知受益人並取得其書面同意外，不得為下列行為：

1. 以信託財產購買其銀行業務部門經紀之有價證券或票券。
2. 以信託財產存放於其銀行業務部門或其利害關係人處作為存款或與其銀行業務部門為外匯相關之交易。

外匯相關之交易，應符合外匯相關法令規定，並應就外匯相關風險充分告知委託人，如受益人已確定者，並應告知受益人。信託業應就利害關係交易之防制措施，訂定書面政策及程序。

3. 以信託財產與本身或其利害關係人為第25條第1項以外之其他交易。

(七) 信託業非加入商業同業公會，不得營業。

八、其他

(一) 信託業之經營與管理，應由具有專門學識或經驗之人員為之。

(二) 信託業之董事、監察人應有一定比例以上具備經營與管理信託業之專門學識或經驗。

(三) 信託業應設立信託財產評審委員會，將信託財產每3個月評審一次，報告董事會。

(四) 信託業應依照信託契約之約定及主管機關之規定，分別向委託人、受益人作定期會計報告，如約定設有信託監察人者，亦應向信託監察人報告。

(五) 信託業辦理信託資金集合管理及運用、募集共同信託基金，或訂定有多數委託人或受益人之信託契約，關於委託人及受益人權利之行使，得於信託契約訂定由受益人會議以決議行之。

(六) 信託業違反法令或信託契約，或因其他可歸責於信託業之事由，致委託人或受益人受有損害者，其應負責之董事及主管人員應與信託業連帶負損害賠償之責。前項連帶責任，自各應負責之董事及主管人員卸職之日起**2年內**，不行使該項請求權而消滅。

(七) 信託業依適合度方式對客戶所作之風險承受等級評估與商品等級適配評估應留存紀錄，依適合度方式對客戶所作風險承受等級之評估結果如超過**1年**，信託業於推介或新辦受託投資時，應再重新檢視客戶之風險承受等級；如推介前無法重新檢視者，信託業僅得推介依第6條評估及確認後屬最低風險等級之商品。

牛刀小試

( ) **1** 高齡社會下，信託業者扮演重要角色，有關其業務管理，下列敘述何者錯誤？ (A)信託業為擔保其因違反受託人義務而對受益人所負之利益返還責任，依法提存賠償準備金 (B)信託業應每半年營業年度編製營業報告書及財務報告 (C)董事及主管人員連帶責任自卸職之日起1年內，不行使該項請求權而消滅 (D)信託業應建立內部控制及稽核制度。【第2期】

( ) **2** 有關高齡者以300萬元於甲銀行設立自己之安養信託，並約定將信託財產以存款方式管理，下列敘述何者正確？ (A)甲銀行為避免利益衝突並盡忠實義務，僅得於甲銀行以外之銀行辦理存款 (B)因高齡者於甲銀行辦理信託，雙方已有信賴基礎，故甲銀行信託專責部門可逕於自家銀行之分行辦理存款 (C)除信託契約有約定，或事先告知該高齡者並取得其書面同意，否則不得於甲銀行業務部門辦理存款 (D)為落實善良管理人之注意義務，甲銀行得因存款利率過低而將高齡者財產運用在同性質之配息債券基金以增加收益性。【第2期】

解答與解析

1 (C)。信託業法第35條，信託業違反法令或信託契約，或因其他可歸責於信託業之事由，致委託人或受益人受有損害者，其應負責之董事及主管人員應與信託業連帶負損害賠償之責。前項連帶責任，自各應負責之董事及主管人員卸職之日起2年內，不行使該項請求權而消滅。

2 (C)。信託業法第27條，信託業除依信託契約之約定，或事先告知受益人並取得其書面同意外，不得為下列行為：一、以信託財產購買其銀行業務部門經紀之有價證券或票券。二、以信託財產存放於其銀行業務部門或其利害關係人處作為存款或與其銀行業務部門為外匯相關之交易。三、以信託財產與本身或其利害關係人為第25條第1項以外之其他交易。

第三節 信託[註2]

一、信託分類

(一) **金錢信託**：一般作為退休安養及子女教養的規劃，另可做特殊目的性規劃。

(二) **有價證券信託**：讓子女可以共同享有股利之收益，達到贈與之效果。

(三) **管理型不動產信託**：委託人為財產保護、方便管理或資產分配等信託目的，將其名下之房屋或土地等不動產交付信託，可以契約或遺囑量身訂作個人需求，信託財產則委由受託人管理、處分、分配。

(四) **保險金信託**：延續保險意旨，將保險金專款專用在想照顧的人。

(五) **公益信託**：謂以慈善、文化、學術、技藝、宗教、祭祀或其他公共利益為目的之信託。（可詳本章第一節、信託法）

二、金錢信託

(一) **意義**：指信託行為生效時，委託人交付給受託人之信託財產為金錢者（以金錢直接交付信託），是常見也是最為人熟知的一種信託規劃方式。例如，經由信託投資國內外基金，即是最常見的金錢信託。

(二) **規劃型金錢信託**：以信託作為贈與平台，並利用信託特有的折現效果，降低贈與稅，同時規劃按期領取固金定額，作為退休生活使用，信託期間委託人仍享有財產掌控權。

(三) **特定金錢信託**

1. **投資國外有價證券**：投資人與信託業簽訂以自己為受益人的信託契約後，將資金交給信託業，透過信託業依信託契約的約定投資到投資人所選擇的各種國外標的中，信託業在取得投資人所應得的投資權益，並定期回報投資組合的表現。當投資人想處分投資，只要指示信託業將投資標的賣掉後即可取回資金。

2. **投資國內有價證券**：以特定金錢信託投資國內有價證券之標的，包括國內證券投資信託公司發行之證券投資信託基金、國內期貨信託公司發行之期貨信託基金、國內券商發行之結構型商品及股票、指數股票型基金等。

(四) **透過特定金錢信託辦理投資理財信託注意事項**

1. 須先了解自己的投資屬性。
2. 必須充分了解所投資標的之產品條件及相關風險。
3. 須注意投資標的價值變化。

牛刀小試

( ) 委託人在簽約時支付簽約費，並交付小額財產到信託專戶，未啟動信託服務前無須交付大筆資金，請問以上敘述屬於下列何種信託業務之優點？ (A)公益信託 (B)保險金信託 (C)不動產信託 (D)預開型安養信託。 【第3期】

解答與解析

(D)。預開型安養信託，可採預先辦理，不必當下就開始將資產交付信託，且無受理金額門檻，讓小額資產也能辦理信託，打破信託只有高資產者才能辦理的迷思。

三、有價證券信託

(一) **意義**

1. 以有價證券作為信託財產之信託，委託人將有價證券移轉或為其他處分，由受託人依信託本旨，為受益人之利益或特定目的管理、運用或處分該有價證券。
2. 證券交易法第6條所規定之有價證券，包括政府債券、公司股票、公司債券、主管機關核定的有價證券（受益憑證、認購（售）權證等）、新股認購權利證書、新股權利證書以及各種有價證券之價款繳納憑證或表明其權利之證書等，均可作為有價證券信託之標的。

(二) **依其信託目的及管理運用方式，可分為3類**

1. **管理型有價證券信託**：我國目前以此為主，又以委託人保有運用決定權，而本金自益孳息他益之有價證券信託最為常見。

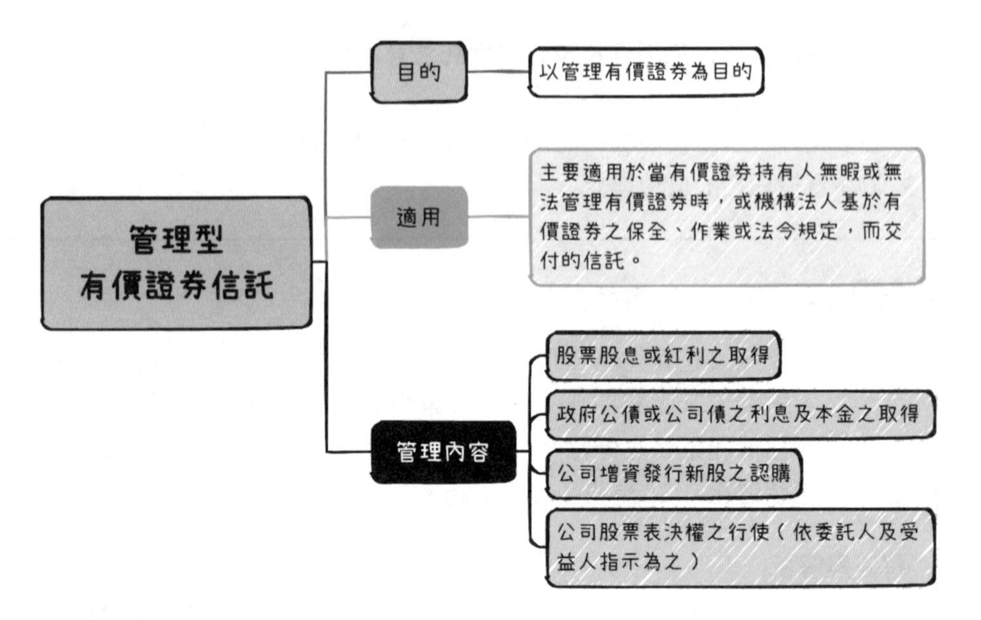

2. **運用型有價證券信託**：由受託人依信託契約約定代為運用（例如出借），並將運用信託財產收益分配予信託契約指定之受益人，於信託期間屆滿時，將信託財產移轉登記並交付受益人。
3. **處分型有價證券信託**：委託人將有價證券移轉登記並交付受託人，由受託人依信託契約約定之信託財產處分價格、方式及條件等處分信託財產。

牛刀小試

(　　)　依信託業法規定，信託業經營之業務項目，例如金錢之信託，係依據下列何項標準定其分類？ (A)信託本旨 (B)受託人對信託財產之管理運用方法 (C)受託人對信託財產運用決定權之有無 (D)委託人交付、移轉之原始信託財產種類。　【第1期】

解答與解析

(D)。信託依據委託人交付、移轉之原始信託財產分類，例如金錢信託、有價證券信託、不動產信託等。

四、遺囑信託 重要!

(一) **意義**：委託人（立遺囑人）以立遺囑方式設立信託，在遺囑中載明將其財產之全部或一部分，在其死亡後信託於受託人（未透過繼承人或遺囑執行人），使受託人依信託本旨，為受益人之利益或為特定之目的，管理或處分信託財產之關係。

(二) **遺囑信託應依民法所定方式為之。**

(三) **遺囑信託為單獨行為**

1. **遺囑信託由委託人（立遺囑人）單方意思表示，遺囑即可成立，無須取得受託人同意。**
2. **非屬遺囑信託**
   (1) **若委託人在生前與人訂定信託契約，以其死亡為條件或始期，使信託於委託人死亡時發生效力時，非屬遺囑信託。**
   (2) **繼承人或遺囑執行人依據委託人遺囑，與受託人簽訂契約，使受託人依遺囑所定之信託目的，管理或處分財產之信託，非屬遺囑信託。**

(四) **信託生效日**

為委託人死亡發生繼承事實時，但遺囑信託之生效附有停止條件者，自條件成就時發生效力。

1. 信託以財產權存在為前提，遺囑信託中繼承開始時若部分財產不屬於立遺囑人遺產者，該部分遺囑信託無效；若全部財產不屬於立遺囑人遺產者，全部遺囑信託無效。
2. 遺囑信託之指定受益人先於立遺囑人死亡，該遺囑信託無效。

(五) **遺囑信託之委託人之遺囑能力**

1. 民法第1186條：無行為能力人，不得為遺囑。限制行為能力人，無須經法定代理人之允許，得為遺囑。但未滿16歲者，不得為遺囑。
2. 滿16歲者，不必經法定代理人同意得單獨為遺囑，即可成為遺囑信託之委託人；但未滿16歲者，即使經法定代理人同意亦不得為遺囑，即不可成為遺囑信託之委託人。
3. 遺囑信託不得違反民法有關特留分之規定。
4. 契約信託之委託人應為有行為能力之人或為限制行為能力之人但經法定代理人同意時。
5. 遺囑信託之成立於委託人依民法所定方式完成遺囑行為時；而契約信託之生效與成立於信託財產之權利義務須移轉於受託人時。

(六) **遺囑信託受託人選任**

1. 通常遺囑中定有受託人或定有選任受託人之方式，如遺囑中未定有受託人或選任受託人之方式，或者依選任受託人之方式不能產生受託人者，該遺囑信託亦屬有效。
2. 遺囑指定之受託人拒絕或不能接受信託時之處理方式

非公益信託（信託法第46條）	遺囑指定之受託人拒絕或不能接受信託時，利害關係人或檢察官得聲請法院選任受託人，但遺囑另有訂定者，不在此限。
公益信託（信託法第76條）	由目的事業主管機關行之，目的事業主管機關亦得依職權為之選任受託人。

牛刀小試

( ) 有關信託成立方式的相關規範，下列何者正確？ (A)信託，除法律另有規定外，僅能以契約為之 (B)遺囑人死亡後，其繼承人或遺囑執行人依據遺囑，與受託人簽訂之信託契約，即為遺囑信託 (C)委託人生前以其死亡為條件或始期訂約，於死亡時發生效力，此非為遺囑信託 (D)以進行訴願或訴訟為主要目的者，信託行為仍被認定有部分效力。 【第3期】

解答與解析

(C)。遺囑信託為委託人以立遺囑方式設立信託，但信託生效日為委託人死亡發生繼承事實時。

第四節 稅務 重要!

一、贈與稅

(一) **免稅額**：自111年起，每人每年贈與稅免稅額為244萬元。

(二) **甚麼情況應繳交贈與稅**

1. 在中華民國境內的國民，贈送自己在中華民國境內或境外的財產給他人。
2. 住在中華民國境外的國民，贈送自己在中華民國境內的財產給他人。
3. 贈與行為發生的前2年內，雖然贈與人自願喪失我國國籍，但贈送自己在中華民國境內或境外的財產給他人。

(三) **「經常居住我國境內」之定義**

1. 贈與行為發生前2年內，在中華民國境內有住所。
2. 在中華民國境內沒有住所但是有居所，且在贈與行為發生前2年內，已經在中華民國境內居住停留超過365天。

(四) **申報期限**

1. 贈與人在同1年度以內贈與他人的財產總值超過贈與稅免稅額時，應該要在贈與日後30天內向戶籍所在地主管稽徵機關申報贈與稅。
2. 如有正當理由不能如期申報，應在規定期限內，用書面向稽徵機關申請延期申報，申請延長期限以3個月為限，但是如果有不可抗力或其他特殊事由，可以由主管稽徵機關視實際情形核定延長期限。

(五) **贈與日**

1. 贈與契約訂約日。
2. 如果是以未成年人名義興建房屋時，以取得房屋使用執照日為贈與日。未成年人購置財產，或者二親等以內親屬間財產的買賣，視同是贈與時，則以買賣契約訂約日為贈與日。
3. 他益信託以信託契約訂定、變更日為贈與行為發生日。
   (1) **信託契約明定信託利益之全部或一部之受益人為非委託人者，視為委託人將享有信託利益之權利贈與該受益人，課徵贈與稅。**
   (2) **信託契約明定信託利益之全部或一部之受益人為委託人，於信託關係存續中，變更為非委託人者，於變更時，課徵贈與稅。**
   (3) **信託關係存續中，委託人追加信託財產，致增加非委託人享有信託利益之權利者，於追加時，就增加部分依規定課徵贈與稅。**

※ **如擬投保生存金給付的儲蓄型保單，生存保險金受益人和要保人應為同一人，避免要保人變更可能被課贈與稅；否則，要保人與受益人不同下也可能被課最低稅負。**

(六) **納稅義務人**

1. **原則**：贈與人。
2. **例外**：由受贈人負擔
   (1) 贈與人行蹤不明。
   (2) 應該要繳納的贈與稅款超過繳納期限還未繳納，且在我國境內也未有可供執行的財產時。
   (3) 贈與人死亡時贈與稅尚未核課。

(七) **無須計畫贈與稅之免稅額度，且無須繳納贈與稅之情況**

1. 捐贈給各級政府或公立的文教慈善團體、公有事業機構、依法登記為財團法人的教育、文化、公益、慈善、宗教團體或祭祀公業的財產。
2. 有扶養義務之人為被扶養人支出的生活費、教育費及醫藥費。
3. 將農地贈與給民法§1138 所列之遺產繼承人；但若受贈人在5年內沒有將該農地用於農作用途，則還是需要補繳稅款。
4. 配偶間相互贈與的財產。
5. 父母於子女婚嫁時贈與的財產，但贈與總額不能超過100萬元。
6. 用於成立、捐贈或加入符合遺產及贈與稅§16-1規定的公益信託之財產。

(八) **課徵贈與稅之價值計算**

1. 父母出資為子女購置不動產，無論子女成年或未成年，父母親都應依法申報贈與稅。其中贈與價值的計算，以移轉時土地公告現值或房屋評定標準價格為準。
2. 贈與的財產之價值應以贈與時之時價為準。
3. 土地則以土地公告現值或評定標準價格。
4. 房屋則以房屋評定標準價格來計算贈與的價值。
5. 上市、上櫃公司股票，則以贈與日該股票收盤價為贈與價值。
6. 興櫃股票在證券商營業處所買賣之有價證券，則以贈與日該證券之加權平均成交價估定之，贈與日無交易價格者，依贈與日前最後一日之上市、上櫃收盤價或興櫃股票加權平均成交價估定之。
7. 如果是未上市、上櫃且非興櫃的公司股票（或股權）或是獨資合夥商號的出資額，則是以該公司或該商號資產淨值來計算贈與額。如果獨資或合夥商號屬小規模營利事業，以登記資本額估算。

8. 有價證券初次上市或上櫃者，於其契約經證券主管機關核准後，至掛牌買賣前應依贈與日該項證券之承銷價格或推薦證券商認購之價格估定之。
9. 信託利益財產價值之計算依遺產及贈與稅法第10條之2規定辦理，如下：
   (1) 享有全部信託利益之權利者，該信託利益為金錢時，以信託金額為準。
   (2) 信託利益為金錢以外之財產時，以贈與時信託財產之時價為準。
   (3) 享有孳息以外信託利益之權利者，該信託利益為金錢時，以信託金額按贈與時起至受益時止之期間，依贈與時郵政儲金匯業局1年期定期儲金固定利率複利折算現值計算；信託利益為金錢以外之財產時，以贈與時信託財產之時價，按贈與時起至受益時止之期間，依贈與時郵政儲金匯業局1年期定期儲金固定利率複利折算現值計算。
   (4) 享有孳息部分信託利益之權利者，以信託金額或贈與時信託財產之時價，減除依前款規定所計算之價值後之餘額為準。但該孳息係給付公債、公司債、金融債券或其他約載之固定利息者，其價值之計算，以每年享有之利息，依贈與時郵政儲金匯業局1年期定期儲金固定利率，按年複利折算現值之總和計算之。
   (5) 享有信託利益之權利為按期定額給付者，其價值之計算，以每年享有信託利益之數額，依贈與時郵政儲金匯業局1年期定期儲金固定利率，按年複利折算現值之總和計算；享有信託利益之權利為全部信託利益扣除按期定額給付後之餘額者，其價值之計算，以贈與時信託財產之時價減除依前段規定計算之價值後之餘額計算之。
   (6) 享有前面所規定信託利益之一部者，按受益比率計算之。

牛刀小試

(　　) 某甲欲將公司名下不動產贈與配偶時，應適用何種稅法規定辦理課稅？ (A)遺產及贈與稅法 (B)所得稅法 (C)土地稅法 (D)證券交易稅條例。 【第2期】

解答與解析

(B)。營利事業單位贈與財產予他人，雖然不是贈與稅課稅對象，不用申報繳納贈與稅，可是受贈個人應依所得稅法第4條第17款規定，併入受贈年度的所得課徵綜合所得稅。

二、所得稅

(一) **委託人為營利事業之信託契約**：所得稅法第3條之2

1. 信託成立時，明定信託利益之全部或一部之受益人為非委託人者（他益信託），該受益人應將享有信託利益之權利價值，併入成立年度之所得額，依所得稅法規定課徵所得稅。
2. 信託契約明定信託利益之全部或一部之受益人為委託人（自益信託），於信託關係存續中，變更為非委託人者（他益信託），該受益人應將其享有信託利益之權利價值，併入變更年度之所得額，依所得稅法規定課徵所得稅。（自益信託變成他益信託時）
3. 信託契約之委託人為營利事業，信託關係存續中追加信託財產，致增加非委託人享有信託利益之權利者，該受益人應將其享有信託利益之權利價值增加部分，併入追加年度之所得額，依所得稅法規定課徵所得稅。
4. 受益人不特定或尚未存在者，應以受託人為納稅義務人，就信託成立、變更或追加年度受益人享有信託利益之權利價值，按規定之扣繳率申報納稅。

(二) **當受託人運用「信託財產」產生之所得，課徵所得稅：**[註3]

1. 信託財產發生之收入，受託人應於所得發生年度，按所得類別依所得稅法規定，減除成本、必要費用及損耗後，分別計算受益人之各類所得額，由受益人併入當年度所得額，課徵所得稅。
2. 受益人有2人以上時，受託人應按信託行為明定或可得推知之比例計算各受益人之各類所得額；其計算比例不明或不能推知者，應按各類所得受益人之人數平均計算之。
3. 受益人不特定或尚未存在者，其於所得發生年度依前二項規定計算之所得，應以受託人為納稅義務人，按規定之扣繳率申報納稅，其已扣繳稅款，得自其應納稅額中減除。
4. 受託人未依前述規定辦理者，稽徵機關應按查得之資料核定受益人之所得額，課徵所得稅。
5. 符合所得稅法第4條之3各款規定之公益信託，其信託利益於實際分配時，由受益人併入分配年度之所得額，課徵所得稅。
6. 依法經主管機關核准之共同信託基金、證券投資信託基金，或其他經財政部核准之信託基金，其信託利益於實際分配時，由受益人併入分配年度之所得額，課徵所得稅。

7. 若信託基金當年度發生之信託利益，除營利所得、短期票券利息所得、證券交易所得及政府舉辦之獎券中獎獎金外，於次年度未作分配者，應就其未分配部分，以受託人、證券投資信託公司之負責人為扣繳義務人，按10%扣繳率扣繳，該扣繳稅款於分配信託利益予受益人時，得自其應扣繳稅款中減除。

(三) **不課徵所得稅之情況**

1. 信託關係人間的財產形式移轉，基於信託關係移轉或為其他處分者，不課徵所得稅。
2. 委託人為營利事業之公益信託
   營利事業提供財產成立、捐贈或加入符合規定之公益信託者，依所得稅法第4條之3規定，受益人享有該信託利益之權利價值免納所得稅。

三、房地合一2.0

(一) 我國從105年開始實施房地合一稅制，整合土地交易課徵的「土地增值稅」及房屋交易課徵的「所得稅」，讓房地產買賣獲利的課稅方式統一，並依出售房地時，房地的持有期間區分適用稅率。

(二)「房地合一稅2.0」從110年7月1日起開始適用，只要是110年7月1日起交易105年1月1日以後取得的房地，就要依房地合一稅2.0的規定課稅。

(三) 適用稅率與持有期間

房地合一2.0　持有期間		
適用稅率	**境內個人**	**境內法人**
45%	2年以內	2年以內
35%	超過2年未逾5年	超過2年未逾5年
20%	超過5年未逾10年	超過5年
15%	超過10年	—
適用稅率	**境外個人**	**境外法人**
45%	2年以內	2年以內
35%	超過2年	超過2年

(四) **稅率20%**

1. 個人及營利事業非自願因素（如調職、房地遭強制執行）交易。
2. 個人及營利事業以自有土地與建商合建分回房地交易。
3. 個人及營利事業參與都更或危老重建取得房地後第一次移轉。
4. 營利事業興建房屋完成後第一次移轉。

(五) **稅率10%**

1. 如果是「自用住宅」持有並設籍滿6年出售，享免稅額400萬，超過部分稅率10%。
2. 因換屋，針對自用住宅不論是「先買後賣」或「先賣後買」，只要買、賣時間間隔在2年內，可申請房地合一稅重購退稅，若新屋總價較高，房地合一稅即能全額退稅。

四、其他

信託財產	稅／說明	納稅義務人
土地	1. 地價稅、田賦	受託人
	2. 自用住宅優惠稅率 (1) 自益信託且該土地租金仍供委託人、本人、配偶或其直系親屬為住宅使用者，適用自用住宅優惠稅率。 (2) 他益信託不適用。	
	3. 土地增值稅 (1) 受託人於信託關係存續中就其受託土地有償移轉所有權、設定典權或依信託法第35條第1項規定轉為自有土地，課徵土地增值稅。	受託人
	(2) 受託人依信託本旨移轉信託土地與委託人以外之歸屬權利人時，課徵土地增值稅。	該歸屬權利人
房屋	房屋稅	受託人
不動產	受託人依信託本旨移轉信託財產與委託人以外之歸屬權利人時，應由歸屬權利人估價立契，申報繳納贈與契稅。 ※贈與房產繳納增值稅、契稅及土地增值稅，房產價值並非以市價來看，而是用「土地公告現值」及「房屋評定現值」計價。	該歸屬權利人

信託財產	稅／說明	納稅義務人
公益信託	營業稅 受託人因公益信託而標售或義賣之貨物與舉辦之義演，扣除必要費用外，全部供作該公益事務之用者，免徵營業稅。	受託人

房地合一所得稅2.0六大修法重點

一 個人短期套利課重稅

延長課高稅率之持有期間，抑制短期炒作

持有期間	2年以內	超過2年未逾5年	超過5年未逾10年	超過10年
適用稅率	45%	35%	20%	15%

移轉登記日或交易日次日起30日內申報

二 營利事業按持有期間適用差別稅率

防止個人藉設立營利事業短期交易避稅

持有期間	2年以內	超過2年未逾5年	超過5年
適用稅率	45%	35%	20%

分開計稅，合併報繳

三 擴大房地合一課稅範圍

增訂視為房地交易，防止透過不同型態炒作不動產

1.交易預售屋及其坐落基地

2.交易符合一定條件之股份或出資額

排除屬上市、上櫃及興櫃公司的股票交易

四 增設土地漲價總數額減除上限

防止利用土地增值稅與所得稅稅率差異避稅

超過上限部分計算繳納的土地增值稅可列費用

五 五種交易不受影響

★維持稅率20%

1.個人及營利事業非自願因素(如調職、房地遭強制執行、依法應於短期出售等)短期交易

2.個人及營利事業以自有土地與建商合建分回房地短期交易

3.個人及營利事業參與都更或危老重建取得房地後第一次移轉且持有期間在5年內之交易

4.營利事業興建房屋完成後第一次移轉

★維持稅率10%

自住房地持有並設籍滿6年(課稅所得400萬元以下免稅)

六 110年7月開始施行

個人及營利事業自110年7月1日起交易105年1月1日以後取得之房地，適用房地合一所得稅2.0規定課稅

資料來源：財政部中區國稅局

牛刀小試

( ) **1** 委託人張三與受託人李四簽訂信託契約，指定張三兒子為受益人，並將符合自用住宅條件之土地房屋信託過戶移轉予李四，信託期間10年。有關此信託之相關課稅，下列敘述何者錯誤？ (A)此筆土地房產之地價稅納稅義務人為李四 (B)李四將土地移轉給張三兒子時，應課徵土地增值稅 (C)此筆土地房屋仍可申請到適用自用住宅相關優惠課稅 (D)張三於信託成立時，將不動產移轉給李四不課徵土地增值稅。 【第2期】

( ) **2** 房地合一稅修法後，自110年7月1日起，境內個人、法人持有期間僅2～5年者，其交易所得應課稅率分別為何？ (A)35%、免課 (B)20%、35% (C)35%、35% (D)45%、45%。 【第3期】

( ) **3** 信託存續期間，下列何種行為需課相關稅負？ (A)信託終止，受託人依約定給付信託資金予受益人 (B)信託期間委託人追加信託財產，增加之受益權由委託人享有 (C)信託期間變更受託人，原受託人將信託財產移轉給新受託人 (D)委託人交付不動產成立他益信託後，受託人依約定移轉不動產予受益人。 【第2期】

解答與解析

1 (C)。自益信託且該土地租金仍供委託人、本人、配偶或其直系親屬為住宅使用者，適用自用住宅優惠稅率，但他益信託不適用。此題為他益信託，因此不適用自用住宅優惠稅率。

2 (C)。

房地合一2.0 持有期間		
適用稅率	境內個人	境內法人
45%	2年以內	2年以內
35%	超過2年未逾5年	超過2年未逾5年
20%	超過5年未逾10年	超過5年
15%	超過10年	—

3 (D)。應課徵土地增值稅。

模擬試題

( ) **1** 受託人應依信託本旨，為受益人利益或為特定目的管理或處分信託財產，下列敘述何者正確？
(A)委託人應將財產權移轉給信託監察人
(B)委託人應將財產權移轉給法院
(C)委託人應將財產權移轉給受託人
(D)委託人應將財產權移轉給受益人。【第51、33期信託業業務人員】

( ) **2** 依信託法規定，下列何者非屬無效之信託行為？
(A)其目的違反禁止規定
(B)其目的違反善良風俗
(C)以進行訴願為主要目的
(D)信託行為有害於委託人之債權人權利。【第51、33期信託業業務人員】

( ) **3** 下列何種財產交付信託時，非經通知發行公司，不得對抗該公司？
(A)股票　(B)金錢
(C)動產　(D)不動產。【第54、36期信託業業務人員】

( ) **4** 下列何項非受託人任務終了之情形？ (A)法人受託人被撤銷設立登記時 (B)委託人死亡時 (C)受託人辭任時 (D)受託人解任時。【第54、36期信託業業務人員】

( ) **5** 下列何者為信託監察人不得行使之權利？ (A)請求閱覽受託人所作成之信託財產目錄及收支計算表 (B)對違反規定所為強制執行提起異議之訴權利 (C)享有信託利益及拋棄信託利益 (D)對不當管理信託財產之受託人，請求損害賠償。【第55、37期信託業業務人員】

( ) **6** 受託人違反信託本旨處分信託財產時，受益人得聲請法院撤銷其處分，下列敘述何者錯誤？ (A)受益人有數人者，得由其中一人為之 (B)撤銷權自處分時起，逾十年不行使而消滅 (C)撤銷權自受益人知有撤銷原因時起，一年間不行使而消滅 (D)信託財產為應登記之財產時，如未為信託登記仍得聲請撤銷。【第55、37期信託業業務人員】

(　　)　**7**　委託人將股票信託移轉予受託人管理，稱為下列何種信託？(A)金錢信託　(B)金錢債權信託　(C)有價證券信託　(D)動產信託。

(　　)　**8**　依信託業法規定，信託業辦理委託人不指定營運範圍或方法之金錢信託，下列何者非屬其營運範圍？　(A)現金及銀行存款　(B)投資公債、公司債及金融債券　(C)投資短期票券　(D)投資上市、上櫃及興櫃股票。　【第27期信託業業務人員】

(　　)　**9**　目前屬於金錢信託者，下列何者錯誤？　(A)預收款信託　(B)退休安養信　(C)有價證券之信託　(D)信託資金投資國外有價證券。　【第43期信託業業務人員】

(　　)　**10**　安養信託中常見類型有自益信託，下列有關自益信託敘述何者正確？　(A)以委託人自己為受益人　(B)以委託人的子女或其他親人為受益人　(C)同時以委託人自己或其他親人為受益人　(D)以委託人的直系親屬為受益人。

(　　)　**11**　信託法之主管機關為：　(A)經濟部　(B)金融監督管理委員會　(C)法務部　(D)財政部。

(　　)　**12**　信託業法之主管機關為：　(A)經濟部　(B)金融監督管理委員會　(C)法務部　(D)財政部。

(　　)　**13**　依信託法規定，下列何種信託可以宣言方式設立？
(A)自益信託　(B)公益信託
(C)私益信託　(D)遺囑信託。　【第27期信託業業務人員】

(　　)　**14**　依我國信託法規定，下列敘述何者錯誤？　(A)破產人不得為受託人　(B)信託財產之管理方法，得經委託人、受託人及受益人之同意變更　(C)受託人因信託行為對受益人所負擔之債務，僅於信託財產限度內負履行責任　(D)信託監察人不得以自己名義，為受益人為有關信託之訴訟上或訴訟外之行為。　【第4期信託業業務人員】

(　　)　**15**　依信託法規定，以下哪一種人非屬於不得為信託監察人？　(A)未成年人　(B)直系卑親屬　(C)破產人　(D)受監護或輔助宣告之人及破產人。

(　　) **16** 依信託法有關受託人之規定，以下何者錯誤？　(A)受託人就信託財產或處理信託事務所支出之稅捐、費用或負擔之債務，得以信託財產充之　(B)受託人係信託業或信託行為訂有給付報酬者，得請求報酬　(C)已辭任之受託人於新受託人能接受信託事務前，已無受託人之權利及義務　(D)信託行為訂定對於受益權得發行有價證券者，受託人得依有關法律之規定，發行有價證券。

(　　) **17** 有價證券信託依其信託目的及管理運用方式，主要可分為三個類型，下列何者錯誤？　(A)管理型有價證券信託　(B)運用型有價證券信託　(C)保管型有價證券信託　(D)處分型有價證券信託。　【第22期信託業業務人員】

(　　) **18** 信託業辦理有價證券信託時,下列何者不屬於管理型有價證券信託之服務項目？　(A)有價證券之保管　(B)股息股利之領取　(C)有價證券之借貸　(D)現金增資新股之認購。【第38期信託業業務人員】

(　　) **19** 下列何者非屬特定金錢信託投資國外有價證券業務得投資之標的？　(A)上海證券市場掛牌之股票　(B)大陸公司持有百分之二十股權在香港證券市場交易之股票　(C)經STANDARD & POOR'S CORP.評定為A級由國家或機構所保證或發行之債券　(D)美國證券市場掛牌交易之可口可樂公司股票。　【第46期信託業業務人員】

(　　) **20** 受託人與委託人訂定信託契約，由委託人概括指定信託資金之營運範圍或方法，受託人於該營運範圍或方法內具有運用決定權者，係指下列何種信託？　(A)不指定營運範圍或方法之金錢信託　(B)指定營運範圍或方法之金錢信託　(C)特定集合管理運用金錢信託　(D)特定單獨管理運用金錢信託。

(　　) **21** 受託人對於下列何種金錢信託不具有決定運用權？　(A)特定單獨管理運用金錢信託　(B)指定營運範圍或方法之單獨管理運用金錢信託　(C)指定營運範圍或方法之集合管理運用金錢信託　(D)不指定營運範圍或方法之單獨管理運用金錢信託。

( ) **22** 有關信託業辦理信託業務應向委託人揭露並明確告知之事項，下列何者錯誤？ (A)信託報酬 (B)可能涉及之風險 (C)各項費用及其收取方式 (D)投資風險應包含最大可能收益。

( ) **23** 下列何者為信託業得辦理之附屬業務項目？ (A)辦理信用卡業務 (B)收受存款 (C)證券經紀業務 (D)擔任遺囑執行人及遺產管理人。

( ) **24** 設立公益信託應向下列何機關申請許可？ (A)目的事業主管機關 (B)信託法之主管機關 (C)信託業法之主管機關 (D)法院。

( ) **25** 甲、乙、丙三人為信託財產之共同受託人，甲死亡時，信託財產歸屬於何人？ (A)甲之繼承人及乙、丙共同所有 (B)成為乙、丙二人公同共有 (C)由委託人選定一人為公同共有人 (D)聲請法院選定一人為公同共有人。

( ) **26** 委託人為自然人成立他益信託，而有應課徵贈與稅之情形時，應於贈與行為發生日後幾日內向主管稽徵機關申報贈與稅？
(A)30日 (B)45日
(C)60日 (D)90日。 【第23期信託業業務人員】

( ) **27** 營利事業為委託人辦理受益人特定之完全他益有價證券信託，於信託成立年度，可能發生之稅負為何？ (A)向委託人課徵贈與稅 (B)向受託人課徵所得稅 (C)向委託人課徵所得稅 (D)向受益人課徵所得稅。 【第18期信託業業務人員】

( ) **28** 有關生前他益信託行為關係人間之課稅規定，下列敘述何者錯誤？ (A)信託財產為房屋，由受託人交付予歸屬權利人時，應課徵契稅 (B)信託財產為土地，受託人移轉於受益人時，不課徵土地增值稅 (C)信託財產為金錢，由原受託人移轉予新受託人時，不課徵所得稅 (D)信託財產為有價證券，由受託人交付予受益人時，不課徵贈與稅。 【第18期信託業業務人員】

( ) **29** 信託契約明定信託利益之受益人為非委託人者，應由委託人申報課徵贈與稅，下列有關申報贈與稅之敘述何者正確？ (A)訂定信託契約之日為贈與行為發生日，於發生日後30日內申報贈與稅 (B)訂定信託契約之日為贈與行為發生日，於發生日後60日內申報贈與稅 (C)信託財產移轉登記給受託人之日為贈與行為發生日，於發生日後30日內申報贈與稅 (D)信託財產移轉登記給受託人之日為贈與行為發生日，於發生日後60日內申報贈與稅。 【第29期信託業業務人員】

( ) **30** 有關我國信託課稅之敘述，下列何者錯誤？ (A)形式上之移轉不課稅 (B)信託財產原則上於分配時課稅 (C)因信託行為成立，委託人交付信託財產與受託人時不課徵贈與稅 (D)信託利益原則上以實際受益人為課稅主體。 【第37期信託業業務人員】

( ) **31** 房地合一稅2.0新制上路後，若境內居住者李先生將今年所購買之非自用住宅於持有13年後賣掉，獲利（房地收入-成本-費用-依土地稅法計算之土地漲價總數額）500萬元，請問要課多少稅？ (A)10萬元 (B)75萬元 (C)100萬元 (D)併入當年個人綜合所得稅計算。

( ) **32** 房地合一稅制與認定適用條件，有關適用房地合一稅制之購屋者可適用減免課稅之條件，下列何者錯誤？ (A)自用住宅持有 (B)實際居住連續滿3年 (C)無供營利或出租者 (D)按課稅稅基（及課稅所得）計算在400萬元以下免稅。

( ) **33** 房地合一新制施行後，2016年1月1日以後取得的地上權房屋，不再被按出售使用權視之，准予比照出售「房屋」課稅。請問，在2016年以後取得之地上權房屋，個人出售價格高於取得成本400萬元以上之部分，將被課徵下列哪一種稅？ (A)所得稅 (B)奢侈稅 (C)地價稅 (D)土地增值稅。

( ) **34** 105年度起房地合一課徵所得稅，自住房屋、土地符合重購條件者得申請扣抵或退稅，但重購後幾年內改作其他用途或再行移轉時，應追繳原扣抵或退還稅額？ (A)1年 (B)2年 (C)3年 (D)5年。

( ) **35** 依所得稅法規定，有關納稅義務人申請適用房地合一自用住宅優惠課稅之條件，下列敘述何者錯誤？ (A)本人或其配偶、未成年子女須辦竣戶籍登記、持有並居住於該房屋連續滿6年 (B)交易前5年內，無出租、供營業或執行業務使用 (C)個人與其配偶及未成年子女於交易前6年內未曾適用本款優惠規定 (D)其免稅所得額，以不超過4百萬元為限。

解答與解析

1 (C)。信託法第1條，稱信託者，謂委託人將財產權移轉或為其他處分，使受託人依信託本旨，為受益人之利益或為特定之目的，管理或處分信託財產之關係。

2 (D)。(A)(B)(C)為無效信託行為無效信託行為：違反規定或善良風俗、以訴願或訴訟為主要目的、受託人享受全部信託利益。

3 (A)。信託法第4條，以應登記或註冊之財產權為信託者，非經信託登記，不得對抗第三人。以有價證券為信託者，非依目的事業主管機關規定於證券上或其他表彰權利之文件上載明為信託財產，不得對抗第三人。以股票或公司債券為信託者，非經通知發行公司，不得對抗該公司。

4 (B)。(B)應為受託人死亡時。

5 (C)。信託監察人能代替受益人行使部分權利，但不包括「享有信託利益及拋棄信託利益」，此權利為受益人專屬。

6 (D)。信託法第18條，受託人違反信託本旨處分信託財產時，受益人得聲請法院撤銷其處分。受益人有數人者，得由其中一人為之。
前項撤銷權之行使，以有左列情形之一者為限，始得為之：一、信託財產為已辦理信託登記之應登記或註冊之財產權者。二、信託財產為已依目的事業主管機關規定於證券上或其他表彰權利之文件上載明其為信託財產之有價證券者。三、信託財產為前二款以外之財產權而相對人及轉得人明知或因重大過失不知受託人之處分違反信託本旨者。

7 (C)。股票為有價證券，委託人將股票信託移轉予受託人管理，稱為有價證券信託。

8 (D)。信託業辦理不指定營運範圍方法金錢信託運用準則第3條，信託業辦理不指定金錢信託時，其營運範圍以下列各款為限：一、現金及銀行存款。二、投資公債、公司債、金融債券。三、投資短期票券。四、其他經財政部核准之業務。

9 **(C)**。有價證券之信託係指委託人將有價證券移轉予受託人管理。

10 **(A)**。自益信託：以委託人自己為受益人，例如：高齡者安養信託。

11 **(C)**。信託法之主管機關為法務部。

12 **(B)**。信託業法第4條，本法稱主管機關為金融監督管理委員會。

13 **(B)**。信託法第71條，法人為增進公共利益，得經決議對外宣言自為委託人及受託人，並邀公眾加入為委託人。（此為公益信託）

14 **(D)**。信託法第52條，信託監察人得以自己名義，為受益人為有關信託之訴訟上或訴訟外之行為。

15 **(B)**。信託法第53條，未成年人、受監護或輔助宣告之人及破產人，不得為信託監察人。

16 **(C)**。信託法第36條，已辭任之受託人於新受託人能接受信託事務前，仍有受託人之權利及義務。。

17 **(C)**。管理型有價證券、運用型有價證券、處分型有價證券

18 **(C)**。有價證券借貸屬於運用型有價證券信託。

19 **(A)**。不得投資屬於大陸的股票。

20 **(B)**。信託業法施行細則第8條，

(A) 指定營運範圍或方法之單獨管理運用金錢信託：指受託人與委託人個別訂定信託契約，由委託人概括指定信託資金之營運範圍或方法，受託人於該營運範圍或方法內具有運用決定權，並為單獨管理運用者。

(C) 特定集合管理運用金錢信託：指委託人對信託資金保留運用決定權，並約定由委託人本人或其委任之第三人，對該信託資金之營運範圍或方法，就投資標的、運用方式、金額、條件、期間等事項為具體特定之運用指示，受託人並將該信託資金與其他不同信託行為之信託資金，就其特定營運範圍或方法相同之部分，設置集合管理帳戶者。

(D) 特定單獨管理運用金錢信託：指委託人對信託資金保留運用決定權，並約定由委託人本人或其委任之第三人，對該信託資金之營運範圍或方法，就投資標的、運用方式、金額、條件、期間等事項為具體特定之運用指示，並由受託人依該運用指示為信託資金之管理或處分者。

21 **(A)**。特定單獨管理運用金錢信託：指委託人對信託資金保留運用決定權，並約定由委託人本人或其委任之第三人，對該信託資金之營運範圍或方法，就投資標的、運用方式、金額、條件、期間等事項為具體特定之運用指示，並由受託人依該運用指示為信託資金之管理或處分者。

22 **(D)**。信託業辦理信託業務應向委託人充分揭露並明確告知信託報酬、各項費用與其收取方式，及可能涉及之風險等相關資訊，其中投資風險應包含最大可能損失。

23 (D)。信託業經營之附屬業務項目如下：……擔任遺囑執行人及遺產管理人。

24 (A)。信託法第70條，公益信託之設立及其受託人，應經目的事業主管機關之許可。

25 (B)。信託法第28條，同一信託之受託人有數人時，信託財產為其公同共有。

信託法第45條，受託人之任務，因受託人死亡、受破產、監護或輔助宣告而終了。其為法人者，經解散、破產宣告或撤銷設立登記時，亦同。

因此，甲死亡信託財產，成為乙、丙二人公同共有。

26 (A)。贈與人在同1年度以內贈與他人的財產總值超過贈與稅免稅額時，應該要在贈與日後30天內向戶籍所在地主管稽徵機關申報贈與稅。

27 (D)。他益信託，係向受益人課徵所得稅。

28 (B)。以土地為信託財產，受託人依信託本旨移轉信託土地與委託人以外之歸屬權利人時，以該歸屬權利人為納稅義務人，課徵土地增值稅。

29 (A)。他益信託以信託契約訂定、變更日為贈與行為發生日，應該要在贈與日後30天內申報贈與稅。

30 (B)。(B)公益信託、公益基金分配時課稅。

31 (B)。500萬×15%＝75萬。

32 (B)。實際居住連續滿6年。

33 (A)。房地合一稅制屬於所得稅。

34 (D)。所得稅法14-8條，個人出售自住房屋、土地依第14條之5規定繳納之稅額，自完成移轉登記之日或房屋使用權交易之日起算2年內，重購自住房屋、土地者，得於重購自住房屋、土地完成移轉登記或房屋使用權交易之次日起算5年內，申請按重購價額占出售價額之比率，自前開繳納稅額計算退還。

個人於先購買自住房屋、土地後，自完成移轉登記之日或房屋使用權交易之日起算2年內，出售其他自住房屋、土地者，於依第14條之5規定申報時，得按前項規定之比率計算扣抵稅額，在不超過應納稅額之限額內減除之。

前二項重購之自住房屋、土地，於重購後5年內改作其他用途或再行移轉時，應追繳原扣抵或退還稅額。

35 (B)。(B)交易前6年內，無出租、供營業或執行業務使用。

本章註解

[註1] 參考來源：中華民國證券商業同業公會，信託業務相關法制與稅制。

[註2] 整理自中華民國信託業商業同業公會及各銀行網頁資料。

[註3] 黃文合，信託有所得，稅要怎麼課？http://book.law119.com.tw/viewlawbook_people.asp?idno=838&aklink=

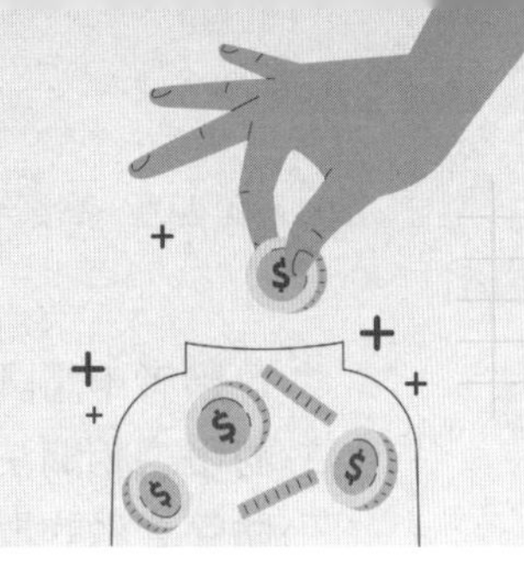

第四章　高齡金融商品及應用延伸

學習重點

本章重點「以房養老」為主，此主題有逐年加重出題趨勢，必須熟知以房養老規定，此為貸款，有何適用條件及目的。另須注意金管會推動之相關政策，包括金融服務業公平待客原則（逐年增加出題數），其餘金融商品的應用延伸則是出題數每屆均在1～2題。

第一節　金管會推動政策

一、政策[註1]

為防堵金融高齡剝削，金管會從金融商品銷售、友善對待高齡客戶、友善爭議處理及防範金融詐騙等四大面向著手，藉此強化高齡者的消費權益保護。

(一) **金融商品銷售服務保護措施：**

1. 不主動推薦高風險商品、了解評估客戶需求及錄音或錄影留存紀錄。
2. 依投信投顧公會對高齡客戶自律規範：對65歲以上明顯弱勢投資者，
   (1) 禁主動介紹高風險基金商品。
   (2) 須檢視客戶身分、財務背景、所得與資金來源、風險偏好、過往投資經驗、投資目的等填寫完整性。
   (3) 評估結果與該內容是否有矛盾。

(二) **友善對待高齡客戶**：包括

1. 瞭解、關懷、評估高齡者需求。
2. 對高齡者權益保障。
3. 員工對高齡者做教育訓練。
4. 如銀行業需建立高齡者申訴資料庫並定期審視申訴處理狀況。

(三) **爭議處理：**

1. 高齡者可直接致電金管會1998或評議中心專線0800-789885以語音方式提出申訴。

2. 高齡者申請評議時，評議中心均逐案指派專責調處及評議人員。
3. 對爭議相關法律問題也會以高齡者易懂方式做解說。

(四)**防範金融詐欺**：包括
1. 落實臨櫃關懷。
2. 提醒注意金融交易安全。
3. 配合警政署推動「疑涉詐欺境外金融帳戶預警機制」。

二、推動高齡者生活保障措施

政府結合銀行、保險及證券業者推動：
(一)高齡者安養信託。
(二)商業型逆向抵押貸款。
(三)保單活化、年金、長照保險。
(四)生命週期基金。

三、禁止對高齡者主動推薦四大商品

(一)**「高風險的基金商品」**：只要是超過客戶投資風險屬性者就是屬高風險商品。

(二)**禁止推薦「高風險商品」，包括：**
1. 境內結構型商品：關於結構型商品，就算客戶主動詢問資訊，銀行端也需留存相關書面證明，交易前也需由主管複審。
2. 外國有價證券：銀行與券商都禁止推薦外國有價證券。
3. 高風險基金商品：投信投顧業者則禁推高風險的基金商品。
4. 電銷信貸：禁止銀行推薦電銷信貸。

四、期貨交易需限有經驗且一定財力，並需錄音錄影

(一)購買投資型保單。
(二)有解約金的傳統型保單。

牛刀小試

( ) 有關金融服務業公平待客原則，下列敘述何者錯誤？ (A)刊登、播放廣告及進行業務招攬或營業促銷活動時，應確保廣告招攬內容之真實 (B)應以金融消費者能充分瞭解之文字或其他方式，說明金融商品或服務之重要內容，並充分揭露風險 (C)業務人員之酬金制度不得僅考量業績目標達成情形，應綜合考量金融消費者權益，金融商品或服務產生之各項風險 (D)無需訂定申訴處理程序或設立申訴管道，所有金融消費爭議均交由財團法人金融消費評議中心處理人。 【第2期】

解答與解析

(D)。十大原則：訂約公平原則、注意與忠實義務原則、廣告招攬真實原則、商品或服務適合度原則、告知與揭露原則、酬金與業績衡平原則、申訴保障原則、業務人員專業性原則、友善服務原則及落實誠信經營原則。

第二節 退休準備平台

一、金管會督導臺灣集中保管結算所股份有限公司規劃結合教育、投資、保障與壹公益的四合一「退休準備平台」，以提供安全、合宜的退休理財規劃管道。

二、推廣平台應用原因：

(一)國人退休意識提高。

(二)國人退休準備年齡層下降。

三、推廣以長期投資方式儲備個人退休金。

四、該平台110年9月23日於基富通正式上線：https://www.fundrich.com.tw/event/pensionplatform/。

五、平台內容包括：

(一)退休理財教育宣導。

(二)個人退休金缺口試算。

(三)篩選適合退休投資之基金商品。

(四)保障型保險商品連結專區。

(五)平台參與業者提撥經費投入社會公益活動等。

牛刀小試

(　　)　金管會建請集保結算所規劃「退休準備平台」，其中「保障型保險商品平台」已於2021年上線，目前主要以下列哪些險種為主？　A.重大疾病保險；B.癌症保險；C.日額型住院醫療險；D.小額終老保險；E.定期壽險　(A)僅BCD　(B)僅ADE　(C)僅ACE　(D)僅CDE。【第2期】

解答與解析

(B)。包括定期壽險、小額終老險和重大疾病健康險共3類商品。

第三節　以房養老貸款

一、以房養老

稱為「不動產逆向抵押貸款」或「逆向房貸抵押」。

二、特色

將名下的不動產，在保有居住權的情形下抵押給銀行，且可留在原房居住，銀行每個月會支付一筆金額給房屋所有權人，直到房屋所有權人死亡為止。若是繼承人（如兒女、子孫）無意繼承貸款與房產，銀行則有權對房屋進行處置（如出租、出售）。

三、不動產逆向貸款與一般房屋貸款最大的差別

一般貸款是申請人每個月繳交貸款月付金給銀行；而不動產逆向貸款，則是銀行每個月給申請人一筆資金。

(一) **申請年齡**：年滿60歲，各家銀行規定年齡不同。

(二) **給付方式**：銀行按月給付。

(三) **還款方式**：房屋所有權人身故後，須一次償還貸款；若法定繼承人無力、或無意清償貸款，銀行則有權處置房產，會以抵押權人的身分，向法院聲請拍賣房子，賣得的價金若不足清償欠款，則會對借款人的其他財產進行追償；若有剩餘，則會歸還給繼承人。

(四) **貸款餘額**：時間越長，貸款本金越多。

四、優點

(一) 穩定的現金流。

(二) 減少子女負擔。

(三) 房屋可繼續居住。

五、「以房養老」貸款主要類型[註2]

公益型	1. 由政府作擔保的社會福利措施。 2. 門檻較高，只提供65歲以上的弱勢族群，且房子沒有法定繼承人的獨居者申請。 3. 優點：給付沒有固定年限。
商業型	1. 由銀行發售的貸款商品，門檻相對較低。 2. 一般來說，各銀行以房養老貸款條件通常最高可貸70%、最長可貸30年。 3. 傳統型以房養老方案 (1) 採按月定額給付的方式，每月給付固定的生活費。 (2) 申請人往生後，貸款償還方式有將房產售出償還；或由繼承人清償貸款。 (3) 若是繼承人不處理，銀行會向法院聲請拍賣房產，以償還貸款。 (4) 若償還貸款後仍有餘額，則會返還繼承人；若償還貸款後仍不足清償，則會對申請人的其他財產追償。

商業型	4. 循環型／累積型以房養老方案 (1) 按月定額給付的方式，未使用的額度可以累積到下個月。 (2) 貸款期間沒有動用的額度部分，也不會計算利息。 (3) 若是申請人往生後，還款方式與傳統型以房養老方案相同。 5. 年金保險型以房養老方案 (1) 採一次給付的方式，但需結合信託和即期年金保險，貸款款項會撥入銀行信託專戶，再由保險公司定期將保險年金撥入信託專戶，專款專用。 (2) 即使被保險人提前身故，受益人仍可繼續領。 (3) 如果房屋因都更或重建等因素而滅失時，年金保險仍會繼續給付保險金。

牛刀小試

( ) 有關「以房養老」貸款申請條件，不包含下列何者？ (A)申請人債信正常 (B)貸款期間有一定之限制 (C)申請人須達一定年齡以上 (D)擔保品可對外出租，增加收益。 【第1期】

解答與解析

(D)。適用對象：年滿60歲，信用正常、具完全行為能力之本國自然人。
貸款期間：銀行會有貸款期間限制，多數設為30年。
給付方式：按月給付。
擔保品：借款本人單獨所有之完整建物及其基地。

第四節 長期照護有直接關係的保險商品

根據壽險業者預估，罹患中重度失能者10年的照護費用估計要500萬元，台灣同時面對高齡化和少子化衝擊，政府政策開始推動長期照護法立法，各大保險公司也不斷推出長期照護商品。

一、與長期照護有直接關係的保險商品有3種（長照3寶）

(一) 長期照顧保險（長照險）

1. 當被保險人因身體缺失或喪失生活自理能力時，可提供看護輔助費用，來照顧被保險人。
2. 長期看護險的保費較高。
3. 長期看護狀態的「認定標準」在各家保險公司的定義上有些許差異。
4. 理賠重點是針對失能、失智等狀態。
5. 理賠條件：相當於長照十年的中度失能。

(二) 失能扶助險

1. 原為殘廢險（含殘扶險），107年4月更名為失能扶助險。
2. 針對失能理賠定期性的保險金。
3. 相較於意外險只理賠因意外事故造成的殘廢，其理賠範圍更廣。
4. 不論疾病或意外，只依「身體外觀有明顯缺損或變化」為理賠判斷標準，理賠項目多達79項。

(三) 嚴重特定傷病保險（分次給付型）

1. 原為特定傷病險，2019年統一改名，增加「嚴重」兩字，更名為「嚴重特定傷病保險」。
2. 嚴重特定傷病險內容現在已統一，最少都具備22項以上的傷病，與7項「重大疾病險」合併成29項「重大傷病險」，通常包含的病項越多，保費就越貴。7項「重大疾病」：
   (1) 冠狀動脈繞道手術。
   (2) 末期腎病變。
   (3) 重大器官移植或造血幹細胞移植。
   (4) 急性心肌梗塞。
   (5) 腦中風障礙。
   (6) 癌症。
   (7) 癱瘓。

3. 以往通常以附加附約形式存在僅有給付一次功能，現因應長期照顧風險需求，改變為分期給付，被歸為類長照。

4. 嚴重特定傷病保險，三大保障：

(1) 保障範圍及項目更多。

(2) 整筆給付醫療保障，減輕醫療開銷壓力。

(3) 每月生活照護保險金，復健休養較安心。

關鍵重點

我國重大疾病保險可以分成「甲型」及「乙型，兩者範圍如下：

甲型7項＋急性心肌梗塞（輕度）＋腦中風後殘障（輕度）＋癌症（輕度）＋癱瘓（輕度）＝乙型11項

重大疾病（甲型）疾病項目	重大疾病（乙型）疾病項目
1. 急性心肌梗塞（重度）	1. 急性心肌梗塞（重度）
2. 冠狀動脈繞道手術	2. 冠狀動脈繞道手術
3. 末期腎病變	3. 末期腎病變
4. 腦中風後殘障（重度）	4. 腦中風後殘障（重度）
5. 癌症（重度）	5. 癌症（重度）
6. 癱瘓（重度）	6. 癱瘓（重度）
7. 重大器官移植或造血幹細胞移植	7. 重大器官移植或造血幹細胞移植
	8. 急性心肌梗塞（輕度）
	9. 腦中風後殘障（輕度）
	10. 癌症（輕度）
	11. 癱瘓（輕度）

二、購買長期照顧相關保險注意要點

(一) **認定標準**：越寬越好。

(二) **免責期間**：越短越好，可縮短申領保險金的時間。

(三) **注意累計給付年限。**

(四) **注意豁免保費功能**：被保險人若符合「需要長期看護狀態」時，可免繳保險費，而繼續享有長期看護險的保障。

關鍵重點

「免責期間」：指被保險人經診斷確定為長期看護狀態之日起算，持續達N日的期間。

(五)檢視自身保障需求與保險內容之一致性。

(六)考量自身之長期經濟能力，以避免保費造成自身或家人負擔。

牛刀小試

(　　) 長期照護保險，可提供經濟保障給需要長期照護的被保險人，然而保險公司在契約條款中訂有「免責期」規定。有關免責期，下列敘述何者錯誤？ (A)依法規定免責期不得超過6個月，所以多數長照險的免責期間為90-180天 (B)「免責期」是指當被保險人符合理賠條件時，必須維持該狀態達特定天數且未能復原，保險公司才會理賠 (C)被保險人在免責期間所產生的相關醫療費用，保險公司不予理賠 (D)至免責期滿後，保險公司才會開始給付保險金。而免責期滿後，也會補發免責期間之保險金。 【第1期】

解答與解析

(D)。免責期滿才開始支付保險金，但不補發免責期間之保險金。

第五節 養老保險

一、養老保險是由「生存險」再加上「死亡險」所組成，又稱為「生死合險」。

二、在保險契約中約定一個固定的保險期間，在保險期間內被保險人死亡或全殘時，保險公司依約定給付死亡保險金。

三、當保險期間屆滿，被保險人仍生存時，保險公司依約定的保險金額給付滿期保險金。

四、養老險的保險費是屬於較貴的險種。

五、養老保險種類：

還本養老型保險（到期後領回保費總額）	當被保險人於保險期間屆滿仍生存，保險公司給付滿期保險金；或當保險期間內死亡或失能，保險公司給付死亡或失能保險金。

多倍型養老保險（發生風險時可領多倍的保額）	在保單設計時，於養老保險上附加或多個同樣保額，同一保險期間的平準型定期保險。
養老終身型保險	將一定期間之養老保險與一個終身保險混合設計而成之保險商品。
增額分紅養老保險（保額逐年增值）	以養老保險為基礎，依保險年度每年以複利（或單利）方式就投保時保險金額增值或每幾個保險年度依投保時保險金額定額增值，被保險人在保險期間內死亡，則以增值後的死亡保險金給付，滿期時亦以增值後滿期生存保險金給付。

第六節 年金保險

(一) **年金保險**：在保險契約有效期間內，保險公司自約定時日起，每屆滿一定期間給付保險金。

(二) **優點**：可提供老年人退休後之收入保障，要保人於投保時一次繳交躉繳保險費或在累積期間內分期繳交保險費，被保險人於一定期間內生存時，保險公司將按契約約定定期給付年金金額，提供被保險人長期且穩定之經濟來源。

(三) **生存年金給付期間**：年金給付期間若約定以被保險人生存為要件給付者。

(四) **保證給付期間**：不以被保險人是否生存為條件給付者。

(五) **即期年金保險**：保險費躉繳的年金保險，於保險費交付後，即進入年金給付期間。

(六) **遞延年金保險**：保險費分期交付的年金保險，於繳費期間終了後，進入年金給付期間。

(七) **年金保險種類**：

1. **傳統型**：利率約定採預定利率（投保時已確定）、固定年金給付金額、年金給付方式有即期年金／遞延年金、相關投資風險由保險公司承擔。
2. **利率變動型**：利率約定採保險公司宣告利率、固定（甲式）或變動（乙式）年金給付金額、年金給付方式有即期年金／遞延年金、相關投資風險由保險公司承擔。

利率變動型年金保險，其年金累積期間，保險公司依據要保人交付之保險費，減去附加費用後，依宣告利率計算年金保單價值準備金；年金給付開始時，依年金保單價值準備金，計算年金金額，帳戶類型為區隔帳戶。

(1) **甲型**：年金給付開始時，以當時之年齡、預定利率及年金生命表換算定額年金。

(2) **乙型**：年金給付開始時，以當時之年齡、預定利率、宣告利率及年金生命表計算第一年年金金額，第二年以後以宣告利率及上述之預定利率調整各年度之年金金額。

3. **投資型**：利率約定係投資連結標的報酬率、固定（甲式）或變動（乙式）年金給付金額、年金給付方式為遞延年金、相關投資風險由要保人承擔。

牛刀小試

( ) 依個人年金保險示範條款之規定，有關年金保險受益人之指定及變更，下列敘述何者正確？ (A)訂立年金保險契約時，得經要保人同意指定身故受益人；如未指定者，以要保人之法定繼承人為年金保險契約身故受益人 (B)年金保險契約之受益人，於被保險人生存期間為被保險人本人，保險公司不受理其指定或變更 (C)除聲明放棄處分權者外，於保險事故發生前得經要保人同意變更身故受益人；如要保人未將前述變更通知保險公司者，不得對抗保險公司 (D)身故受益人同時或先於被保險人本人身故，除要保人已另行指定外，以要保人之法定繼承人為年金保險契約身故受益。 【第1期】

解答與解析

(B)。(A)於訂立年金保險契約時，得經被保險人同意指定身故受益人。
(C)除聲明放棄權利者外，於保險事故發生前得經被保險人同意變更身故受益人。
(D)指定之身故受益人同時或先於被保險人本人身故，除要保人已另行指定外，以被保險人之法定繼承人為年金保險契約身故受益人。

第七節 投資型保險

一、投資型保險

將保險及投資合而為一的商品，但基本性質仍為保險商品，受保險法規的規範，所有投資型保險商品皆須經行政院金管會核准銷售。

二、訂立投資型保險契約

(一) 保險人與要保人得約定保險費、保險給付、費用及其他款項收付之幣別，且不得於新臺幣與外幣間約定相互變換收付之幣別。

(二) 以外幣收付之投資型年金保險，於年金累積期間屆滿時將連結投資標的全部處分出售，並轉換為一般帳簿之即期年金保險者，得約定以新臺幣給付年金。

三、「六不」原則

投資型保單於2021年增加「六不」原則：

1. 附保證給付不得超出身故保證類型。
2. 為附保證給付金額，最多不得超過保戶總繳保費。
3. 附保證的月撥回類全委保單，淨值一旦低於8美元，不得再撥回。
4. 保證費率不得一率到底，必須分性別、年齡收不同保證費率。
5. 不得承諾保戶資金立即投資。
6. 保單不得有不停效保證。

四、遺產稅務

投資型商品的遺產稅務問題比較複雜，牽涉到所得稅、贈與稅、遺產稅和最低稅負制等相關稅賦問題，要考慮要保人、被保險人和受益人的安排。

五、投資型人壽保險遺產稅申報

(一) **投資型人壽保險**：是可以投資的壽險商品，本質是保險而非投資。

(二) **投資型人壽保險，有一般帳戶（保額）和分離帳戶（投資帳戶價值）兩種。**

1. 一般帳戶，由保險公司負責；但分離帳戶就是投保者的錢，和保險公司無關，要自己負責。
2. 投資型人壽保險，又區分成甲型和乙型。當死亡理賠時，甲型由一般帳戶和分離帳戶兩者取其大，而乙型由一般帳戶和分離帳戶兩者相加。

(三) **遺產稅部分**

1. 甲型稍為複雜，超過保額的部分才要申報遺產稅。（最高行政法院101年度判字第376號判決）
2. 乙型比較單純，投資帳戶全部要申報遺產稅。

牛刀小試

( ) 銀行業在提供投資型金融商品或服務給金融消費者時，應該在訂立契約前充分瞭解金融消費者之相關資料，其內容不包括下列何者？ (A)金融消費者之宗教信仰 (B)金融消費者之所得與資金來源 (C)金融消費者之風險偏好及過往投資經驗 (D)金融消費者之簽訂契約目的與需求。 【第2期】

解答與解析

(A)。金融服務業確保金融商品或服務適合金融消費者辦法第4條，銀行業及證券期貨業提供投資型金融商品或服務，於訂立契約前，應充分瞭解金融消費者之相關資料，其內容至少應包括下列事項：一、接受金融消費者原則：應訂定金融消費者往來之條件。二、瞭解金融消費者審查原則：應訂定瞭解金融消費者審查作業程序，及留存之基本資料，包括金融消費者之身分、財務背景、所得與資金來源、風險偏好、過往投資經驗及簽訂契約目的與需求等。該資料之內容及分析結果，應經金融消費者以簽名、蓋用原留印鑑或其他雙方同意之方式確認；修正時，亦同。三、評估金融消費者投資能力：除參考前款資料外，並應綜合考量下列資料，以評估金融消費者之投資能力：(一)金融消費者資金操作狀況及專業能力。(二)金融消費者之投資屬性、對風險之瞭解及風險承受度。(三)金融消費者服務之合適性，合適之投資建議範圍。

第八節 微型保險與小額終老保險

為使經濟弱勢或特定身分族群得以較低保費取得基本保險保障，並因應我國高齡社會下高齡者基本保險保障需求，推動微型保險及小額終老保險。

一、微型保險

(一) 為經濟弱勢或特定身分族群提供因應特定風險基本保障之保險商品，以填補政府社會保險或社會救助機制不足的缺口。

(二) 保險業辦理本業務，其商品內容不得含有生存或滿期給付之設計，且商品種類以下列為限：

1. 1年期傳統型定期人壽保險（每人累計保額上限新臺幣50萬元）。
2. 1年期傷害保險。
3. 以醫療費用收據正本理賠方式辦理之1年期實支實付型傷害醫療保險。
4. 前項微型保險商品之設計應以簡單為原則，並以承保單一保險事故為限。

(三) 保險業辦理本業務，須對所承擔之風險為妥善之處理或為適當之再保險。

(四) 保險業辦理本業務，應落實相關通報及核保作業，並應注意個別被保險人累計投保微型人壽保險之保險金額不得超過新臺幣50萬元，累計投保微型傷害保險之保險金額不得超過新臺幣50萬元，累計投保微型傷害醫療保險之保險金額不得超過新臺幣3萬元。

(五) 如個別被保險人向二家以上公司投保，且其累計投保各該險種之保險金額超過前項所定之限額者，保險業得自行決定處理方式，惟不得有牴觸保險法第54條及第54條之1規定之情事，且應於保單條款中充分揭露。

(六) 經濟弱勢者或特定身分者，係指符合下列條件之一：

1. 無配偶且全年綜合所得在新臺幣35萬元以下者或其家庭成員。但其家庭成員有配偶，且該夫妻二人之全年綜合所得逾新臺幣70萬元者，不適用本款規定。

2. 屬於夫妻二人之全年綜合所得在新臺幣70萬元以下家庭之家庭成員。
3. 具有原住民身分法規定之原住民身分,或具有合法立案之原住民相關人民團體或機構成員身分或為各該團體或機構服務對象,或各該對象之家庭成員。
4. 具有合法立案之漁民相關人民團體或機構成員身分,或持有漁船船員手冊之本國籍漁業從業人或取得我國永久居留證之外國籍漁業從業人,或各該對象之家庭成員。
5. 依農民健康保險條例投保農民健康保險之被保險人,或其家庭成員。
6. 為合法立案之社會福利慈善團體或機構之服務對象,或其家庭成員。
7. 屬於內政部工作所得補助方案實施對象家庭之家庭成員。
8. 屬於特殊境遇家庭扶助條例所定特殊境遇家庭或符合社會救助法規定低收入戶或中低收入戶之家庭成員。
9. 符合身心障礙者權益保障法定義之身心障礙者,或具有合法立案之身心障礙者相關人民團體或機構成員身分或為各該團體或機構服務對象,或各該對象之家庭成員。
10. 符合老人福利法規定領取中低收入老人生活津貼之老人或其家庭成員。
11. 其他經主管機關認可之經濟弱勢者或特定身分者。

前項所稱家庭成員,係指本人、配偶、直系血親或家屬。

(七) 微型保險得以個人保險、集體投保或團體保險方式為之。

保險業以集體投保方式辦理微型保險者,代理要保人洽訂微型保險契約之代理投保單位、要保人及被保險人應符合下列條件:

1. 要保人與被保險人為同一人,且須被保險人達5人以上。
2. 保險業應與代理要保人之代理投保單位簽訂微型保險契約。
3. 代理投保單位與經濟弱勢或特定身分要保人間需具有以下連結關係之一者,且除本款第四目及第六目所列單位外,各該單位以具有法人人格及成立至少2年以上者為限:
   (1) 雇主與其員工關係。
   (2) 依法成立之合法合作社、協會、職業工會、聯合團體或聯盟與其成員關係。
   (3) 依法設立之金融機構或放款機構與其債務人關係。
   (4) 依法設立之學校與其學生關係。
   (5) 合法立案之社會福利慈善團體或機構與其服務對象關係。

(6) 直轄市政府、縣（市）政府、鄉（鎮、市）公所、區公所、村（里）辦公室與其戶籍居民關係。

(7) 合法立案之宗教團體與其成員或該團體服務對象關係。

(8) 凡非屬以上所列而具有法人資格之團體與其會員或成員關係。

二、小額終老保險

(一) 因應我國人口老化與少子化趨勢，為普及高齡者基本保險保障而推動之保險商品，包含：

1. **主約**：傳統型終身人壽保險主契約（每人累計保額上限自110年7月1日起由50萬元提高至**70萬**元），可提供被保險人身故或完全失能時之保障，保障期間為終身。每人最多可以**投保3張**。

(1) 預定危險發生率採用最新公布臺灣壽險業經驗生命表各年齡100%。

(2) 預定利率為年息2%。

(3) 預定附加費用率不得超過總保險費之10%。

(4) 保險給付範圍為身故保險金及失能保險金，除各該保險金給付為新臺幣70萬元外，不得有增額或加倍給付設計，並以承保單一保險事故為限。其中投保後3個保單年度內，倘被保險人身故或完全失能時，身故保險金或失能保險金改以「已繳保險費總和」之1.025倍金額給付。

(5) 繳費期間為6年以上。

(6) 個別被保險人之投保年齡加計繳費期間之數值最高不超過90。

2. **附約**：附加1年期傷害保險附約（每人累計保額上限10萬元），增加因意外傷害事故所致死亡或失能之保障。

(1) 預定危險發生率採用第一類職業類別意外死亡發生率（含完全失能，現為萬分之8.181）之50%。

(2) 預定利率為年息1.75%。

(3) 預定附加費用率不得超過總保險費之15%。

(4) 保險給付範圍為身故保險金及失能保險金，除各該保險金給付為新臺幣10萬元外，不得有增額或加倍給付設計，並以承保單一保險事故為限。

(5) 個別被保險人之投保年齡加計繳費期間之數值最高不超過90。

(二)特色

1. 內容以簡單易懂為原則。
2. 具有「低門檻」、「低保費」與「保障終身」等特性，且保費較其他同類型壽險低廉，提供高齡化社會下中、高齡者基本保險保障。

牛刀小試

( ) 有關「小額終老保險相關規範」，下列敘述何者錯誤？ (A)主要用意在於提高國人的保障額度 (B)自2021年7月起，放寬每人最多可投保3張 (C)目前規定保額上限為新台幣70萬元 (D)其主要投保險種為一年期定期壽險主約及傷害保險附約。 【第1期】

解答與解析

(D)。傳統型終身人壽保險，並可附加1年期傷害保險。

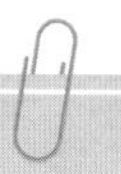

第九節 不動產投資信託（REITs）[註3]

一、REITs（Real Estate Investment Trusts）

不動產投資信託，最早從美國發跡，類似於封閉式的共同基金，但投資標的為「不動產」，將房貸、資產抵押擔保證券或不動產等資產證券化後的商品，透過發行受益憑證方式銷售給投資大眾。

二、特色

類似基金，有固定配息也有資產價值波動的資本利得，投資人只要準備小額資金投資不動產，讓一般資金不多的人，也能透過持有股份方式投資不動產。

三、REITs優點

(一)小資金可投資、流動性佳：

1. REITs將不動產證券化，變成股票在公開市場交易，投資門檻低，適合小額投資人來投資不動產領域配置資產。

2. 因REITs在集中市場掛牌交易，交易方式與股票相同，流動性較佳、易於轉手、降低交易成本。

(二) **收益穩定：**

REITs的收益來自租金收入、管理維修費用、承租率等，台灣規範REITs信託利益應每年分配，所以投資人每年可強制分配到股息，投資REITs帶著能夠有相對穩定的現金股利收入，具備收益相對穩定、抗通膨、分散投資風險等優勢。

(三) **享有稅賦優惠：**

依據不動產證券化條例，規定REITs的信託利益要每年分配，免徵證券交易稅、投資收益採取分離課稅，不併入綜所稅計算所以免徵證所稅。

牛刀小試

( ) 有關不動產投資信託（REITs）之優點，下列敘述何者錯誤？(A)即便小額資金也可以投資 (B)買賣和股票一樣方便 (C)收益穩定可有效對抗通膨 (D)適合作為短期炒作的投資標的。

【第1期】

解答與解析

(D)。適合做中長期投資。

第十節 金管會2014年推出保單活化

一、保單活化

(一) 讓保戶可以選擇將原持有含死亡保障之保單，轉換為老年所需之健康險（含長照險）或年金險，增加退休現金流，以支應老年醫療與長期看護需求。

(二) 是一種功能性契約轉換的選擇權，要保人把留在身後照顧家人的傳統終身壽險，轉換成生前自己用的年金險、醫療險、類長照險等3種保單。

二、解決長壽3大風險

(一) 生活費不夠的財務風險。

(二) 醫療費不足的健康風險。

(三) 長期看護需求的照護風險。

三、優點

(一) **保費凍齡**：依原保單的投保始期與年齡計算轉換後的保障，保費比以現在年齡新投保便宜。

(二) **回復權益**：原則上保單轉換後3年內，可隨時回復原契約的權利。

(三) **轉換靈活**：依實際需要選擇保單轉換方案，轉出時，可選擇一張終身壽險保單全數轉換，也可將部分保價金轉換為一張或多張的年金險、健康險、長照險；轉入時，可選擇轉入一張或選擇轉入多張。

四、適合族群：4大族群

(一) **空巢族或頂客族或單身族**：對家庭責任及壽險保障的需求減少。

(二) **屆退族**：擔心退休生活費不夠用。

(三) **退休族**：希望老年生活有穩定的經濟來源，退休後的醫療及養老需求成為最重要的規劃項目。

(四) **高風險族**：從事高風險行業或家族有遺傳病史，不想造成子女財務或照顧重擔者。

牛刀小試

( ) 保單活化政策為金管會2014年所推出，有關其執行目的與方式，下列敘述何者錯誤？ (A)可將傳統型終身壽險與年金險，選擇轉換為其他險種保單 (B)開放不同壽險公司保單的申請轉換 (C)可轉換成養老險、年金險、健康險 (D)保戶可依需求，重新分配既有的保險資源。【第3期】

解答與解析

(B)。保單活化：提供保戶一種功能性契約轉換的「選擇權」，要保人可以選擇將原先含有死亡保障的傳統終身壽險（身故保險金），轉換為老年時可能需要的年金險或是醫療險、類長照險等健康險，藉由創造穩定現金流，轉移長壽風險給保險公司。

第十一節 其他相關名詞

一、平準費率

會使用到平準費率的商品，大都是限定年期的商品，總保費平均分攤到每年繳交，就是平準費率。

二、自然費率

保險費的計算是依照危險的大小來決定，一般是按死亡率、損失率的增加而逐年調高保費，因為與生命的自然衰老現象連動，因此保費也會隨人的年齡增加而保費慢慢增加，所以稱為自然費率。

三、減額繳清

「減額繳清」是以減少保額，一次付清保費的方式來減少未來保費支出，即以保單目前所累積的價值準備金，作為一次繳清（躉繳）的費用，改成保障內容、期間不變，僅保額降低的保險。因此保險費累積至有保單價值準備金，方可實施。

四、保險密度

保險密度＝保費收入÷全國人口數；代表每人平均支出之保險費。

五、保險滲透度

保險滲透度＝保費收入÷國內生產毛額；指的是保險收入占該國國內生產毛額（GDP）的比率，代表保險業對該國經濟之貢獻程度。

六、保險投保率

保險投保率＝保險契約數÷全國人口數；代表國人平均每人購買的保單張數。

七、普及率

普及率＝保險金額÷國民所得；代表發生事故後，保險的保障額度對收入的倍數。

模擬試題

( ) **1** 現階段微型保險的保障對象為何？ a.身心障礙者本人；b.身心障礙者配偶；c.身心障礙者直系血親或家屬；d.身心障礙者姻親。 (A)ad (B)bc (C)abc (D)abcd。

( ) **2** 下列有關傳統型人壽保險費率釐訂因素的觀念，何者錯誤？
(A)人壽保險費主要根據預定死亡率、預定利率、預定費用率計算
(B)預定死亡率愈高，保費愈貴
(C)預定利率愈高，保費愈貴
(D)預定費用率愈高，保費愈貴。

( ) **3** 下列有關傳統型小額終老終身人壽保險的費率敘述，何者正確？ (A)預定危險發生率採用臺灣壽險業第五回經驗生命表各年齡80% (B)預定利率為年息2% (C)預定附加費用率不得超過總保險費之15% (D)投保後2個保單年度內被保險人身故時，身故保險金以「已繳保險費總和」之1.025倍金額給付。

( ) **4** 依現行法令的規範，微型傷害保險總保費的附加費用率與下列何者相同？ (A)1年期個人傷害保險 (B)1年期團體傷害保險 (C)人壽保險之1年期傷害保險附約 (D)小額終老保險之1年期傷害保險附約。

( ) **5** 為了使醫療保險商品的疾病項目及定義有一致遵循標準，減少理賠爭議，經壽險公會提報金融監督管理委員會核定「嚴重特定傷病疾病項目及定義」及「癌症定義」，自何時開始實施？ (A)105年1月1日 (B)107年1月1日 (C)108年1月1日 (D)110年1月1日。

( ) **6** 小額終老保單是保險局要推廣國人壽險保障的半政策性保單，每人最高保額為： (A)30萬元 (B)50萬元 (C)70萬元 (D)100萬元。

( ) **7** 有關小額終老保險相關規範，下列敘述何者錯誤？
(A)每人最多可購買2張
(B)每人最高保額為70萬元
(C)一年期傷害保險附約之預定利率為年息1.75%
(D)為便於高齡者投保，小額終老保險商品內容以簡單易懂為原則。

( ) **8** 「退休準備平台」中，其中「保障型保險商品平台」已於2021年上線，不包括下列哪種險種為主？ (A)定期壽險 (B)重大疾病健康保險 (C)小額終老保險 (D)日額型住院醫療險。

( ) **9** 甲今年67歲，擬投保小額終老保險，增加個人的身故保障，下列何者為甲可以選擇的繳費方式？
(A)躉繳 (B)繳費期間10年
(C)繳費期間5年 (D)繳費期間3年。

( ) **10** 微型保險的特色有 (1)以經濟弱勢者為承保對象；(2)保險金額低，保費低廉；(3)繳費方式具彈性；(4)保障期間較短、保障內容簡單
(A)(1)(2)(3)(4) (B)(1)(2)(4)
(C)(2)(3)(4) (D)(2)(3)。

( ) **11** 利率變動型年金甲型在年金給付開始時，以當時的哪些資料換算定額年金？ (A)預定利率 (B)年金生命表 (C)年齡 (D)以上皆是。

( ) **12** 利率變動型年金甲型係以哪一種利率計算每期給付年金金額？ (A)宣告利率 (B)預定利率 (C)定存利率 (D)期貨利率。

( ) **13** 下列有關利率變動型年金之敘述何者錯誤？ (A)投保利率變動型年金保險前應先了解「宣告利率」及「預定利率」含義 (B)甲型年金險的年金給付為固定金額，而乙型年金險的年金給付並無固定，每年的年金給付會再乘以當年度「調整係數」而得之 (C)「調整係數」會受宣告利率的影響，宣告利率走升，則年金給付金額為減少，反之則增加 (D)選擇乙型年金險的保戶是希望未來宣告利率能調升，拿回到更高的年金給付。

( ) **14** 多倍型養老保險通常係在養老保險上附加
(A)生存保險 (B)另一個養老保險
(C)死亡保險或意外保險 (D)健康保險。

( ) **15** 有關不動產投資信託之敘述，下列何者錯誤？
(A)性質上為金錢信託
(B)應於主管機關核准函送達之日起3個月內開始募集
(C)如有經信用評等機構評定其等級者，應於公開說明書中說明
(D)對不特定人公開招募時，應向購買人或應募人提供投資說明書。 【第47期信託業業務人員】

( ) **16** 不動產投資信託之信託財產為土地時，該土地之地價稅於信託關係存續中，應以下列何者為納稅義務人？
(A)原所有權人 (B)受益人
(C)不動產管理機構 (D)受託機構。 【第46期信託業業務人員】

( ) **17** 在台灣，不動產投資信託須成立信託財產評審委員，至少多久必須評審基金財產一次？ (A)1個月 (B)3個月 (C)6個月 (D)1年。

( ) **18** 不動產投資信託基金投資所得依不動產投資信託契約約定應分配之收益，應於會計年度結束後多久內分配？ (A)1個月 (B)3個月 (C)6個月 (D)1年。

( ) **19** 台灣的不動產資產信託以何人為委託人？ (A)投資人 (B)不動產所有權人或相關權利人 (C)受益人 (D)資產管理人。

( ) **20** 關於投資型保險商品的敘述，下列何者錯誤？
(A)兼具保險保障與投資理財雙重功能
(B)只依分離帳戶進行基金投資管理
(C)沒有預定利率，投資報酬具高度不確定性
(D)保單帳戶價值是不確定的。

解答與解析

1 **(C)**。微型保險是政府基於照顧經濟弱勢民眾的投保權益，於98年7月21日開放保險公司承辦微型保險商品，政府公布之經濟弱勢者或特定身分者，係指符合下列條件之一：前項所稱家庭成員，係指本人、配偶、直系血親或家屬。

2 **(C)**。預定利率愈高,保費愈便宜。

3 **(B)**。小額終老保險商品相關規範第2條,傳統型終身人壽保險主契約：
(1) 預定危險發生率採用最新公布臺灣壽險業經驗生命表各年齡100%。
(2) 預定利率為年息2%。
(3) 預定附加費用率不得超過總保險費之10%。
(4) 保險給付範圍為身故保險金及失能保險金,除各該保險金給付為新臺幣70萬元外,不得有增額或加倍給付設計,並以承保單一保險事故為限。其中投保後3個保單年度內,倘被保險人身故或完全失能時,身故保險金或失能保險金改以「已繳保險費總和」之1.025倍金額給付。
(5) 繳費期間為6年以上。
(6) 個別被保險人之投保年齡加計繳費期間之數值最高不超過90。

4 **(D)**。微型傷害保險總保費與小額終老保險之1年期傷害保險附約相同。

5 **(C)**。有關中華民國人壽保險商業同業公會（下稱壽險公會）所報「嚴重特定傷病疾病項目及定義」及「癌症保險」之「癌症定義」、「醫療保險商品之各項疾病項目及定義標準化」相關配套措施、本案實務作業問答集、本案實務作業問答集及「產、壽險公會共同建檔作業流程規劃」一案，茲核定如附件，並自108年1月1日起實施。

6 **(C)**。110年7月1日起由50萬元提高至70萬元。

7 **(A)**。(A)每人最多可購買3張。

8 **(D)**。「保障型保險商品平台」設置保險公司專屬網頁之連結（單一入口），目前規劃有定期壽險、小額終老保險及重大疾病健康保險等3類商品。

9 **(B)**。需繳費期間為6年以上。

10 **(A)**。4種均是微型保險特色。

11 **(D)**。利率變動型年金甲型在年金給付開始時，以當時之年齡、預定利率及年金生命表換算定額年金。

12 **(B)**。利率變動型年金甲型在年金給付開始時，以當時之年齡、預定利率及年金生命表換算定額年金。

13 **(C)**。調整係數會受宣告利率的影響，宣告利率走升，則年金給付金額為增加，反之則減少。

14 (C)。多倍型（發生風險時可領到多倍的保額）通常在養老保險上附加死亡保險或意外保險。

15 (D)。(D)應為公開說明書。

16 (D)。不動產證券化條例第51條，不動產投資信託或不動產資產信託以土地為信託財產，並以其為標的募集或私募受益證券者，該土地之地價稅，於信託關係存續中，以受託機構為納稅義務人。

17 (B)。不動產證券化條例第26條，受託機構依信託業法第21條規定設置之信託財產評審委員會，應至少每3個月評審不動產投資信託基金之信託財產一次，並於報告董事會後，於本機構所在地之日報或依主管機關規定方式公告之。

18 (C)。不動產證券化條例第28條，不動產投資信託基金投資所得依不動產投資信託契約約定應分配之收益，應於會計年度結束後6個月內分配之。

19 (B)。不動產資產信託之委託人為不動產所有權人或相關權利人。

20 (B)。(B)有一般帳戶（保額）和分離帳戶（投資帳戶價值）兩種進行管理。

本章註解

[註1] 廖珮君，整理自四類金融商品，禁行銷銀髮族，經濟日報，https://udn.com/news/story/7239/6604914?from=udn-referralnews_ch2artbottom。

[註2] 整理自王代書，最完整逆向低壓貸款介紹，一篇詳解貸款條件、利率、額度、申辦流程。https://www.money17888.com/。

[註3] 資料整理：REITs是什麼？值得投資嗎？最完整的REITs教學懶人包，https://rich01.com/what-is-reits及公務人員退休撫卹基金管理委員會，https://www.fund.gov.tw/News_Content.aspx?n=3268&s=17340。

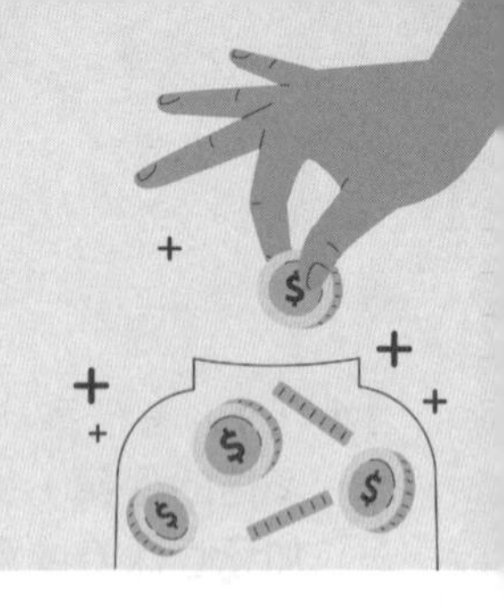

第五章 高齡金融規劃案例研討

學習重點

題型多著重在案例整體描述，採題組式出題，再測驗相關涉及的法規、稅負徵收與否，需多了解案例背景與適用法規。

第一節 安養信託案例[註1]

一、自益安養信託

(一) **約定**：委託人退休前規劃退休金交付信託管理，並約定在發生「安養照護」需求前，由銀行協助將信託的資金先做定存使用，並視退休情況進行滾動式的財產管理與調整。

(二) **後續事件**：委託人發生中風癱瘓，須以輪椅代步，並且要定期復健及回診。

(三) **運用**

1. 可將信託的資金用在定期復健、醫療的費用上，並且透過信託，定期將醫療所需支出從信託帳戶匯入指定的醫療或養護機構。
2. 信託扮演保護資產角色，確保「專款專用」。
3. 避免被不當使用或遭遇詐騙。
4. 事先規劃用途，除存款外，包括保險金、股票均能交付信託，並可事先約定要如何使用或分配給下一代，可避免生病或失智後面臨親人爭產。

二、他益安養信託

(一) **約定**：委託人將畢生積蓄透過銀行幫已成年但智力僅有幼稚園程度的小孩做「他益」安養信託，將一半積蓄存入戶頭，並找到理想的照顧機構，待小孩入住後，銀行就會支付費用。

(二) **後續事件**：因委託人的小孩是身障人士，考慮委託人將來沒有行為能力，銀行建議幫小孩找公正第三方作為監察人與監護人，更能確保權益，例如找智障者家長總會，以法人身分擔任監察人，只需支付總會車馬費，幫身障子女規劃信託時，也向法院申請「監護宣告」，後由市政府社會局當小孩的監護人，將來可為其行使權利。

(三) **運用**：委託人運用自己的資產，可透過銀行妥善規劃，按照契約規定，逐步給配偶、小孩或兄弟姊妹等受益人。

第二節 保險給付信託案例

一、壽險＋保險信託

(一) **約定**：一位老來得子父親，妻已過世多年，有一位未滿10歲的獨子，其將千萬元的高額保單受益人指定為此未成年獨子，並同時成立保險給付信託，約定身後保險理賠金交付信託專戶後，將指定用在孩子的生活費與學業費用，並有一部分作為創業金。

關鍵重點

「保險給付信託」：

1. 是指在保險規劃內加入信託架構。
2. 由保單受益人，先與銀行簽訂「保險給付信託」後，再由保單的要保人，向保險公司申請加註「理賠限定交付信託」後約定即成立。
3. 約定內容可依據個人期望訂定，一旦保險公司撥付保險理賠金後，由受託銀行依約給付給保險受益人。
4. 保險商品的功能強調「風險分散」，信託強調財產的「安全性」及「專款專用」，若將保險與信託做結合，讓保障達到加乘效果。

(二) **後續事件**：此老人家不久後辭世因於理賠金已交付銀行信託，孩子雖未成年，也不會因為監護權改變，而影響到理賠金的給付方式，讓保險理賠，妥善運用在家人身上。

(三) **運用**：壽險是透過對指定受益人的保險給付，避免家人因被保險人死亡或受傷失去經濟來源，同時也能達到照顧遺族生活、財富傳承等目的。因為是由指定受益人或法定繼承人領取，若擔心相關給付會遭他人挪用，再另外簽訂保險信託，確保保險金用在受益人的生活照顧上。

二、旅遊平安險＋保險信託

(一) 投保旅遊平安險時同時辦理保單批註，在保單上申請加註「理賠限定交付信託」，確保未來的理賠，能夠直接由保險公司交付銀行信託，將旅平險的身故理賠，納入信託規劃的傳承安排。

(二) 其中保單受益人須有明確對象，例如小孩或長輩名字，不能用法定繼承人。
(三) 除約定定期給付受益人生活費外，也可約定特殊給付項目，例如就學獎學金或讀書目的獎勵金等，可安排信賴的親友擔任信託監察人，防止信託被提前解除，並共同協助監督信託。

第三節 不動產信託案例[註2]

父母可將不動產透過信託財產規劃，除了降低或免除贈與稅、保障老年生活，並且避免於過往後子女爭產。

(一) **約定**：有一對父母有2子3女，本身擁有2幢房子，1間自住，1間出租，2間房子價差一千萬，顧及沒有現金可供補貼，考慮到「共有財產處分」將來易造成子女間糾紛，不希望以財產共有方式登記在小孩名下，透過不動產信託規劃，保障生前繼續有固定租金收入賴以生活，約定不得處分及父母為孳息受益人，另一間繼續保有使用權賴以居住（約定信託目的）；使2個兒子各取得一幢房子。
(二) **運用**：信託財產採用本金他益、孳息自益的方式，於信託期間，租金仍由父母來收益，以保障生活所需，且可以用折現值繳納較低的贈與稅，甚至免稅，同時避免其他子女透過行使繼承財產特留分請求權之紛爭，也避免子女共同繼承（共有財產）產生後續紛爭。

第四節 有價證券信託案例[註3]

一、有價證券信託依其信託目的及管理運用方式，可分為三種類型：「管理型有價證券信託」、「運用型有價證券信託」及「處分型有價證券信託」。

二、國內信託業所辦理的有價證券信託業務以「管理型有價證券信託」為主。

三、以委託人保有運用決定權而本金自益孳息他益之有價證券信託最為常見。

四、管理型、運用型及處分型的有價證券信託可複合委託，使受託人同時擁有管理、運用及處分二者以上之權限，讓有價證券信託財產之運作更具彈性。

五、將有價證券交付信託，由信託業代為運用及處分，更能達到增加運用收益與處分交易之安全保障，並能結合財產交付信託之優點，照顧指定之受益人。

六、案例

(一)約定：A先生夫妻擁有不少上市櫃公司股票，夫妻二人都將股票存放集保，幫作存股，目前有1名獨生女，欲透過信託可以移轉財產給下一代，規劃將名下之股票信託給銀行，約定信託財產之本金或未來孳息由銀行分配給女兒。

(二)說明：

1	財產保護：避免他人覬覦，透過信託，可使財產受信託法令之保護。
2	股權移轉：以契約或遺囑將有價證券交付信託，委託人可以事先指定受益人，使名下財產逐漸移轉給下一代。
3	股權行使不受影響：交付信託後，如遇股東行使表決權或選舉權，可由委託人指示受託人代為行使。

第五節 以房養老案例[註4]

一、可以運用逆向抵押房貸，於老年時由銀行每月撥付固定金額作為支出日常所需來源，此可避免因為年老無工作收入產生生活問題。

二、可避免以出售房屋方式，造成售屋後居住問題，另因一次有一大筆錢造成子孫不肖爭產或遇詐騙反而晚年生活不保。

三、逆向抵押房貸案例

(一)約定：一對年老夫妻有1戶自住透天，因考慮年老會行動不便，不適合經常上下樓梯，決定換屋到有電梯及保全管理的社區大樓，整體新屋花費預計近1千萬，夫婦倆存款約3百萬，採逆向抵押房貸向銀行申辦，以原有公寓的擔保價值5成申貸，約900萬，貸款期間25年，每月由銀行撥付3萬，此用來償還社區大樓之本息金額。

(二)說明：

1. 一屋變兩屋，可以避免為了緊急換屋讓出售價格偏低，影響財富。
2. 不用將手上現有存款全部拿去買房，可以有部分存款作為日常生活所需，不影響老年生活。

第六節　子女保障信託案例

一、信託是一種受法律保障的財產管理制度，高齡者規劃子女保障信託時，可視自身需求指定子女或孫子女擔任信託受益人，落實照顧或財產傳承的需求，規劃時應注意[註5]：

(一)透過贈與免稅額分年累積信託基金：我國有相關贈與免稅額規定，每人每年可以在244萬元內贈與給子女（夫妻兩人一年共有488萬元免稅額），可以善用，分年累積信託資金。

(二)契約給付內容：針對受益人所需，於契約內約定給付生活費、教育費、留學金、創業金、醫療費等給付項目。

(三)注意信託收益計算、分配之時期及方法：依據信託資金規模，決定信託收益計算、分配之時期及方法，確保信託財產可以在所需期間內因應。

(四)慎選信託監察人：可選擇信賴親友或法人擔任信託監察人，共同為信託財產監督與運用。

(五)信託財產運用方式：投資標的須為穩健性標的，以達到財產傳承目的。

二、子女保障信託案例

(一)約定：單親父親因罹患癌症不捨未成年女兒，深怕自己走後女兒無法有好的生活，因此與銀行約定金錢及不動產財產交付信託，約定孩子成年前，由信託帳戶支付之教育學費、出國留學基金、結婚基金、每年一趟之國外旅遊基金及未來參加營隊活動之費用等，於女兒成年後，再過戶給女兒。

(二)說明：

1. 不是每位父母均能陪孩子長大，最怕意外來襲時，原本準備好的生活預算因為不善管理提早耗盡，或者被詐騙、親友爭奪使孩子生活陷入困境，信託係採專款專用及客製化約定，同一類的信託因每個人約定執行方式不同，可能使信託完全不同。

2. 如父母在孩子成年期離世，無論監護人是誰，銀行都必須依據信託約定之內容執行，避免監護人濫用，發生遺產被侵佔或揮霍情況。

牛刀小試

( ) **1** 當今社會常見高齡父母照顧心智障礙子女，該等父母亦會加入相關社福團體，以取得心智障礙者照護協助與資訊。父母不想增加其他家族成員負擔，故有計畫將現金存入該名心智障礙子女存款帳戶，父母自己也有穩定配息股票。父母為了自己及心智障礙子女，也計畫分別成立安養信託。有關上述高齡父母照顧心智障礙子女之家庭，可透過信託協助。下列敘述何者錯誤？ (A)可分別成立高齡者及身心障礙者兩份安養信託 (B)可邀社福團體擔任信託監察人 (C)父母規畫好未來照顧心智障礙子女的金流安排，可約定匯入信託專戶 (D)父母以心智障礙子女為保險受益人所購買之保險，因已有保障，故不得將保險金入信託專戶。 【第2期】

( ) **2** 老曾名下有一自有房產及存款若干元，目前獨居在南部自宅務農為生，其子小曾已成家立業另行居住在北部。老曾已屆70歲想安排退休安養規劃，其自有房產是沒有電梯的透天厝，因老曾感到身體已老化、上下樓梯行動愈來愈不方便， 考慮想搬到附近的長照安養機構住，但擔心沒有固定收入可繳交入住安養機構費用。老曾耳聞銀行可協助將老屋產權交付信託，透過包租代管業者合作出租老屋，租金一樣交付信託，可用來支付長照安養機構及其他生活費用。前述安養制度稱為下列何者？ (A)理財型房屋貸款 (B)留房養老安養信託 (C)不動產證券化 (D)產業型逆向抵押貸款。 【第3期】

解答與解析

1 (D)。可以將保險金入信託專戶。

2 (B)。留房養老是安養信託的一種，主要對象是55歲以上、手上不止一間房產的民眾，可以到銀行申請成立信託帳戶，以委託銀行「包租代管」房屋的方式，每月專款專用，並在扣除信託管理費之後，按月給付安養費用給受益人，讓高齡者不用擔心產權、資金管理等問題，且最終仍保有房產所有權，也讓房子能順利傳承。

模擬試題

題組一：

林先生婚後育有2子，年輕時買了高額的人壽保險，要保人及被保險人為自己，受益人為大兒子，小兒子已自組家庭單獨買房在外，大兒子輕度智障，平日與林先生同住，均由林先生照顧，林先生因年事已高，擔心身故後大兒子無人照顧，小兒子亦無力照顧大哥，便尋求銀行協助，希望能透過信託來照顧大兒子，其餘資產留給小兒子。請回答下列問題：

( ) **1** 若林先生安排完全他益信託，一次轉入信託專戶金額為2,600萬，需繳多少贈與稅（假設贈與稅免稅額為244萬，且今年無其他贈與）？
(A)0　(B)2,356,000
(C)3,032,657　(D)3,534,000。

( ) **2** 林先生對於信託監察人的制度有些困擾，關於信託監察人下列A～E的敘述何者正確？ A.可指定一人或多人；B.不能約定順位；C.可由社福團體擔任；D.可由意定監護人擔任；E.契約變更或提前終止無需監察人同意， (A)僅AB (B)僅BE (C)僅ACD (D)僅BDE。

( ) **3** 林先生詢問保險金信託的問題，下列敘述何者錯誤？ (A)委託人為大兒子 (B)委託人為林先生 (C)受益人為大兒子 (D)受託人為銀行。

( ) **4** 若林先生決定以現金1,500萬作完全他益信託，用來照顧大兒子，假設該信託已執行超過2年，請問下列敘述何者錯誤？ (A)信託財產不計入林先生遺產 (B)信託財產仍計入林先生遺產 (C)此信託屬於金錢信託 (D)規劃時需繳贈與稅125.6萬。

題組二：

陳老先生名下有一自有房產及存款若干元，目前獨居，僅有一子，已成家立業另行居住。陳老先生想安排退休安養規劃，考慮其自有房產是沒有電梯一般公寓，正在想要去入住長照安養機構，或購買附近有電梯的華廈居住，但擔心沒有固定收入可繳交入住安養機構費用或房貸。

( ) **5** 陳老先生聽朋友說起銀行可協助將老屋產權交付信託，透過抵押貸款，由銀行固定支付一筆金額給陳老先生，可用來支付電梯華廈貸款及其他生活費用，此制度稱為下列何者？ (A)理財型房屋貸款 (B)留房養老安養信託 (C)不動產證券化 (D)不動產逆向抵押貸款。

( ) **6** 假設陳老先生被診斷已罹患阿茲海默失智症，決定入住長照安養機構，有關簽訂長期照護定型化契約應記載事項中，如陳老先生入住逾期欠繳長期照護費，經扣抵保證金達多少時，長照安養機構應訂至少多久以上之期限通知陳老先生兒子補足？

(A)1／3、一個月　　(B)1／3、三個月

(C)1／2、一個月　　(D)1／2、三個月。

( ) **7** 假設陳老先生將自有房產出售，取得價金設立自益安養信託，其資金用途，下列何者錯誤？ (A)可支付信託管理費 (B)不能支付陳老先生未來喪葬費用 (C)不能支付陳老先生兒子日常生活支出 (D)不能支付陳老先生兒子名下房屋貸款本息。

( ) **8** 陳老先生兒子鑑於其父老曾面臨安養退休金困窘，遂著手提前規劃準備退休金，查得我國金管會已請某機構規劃結合退休投資與促進公益之「退休準備平台」，該機構為下列何者？ (A)臺灣集中保管結算所 (B)中華民國退休基金協會 (C)中華民國投信投顧公會 (D)證券投資人及期貨交易人保護中心。

題組三：

王先生以名下2間透天厝及現金1,000萬與A銀行及B銀行簽訂信託契約，約定相關利息收益及不動產出租收益由二個兒子收取，用以二個兒子就讀研究所及博士班之學費支出，待王先生過世後，現金給王太太，2間透天厝則歸給王先生的二個兒子。

( ) **9** 王先生與A銀行及B銀行簽訂信託契約，指定二個兒子為受益人，王先生於信託契約存續期間死亡時，除信託行為另有訂定外，該項信託關係之效力為何？
(A)不消滅 (B)不生效
(C)信託關係終止 (D)信託監察人得聲請法院撤銷之。

( ) **10** 他益信託之共同受託人處理信託事務原則上應由全體受託人共同為之，但當受託人意思不一致時，應得下列何者同意？
(A)全體委託人 (B)全體受益人
(C)信託監察人 (D)直接向法院聲請裁定。

( ) **11** 依信託法規定，有關受託人應將信託財產分別管理之敘述，下列何者錯誤？
(A)信託財產為金錢者，得以分別記帳方式為之
(B)信託財產為不動產者，不得以分別記帳為之
(C)受託人之自有財產與信託財產間，如信託行為訂定得不必分別管理者，從其約定
(D)受託人收受不同之信託財產間，除信託行為另有訂定外，應分別管理。

( ) **12** 信託關係消滅時，於受託人移轉信託財產於歸屬權利人之前，信託關係視為「存續」，以下列何者視為受益人？
(A)歸屬權利人 (B)受託人
(C)信託監察人 (D)委託人。

題組四：

何先生為某上市公司董事長，想將名下部分股權移轉給其子女，也希望能同時保有對公司的掌控權。經A銀行信託專業人員建議，與A銀行簽訂「本金自益、孳息他益」的股票信託，並約定於信託期間內將股息贈與子女，信託期滿再將信託本金返還何先生。

( ) **13** 有關何先生與A銀行之信託是屬於哪一種？
(A)有價證券信託 (B)不動產信託
(C)金錢信託 (D)投資型保險。

( ) **14** 此信託下，有關贈與稅之敘述何者正確？
(A)因採信託方式，故無贈與稅問題
(B)屬他益信託，因此會有贈與稅之適用，但要看孳息金額來試算贈與稅
(C)雖屬他益信託，但因為孳息為股息，故無贈與稅問題
(D)是否有贈與稅之適用，端看此信託契約之約定，因此不一定會有贈與稅。

( ) **15** 此股票信託後，何先生對於此上市公司之權利為何？
(A)何先生以「保留運用決定權」的方式進行信託規劃，何先生仍保有財產掌控權及對公司的經營權
(B)因股票已經信託，因此相關對公司的經營權已轉給A銀行
(C)股票雖已經信託，由A銀行代表何先生來對公司經營，惟A銀仍應先徵詢何先生之意見
(D)此信託約定孳息由何先生的二個兒子收取，因此實際權力已經移轉給何先生的二個兒子。

( ) **16** 有價證券之信託下，何先生是否可以約定本金孳息均他益？
(A)有價證券之信託僅可孳息他益
(B)有價證券信託可以選擇本金孳息均自益，但不能均為他益
(C)可以採本金孳息均他益，端賴信託契約內容約定
(D)僅能孳息他益，為了保障委託人之權益，僅能約定本金部分自益部分他益。

題組五：

林先生夫婦今年已高齡70幾歲，平日照顧有心智障礙的小兒子，也加入相關社福團體，以取得心智障礙者照護協助與資訊。林先生夫婦為了不想增加其他家族成員負擔，故有計畫將現金存入小兒子的存款帳戶，夫妻兩人也有穩定配息股票。林先生夫婦為了自己及心智障礙子女，也計畫分別成立安養信託。請回答下列問題：

( ) **17** 有關林先生夫婦照顧有心智障礙之小兒子，可透過信託協助。下列敘述何者錯誤？ (A)可分別成立林先生夫婦本身及小兒子兩份安養信託 (B)不能邀社福團體擔任信託監察人 (C)林先生夫婦規畫好未來照顧小兒子的金流安排，可約定匯入信託專戶 (D)林先生夫婦以小兒子為保險受益人所購買之保險，為增加保障，可將保險金入信託專戶。

( ) **18** 為心智障礙者成立之安養信託，倘若選定信託監察人，下列敘述何者錯誤？ (A)信託監察人可採順位式，以延續其功能 (B)信託契約可約定契約變更或提前終止，需經信託監察人同意 (C)信託監察人有正當事由，經委託人同意後可以辭任 (D)林先生夫妻身故後，信託監察人僅得依心智障礙者以外之家庭成員指示處理信託事務。

( ) **19** 下列何者不宜作為林先生夫妻成立安養信託目的之給付項目？ (A)安養機構費用 (B)醫療費用 (C)清償子女債務費用 (D)生活費。

( ) **20** 有關上述之安養信託契約之說明，下列敘述何者錯誤？ (A)簽約後由受託人開設信託專戶，並由委託人交付信託資金才產生效力 (B)由委託人開設信託專戶 (C)倘未設立信託監察人，會影響信託效力 (D)以心智障礙者為受益人之信託，信託給付不可支付給高齡父母自行運用。

解答與解析

1 **(B)**。$26,000,000－$2,440,000＝$23,560,000，落在贈與稅率10%，因此課徵贈與稅$23,560,000×10%＝$2,356,000。

2 **(C)**。信託監察人可以一人或多人，並能約定順位，另監察人也可由社福團體或意定監護人擔任，契約變更或提前終止需經監護人同意。

3 **(B)**。此為自益信託，因此委託人及受益人均為大兒子、受託人則為銀行，因此(B)錯誤。

4 **(B)**。因為現金（金錢信託）作他益信託，課徵贈與稅＝（$15,000000－$2,440,000）×10%＝$1,256,000，因信託已執行超過2年，因此，信託財產不計入林先生之遺產。

5 **(D)**。「不動產逆向抵押貸款」也可稱為以房養老，將名下的不動產，在保有居住權的情形下抵押給銀行，銀行每個月就會支付一筆金額，給房屋所有權人，直到房屋所有權人死亡為止，若是繼承人（如兒女、子孫）無意繼承貸款與房產，銀行則有權對房屋進行處置（如出租、出售）。

6 **(C)**。消費者欠繳養護（長期照護）費或其他費用，或對機構負損害賠償責任時，機構得定不得少於7日以上之期限通知消費者繳納，逾期仍不繳納者，機構得於保證金內扣抵，保證金扣抵達1／2時，機構應定1個月以上之期限通知消費者補足。

7 **(B)**。此為自益信託，可以支付信託管理費及陳老先生之未來喪葬費用，但不能用來支付陳老先生兒子的各項支出，包括其名下房屋貸款本息。

8 **(A)**。我國金管會督導臺灣集中保管結算所股份有限公司規劃結合教育、投資、保障與公益的四合一「退休準備平台」，以提供國人安全、合宜的退休理財規劃管道。

9 **(A)**。信託法第8條，信託關係不因委託人或受託人死亡、破產或喪失行為能力而消滅。但信託行為另有訂定者，不在此限。

10 **(B)**。信託法第28條，同一信託之受託人有數人時，信託財產為其公同共有。前項情形，信託事務之處理除經常事務、保存行為或信託行為另有訂定外，由全體受託人共同為之。受託人意思不一致時，應得受益人全體之同意。受益人意思不一致時，得聲請法院裁定之。

11 **(C)**。信託法第24條，受託人應將信託財產與其自有財產及其他信託財產分別管理。信託財產為金錢者，得以分別記帳方式為之。前項不同信託之信託財產間，信託行為訂定得不必分別管理者，從其所定。因此，受託人之自有財產與信託財產間，一定要分別管理。

12 (A)。信託法第66條，信託關係消滅時，於受託人移轉信託財產於前條歸屬權利人前，信託關係視為存續，以歸屬權利人視為受益人。

13 (A)。此信託財產為上市公司股票，因此屬於有價證券信託。

14 (B)。此為「本金自益、孳息他益」的股票信託，因此孳息部分待股息分配給子女時課徵贈與稅，依據贈與稅之級距與適用稅率計算。

15 (A)。因何先生（委託人）有規劃保有運用決定權，本金持股可計入內部人持股數，不影響何先生之經營權。

16 (C)。有價證券信託如以委託人是否保有運用決定權及本金孳息受益人是否相同，可區分為：本金孳息均自益、本金自益孳息他益、本金他益孳息自益及本金孳息均他益。

17 (B)。可以請社福團體擔任信託監察人，此可避免其他家人覬覦財產或遭到詐騙。

18 (D)。父母身故後，信託監察人得依心智障礙者以外之家庭成員、社福機構及主管機關之指示處理信託事務。

19 (C)。安養信託是信託功能的延伸，目的係在保障受益人未來生活之財產管理、資產保全、安養照護、醫療給付等目的所成立的信託，因此(C)不宜作為給付項目。

20 (B)。安養信託簽約後應由受託人開設信託專戶，並由委託人交付信託資金才產生效力，如以心智障礙者為受益人之信託，信託給付不得支付給父母自行運用。另信託法對於監督信託如約履行、正常運作，設有信託監察人制度，在信託設立之初，即可由委託人指定一人或數人擔任監察人。

本章註解

[註1] 參考各銀行資料，並加以編修。

[註2] 參考中華家族財富傳承協會，不動產信託規劃案例，https://www.cfwia2020.org/post/%E4%B8%8D%E5%8B%95%E7%94%A2%E4%BF%A1%E8%A8%97%E8%A6%8F%E5%8A%83%E6%A1%88%E4%BE%8B

[註3] 參考上海商業儲蓄銀行案例，https://fund.scsb.com.tw/CustomerFile/html/personal-trust-customize.html。

[註4] 參考上海商業儲蓄銀行案例，https://fund.scsb.com.tw/CustomerFile/html/personal-trust-customize.html。

[註5] 參酌國泰世華銀行資料整理，https://www.cathaybk.com.tw/cathaybk/personal/wealth/trust/articles/09/。

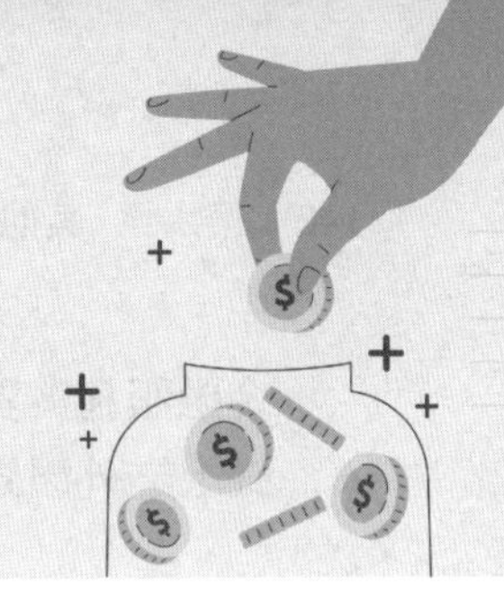

第六章　其他主題

學習重點

歷屆考題顯示除了民法、長照相關法規及信託相關法規外，會牽涉許多不同層面法令，散布很廣，總體分數占比顯得很重，此章針對其餘法令加以彙總整理。

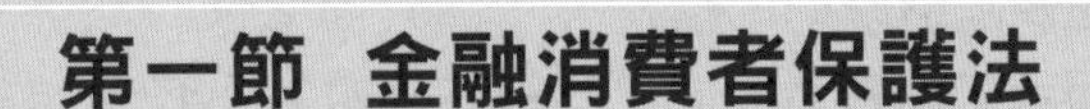

第一節　金融消費者保護法

一、目的

為保護金融消費者權益，公平、合理、有效處理金融消費爭議事件，以增進金融消費者對市場之信心，並促進金融市場之健全發展。

二、主管機關

金融監督管理委員會。

三、金融服務業

包括銀行業、證券業、期貨業、保險業、電子票證業及其他經主管機關公告之金融服務業。

金融服務業對金融消費者之責任，不得預先約定限制或免除。違反前項規定者，該部分約定無效。

四、金融消費者

指接受金融服務業提供金融商品或服務者。但不包括下列對象：

(一) 專業投資機構。

(二) 符合一定財力或專業能力之自然人或法人。

前項專業投資機構之範圍及一定財力或專業能力之條件，由主管機關定之。

金融服務業對自然人或法人未符合前項所定之條件，而協助其創造符合形式上之外觀條件者，該自然人或法人仍為本法所稱金融消費者。

五、金融消費爭議

指金融消費者與金融服務業間，因商品或服務所生之民事爭議。

六、金融消費者之保護及爭議處理

(一) 金融服務業與金融消費者訂立提供金融商品或服務之契約，應本公平合理、平等互惠及誠信原則。

(二) 金融服務業與金融消費者訂立之契約條款顯失公平者，該部分條款無效；契約條款如有疑義時，應為有利於金融消費者之解釋。

(三) 金融服務業提供金融商品或服務，應盡善良管理人之注意義務；其提供之金融商品或服務具有信託、委託等性質者，並應依所適用之法規規定或契約約定，負忠實義務。

(四) 金融服務業刊登、播放廣告及進行業務招攬或營業促銷活動時，不得有虛偽、詐欺、隱匿或其他足致他人誤信之情事，並應確保其廣告內容之真實，其對金融消費者所負擔之義務不得低於前述廣告之內容及進行業務招攬或營業促銷活動時對金融消費者所提示之資料或說明。

(五) 金融服務業不得藉金融教育宣導，引薦個別金融商品或服務。

(六) 金融服務業與金融消費者訂立提供金融商品或服務之契約前，應充分瞭解金融消費者之相關資料，以確保該商品或服務對金融消費者之適合度。

(七) 金融服務業與金融消費者訂立提供金融商品或服務之契約前，應向金融消費者充分說明該金融商品、服務及契約之重要內容，並充分揭露其風險。

(八) 前項涉及個人資料之蒐集、處理及利用者，應向金融消費者充分說明個人資料保護之相關權利，以及拒絕同意可能之不利益。

(九) 金融服務業辦理授信業務，應同時審酌借款戶、資金用途、還款來源、債權保障及授信展望等授信原則，不得僅因金融消費者拒絕授權向經營金融機構間信用資料之服務事業查詢信用資料，作為不同意授信之唯一理由。

(十) 金融服務業對金融消費者進行之說明及揭露，應以金融消費者能充分瞭解之文字或其他方式為之，其內容應包括但不限交易成本、可能之收益及風險等有關金融消費者權益之重要內容；其相關應遵循事項之辦法，由主管機關定之。

(十一) 金融服務業提供之金融商品屬第11條之2第2項所定之複雜性高風險商品者，前項之說明及揭露，除以非臨櫃之自動化通路交易或金融消費者不予同意之情形外，應錄音或錄影。

(十二) 金融服務業違反規定，致金融消費者受有損害者，應負損害賠償責任。但金融服務業能證明損害之發生非因其未充分瞭解金融消費者之商品或服務適合度或非因其未說明、說明不實、錯誤或未充分揭露風險之事項所致者，不在此限。

(十三) 金融服務業因違反本法規定應負損害賠償責任者，對於故意所致之損害，法院得因金融消費者之請求，依侵害情節，酌定損害額3倍以下之懲罰性賠償；對於過失所致之損害，得酌定損害額1倍以下之懲罰性賠償。

(十四) 前項懲罰性賠償請求權，自請求權人知有得受賠償之原因時起2年間不行使而消滅；自賠償原因發生之日起逾5年者，亦同。

(十五) 為公平合理、迅速有效處理金融消費爭議，以保護金融消費者權益，應依本法設立爭議處理機構。

(十六) 金融消費者就金融消費爭議事件應先向金融服務業提出申訴，金融服務業應於收受申訴之日起30日內為適當之處理，並將處理結果回覆提出申訴之金融消費者。

(十七) 金融消費者不接受處理結果者或金融服務業逾上述期限不為處理者，金融消費者得於收受處理結果或期限屆滿之日起60日內，向爭議處理機構申請評議；金融消費者向爭議處理機構提出申訴者，爭議處理機構之金融消費者服務部門應將該申訴移交金融服務業處理。

牛刀小試

( ) 依金融消費者保護法第7條規定，金融服務業與金融消費者訂立提供金融商品或服務之契約，應本公平合理、平等互惠及下列何種原則？ (A)信賴保護原則 (B)誠信原則 (C)過失責任原則 (D)法律不溯及既往原則。 【第3期】

解答與解析

(B)。金融消費者保護法第7條，金融服務業與金融消費者訂立提供金融商品或服務之契約，應本公平合理、平等互惠及誠信原則。

第二節 信託業建立非專業投資人商品適合度規章應遵循事項

一、信託業建立非專業投資人商品適合度規章應包含下列項目：

(一)客戶風險承受等級分類。

(二)商品風險等級分類。

(三)客戶風險承受等級與商品風險等級之適配方式。

(四)避免不當推介及受託投資之事前及事後監控機制。

(五)員工教育訓練機制。

二、信託業訂定客戶風險承受等級分類時，應考量不同客戶對於風險之承受能力不同，就客戶之身分、財務背景、所得與資金來源、風險偏好、過往投資經驗及委託目的與需求等，綜合下列資料，至少將客戶劃分為高風險承受等級、中風險承受等級及低風險承受等級：

(一)客戶資金操作狀況及專業能力。

(二)客戶之投資屬性、對風險之瞭解及風險承受度。

三、信託業判斷客戶之風險承受等級，應依行銷訂約管理辦法第22條第1項建立及遵守充分瞭解客戶（委託人）之作業準則，並依據客人為自然人及法人採不同程序辦理。

四、信託業應依據其所訂之客戶風險承受等級分類與商品風險等級分類，將客戶風險承受等級與個別商品風險等級相配合，訂定客戶風險承受等級與商品風險等級之適配方式。信託業應依前項適配方式訂定作業流程，於辦理推介或受託投資時，依作業流程將客戶風險承受等級與商品風險等級進行適合度之適配評估。

五、信託業辦理客戶風險承受等級分類與商品風險等級適合度之適配評估作業時，如有下列情形應予以婉拒：

(一)客戶拒絕提供相關資訊。

(二)客戶要求購買超過其風險承受等級之商品。

六、信託業依適合度方式對客戶所作風險承受等級之評估結果如超過1年，信託業於推介或新辦受託投資時，應再重新檢視客戶之風險承受等級。

七、信託業應依本事項訂定作業程序，並建立事前及事後監控機制，該機制應包含下列項目：

(一)辦理客戶風險承受等級評估，請客戶填具客戶資料表時，應避免由信託業所屬人員代為填寫。

(二)辦理評估客戶風險承受等級之人員與對客戶從事推介之人員不得為同一人。

(三)辦理第3條第1款及第3款作業時應以電腦系統方式控管。

(四)第1款及第2款事項應有事後監控機制，例如經辦理人員以外之第三人確認或對客戶作抽樣調查。

牛刀小試

(　　) 有關信託業針對非專業投資人辦理風險承受等級之評估作業，下列敘述何者正確？　(A)僅針對自然人客戶，當客戶為法人時無須辦理風險承受度評估　(B)辦理評估客戶風險承受等級之人員與對客戶從事推介之人員可以為同一人　(C)填具客戶資料表時，可由信託業所屬人員代為填寫，但必須由客戶親自簽名確認　(D)若風險承受等級之評估結果已超過一年，卻無法重新檢視時，僅得推介風險等級最低之商品。　【第3期】

解答與解析

(D)。信託業建立非專業投資人商品適合度規章應遵循事項：

(A) 第4條，信託業訂定客戶風險承受等級分類時，應考量不同客戶對於風險之承受能力不同，就客戶之身分、財務背景、所得與資金來源、風險偏好、過往投資經驗及委託目的與需求等，綜合下列資料，至少將客戶劃分為高風險承受等級、中風險承受等級及低風險承受等級：一、客戶資金操作狀況及專業能力。二、客戶之投資屬性、對風險之瞭解及風險承受度。

(B) 第13條，辦理評估客戶風險承受等級之人員與對客戶從事推介之人員不得為同一人。

(C) 第13條，辦理客戶風險承受等級評估，請客戶填具客戶資料表時，應避免由信託業所屬人員代為填寫。

第三節 安寧緩和醫療條例

一、主管機關

在中央為行政院衛生署；在直轄市為直轄市政府；在縣（市）為縣（市）政府。

二、名詞定義

安寧緩和醫療	為減輕或免除末期病人之生理、心理及靈性痛苦，施予緩解性、支持性之醫療照護，以增進其生活品質。
末期病人	罹患嚴重傷病，經醫師診斷認為不可治癒，且有醫學上之證據，近期內病程進行至死亡已不可避免者。
心肺復甦術	對臨終、瀕死或無生命徵象之病人，施予氣管內插管、體外心臟按壓、急救藥物注射、心臟電擊、心臟人工調頻、人工呼吸等標準急救程序或其他緊急救治行為。
維生醫療	用以維持末期病人生命徵象，但無治癒效果，而只能延長其瀕死過程的醫療措施。
維生醫療抉擇	末期病人對心肺復甦術或維生醫療施行之選擇。
意願人	立意願書選擇安寧緩和醫療或作維生醫療抉擇之人。

三、意願書

(一)末期病人得立意願書選擇安寧緩和醫療或作維生醫療抉擇。前項意願書由意願人簽署。

(二)意願書之簽署，應有具完全行為能力者二人以上在場見證。但實施安寧緩和醫療及執行意願人維生醫療抉擇之醫療機構所屬人員不得為見證人。

(三)成年且具行為能力之人，得預立意願書。前項意願書，意願人得預立醫療委任代理人，並以書面載明委任意旨，於其無法表達意願時，由代理人代為簽署。

(四)意願人得隨時自行或由其代理人，以書面撤回其意願之意思表示。

四、註記

(一) 經意願人或其醫療委任代理人於意願書表示同意，**中央主管機關應將其意願註記於全民健康保險憑證（健保卡）**，該意願註記之效力與意願書正本相同。但意願人或其醫療委任代理人依前條規定撤回意願時，應通報中央主管機關廢止該註記。

(二) 前項簽署之意願書，應由醫療機構、衛生機關或受中央主管機關委託之法人以掃描電子檔存記於中央主管機關之資料庫後，始得於健保卡註記。

(三) 經註記於健保卡之意願，與意願人臨床醫療過程中書面明示之意思表示不一致時，以意願人明示之意思表示為準。

五、不施行心肺復甦術或維生醫療，應符合規定

(一) 應由2位醫師診斷確為末期病人。

(二) 應有意願人簽署之意願書。但未成年人簽署意願書時，應得其法定代理人之同意。未成年人無法表達意願時，則應由法定代理人簽署意願書。

(三) 末期病人無簽署意願書且意識昏迷或無法清楚表達意願時，由其最近親屬出具同意書代替之。無最近親屬者，應經安寧緩和醫療照會後，依末期病人最大利益出具醫囑代替之。同意書或醫囑均不得與末期病人於意識昏迷或無法清楚表達意願前明示之意思表示相反。

(四) **最近親屬之範圍**如下：

1. 配偶。
2. 成年子女、孫子女。
3. 父母。
4. 兄弟姐妹。
5. 祖父母。
6. 曾祖父母、曾孫子女或三親等旁系血親。
7. 一親等直系姻親。

(五) 末期病人符合規定不施行心肺復甦術或維生醫療之情形時，原施予之心肺復甦術或維生醫療，得予終止或撤除。

(六) 最近親屬出具同意書，得以1人行之；其最近親屬意思表示不一致時，依第四項各款先後定其順序。後順序者已出具同意書時，先順序者如有不同之意思表示，應於不施行、終止或撤除心肺復甦術或維生醫療前以書面為之。

六、病人或家屬有「知」的權益

醫師應將病情、安寧緩和醫療之治療方針及維生醫療抉擇告知末期病人或其家屬。但病人有明確意思表示欲知病情及各種醫療選項時，應予告知。

牛刀小試

( ) 有關安寧緩和條例之敘述，下列何者錯誤？ (A)最近親屬之順序為配偶、父母、成年子女、孫子女 (B)安寧緩和條例最近親屬之範圍不包含四親等旁系血親 (C)不施行心肺復甦術或維生醫療，應由2位具有相關專科醫師資格之醫師診斷確為末期病人 (D)末期病人無簽署第1項第2款之意願書且意識昏迷或無法清楚表達意願時，最近親屬得以一人出具同意書。 【第3期】

解答與解析

(A)。安寧緩和醫療條例第7條第4項，最近親屬之範圍如：一、配偶。二、成年子女、孫子女。三、父母。四、兄弟姐妹。五、祖父母。六、曾祖父母、曾孫子女或三親等旁系血親。七、一親等直系姻親。

第四節 社會救助法

一、目的：為照顧低收入戶、中低收入戶及救助遭受急難或災害者，並協助其自立，特制定法。

二、社會救助：分生活扶助、醫療補助、急難救助及災害救助。

三、主管機關：在中央為衛生福利部；在直轄市為直轄市政府；在縣（市）為縣（市）政府。

四、低收入戶：經申請戶籍所在地直轄市、縣（市）主管機關審核認定，符合家庭總收入平均分配全家人口，每人每月在最低生活費以下，且家庭財產未超過中央、直轄市主管機關公告之當年度一定金額者。

五、最低生活費：由中央、直轄市主管機關參照中央主計機關所公布當地區最近一年每人可支配所得中位數60%定之，並於新年度計算出之數額較現行最低生活費變動達5%以上時調整之。直轄市主管機關並應報中央主管機關備查。

六、前項最低生活費之數額，不得超過同一最近年度中央主計機關所公布全國每人可支配所得中位數（以下稱所得基準）70%，同時不得低於台灣省其餘縣（市）可支配所得中位數60%。

七、家庭財產：包括動產及不動產，其金額應分別定之。

八、申請時，其申請戶之戶內人口均應實際居住於戶籍所在地之直轄市、縣（市），且最近1年居住國內超過183日；其申請時設籍之期間，不予限制。

九、中低收入戶：指經申請戶籍所在地直轄市、縣（市）主管機關審核認定，符合規定者。

十、所定家庭，其應計算人口範圍，除申請人外，包括下列人員：

(一)配偶。

(二)一親等之直系血親。

(三)同一戶籍或共同生活之其他直系血親。

(四)前三款以外，認列綜合所得稅扶養親屬免稅額之納稅義務人。

(五)前項之申請人，應由同一戶籍具行為能力之人代表之。但情形特殊，經直轄市、縣（市）主管機關同意者，不在此限。

十一、有工作能力，指16歲以上，未滿65歲，而無下列情事之一者：

(一)25歲以下仍在國內就讀空中大學、大學院校以上進修學校、在職班、學分班、僅於夜間或假日上課、遠距教學以外學校，致不能工作。

(二)身心障礙致不能工作。

(三)罹患嚴重傷、病，必須3個月以上之治療或療養致不能工作。

(四)因照顧特定身心障礙或罹患特定病症且不能自理生活之共同生活或受扶養親屬，致不能工作。同一低收入戶、中低收入戶家庭以1人為限。

(五)獨自扶養6歲以下之直系血親卑親屬致不能工作。

(六)婦女懷胎6個月以上至分娩後2個月內，致不能工作；或懷胎期間經醫師診斷不宜工作。

(七)受監護宣告。

(八)依前項第四款規定主張無工作能力者，

十二、社會救助法所定救助項目，與其他社會福利法律所定性質相同時，應從優辦理，並不影響其他各法之福利服務。

十三、依社會救助法或其他法令每人每月所領取政府核發之救助總金額，不得超過當年政府公告之基本工資。

牛刀小試

( ) 有關我國老人經濟安全相關措施，下列敘述何者正確？ (A)我國使用最低生活費及申請人的動產及不動產等財產這二項指標判定申請人是否符合經濟弱勢的特殊身份別 (B)我國由中央政府制定全國一致性標準的最低生活費及申請人財產的標準 (C)最低生活費是行政院主計處所公布當地區最近一年每人可支配所得中位數 60%訂定的 (D)老人生活津貼可作為其他債務的扣押、讓與或擔保。 【第2期】

解答與解析

(C)。社會救助法第4條，本法所稱低收入戶，指經申請戶籍所在地直轄市、縣（市）主管機關審核認定，符合家庭總收入平均分配全家人口，每人每月在最低生活費以下，且家庭財產未超過中央、直轄市主管機關公告之當年度一定金額者。前項所稱最低生活費，由中央、直轄市主管機關參照中央主計機關所公布當地區最近一年每人可支配所得中位數60%定之，並於新年度計算出之數額較現行最低生活費變動達百分之五以上時調整之。直轄市主管機關並應報中央主管機關備查。前項最低生活費之數額，不得超過同一最近年度中央主計機關所公布全國每人可支配所得中位數（以下稱所得基準）70%，同時不得低於台灣省其餘縣（市）可支配所得中位數60%。

依社會救助法請領之各項現金給付或補助之權利，不得扣押、讓與或供擔保。

模擬試題

( ) **1** 下列何者不是我國社會救助法第9條、第14條與第15條所規定救助給付停止的原因？ (A)不願接受訓練或輔導，或接受訓練、輔導不願工作者 (B)受生活扶助者收入增加 (C)提供不實資料者 (D)受生活扶助者資產減少。

( ) **2** 社會救助法規定，有工作能力未就業者，其工作收入如何核算？ (A)依基本工資核算 (B)依中央主計機關所公布當地區最近一年平均每人消費支出60%核算 (C)依勞工保險被保險人平均投保薪資核算 (D)依收入為零核算。

( ) **3** 社會救助法中對於社會救助的界定，不包含下列那一項？ (A)生活扶助 (B)醫療補助 (C)急難救助 (D)特別救助。

( ) **4** 社會救助法中所謂的最低生活費，是由中央、直轄市主管機關參照中央主計機關所公布當地區最近一年每人可支配所得中位數的多少比例訂定之？ (A)30% (B)40% (C)50% (D)60%。

( ) **5** 依社會救助法第20條及縣（市）醫療補助辦法規定，醫療補助以何種給付為原則？ (A)實物給付 (B)現金給付 (C)服務給付 (D)服務券。

( ) **6** 依社會救助法規定，流落外地，缺乏車資返鄉者，當地主管機關得依其申請酌予何種救助？ (A)交通救助 (B)急難救助 (C)災害救助 (D)生活扶助。

( ) **7** 有關社會救助法之急難救助的相關敘述，下列何者錯誤？ (A)戶內人口死亡無力殮葬者，得檢同有關證明，向戶籍所在地主管機關申請急難救助 (B)流落外地，缺乏車資返鄉者，當地主管機關得依其申請酌予救助 (C)急難救助的方式，以實物給付為原則 (D)死亡而無遺屬與遺產者，應由當地鄉（鎮、市、區）公所辦理葬埋。

( ) **8** 何者為社會救助法之救助項目？ (A)生活扶助、醫療補助、急難及災害救助 (B)生活扶助、失業補助、居住及飲食救助 (C)現金補助、藥物補助、食品及用具補助 (D)就業補助、教育補助、醫療及食品救助。

( ) **9** 依據社會救助法第15條之2之規定，政府為促進低收入戶及中低收入戶之社會參與及社會融入，得擬訂相關教育訓練、社區活動及非營利組織社會服務計畫，提供低收入戶及中低收入戶參與。此項規定主要是為減少下列何種問題？ (A)生活扶助 (B)醫療補助 (C)急難救助 (D)災害救助 。

( ) **10** 下列有關社會救助法對於工作能力與收入相關規定之敘述，何者錯誤？ (A)一般狀況下有工作能力而未就業者，依基本工資核算其所得 (B)低收入有工作能力而不願接受就業協助或接受後不願工作者，不予扶助 (C)已就業而最近1年度之財稅資料查無工作收入，且未能提出薪資證明者，依臺灣地區職類別薪資調查報告各職類每人月平均經常性薪資核算 (D)因失業或參加職訓而領取之失業給付或職業訓練生活津貼，得不併入收入計算。

( ) **11** 金融消費者保護法，其主管機關為？ (A)財政部 (B)法務部 (C)公平交易委員會 (D)金融監督管理委員會。

( ) **12** 金融消費者保護法所指稱的金融服務業，是指下列何種行業？ (A)銀行業、信託業 (B)保險業 (C)證券業、期貨業、投信業、投顧業 (D)以上皆是。

( ) **13** 為了保護金融消費者權益，讓金融消費爭議能公平、合理、有效的處理，我國於民國100年6月公布制定了下列哪一部法律？ (A)金融消費者保護法 (B)消費者保護法 (C)個人資料保護法 (D)證券投資人及期貨交易人保護法。

( ) **14** 金融服務業因違反金融消費者保護法規定應負損害賠償責任者，對於故意所致之損害，法院得因金融消費者之請求，依侵害情節，酌定損害額幾倍之懲罰性賠償？ (A)3倍以下 (B)5倍以下 (C)7倍以下 (D)10倍以下。

( ) **15** 金融消費者保護法第11-3條規定之金融服務業因違反金融消費者保護法規定應負損害賠償責任者，其懲罰性賠償請求權，自請求權人知有得受賠償之原因時起幾年間不行使而消滅？ (A)1年 (B) 2年 (C)3年 (D)4年。

( ) **16** 我國為了讓末期病患，面對死亡時更有尊嚴，已做了下列何項措施？ (A)訂定安樂死合法化 (B)施與心肺復甦術急救 (C)通過安寧緩和醫療條例 (D)提供病情真相。

( ) **17** 安寧緩和醫療條例所稱之主管機關以下何者有誤？ (A)中央為行政院衛生署 (B)在直轄市為直轄市政府 (C)在縣（市）為縣（市）政府 (D)在鄉鎮市為區公所。

( ) **18** A是癌末病人，他依法提出意願書，希望未來醫生在其癌末階段不要施行心肺復甦術，請問他所依據的立法是那一項？ (A)老人福利法 (B)安寧緩和醫療條例 (C)身心障礙者權益保障法 (D)精神衛生法。

( ) **19** 依據「安寧緩和醫療條例」之規定，末期病人無簽署意願書且意識昏迷或無法清楚表達意願時，由其最近親屬出具同意書代替之。有(1)配偶；(2)成年孫女；(3)父；(4)弟弟，四位最近親屬，意見不一時，優先次序為： (A)(1)(3)(2)(4) (B)(1)(4)(3)(2) (C)(1)(3)(4)(2) (D)(1)(2)(3)(4)。

( ) **20** 據安寧緩和醫療條例的規定，不施行心肺復甦術只適用於那一類病人？ (A)末期病人 (B)開刀的病人 (C)急診病人 (D)植物人。

解答與解析

1 (D)。應是受生活扶助者資產增加。

2 (A)。社會救助第5-1條，有工作能力未就業者，依基本工資核算。

3 (D)。社會救助法第2條，本法所稱社會救助，分生活扶助、醫療補助、急難救助及災害救助。

4 (D)。社會救助法第4條，所稱最低生活費，由中央、直轄市主管機關參照中央主計機關所公布當地區最近一年每人可支配所得中位數60%定之，並於新年度計算出之數額較現行最低生活費變動達5%以上時調整之。直轄市主管機關並應報中央主管機關備查。

5 **(B)**。縣（市）醫療補助辦法第6條，醫療補助以現金給付為原則。

6 **(B)**。急難救助，社會救助法第22條，流落外地，缺乏車資返鄉者，當地主管機關得依其申請酌予救助。

7 **(C)**。社會救助法第23條，前二條（急難救助）之救助以現金給付為原則；其給付方式及標準，由直轄市、縣（市）主管機關定之，並報中央主管機關備查。

8 **(A)**。社會救助法第2條，本法所稱社會救助，分生活扶助、醫療補助、急難救助及災害救助。

9 **(A)**。社會救助法第15條之2（生活扶助），直轄市、縣（市）主管機關為促進低收入戶及中低收入戶之社會參與及社會融入，得擬訂相關教育訓練、社區活動及非營利組織社會服務計畫，提供低收入戶及中低收入戶參與。

10 **(D)**。社會救助法第5-1條，有工作能力未就業者，依基本工資核算。但經公立就業服務機構認定失業者或55歲以上經公立就業服務機構媒介工作3次以上未媒合成功、參加政府主辦或委辦全日制職業訓練，其失業或參加職業訓練期間得不計算工作收入，所領取之失業給付或職業訓練生活津貼，仍應併入其他收入計算。但依高級中等學校建教合作實施及建教生權益保障法規定參加建教合作計畫所領取之職業技能訓練生活津貼不予列計。

11 **(D)**。金融消費者保護法第2條，本法之主管機關為金融監督管理委員會。

12 **(D)**。金融消費者保護法第3條，本法所定金融服務業，包括銀行業、證券業、期貨業、保險業、電子票證業及其他經主管機關公告之金融服務業。前項銀行業、證券業、期貨業及保險業之範圍，依金融監督管理委員會組織法第二條第三項規定。但不包括證券交易所、證券櫃檯買賣中心、證券集中保管事業、期貨交易所及其他經主管機關公告之事業。

13 **(A)**。金融消費者保護法民國100年6月29日公布。

14 **(A)**。金融消費者保護法第11-3條，金融服務業因違反金融消費者保護法規定應負損害賠償責任者，對於故意所致之損害，法院得因金融消費者之請求，依侵害情節，酌定損害額3倍以下之懲罰性賠償；對於過失所致之損害，得酌定損害額1倍以下之懲罰性賠償。

15 **(B)**。金融消費者保護法第11-3條，金融服務業因違反本法規定應負損害賠償責任者，對於故意所致之損害，法院得因金融消費者之請求，依侵害情節，酌定損害額3倍以下之懲罰性賠償；對於過失所致之損害，得酌定損害額1倍以下之懲罰性賠償。前項懲罰性賠償請求權，自請求權人知有得受賠償之原因時起2年間不行使而消滅；自賠償原因發生之日起逾5年者，亦同。

16 (C)。安寧緩和醫療條例第1條，為尊重末期病人之醫療意願及保障其權益，特制定本條例。

17 (D)。安寧緩和醫療條例第2條，本條例所稱主管機關：在中央為行政院衛生署；在直轄市為直轄市政府；在縣（市）為縣（市）政府。

18 (B)。安寧緩和醫療條例第1條，為尊重末期病人之醫療意願及保障其權益，特制定本條例；第4條，末期病人得立意願書選擇安寧緩和醫療或作維生醫療抉擇。

19 (D)。安寧緩和醫療條例第7條，最近親屬之範圍如下：一、配偶。二、成年子女、孫子女。三、父母。四、兄弟姐妹。五、祖父母。六、曾祖父母、曾孫子女或三親等旁系血親。七、一親等直系姻親。

20 (A)。安寧緩和醫療條例第1條，為尊重末期病人之醫療意願及保障其權益，特制定本條例。

第七章　歷屆考題詳解

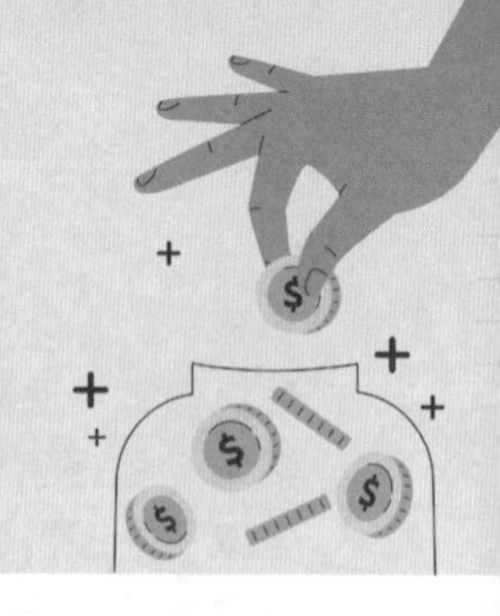

第一期第一節

第一部分

(　　) **1** 有關少子化與高齡化人口結構帶來的影響，下列敘述何者正確？ (A)戶數遞減，每戶人數（即戶量）也遞減　(B)每戶人數（即戶量）遞增　(C)獨居高齡者減少　(D)家庭支持功能變差。

(　　) **2** 有關對高齡者的基本認識，下列敘述何者錯誤？　(A)健康老人是指身體健康且行動與生活自如的高齡者　(B)亞健康老人完全不需要他人協助　(C)失能老人是指行動或生活無法自主自理的高齡者　(D)與醫療院所、長照機構合作，提供高齡者相關服務。

(　　) **3** 下列何者不是國內面對高齡社會，金融機構應有的準備、商品與服務項目？　(A)衍生性商品　(B)高齡者安養信託　(C)高齡及失智症者顧客服務　(D)商業型逆向抵押貸款。

(　　) **4** 「掌握、分析及解讀數據，應用於疾病診斷、控制及治療」係指下列何者？　(A)智慧醫療　(B)智慧照護　(C)智慧生活　(D)智慧健康。

(　　) **5** 下列何者為長照服務的專線號碼？　(A)113專線　(B)165專線　(C)1966專線　(D)1995專線。

(　　) **6** 有關我國長期照顧十年計畫2.0的目標說明，下列敘述何者錯誤？　(A)延長國人的健康餘命　(B)維持國人現有的身心功能　(C)代替長照個案做完所有事情　(D)減短國人的臥床時間。

(　　)　**7** 有關我國老年經濟安全保障，下列敘述何者錯誤？
(A)為保障經濟弱勢國人之最基本的生活受到保障，針對老年國人，若申請人符合資格，可申請中低收入老人生活津貼
(B)有請領中低收入老人生活津貼的重度失能者，倘若本人的生活起居是由家人協助照顧，該照顧者可以申請中低收入老人特別照顧津貼
(C)為保障債權人的權益，債權人有權向法院申請扣押債務人之中低收入老人生活津貼
(D)為保護老年國人之財產安全，金融主管機關鼓勵信託業者及金融業者辦理財產信託、提供商業型不動產逆向抵押貸款等服務。

(　　)　**8** 有關我國長期照顧服務人員，下列敘述何者錯誤？　(A)長照服務人員須依規定向當地主管機關申請並取得長照服務人員認證後，才能開始提供服務　(B)長照服務人員依規定每六年須完成最少120點的繼續教育訓練課程　(C)長照服務人員取得認證後，此證照永久有效，可以提供失能國人所需的身體照顧服務、日常生活照顧服務以及相關協助　(D)長照服務機構除了應設置負責人之外，為確保服務品質，應設置專任的業務負責人，對其機構的業務負有督導的責任。

(　　)　**9** 下列敘述何者正確？
(A)維持生命治療是指透過導管或其他侵入性措施提供病人所需之食物與水分
(B)我國的病人自主權利法旨在保障病人可行使其知情同意之權利，及對於醫師提供的醫療選項有選擇與決定的權利
(C)若病人有罹患失智症等屬於表達自己意思能力受限的情形，醫師為確保病人做出最佳的醫療選項，可以不用告知病人自己的病情等訊息，只需告知其關係人，由關係人替代本人選擇與決定最佳的醫療選項
(D)預立安寧緩和醫療是指，病人事先簽訂書面明確表示，簽署人處於符合特定的臨床條件時，希望接受或拒絕的維持生命治療、人工營養以及流體餵養或其他與醫療照護、善終等相關意願之決定。

( ) **10** 有關長照十年計畫2.0長照服務，下列敘述何者正確？ (A)一般國人申請時，需符合年滿70歲之年齡規定且其身心功能需同時符合長照需求之定義 (B)「輔具服務」的所有的輔具只能買斷無法租賃 (C)長照需求者若是本人持有身心障礙證明，「輔具服務」原則上以身障身份別優先申請 (D)所有的長照需求者都可以使用「交通接送服務」，且使用範圍廣泛包含接送長照需求者之就醫回診、到輔具中心尋求適合的輔具以及到社區使用各項社區式長照服務。

( ) **11** 我國國人想申請入住到住宿式長照服務機構時，依本人的身心功能，由健康、亞健康到有長期照顧需求的狀態，國人可以選擇的正確順序，依序排列為下列何者？ 甲、護理之家 乙、養護中心 丙、安養中心 丁、養生村
(A)丁→丙→乙→甲 (B)乙→甲→丙→丁
(C)甲→乙→丙→丁 (D)丙→丁→甲→乙。

( ) **12** 有關長照十年計畫2.0長照服務，下列敘述何者正確？ (A)我國政府補助的四大項長照服務項目是指，照顧及專業服務、交通接送服務、輔具與居家無障礙環境改善服務、喘息服務 (B)符合資格之有長照需求的國人，可獲得由我國政府補助的四大項長照服務項目，實際使用的各項長照服務本人無需付費，相關費用全額由政府補助 (C)若是長照需求者已經有雇用外籍看護人員在家中協助照顧本人的生活起居，則不符合資格向當地主管機關申請長照服務 (D)我國政府設計的四大項長照服務，是專門為長照需求者本人的需求進行規劃，以期達到協助長照需求者延長居住在自宅的生活期間。

( ) **13** 甲未婚且無子嗣，死亡後，其財產應由下列何人優先繼承？(A)兄弟姊妹 (B)父母 (C)祖父母 (D)父母與兄弟姊妹共同繼承。

( ) **14** 依民法規定，拋棄繼承權應於知悉其得繼承時起幾個月內，以書面向法院為之？ (A)1個月內 (B)2個月內 (C)3個月內 (D)4個月內。

(　　)　**15** 依民法規定，對於因精神障礙或其他心智缺陷，致不能為意思表示或受意思表示，或不能辨識其意思表示之效果者，法院得因民法規定之有權人之聲請，為下列何種宣告？　(A)輔助宣告　(B)監護宣告　(C)死亡宣告　(D)禁止宣告。

(　　)　**16** 依民法規定，下列何者不得為遺囑見證人？　A.未成年人；B.受遺贈人及其配偶或其直系血親；C.為公證人或代行公證職務人之同居人助理人或受僱人　(A)僅AC　(B)僅AB　(C)僅BC　(D)ABC。

(　　)　**17** 銀行辦理信託業務與消費者訂立提供金融商品或服務契約前，應向消費者充分說明重要內容及揭露風險，消費者如為受輔助宣告之人，銀行應為之說明或揭露事項，應向下列何者為之？　(A)本人　(B)法定代理人　(C)信託監察人　(D)法定繼承人。

(　　)　**18** 營利事業提供財產成立、捐贈或加入符規定條件公益信託者，受益人享有該信託利益之權利價值免納所得稅，該規定條件不包括下列何者？　(A)受託人為信託業法所稱之信託業　(B)信託財產必須全數用於與設立目的有關的支出　(C)除為其設立目的舉辦事業而必須支付之費用外，不以任何方式對特定或可得特定之人給予特殊利益　(D)信託關係解除、終止或消滅時，信託財產移轉於各級政府、有類似目的之公益法人或公益信託。

(　　)　**19** 信託業辦理非專業投資人之特定金錢信託業務，應建立非專業投資人商品適合度規章，於訂定商品風險等級分類時，應綜合評估及確認該商品之風險程度，且至少區分為幾個等級？　(A)2　(B)3　(C)4　(D)5。

(　　)　**20** 有關遺囑信託，下列敘述何者正確？　(A)需滿18歲才能立遺囑　(B)遺囑行為完成後同時生效　(C)遺囑信託為單獨行為　(D)以遺囑設立信託，應另行訂定信託契約。

(　　)　**21** 公益信託的設立，應由下列何者向主管機關申請？　(A)受託人　(B)受益人　(C)委託人　(D)信託監察人。

( ) **22** 有關保險金信託，下列敘述何者錯誤？ (A)屬自益信託 (B)保險金撥入信託專戶才生效 (C)信託期間由銀行依約定管理保險金 (D)信託監察人之報酬由受託人與信託監察人自行議定。

( ) **23** 遺囑信託在什麼時點課什麼稅？ (A)在立遺囑時對立遺囑人課贈與稅 (B)在立遺囑時對立遺囑人課遺產稅 (C)在立遺囑人死亡時對立遺囑人課遺產稅 (D)在立遺囑人死亡時對立遺囑人課贈與稅。

( ) **24** 下列何種情況受益人取得信託利益要課所得稅？ (A)委託人為營利事業的自益信託 (B)委託人為自然人的自益信託 (C)委託人為自然人的他益信託 (D)委託人為營利事業的他益信託。

( ) **25** 信託關係存續中之房屋稅與地價稅，下列何者是納稅義務人？ (A)房屋稅及地價稅均為受託人 (B)房屋稅及地價稅均為受益人 (C)房屋稅為受託人，地價稅為受益人 (D)地價稅為受託人，房屋稅為受益人。

( ) **26** 土地在成為信託財產後，是否還可能適用自用住宅的優惠稅率？ (A)完全不可能 (B)自益信託仍有可能，他益信託不可能 (C)他益信託仍有可能，白益信託不可能 (D)自益信託及他益信託均仍有可能。

( ) **27** 下列何種信託財產所產生的孳息，不適用所得發生時課稅的原則？ (A)共同信託基金的配息 (B)上市櫃公司股票的股利 (C)土地及房屋所收取的租金 (D)金融機構的存款利息。

( ) **28** 委託人王先生以現金2,000萬成立本金自益孳息他益信託，信託期間10年，請問應課贈與稅的財產價值為何？（假設贈與時郵政儲金匯業局一年期定期儲金固定利率為0.8%）
(A)2,000萬元
(B)2,000萬元／$(1+0.8\%)^{10}$
(C)2,000萬元×$(1+0.8\%)^{10}$
(D)2,000萬元－2000萬元／$(1+0.8\%)^{10}$。

(　　) **29** 有關「小額終老保險相關規範」，下列敘述何者錯誤？　(A)主要用意在於提高國人的保障額度　(B)自2021年7月起，放寬每人最多可投保3張　(C)目前規定保額上限為新台幣70萬元　(D)其主要投保險種為一年期定期壽險主約及傷害保險附約。

(　　) **30** 長期看護保險可提供經濟保障給需要長期照護的被保險人，然而保險公司通常在契約條款中，也訂有「免責期」的規定。依規定，免責期期間不得高於下列何者？　(A)3個月　(B)6個月　(C)9個月　(D)12個月。

(　　) **31** 下列何者非銀行可得承做之預售屋履約擔保機制？　(A)價金信託　(B)同業連帶擔保　(C)價金返還保證　(D)不動產開發信託。

(　　) **32** 房地合一稅2.0自何時開始適用？　(A)100年5月1日　(B)105年1月1日　(C)110年1月1日　(D)110年7月1日。

(　　) **33** 依土地登記規則規定，信託以遺囑為之者，信託登記應由繼承人辦理繼承登記後，會同受託人申請之；如遺囑另指定遺囑執行人時，應於辦畢遺囑執行人及繼承登記後，由下列何者會同受託人申請之？　(A)遺囑執行人　(B)繼承人　(C)遺產管理人　(D)受益人。

(　　) **34** 若甲與A銀行依照老人安養信託契約參考範本（委託人於信託期間喪失財產管理能力適用）之條款，簽訂有老人安養信託契約，並約定在信託期間內，委託人受法院為監護宣告或輔助宣告者，由其配偶乙擔任共同受益人，享有信託利益二分之一。有關乙擔任共同受益人時應如何課稅，下列敘述何者正確？(A)應將乙所享有信託利益之數額納入該年度之所得，課徵所得稅　(B)應對甲課徵贈與稅　(C)應對乙課徵贈與稅　(D)因不計入贈與總額，故不課徵贈與稅。

(　　) **35** 下列何者不屬於金融剝削的不當行銷？　(A)低利率環境下大量銷售高風險商品　(B)不當話術行銷　(C)鼓動高齡者借款買結構型商品　(D)銷售商品後針對銀髮族進行關懷提問措施。

( ) **36** 有關安養信託，下列敘述何者錯誤？ (A)可約定信託監察人，避免契約遭任意變更、終止 (B)委託人與受益人需為同一人 (C)可約定信託財產支付受益人之生活費、安養費 (D)信託存續期間，受託人應依信託契約，執行各項財產運用及給付作業。

( ) **37** 當受託人辦理安養信託業務，委託人意思表示能力尚健全時，受託人應考量下列何種方式達到事前指定監護人，避免事後高齡失能而無人協助處理財產運行？ (A)意定監護制度 (B)法定監護制度 (C)輔助宣告制度 (D)受託人裁量權制度。

( ) **38** 陳媽媽高齡77歲，與子女關係不佳，長年一人獨居。陳媽媽擔心突然發生意外無法自理起居生活，需安置於安養中心照顧，故將部分存款交付信託，約定先不做定期給付，僅用以支付必要醫療與安養費。有關受託人受理信託業務時應注意事項，下列敘述何者正確？ (A)陳媽媽安養中心所需費用不得由信託財產支付 (B)信託契約無法約定不定期給付項目，避免產生爭議 (C)陳媽媽意識清楚時無法指示受託人撥付必要費用款項 (D)信託契約宜約定信託監察人，協助受託人緊急必要費用支應。

( ) **39** 下列何者不是高齡者的居住型態？ (A)在宅老化 (B)社區老化 (C)類社區老化 (D)類機構老化。

( ) **40** 有關老人住宅基本設施及設備規劃設計應符合規範之規定，下列敘述何者錯誤？ (A)內部空間規劃 (B)居住單元與居室服務空間規劃 (C)共用服務空間 (D)公共服務空間。

第二部分

( ) **41** 有關高齡者健康照護三段五級預防策略，下列敘述何者錯誤？ (A)第一級預防對象為健康高齡者，目標是高齡者健康促進 (B)第二級預防對象是衰弱高危險高齡者，目標是高齡者健康重返社區 (C)第四級預防對象是衰弱高齡者，目標是避免高齡者失能 (D)第五段是以失能高齡者為對象，目標是使其能獲得適當的照護。

( ) **42** 繼承人中如對於被繼承人負有債務者，於遺產分割時，應按其債務數額，由該繼承人之何種範圍內扣還？ (A)應繼分 (B)特留分 (C)財產 (D)銀行存款。

( ) **43** 有關繼承人之特留分計算方式，下列敘述何者正確？
(A)配偶之特留分，為其應繼分三分之一
(B)直系血親卑親屬之特留分，為其應繼分二分之一
(C)祖父母之特留分，為其應繼分二分之一
(D)兄弟姊妹之特留分，為其應繼分二分之一。

( ) **44** 依民法規定，有關意定監護，下列敘述何者錯誤？ (A)意定監護契約之訂立或變更，應由公證人作成公證書始為成立意定監護是一種契約 (B)意定監護契約於本人受監護宣告時，發生效力 (C)法院為監護之宣告前，意定監護契約之本人或受任人得隨時撤回之 (D)法院為監護之宣告時，受監護宣告之人已訂有意定監護契約者，仍應依職權選任監護人。

( ) **45** 依民法規定，監護人有數人，對於受監護人重大事項權利之行使意思不一致時，下列敘述何者正確？
(A)抽籤決定
(B)由法院逕自行使
(C)由當地社會福利主管機關決定
(D)法院依受監護人之最佳利益，酌定由其中一監護人行使之。

( ) **46** 下列何者非受託人對信託財產有運用決定權之金錢信託？ (A)指定營運範圍或方法之單獨管理運用金錢信託 (B)指定營運範圍或方法之集合管理運用金錢信託 (C)特定營運範圍或方法之單獨管理運用金錢信託 (D)不指定營運範圍或方法之單獨管理運用金錢信託。

( ) **47** 信託業應設立商品審查小組，對得受託投資之金融商品進行上架前審查，應審查之事項不包括下列何者？ (A)商品之合法性 (B)商品之投資策略 (C)商品說明書內容之正確性 (D)受託人之收益。

(　　) **48** 有關他益信託成立時即需課徵贈與稅，下列條件何者錯誤？
(A)受益人特定，但委託人保留變更受益人之權利者
(B)受益人特定，且委託人僅保留特定受益人間分配他益信託利益之權利者
(C)受益人特定，且委託人僅保留特定受益人間變更信託財產營運範圍、方法之權利者
(D)受益人特定，且委託人無保留變更受益人及分配、處分信託之權利者。

(　　) **49** 有關「平準保費」之特性，下列敘述何者錯誤？　(A)在投保初期時，比起自然保費，須繳交較高的保險費　(B)已將應納保險費總額，平均分攤在每一個繳費期間　(C)即使被保險人年齡增加，但保險費之金額仍然不變　(D)因採平準機制，故所有被保險人，都是繳納相同的保險費。

(　　) **50** 金管會保險局已於2021年3月起，實施投資型保單之「六不原則」。有關此項規定，下列敘述何者錯誤？
(A)不得承諾保戶，資金可立即投資
(B)附保證給付金額，其身故給付最多不得超過保戶總繳保費之1.2倍
(C)附保證給付，不得超出身故保證類型
(D)保單中，不得有「不停效保證」。

(　　) **51** 有關銀行開辦「管理型不動產信託業務」，下列敘述何者錯誤？(A)該項業務可能須結合物業管理公司合作　(B)若採不動產保全信託方式，係由銀行擔任不動產受託人　(C)係提供平台，搭配以房養老業務，以增加安養信託資金來源　(D)可達到保障高齡長輩不動產財產安全之目標。

(　　) **52** 房東加入社會住宅包租代管計畫即可享有稅費優惠，下列敘述何者錯誤？　(A)所得稅減徵，每戶有1萬元的免稅額　(B)房屋稅及地價稅以自用住宅稅率計算　(C)房屋修繕費每年有1萬元的補助　(D)公證費及居家安全險有補助。

(　　) **53** 有關中華民國信託業商業同業公會所訂定之身心障礙者安養信託契約（自益）範本其性質，下列敘述何者正確？　(A)屬於消費者保護法之定型化契約條款　(B)屬於中華民國信託業商業同業公會所訂定之契約參考範本　(C)經金融監督管理委員會備查之契約範本　(D)屬於行政法規。

(　　) **54** 若甲與A銀行依照老人安養信託契約參考範本（委託人於信託期間喪失財產管理能力適用）之條款，簽訂有老人安養信託契約，並約定由其胞妹乙擔任共同受益人，享有信託利益二分之一，並完成贈與稅之繳納。若其後乙死亡，依該安養信託契約之約定，剩餘受益權約定歸屬於甲時，應如何課稅？　(A)當剩餘受益權約定歸屬於甲時，視作贈與之返還，免徵遺產稅及贈與稅。且乙成為共同受益人時所課徵之贈與稅不得申請退還　(B)當剩餘受益權約定歸屬於甲時，視作贈與之返還，免徵遺產稅及贈與稅。且乙成為共同受益人時所課徵之贈與稅得申請退還　(C)當剩餘受益權約定歸屬於甲時，應課徵贈與稅，但乙成為共同受益人時所課徵之贈與稅得申請退還　(D)當剩餘受益權約定歸屬於甲時，應課徵遺產稅，但乙成為共同受益人時所課徵之贈與稅得申請退還。

(　　) **55** 下列何者不是金融機構公平待客九大原則？　(A)訂約公平誠信　(B)廣告招攬真實　(C)業務人員無需專業性　(D)告知與揭露。

(　　) **56** 林奶奶高齡80歲，年後得了小中風，但意識清楚。子女因工作無法照顧年邁的林奶奶，協議每人出資300萬給林奶奶，並成立安養信託作為支應未來安養費用來源，且由三位子女擔任信託監察人。有關受託人受理業務時應注意事項，下列敘述何者錯誤？　(A)信託監察人可由社福團體擔任　(B)信託契約不可以約定信託監察人之順位　(C)信託監察人不可以由未成年子女擔任　(D)若為共同信託監察人，應由全體監察人共同確認受託人執行信託事務。

請根據下列案例，回答第57～60題：

老王70歲，太太已過世，自己每月生活所需約3萬元，同住家人有二個小孩：大王與小王，其中大王有精神障礙，生活無法自理，需家人長期照顧，其監護人為老王，惟老王因年事已高無法再照顧大王，決定將大王送至附近的A安養機構，每月照顧費用約3萬元。小王目前於B公司上班，月薪約7萬元，因感受老王一生辛苦照顧大王，故決定不結婚打算照顧年邁父親老王及哥哥大王至終老，目前老王名下財產：
(1)自住30年之不動產一戶，公告現值1,000萬。
(2)銀行存款1,000萬。
(3)壽險死亡理賠金1,000萬，要保人及被保險人為老王；受益人為大王。
近日老王前往銀行與銀行許經理談到他的情形，許經理建議老王應該將不動產留給小王繼承，銀行存款1,000萬及壽險死亡理賠金1,000萬則辦理信託，以保障老王自己及大王。請回答下列問題：

(　　)　**57** 若老王採納許經理之建議，將壽險死亡理賠金1,000萬成立保險金信託（甲信託），每月支付照顧費用予A安養機構。有關甲信託，下列敘述何者正確？　(A)委託人為老王　(B)受益人為老王　(C)可指定信託監察人為老王　(D)可指定信託監察人為小王。

(　　)　**58** 若老王採納許經理之建議，將銀行存款1,000萬成立20年之金錢信託（乙信託），約定信託存續期間由乙信託每月支付老王生活所需費用6萬元，其中3萬元代老王匯至A安養機構，有關乙信託，下列敘述何者正確？　(A)信託成立時應課贈與稅　(B)信託財產應投資於高報酬之金融商品　(C)信託期間應設定為至大王過世　(D)若10年後老王過世，剩餘信託財產應納入遺產課稅。

(　　)　**59** 若老王欲要將自住不動產成立20年之不動產信託（丙信託），信託期間由老王自行居住使用，信託終了不動產歸小王所有，則丙信託自成立及存續期間內應負擔之稅負不包含下列何者？
(A)贈與稅　(B)遺產稅　(C)房屋稅　(D)契稅。

(　　)　**60** 甲信託生效後，經過3年大王過世，有關甲信託，下列敘述何者正確？　(A)剩餘信託財產由小王繼承　(B)剩餘信託財產由老王繼承　(C)剩餘信託財產應與乙信託合併　(D)因屬保險金信託，剩餘信託財產應課最低稅負。

解答與解析

1 (D)。年輕人開始最新居住，不與父母同住，因此戶數遞增，每戶人數遞減，獨居高齡者增加。

2 (B)。亞健康是指人處於健康和疾病之間的一種臨界狀態，人的心理或身體處於混亂，但並沒有明顯的病理特徵，因此需要人協助。

3 (A)。金管會禁止對高齡客戶主動推薦四大高風險商品，包括境內結構型商品、外國有價證券、高風險基金商品及銀行業也禁止主動電話行銷信用貸款。因此(A)衍生性商品不應提供。

4 (A)。世界衛生組織（WHO）對「智慧醫療」定義為：「資通訊科技（ICT）在醫療及健康領域的應用，包括醫療照護、疾病管理、公共衛生監測、教育和研究」，因此為(A)。

5 (C)。(A)113：保護婦幼專線、(B)165：反詐騙諮詢專線、(D)1995：生命線。

6 (C)。目標，就是在逐步完善國內長照服務的供給面，回應失能老人人口群及其家庭的需要，並非代替長照個案做完所有事情。

7 (C)。強制執行法第122條，債務人依法領取之社會福利津貼、社會救助或補助，不得為強制執行。因此(C)錯誤。

8 (C)。長期照顧服務人員訓練認證繼續教育及登錄辦法第6條，認證證明文件有效期間為6年；其有效期限，自證明文件所載日期之次日起算滿6年之末日。

9 (B)。病人自主權利法

(A) 第3條，維持生命治療：指心肺復甦術、機械式維生系統、血液製品、為特定疾病而設之專門治療、重度感染時所給予之抗生素等任何有可能延長病人生命之必要醫療措施。

(C) 第5條，病人為無行為能力人、限制行為能力人、受輔助宣告之人或不能為意思表示或受意思表示時，醫療機構或醫師應以適當方式告知本人及其關係人。

(D) 預立醫療決定：指事先立下之書面意思表示，指明處於特定臨床條件時，希望接受或拒絕之維持生命治療、人工營養及流體餵養或其他與醫療照護、善終等相關意願之決定。

10 (C)。

(A) 經照顧管理專員評估日常生活活動功能（ADL）或工具性日常生活活動功能（IADL）需他人協助之失能者，包含：一、65歲以上失能老人。二、55歲以上之失能原住民。三、50歲以上失智症患者。四、失能之身心障礙者。五、僅工具性日常生活活動需協助且獨居之老人。六、僅工具性日常生活活動需協助之衰弱老人。

(B) 輔具可以租借。

(D) 交通接送服務主要為往（返）居家至醫療院所就醫（含復健）之交通接送。一般地區經照顧管理專員評估長照需要等級第4級（含）以上者，偏鄉地區經照顧管理專員評估長照需要等級第2級（含）以上者，且符合下列情形之一：(一)65歲以上失能老人。(二)55歲以上失能原住民。(三)50歲以上診斷失智症者。(四)失能之身心障礙者。

11 (A)。

甲、護理之家：以收容慢性病需長期照顧者,出院後需要護理的患者。

乙、養護中心：無法自主生活，但不需要專門看護服務的長者。

丙、安養中心：無重大疾病生活可自理的長者為對象。

丁、養生村：家人不在身邊，身心健康的長者。

由健康到有長期照顧需求，依序為丁、丙、乙、甲。

12 (A)。

(B) 有部分負擔，低收入戶可獲得100%補助。

(C) 家中聘僱外籍看護者，除「照顧服務」無法申請補助外，其餘服務均可申請。

(D) 為了實現讓所有國人都能在地老化，提供從支持家庭、居家、社區到住宿式照顧之多元連續服務，要建立普及的照顧服務體系，落實建立以社區為基礎的照顧型社區，提升「長期照顧需求者」與「照顧者」的生活品質。

13 (B)。民法第1138條，遺產繼承人，除配偶外，依左列順序定之：一、直系血親卑親屬、二、父母、三、兄弟姊妹、四、祖父母。所以為(B)父母。

14 (C)。民法第1174條，繼承人得拋棄其繼承權。前項拋棄，應於知悉其得繼承之時起3個月內，以書面向法院為之。拋棄繼承後，應以書面通知因其拋棄而應為繼承之人。但不能通知者，不在此限。

15 (B)。民法第14條，對於因精神障礙或其他心智缺陷，致不能為意思表示或受意思表示，或不能辨識其意思表示之效果者，法院得因本人、配偶、四親等內之親屬、最近一年有同居事實之其他親屬、檢察官、主管機關、社會福利機構、輔助人、意定監護受任人或其他利害關係人之聲請，為監護之宣告。

16 (D)。民法第1198條，下列之人，不得為遺囑見證人：一、未成年人、二、受監護或輔助宣告之人、三、繼承人及其配偶或其直系血親、四、受遺贈人及其配偶或其直系血親、五、為公證人或代行公證職務人之同居人助理人或受僱人。

17 (#)。一律給分，應向輔助人說明。

18 (B)。所得稅法第4-3條，營利事業提供財產成立、捐贈或加入符合左列各款規定之公益信託者，受益人享有該信託利益之權利價值免納所得稅，不適用第3條之2及第4條第1項第17款但書規定：一、受託人為信託業法所稱之信託業、二、各該公益信託除為其設立目的舉辦事業而必須支付之費用外，不以任何方式對特定或可得特定之人給予特殊利益、三、信託行為明定信託關係解除、終止或消滅時，信託財產移轉於各級政府、有類似目的之公益法人或公益信託。

19 (B)。信託業建立非專業投資人商品適合度規章應遵循事項第4條，信託業訂定客戶風險承受等級分類時，應考量不同客戶對於風險之承受能力不同，就客戶之身分、財務背景、所得與資金來源、風險偏好、過往投資經驗及委託目的與需求等，綜合下列資料，至少將客戶劃分為高風險承受等級、中風險承受等級及低風險承受等級：一、客戶資金操作狀況及專業能力、二、客戶之投資屬性、對風險之瞭解及風險承受度。

20 (C)。

(A) 民法第1186條，限制行為能力人，無須經法定代理人之允許，得為遺囑。但未滿16歲者，不得為遺囑。

(B) 民法第1199條，遺囑自遺囑人死亡時發生效力。

(D) 遺囑信託是指委託人以遺囑的方式，訂立於死亡後將指定遺產用信託方式，請受託人依委託人規劃方式，將信託財產的利益給予受益人，至信託存續期間屆滿為止。因此無需另外訂立信託契約。

21 (A)。信託法第70條，公益信託之設立及其受託人，應經目的事業主管機關之許可。前項許可之申請，由受託人為之。

22 (D)。信託監察人的報酬，由委託人與信託監察人協議是否支付或明訂於契約內，再由銀行依約支付。

23 (C)。遺產及贈與稅法第3-2條，因遺囑成立之信託，於遺囑人死亡時，其信託財產應依本法規定，課徵遺產稅。

信託關係存續中受益人死亡時，應就其享有信託利益之權利未領受部分，依本法規定課徵遺產稅。

24 (D)。對營利事業之他益信託對受益人課徵所得稅，不課徵贈與稅。

25 (A)。房屋稅及地價稅均為受託人。

26 (#)。依公告答案為(B)或(D)。土地為信託財產者，其於信託關係存續期間，如委託人與受益人同屬一人（自益信託），且地上房屋仍供委託人本人、配偶或其直系親屬作住宅使用，與該土地信託目的不相違背，該委託人視同土地所有權人，且其他條件符合土地稅法第9條及第34條規定者，受託人出售土地時，仍准予按自用住宅用地稅率課徵土地增值稅。

財政部在110年1月4日新發布解釋令，只要遺囑信託生效時及信託關係存續中，受益人為委託人之繼承人且為其配偶或子女，該房屋供受益人本人、配偶或直系親屬居住使用且不違背該信託目的，信託關係消滅後，信託財產之歸屬權利人為受益人者，該受益人視同土地所有權人，於信託關係存續中，如該土地符合以下要件者，准按自用住宅用地稅率2‰課徵價稅。

(B)(D)均對。

27 **(A)**。共同信託基金之配息直接計入基金之淨值，不適用所得發生時之課稅原則。

28 **(D)**。遺產及贈與稅法第10-2條，享有孳息部分信託利益之權利者，以信託金額或贈與時信託財產之時價，減除依前款規定所計算之價值後之餘額為準。 但該孳息係給付公債、公司債、金融債券或其他約載之固定利息者，其價值之計算，以每年享有之利息，依贈與時郵政儲金匯業局一年期定期儲金固定利率，按年複利折算現值之總和計算之。所以為(D)。

29 **(D)**。傳統型終身人壽保險，並可附加1年期傷害保險。

30 **(B)**。免責期：通常是傳統長照險所使用的專有名詞，並且會在保單條款中進行定義。簡單來說，「免責期」是「理賠狀態（例如生理功能障礙或認知功能障礙）確立」之後超過一定期間（例如90天），保險公司才開始理賠。

在新公告的「長期照顧保險單示範條款」中，沒有「免責期」名詞的出現，只有「生理功能障礙」與「認知功能障礙」經專業醫師判定「達一定月份以上（不得超過6個月）」，但絕大多數的傳統長照險保單的「免責期」，普遍都只有90天。

31 **(B)**。內政部所提供的預售屋履約保證機制，總共可以分成五種：「價金返還之保證」、「價金信託」、「同業連帶擔保」、「公會連帶保證」，以及「不動產開發信託」等5種，其中「同業連帶擔保」及「公會連帶保證」，則是由同一個等級的建商或是公會提供連帶擔保。

32 **(D)**。房地合一稅 2.0自110年7月1日開始實施。

33 **(A)**。土地登記規則第126條，信託以遺囑為之者，信託登記應由繼承人辦理繼承登記後，會同受託人申請之；如遺囑另指定遺囑執行人時，應於辦畢遺囑執行人及繼承登記後，由遺囑執行人會同受託人申請之。

34 (D)。夫妻間相互贈與的財產應不計入贈與總額，免課贈與稅，但需辦理產權移轉登記事宜案件，仍需向國稅局申報，由國稅局核發不計入贈與總額證明書，以憑辦理移轉過戶。

35 (D)。(D)銷售商品後針對銀髮族進行關懷提問措施，關懷銀髮族才是適當行銷。

36 (B)。安養信託是委託人基於退休養老、子女照顧、身心障礙養護等不同需求，而將金錢信託交予受託人，可分為自益信託與他益信託，所以委託人與受益人不一定要同一人。

37 (A)。意定監護是民國108年開始施行的一種新監護制度，相較於傳統的法定監護，意定監護旨在允許成年人透過委任契約預先選任自己的監護人，以防自己未來因失能、失智而受監護宣告時，無法對監護人的人選表達意願。

38 (D)。受託機構依信託契約進行信託財產的管理、運用、處分，並支付服務機構的生活費、養護機構費、看護費、醫療費及其他特殊項目費用。其中不定期給付，通常採實支實付。

39 (D)。(D)類機構老化：適合失能長輩住，不適合多數長輩住。

40 (A)。老人住宅基本設施及設備規劃設計規範，內容分成：外部空間規劃、居住單元與居室服務空間規劃、共用服務空間、公共服務空間。

41 (B)。第二級預防對象是前期衰弱的高齡者，目標是提供高齡者周全性評估與照護，透過健檢，找出潛在高危險群。

42 (A)。應繼分：法定繼承人應該分得財產。

43 (B)。民法第1223條，繼承人之特留分，依左列各款之規定：一、直系血親卑親屬之特留分，為其應繼分1/2。二、父母之特留分，為其應繼分1/2。三、配偶之特留分，為其應繼分1/2。四、兄弟姊妹之特留分，為其應繼分1/3。五、祖父母之特留分，為其應繼分1/3。

44 (D)。法院為監護之宣告時，受監護宣告之人已訂有意定監護契約者，（已經有監護人為何要第二位監護人）仍應依職權選任監護人。

45 (D)。民法第1094條，父母均不能行使、負擔對於未成年子女之權利義務或父母死亡而無遺囑指定監護人，或遺囑指定之監護人拒絕就職時，依下列順序定其監護人：一、與未成年人同居之祖父母。二、與未成年人同居之兄姊。三、不與未成年人同居之祖父母。

前項監護人，應於知悉其為監護人後十五日內，將姓名、住所報告法院，並應申請當地直轄市、縣

（市）政府指派人員會同開具財產清冊。未能依第一項之順序定其監護人時，法院得依未成年子女、四親等內之親屬、檢察官、主管機關或其他利害關係人之聲請，為未成年子女之最佳利益，就其三親等旁系血親尊親屬、主管機關、社會福利機構或其他適當之人選定為監護人，並得指定監護之方法。

46 (C)。信託業法施行細則第8條，特定單獨管理運用金錢信託：指委託人對信託資金保留運用決定權，並約定由委託人本人或其委任之第三人，對該信託資金之營運範圍或方法，就投資標的、運用方式、金額、條件、期間等事項為具體特定之運用指示，並由受託人依該運用指示為信託資金之管理或處分者。

47 (D)。信託業營運範圍受益權轉讓限制風險揭露及行銷訂約管理辦法第23-1條，信託業應設立商品審查小組，對得受託投資之金融商品進行上架前審查，並至少包含下列事項：
一、商品之合法性。
二、商品之成本、費用及合理性。
三、商品之投資策略、風險報酬及合理性。
四、產品說明書內容之正確性及資訊之充分揭露。
五、信託業受託投資之適法性及利益衝突之評估。
六、商品發行機構或保證機構之過去績效、信譽及財務業務健全性。

48 (A)。受益人特定，但委託人保留變更受益人或處分信託利益之權利，信託成立時不課徵贈與稅。

49 (D)。平準保險費，保險期間內，已將應納保險費總額平均分攤在每一個繳費期間，使每一時期繳交保費皆為相同，而自然保費則會隨年紀及危險發生率提高保費，因此，投保初期，平準保費會比自然保費繳交較高的保險費。

50 (B)。投資型保單增加「六不」原則，一是附保證給付不得超出身故保證類型(C)、二為附保證給付金額，最多不得超過保戶總繳保費、三是附保證的月撥回類全委保單，淨值一旦低於8美元，不得再撥回，四是保證費率不得一率到底，必須分性別、年齡收不同保證費率、五為不得承諾保戶資金立即投資(A)、六為保單不得有不停效保證(D)。

51 (C)。以房養老為不動產逆向抵押貸款，非管理型不動產信託業務。

52 (#)。依公告答案為(A)或(B)。
(A) 所得稅減徵，每月租金收入最高有1.5萬元的免稅額。
(B) 房屋稅及地價稅以自用住宅稅率計算，必須符合公益出租才適用。

53 (C)。經金管會108年5月21日金管銀原字第10801079450號函備查。

54 (A)。依據財北國稅審二字第1060001837號說明，乙死亡，剩餘財產約定歸屬於甲，視為贈與返還，免課徵贈與稅及遺產稅，乙成為共同受益人時所課徵之贈與稅不得申請退還。

55 (C)。9大原則：訂約公平誠信原則、注意與忠實義務原則、廣告招攬真實原則、商品或服務適合度原則、告知與揭露原則、複雜性高風險商品銷售原則、酬金與業績衡平原則、申訴保障原則、業務人員專業性原則。

56 (B)。信託法第52條，信託法規定委託人可以在契約或遺囑中指定信託監察人；信託行為未明定人選或未指定選任方法時，可由檢察官或利害關係人向法院聲請選任之。信託監察人之人數設置，可為一位或同時數位信託監察人，亦可採順位的方式設置信託監察人。

57 (D)。保險金信託屬於自益信託，受託人必須是委託人，因此此保險金信託中，委託人及受益人均為大王。另因被保險人老王過世後，保險金撥入信託專戶，保險金信託才會生效，因此不能指定老王為信託監察人，信託監察人可以為小王。故為(D)。

58 (D)。
(A) 信託契約明定信託利益之全部或一部之受益人非委託人時，視為委託人有贈與行為，應課徵贈與稅。此題自益信託，無須課徵贈與稅。
(B) 信託財產營運範圍以下列為限：現金、存款、公債、公司債、金融債券、短期票券、其他主管機關核准業務。高報酬伴隨高風險，不符合信託財產應該投資對象。
(C) 自益信託，委託人為老王，老王過世才消滅。

59 (B)。此為不動產信託，信託存續期間，不動產應課徵地價稅及房屋稅，因信託終了不動產歸小王（他益信託），故應課徵贈與稅。

60 (A)。此題表示甲信託生效，代表被保險人老王已過世，因此大王過世後之剩餘財產應由兄弟姐妹（小王）繼承，另因為保險金，免課徵最低稅負。

第一期第二節

第一部分

( ) **1** 有關評估少子化與高齡化常用的指標，下列敘述何者錯誤？
(A)總扶養比＝扶老比＋扶幼比
(B)扶幼比＝（0～14歲人口）÷（15～64歲人口）×100
(C)老化指數＝（65歲以上人口）÷（15～64歲人口）×100
(D)扶老比＝（65歲以上人口）÷（15～64歲人口）×100。

( ) **2** 有關高齡者的溝通原則，下列敘述何者錯誤？ (A)應使用高齡者熟悉、簡單的日常生活對話，讓高齡者有被尊重的感覺 (B)創造一個能夠讓高齡者專注聆聽說明的環境，營造一個好的溝通環境 (C)耐心等待高齡者的回應，留意高齡者的反應能力 (D)儘量不要有表情或肢體語言，以免高齡者有壓力。

( ) **3** 下列何種理論主張生命階段都有收穫與損失？ (A)選擇、最佳化與補償理論 (B)老化認知理論 (C)心理社會發展理論 (D)社會情緒選擇理論。

( ) **4** 智慧科技包含智慧醫療、智慧照護及智慧健康的三大類，則下列敘述何者錯誤？ (A)手術機器人屬於智慧醫療類 (B)智慧型行動輔助系統屬於智慧健康類 (C)高齡者通訊平台及社群網路屬於智慧健康類 (D)遠距醫療屬於智慧照護類。

( ) **5** 為維護我國老年人口的尊嚴與健康，延緩其失能，安定其生活，保障其權益，增進其福利，所制定的法律為下列何者？ (A)國民年金法 (B)全民健康保險法 (C)長期照顧服務法 (D)老人福利法。

( ) **6** 民國110年9月底，我國的老年人口比已達16.7%，此人口結構屬於下列何者？ (A)高齡社會 (B)高齡化社會 (C)超高齡化社會 (D)超高齡社會。

(　　) **7** 根據老人福利法，為保護老人之財產安全，直轄市、縣（市）主管機關得採下列何種措施？　(A)鼓勵老人其將財產交付信託　(B)鼓勵老人購買公債　(C)增設長期照護機構　(D)興建社會住宅。

(　　) **8** 依長期照顧服務人員訓練認證繼續教育及登錄辦法規定，下列敘述何者正確？　(A)照顧管理專員的主要職責是，為申請人進行長照需求的評估與核定　(B)個案管理員的主要職責是，提供專業諮詢或諮商服務給進行長照需求評估此業務之專人　(C)居家服務督導員的主要職責是，提供長照需求者所需的身體照顧服務與日常生活照顧服務，協助長照需求者能順利進行其日常生活　(D)社會工作人員的主要職責是，將長照需求者的日常生活需求順利銜接到照顧服務員之服務專長，進行排案與排班。

(　　) **9** 有關照顧計畫，下列敘述何者正確？　(A)「照顧計畫」是由照顧服務員擬定　(B)為確保各項服務確實連結給長照需求者，於「照顧計畫」的有效期限內，各項服務的提供單位與服務提供人員需維持相同且一致　(C)為確保與追蹤服務品質，「照顧計畫」擬定完畢後，計畫的內容不得變更　(D)擬定「照顧計畫」時，需依據長照需求者本人的實際需求並考量家屬的照顧壓力。

(　　) **10** 有關病人自主權利法，下列敘述何者錯誤？　(A)立法目的旨在尊重病人醫療自主、保障其善終權益，促進醫病關係和諧　(B)病人簽署預立醫療決定之後，醫師可以依照內容執行醫療行為，無需再次向本人確認內容與範圍　(C)病人簽署預立醫療決定之後，可隨時以書面的方式撤回或是變更內容　(D)醫師依照病人簽署的預立醫療決定內容，撤除維持生命治療相關醫療儀器時，仍應提供病人緩和醫療以及其他適當的處置。

(　　) **11** 有關長照十年計畫2.0長照服務，下列敘述何者正確？　(A)有長照需求的國人，經由專人核定的長照需求等級之有效期間是一年　(B)照顧及專業服務、交通接送服務、輔具與居家無障礙環境改善服務、喘息服務，此四大項服務的額度，可以互相挪用　(C)目前住在護理之家的長照需求者，表示想要返家並使用長照服務實現其居家生活，申請後，將有專人到護理之家為申請人進行長照需求評估 (D)我國政府設計長照需求等級為八個等級，等級愈高代表身心功能愈差，政府補助的長照服務額度愈高。

( ) **12** 我國國人申請使用「長照十年計畫2.0長照服務」之正確流程，依序排列為下列何者？ 甲、擬定照顧計畫；乙、核定需求等級與補助額度；丙、使用長照服務；丁、連結各項服務；戊、專人進行需求評估
(A)戊→甲→丁→乙→丙 (B)戊→乙→甲→丁→丙
(C)甲→戊→丁→乙→丙 (D)甲→戊→乙→丁→丙。

( ) **13** 配偶與被繼承人之祖父母共同繼承時，祖父母之應繼分應為遺產之多少？ (A)無應繼分 (B)遺產之1／2 (C)遺產之1／3 (D)遺產之1／4。

( ) **14** 就行為能力，下列敘述何者錯誤？ (A)行為能力係指得為有效法律行為之能力 (B)滿七歲以上之未成年人，有限制行為能力 (C)受監護宣告之人，無行為能力 (D)受輔助宣告之人，其行為能力完全不受限制。

( ) **15** 由遺囑人指定三人以上之見證人，由遺囑人口述遺囑意旨，使見證人中之一人筆記、宣讀、講解，經遺囑人認可後，記明年、月、日及代筆人之姓名，由見證人全體及遺囑人同行簽名，遺囑人不能簽名者，應按指印代之，稱為下列何種遺囑？ (A)代筆遺囑 (B)口授遺囑 (C)公證遺囑 (D)見證遺囑。

( ) **16** 依民法規定，公證遺囑，應指定幾人以上之見證人？ (A)1人 (B)2人 (C)3人 (D)4人。

( ) **17** 依信託業法規定，信託業經營之業務項目，例如金錢之信託，係依據下列何項標準定其分類？ (A)信託本旨 (B)受託人對信託財產之管理運用方法 (C)受託人對信託財產運用決定權之有無 (D)委託人交付、移轉之原始信託財產種類。

(　　) **18** 金管會發布之信託2.0計畫，期能引導信託業提升信託服務功能，發展配合民眾生活各面向需求之全方位信託業務。有關本項計畫之計畫願景，不包含下列何者？ (A)打造友善住宅，推動在地安老 (B)協助資產管理，保障經濟安全 (C)跨業合作結盟，滿足多元需求 (D)開放理財商品，擴大投資管道。

(　　) **19** 信託業辦理指定單獨管理運用金錢信託，運用信託財產從事有價證券投資交易，逾越法令或信託契約所定限制範圍者，應由下列何者負履行責任？ (A)委託人 (B)受益人 (C)受託人 (D)信託監察人。

(　　) **20** 有關信託業法所稱之金錢信託，下列敘述何者正確？ (A)集合管理運用之金錢信託即為共同信託基金 (B)信託資金不得運用於購買股票 (C)信託財產需以金錢之方式返還 (D)不指定營運範圍或方法之金錢信託，國外稱為盲目信託。

(　　) **21** 信託財產發生之收入，應於所得發生年度由受益人併入當年度所得額課稅，有關所得發生年度，該如何認定？ (A)僅能按權責發生制 (B)僅能按現金收付制 (C)得採現金收付制或權責發生制，每年可採不同的方式 (D)得採現金收付制或權責發生制，一經選定不得變更。

(　　) **22** 有關銀行辦理以老人安養及身心障礙者照護為目的之外幣信託業務，代「以老人安養及身心障礙者照護為目的之信託」受益人辦理新臺幣結匯申報，下列敘述何者正確？ (A)代老人及身心障礙之受益人辦理新臺幣結匯申報，係列計銀行結匯額度 (B)銀行辦理以「老人安養及身心障礙者照護」為目的之外幣信託業務，應報經金管會同意 (C)銀行係代「以老人安養及身心障礙者照護為目的之信託」受益人以其（受益人）名義辦理結匯申報 (D)委託人應出具結匯授權書。如信託契約已明文授權受託人辦理結匯者，也不得以受託人出具已獲授權辦理結匯之聲明書代替。

( ) **23** 委託人與受益人皆為自然人的完全他益信託，在信託關係存續中何人死亡，會就信託利益之權利價值課遺產稅？ (A)委託人 (B)受託人 (C)受益人 (D)信託監察人。

( ) **24** 信託財產的孳息在所得發生時，受益人為不特定或尚未存在者，應如何課稅？ (A)由受託人於所得發生次年按規定扣繳率申報納稅 (B)由委託人於所得發生次年按規定扣繳率申報納稅 (C)等受益人確定時再併入受益人確定年度所得納稅 (D)由委託人在所得發生年度按規定扣繳率申報納稅。

( ) **25** 信託財產為土地之他益信託，在什麼時間點課徵土地增值稅？ (A)在信託契約訂立時課土地增值稅 (B)在受託人將土地移轉給受益人時課土地增值稅 (C)在委託人將土地移轉給受益人時課土地增值稅 (D)在委託人將土地移轉給受託人時課土地增值稅。

( ) **26** 他益信託之信託財產為房屋時，在何時課徵契稅？ (A)信託契約訂立時 (B)房屋移轉給受託人時 (C)變更受託人移轉房屋予新受託人時 (D)受託人移轉給受益人時。

( ) **27** 受託人就受託土地，於信託關係存續中，有償移轉所有權時，應以下列何者為土地增值稅的納稅義務人？ (A)委託人 (B)受託人 (C)受益人 (D)土地的買受人。

( ) **28** 委託人為營利事業的自益信託，在信託關係存續中，變更為他益信託，應如何課稅？ (A)對委託人課贈與稅 (B)對受託人課贈與稅 (C)對受益人課贈與稅 (D)對受益人課所得稅。

( ) **29** 金管會建請集中保管結算所規劃結合保障、退休投資與促進公益之「退休準備平台」，並由基富通（股）公司建置保險專區之「保障型保險商品平台」，提供民眾網路投保新管道。在該平台目前規劃的保險商品，不包括下列何者？ (A)定期壽險 (B)重大疾病健康保險 (C)小額終老保險 (D)住院醫療健康保險。

(　　) **30** 目前國內的重大疾病保險可分為「甲型」和「乙型」，有關乙型重大疾病保險之範圍，下列何者正確？
(A)「甲型」9項＋急性心肌梗塞（輕度）、腦中風後殘障（重度）、癌症（輕度）、癱瘓（重度）
(B)「甲型」7項＋急性心肌梗塞（輕度）、腦中風後殘障（輕度）、癌症（輕度）、癱瘓（輕度）
(C)「甲型」9項＋急性心肌梗塞（重度）、腦中風後殘障（輕度）、癌症（重度）、癱瘓（輕度）
(D)「甲型」7項＋急性心肌梗塞（重度）、腦中風後殘障（重度）、癌症（重度）、癱瘓（重度）。

(　　) **31** 有關不動產投資信託（REITs）之優點，下列敘述何者錯誤？(A)即便小額資金也可以投資　(B)買賣和股票一樣方便　(C)收益穩定可有效對抗通膨　(D)適合作為短期炒作的投資標的。

(　　) **32** 有關「以房養老」貸款申請條件，不包含下列何者？　(A)申請人債信正常　(B)貸款期間有一定之限制　(C)申請人須達一定年齡以上　(D)擔保品可對外出租，增加收益。

(　　) **33** 甲與A銀行簽訂老人安養信託契約，並設置乙為信託監察人，若信託存續期間內，甲因疾病、事故、支付生前契約費用、購買醫療器材或其他事由等需提領信託財產時，可檢具健保特約醫療院所或其他相關機構出具之證明文件、單據或其他合理之說明，並經信託監察人之書面同意後，向下列何者提出申請？(A)中華民國信託業商業同業公會　(B)受託人A銀行　(C)金融監督管理委員會　(D)信託財產評審委員會。

(　　) **34** 若A銀行與甲依照身心障礙者安養信託契約（自益）範本之內容，簽訂身心障礙者安養信託契約，有關A銀行依該身心障礙者安養信託契約所負之債務，下列敘述何者正確？　(A)A銀行不得承諾擔保本金，但得承諾擔保最低收益率，並於所擔保之本金範圍內負履行責任　(B)A銀行得承諾擔保本金，但不得承諾擔保最低收益率，並於所擔保之本金範圍內負履行責任　(C)A銀行僅於信託財產之限度內負履行責任　(D)為履行銀行之社會責任，A銀行得承諾擔保最低收益率，並於所擔保之最低收益率範圍內負履行責任。

(　　) **35** 金融機構應採行下列何種程序以防範行員舞弊之事件發生？　(A)互相跟監程序　(B)相信員工清白無須採行特別程序　(C)盡職調查程序　(D)每月開同樂會。

(　　) **36** 有關說明內容及揭露風險之規範，下列敘述何者錯誤？　(A)金融服務業與金融消費者訂立提供金融商品或服務之契約前，應向金融消費者充分說明該金融商品、服務及契約之重要內容，並充分揭露其風險　(B)金融服務業對金融消費者進行之說明及揭露，應以金融消費者能充分瞭解方式為之，其內容應包括但不限交易成本、可能之收益及風險等有關金融消費者權益之重要內容　(C)依法令規定得以電話行銷提供並採取線上成交之金融商品或服務，金融服務業於提供金融商品或服務前不用說明契約重要內容及揭露風險　(D)金融服務業提供之金融商品或服務屬投資型商品或服務者，應向金融消費者揭露可能涉及之風險資訊，其中投資風險應包含最大可能損失、商品所涉匯率風險。

(　　) **37** 受託人辦理具裁量權安養信託，有關信託財產給付金額調整的依據事項，下列敘述何者錯誤？　(A)隨物價指數變動調整信託財產給付金額　(B)隨受託人心情自行調整信託財產給付金額　(C)隨主管機關調整安養機構收費標準調整信託財產給付金額　(D)隨入住安養機構或聘任照護人員所需調整信託財產給付金額。

(　　) **38** 陳老先生是位榮民，膝下有一名重度智能不足的兒子，考量其子日後無人照料及擔心受騙，可藉由受託人辦理身心障礙信託業務。有關受託人受理信託業務時應考量項目，下列敘述何者錯誤？　(A)信託契約無法約定剩餘信託資產捐贈給公益團體　(B)考量信託資產運用監督，可由社福團體充任信託監察人　(C)受託人於信託契約設計時，應以身心障礙受益人之利益為主要考量因素　(D)受託人於信託契約設計時，可以設計意定監護人擔任未來信託監察人。

(　　) **39** 有關高齡住宅基本認知，下列敘述何者錯誤？　(A)休閒宅的升級版　(B)經濟自主性要高　(C)高齡住宅等同長照機構　(D)運營管理是重點。

(　　) **40** 高齡住宅產品定位規劃重點為下列何者？　(A)服務供給長照化　(B)服務供給多元化　(C)服務供給機構化　(D)服務供給年輕化。

第二部分

(　　) **41** 陳爺爺最近3個月前開始向家人表示家中不乾淨，嚇得他晚上不敢睡覺，請問他可能罹患下列哪一類型失智症？　(A)路易氏體失智症　(B)血管型失智症　(C)額顳葉失智症　(D)阿茲海默型失智症。

(　　) **42** 繼承人中有在繼承開始前因下列何種情事，已從被繼承人受有財產之贈與者，應將該贈與價額加入繼承開始時被繼承人所有之財產中，為應繼遺產？　(A)就學　(B)訂婚　(C)分居　(D)出國。

(　　) **43** 甲與乙婚後有子丙、丁、戊3人，丙未婚死亡無子嗣，丁與戊共同遭遇車禍而死亡，丁有子A，戊有女B及C。若三年後甲死亡，遺產應如何繼承？

(A)乙享有2／3，A、B、C則各享有1／9

(B)乙享有1／2，A、B、C則各享有1／6

(C)乙與A、B、C平均分配，各享有1／4

(D)乙享有1／3，A代位繼承1／3，B及C則共同代位繼承1／3。

(　　) **44** 前後意定監護契約有相牴觸者，下列敘述何者正確？　(A)應以前意定監護契約為主　(B)前後意定監護契約均有效　(C)前後意定監護契約均無效　(D)視為本人撤回前意定監護契約。

(　　) **45** 有關受監護人之財產，下列敘述何者錯誤？　(A)由監護人管理　(B)執行監護職務之必要費用，由受監護人之財產負擔　(C)監護人得受讓受監護人之財產　(D)法院於必要時，得命監護人提出監護事務之報告。

(　　) **46** 信託業辦理以財務規劃或資產負債配置為主要目的之指定單獨管理運用金錢信託業務，有關其應遵循之相關規範，下列敘述何者正確？　(A)信託契約不得約定收取績效報酬　(B)發現淨資產價值減損達約定之原委託投資資產一定比例時，應於事實發生之日起五個營業日內通知委託人或指定之受益人　(C)經委託人及受益人同意，得使第三人代為處理信託事務。但僅限於與實際操作執行投資交易無關之行政事務或意見諮詢事務　(D)採提供相同營運範圍或方法供客戶依其風險屬性指定者，就客戶採不同營運範圍或方法之個別信託資金，應分別管理運用並獨立設帳。

(　　) **47** 下列哪一種情形的本金自益孳息他益信託，容易被認定為避稅行為，可能遭到實質課稅原則課稅？　(A)信託契約訂立時已知悉信託財產分配的孳息　(B)以高配息的境內上市櫃公司股票為信託財產　(C)以固定配息的境內公司債券為信託財產　(D)以境外發行的有價證券為信託財產。

(　　) **48** 作農業使用的農地信託後相關課稅規定，下列敘述何者正確？(A)受益人死亡仍可主張信託利益不課遺產稅　(B)委託人將信託利益贈與子女仍可主張免課贈與稅　(C)受託人死亡應列入受託人的遺產課稅　(D)受益人死亡信託利益計入受益人的遺產課稅。

(　　) **49** 依「保險業招攬及核保理賠辦法」及「投資型保險商品銷售應注意事項」規定，對於幾歲以上之客戶，保險業銷售投資型保險商品，銷售過程應以錄音或錄影方式保留紀錄？　(A)60歲　(B)65歲　(C)70歲　(D)75歲。

(　　) **50** 依個人年金保險示範條款之規定，有關年金保險受益人之指定及變更，下列敘述何者正確？　(A)訂立年金保險契約時，得經要保人同意指定身故受益人；如未指定者，以要保人之法定繼承人為年金保險契約身故受益人　(B)年金保險契約之受益人，於被保險人生存期間為被保險人本人，保險公司不受理其指定或變更　(C)除聲明放棄處分權者外，於保險事故發生前得經要保人同意變更身故受益人；如要保人未將前述變更通知保險公司者，不得對抗保險公司　(D)身故受益人同時或先於被保險人本人身故，除要保人已另行指定外，以要保人之法定繼承人為年金保險契約身故受益人。

(　　) **51** 目前政府部門對於房市管控措施，下列敘述何者錯誤？　(A)中央銀行滾動式檢討房市選擇性信用管制　(B)金管會加強中小型銀行業務檢查　(C)財政部透過稅制增加不動產持有及交易成本　(D)內政部加強預售屋紅單稽查。

(　　) **52** 有關農地信託之敘述，下列何者錯誤？　(A)耕地係指依區域計畫法劃定為特定農業區、一般農業區、山坡地保育區及森林區之農牧用地　(B)私法人不得承受耕地。但符合農業發展條例第34條規定之農民團體、農業企業機構或農業試驗研究機構經取得許可者，不在此限　(C)為了保護國家農量供應及國土規劃利用，耕地一律不得交付信託　(D)如以私法人為耕地信託契約之受益人，其信託行為自始無效。

(　　) **53** 甲與A銀行依照老人安養信託契約參考範本（增訂信託財產給付彈性及信託監察人權責等相關條款）之內容，簽訂老人安養信託契約，若契約存續期間，主管機關如依法令調高長照、安養、養護或護理之家等機構之收費標準者，有關增加信託財產給付金額，下列敘述何者正確？　(A)受託人得經法院之許可，依主管機關調高之幅度，增加信託財產之給付金額　(B)受託人得經委託人親屬會議之同意，增加信託財產之給付金額　(C)受託人經報請主管機關同意後，得依主管機關調高之幅度，增加信託財產之給付金額　(D)受託人得依信託契約之主管機關調高之幅度，增加信託財產之給付金額。

(　　) **54** 甲為身心障礙者，其為自己之利益，與A銀行簽訂身心障礙者安養信託契約時，有關信託管理費之約定，下列敘述何者正確？(A)不論信託財產之金額多寡，完全由受託人就每日之信託財產新臺幣淨資產價值，以年率一定比例按實際信託日數計算信託

管理費　(B)不論信託財產之金額多寡，受託人僅能按每月收取新臺幣2,000元之信託管理費　(C)信託財產高於一定金額者，只能按每月收取新臺幣2,000元之信託管理費　(D)信託財產高於一定金額者，只能按每月一定金額收取信託管理費，不得以年率一定比例按實際信託日數計算信託管理費。

(　　)　**55** 依金融消費者保護法規定，下列敘述何者錯誤？　(A)金融服務業與金融消費者訂立提供金融商品或服務之契約，應本公平合理、平等互惠及誠信原則　(B)金融服務業與金融消費者訂立之契約條款顯失公平者，該部分條款仍為有效；僅於契約條款有疑義時，始為有利於金融消費者之解釋　(C)金融服務業提供金融商品或服務，應盡善良管理人之注意義務　(D)金融服務業提供之金融商品或服務具有信託、委託等性質者，並應依所適用之法規規定或契約約定，負忠實義務。

(　　)　**56** 高齡者住宅依區域分類，下列何者非屬之？　(A)都會型　(B)機構型　(C)介於都會型、地方型兩者之間　(D)地方型。

請根據下列案例，回答第57～60題：

80歲的方媽媽育有2子，大兒子在美國教書，小兒子有身心障礙的問題，她長期獨自照顧有身心障礙的小兒子，但方媽媽年事已高，擔心自己身故後，小兒子不知道要託付給誰照顧，便尋求社福團體協助。由於大兒子在美國，無法回國照顧弟弟，方媽媽希望透過信託來照顧小兒子，為確保小兒子能得到完善的照顧，她希望社福團體能定時來探視小兒子。請回答下列問題：

(　　)　**57** 有關方媽媽與銀行簽訂的信託，下列敘述何者正確？　A.屬於他益信託；B.屬於自益信託；C.可約定社福團體當監察人；D.不可約定社福團體當監察人；E.若每年轉入信託專戶金額小於220萬且當年無其他贈與者，不需繳贈與稅　(A)僅ACD　(B)僅ACE　(C)僅BCE　(D)僅BCD。

( ) **58** 若方媽媽轉入信託專戶金額為3,000萬，需繳多少贈與稅？（今年無贈與） (A)0 (B)278萬 (C)292萬 (D)325萬。

( ) **59** 方媽媽擔心身故後大兒子會回台灣爭產，希望將現金利用信託照顧小兒子，將現在自住的房子留給大兒子，則下列敘述何者錯誤？ A.遺囑可不受特留分的規範；B.遺囑仍須受特留分的規範；C.他益信託仍須併入遺產總額；D.遺囑有自書、公證、密封、代筆、口授遺囑等 (A)僅AB (B)僅BC (C)僅AC (D)僅BD。

( ) **60** 安養信託對委託人的好處包含下列何者？ A.可專款專用；B.財產保全，避免被詐騙；C.可設定信託監察人；D.避免被子女挪用 (A)僅A (B)僅AB (C)僅ABC (D)ABCD。

解答與解析

1 (C)。老化指數：為衡量一地區人口老化程度之指標。即年齡在65歲以上人口除以0～14歲人口的百分比。

2 (D)。應以適當的非語言、表情表達友善。

3 (A)。選擇：預防退化或因應退化，而對生活目標所做出的選擇；最佳化：調整或精鍊自己能保有的能力與資源，使目標達成；補償：利用環境與工具的調整或改變，使目標達成。

4 (#)。依公告答案為(B)或(D)。

(B) 智慧行動輔助系統屬於智慧照護（照護機器人），也可能是智慧健康。

(D) 遠距醫療（比方說因為居家隔離、防疫、居住地較偏遠等等……醫師透過視訊設備診療）屬於智慧醫療類。

5 (D)。老人福利法第1條，為維護老人尊嚴與健康，延緩老人失能，安定老人生活，保障老人權益，增進老人福利，特制定本法。

6 (A)。依國際定義，65歲以上人口占總人口比率達7%稱為「高齡化社會」；達14%稱為「高齡社會」；達20%稱為「超高齡社會」。

7 (A)。老人福利法第14條，為保護老人之財產安全，直轄市、縣（市）主管機關應鼓勵其將財產交付信託。

8 (A)。

(B) 個案管理員（個管員）負責協助制定照顧計畫並媒合B級單位人員服務的介入及執行服務狀況。

(C) 居家服務員（居服員）負責為病患翻身、捶背、擦拭身體、更衣、扶持上下床及散步等等、照顧病患飲食起居、服藥及打點滴等等。

(D) 社會工作人員之服務內容包括提供個案綜合性評量、提供資訊及轉介服務、提供個人家庭諮詢服務、社會參與活動之設計與安排、提供保護服務、社會資源的連結運用與開發、協助照顧服務員瞭解案主及其家庭社會心理問題及需要。

9 **(D)**。

(A)「照顧計畫」是由照顧管理專員擬定。

(B) 應依個別實際需求，不需要一致。

(C) 為確保與追蹤服務品質，「照顧計畫」擬定完畢後，計畫的內容可以變更。

10 **(B)**。病人簽署預立醫療決定之後，醫師可以依照內容執行醫療行為，需要再次向本人確認內容與範圍，以避免糾紛，並非無需。

11 **(D)**。

(A) 長照需求等級核定後，依據不同項目有不同有效期，喘息服務額度為1年、輔具服務及居家無債愛環境改善服務額度為3年、其餘額度以月為單位，未滿1個月按比例計算。

(B) 不同服務額度不能互相抵用，比方說交通接送服務額度沒用完，挪到照顧及專業服務用是不行的。

(C) 居住住宿式機構的話不能申請長照服務。

12 **(B)**。正確流程：專人進行需求評估、核定需求等級與補助額度、擬定照顧計畫、連結各項服務、使用長照服務。

13 **(C)**。民法第1138條，遺產繼承人，除配偶外，依左列順序定之：一、直系血親卑親屬。二、父母。三、兄弟姊妹。四、祖父母。此題為應繼分，故為1/3。

14 **(D)**。民法第15-2條，受輔助宣告之人為下列行為時，應經輔助人同意。但純獲法律上利益，或依其年齡及身分、日常生活所必需者，不在此限。

15 **(A)**。民法第1194條，代筆遺囑，由遺囑人指定3人以上之見證人，由遺囑人口述遺囑意旨，使見證人中之一人筆記、宣讀、講解，經遺囑人認可後，記明年、月、日及代筆人之姓名，由見證人全體及遺囑人同行簽名，遺囑人不能簽名者，應按指印代之。

16 **(B)**。民法第1191條，公證遺囑，應指定2人以上之見證人，在公證人前口述遺囑意旨，由公證人筆記、宣讀、講解，經遺囑人認可後，記明年、月、日，由公證人、見證人及遺囑人同行簽名，遺囑人不能簽名者，由公證人將其事由記明，使按指印代之。

17 (D)。信託業務會依據委託人交付、移轉之原始信託財產種類分類如以金錢信託，後續投資有價證券，此仍為金錢信託。

18 (D)。計畫願景：透過與其他金融商品之整合，及結合都市更新及利用公有閒置土地，以打造友善住宅，推動在地安老；結合以房養老及保險給付等成立安養信託，以協助資產管理，確保經濟安全；透過跨業合作結盟，提供客戶一站式購足服務；並可結合證券化工具，以發展多元市場。

19 (C)。信託業辦理指定營運範圍或方法之單獨管理運用金錢信託業務應遵循事項第8條，信託業辦理指定單獨管理運用金錢信託業務運用信託財產從事有價證券投資交易，逾越法令或信託契約所定限制範圍者，應由信託業負履行責任。亦即由受託人負履行責任。

20 (D)。信託資金集合管理運用，謂信託業受託金錢信託，依信託契約約定，委託人同意其信託資金與其他委託人之信託資金集合管理運用者，由信託業就相同營運範圍或方法之信託資金設置集合管理運用帳戶，集合管理運用。

依據信託業辦理不指定營運範圍方法金錢信託運用準則第3條，信託業辦理不指定金錢信託時，其營運範圍以下列各款為限：一、現金及銀行存款。二、投資公債、公司債、金融債券。三、投資短期票券。四、其他經財政部核准之業務。

信託財產之本金及其收益之返還，除另有約定外，應以委託人原交付信託資金之同一幣別或受託人指定之幣別。

如不指定營運範圍或方法之金錢信託，國外則稱為盲目信託。

21 (D)。所得稅法第3-4條，信託財產發生之收入，受託人應於所得發生年度，按所得類別依本法規定，減除成本、必要費用及損耗後，分別計算受益人之各類所得額，由受益人併入當年度所得額，依所得法規定課稅。所得稅法施行細則第3-2條，受託人依所得法第3條之4第1項規定計算受益人之各類所得額時，得採用現金收付制或權責發生制，一經選定不得變更。計算所得之起訖期間，應為每年1月1日起至12月31日止。

22 (C)。依據中央銀行104年6月9日台央外伍字第1040021575號函，銀行辦理以「老人安養及身心障礙者照護」為目的之外幣信託業務，應依信託業法第18條規定，報經中央銀行同意。

「放寬以信託為業之銀行擔任受託人時，得代『以老人安養及身心障礙者照護為目的之信託』受益人以其（受益人）名義辦理新臺幣結匯申報事宜」，中央銀行已原則同意業者得憑中央銀行前述同意函、委託人出具之結匯授權書（若受託人與委託人簽訂之信託契約已明文授權受託人辦理結匯者，得以受託人出具已獲授權辦理結匯之聲明書代替）及相關證明文件，代老人及身心障礙之受益人辦理新臺幣結匯申報，並列計受益人結匯額度。爰擬提供受益人旨揭結匯申報服務之銀行，得依前述說明事項辦理後續申請等相關事宜。

23 (C)。遺產係以繼承人課徵遺產稅，在完全他益信託中，則為受益人。

24 (A)。所得稅法第3-4條，信託財產發生之收入，受託人應於所得發生年度，按所得類別依本法規定，減除成本、必要費用及損耗後，分別計算受益人之各類所得額，由受益人併入當年度所得額，依所得法規定課稅。受益人不特定或尚未存在者，其於所得發生年度依前二項規定計算之所得，應以受託人為納稅義務人，於第71條規定期限內（每年的5月），按規定之扣繳率申報納稅，其依第89條之1第2項規定計算之已扣繳稅款，得自其應納稅額中減除；其扣繳率，由財政部擬訂，報請行政院核定。

25 (B)。土地稅法第5-2條，以土地為信託財產，受託人依信託本旨移轉信託土地與委託人以外之歸屬權利人時，以該歸屬權利人為納稅義務人，課徵土地增值稅。

26 (D)。契稅條例第7-1條，以不動產為信託財產，受託人依信託本旨移轉信託財產與委託人以外之歸屬權利人時，應由歸屬權利人估價立契，依第16條規定之期限申報繳納贈與契稅。因此，為受託人移轉給受益人時。

27 (B)。土地稅法第5-2條，受託人就受託土地，於信託關係存續中，有償移轉所有權、設定典權或依信託法第35條第1項規定轉為其自有土地時，以受託人為納稅義務人，課徵土地增值稅。以土地為信託財產，受託人依信託本旨移轉信託土地與委託人以外之歸屬權利人時，以該歸屬權利人為納稅義務人，課徵土地增值稅。因此為受託人。

28 (D)。所得稅法第3-2條，委託人為營利事業之信託契約，信託成立時，明定信託利益之全部或一部之受益人為非委託人者，該受益人應將享有信託利益之權利價值，併入成立年度之所得額，依本法規定課徵所得稅。

29 (D)。保障型保險商品平台目前規劃之保險商品主要有以下三種：(1)定期壽險、(2)重大疾病健康保險、(3)小額終老保險。

30 (B)。重大疾病（甲型）及（乙型）疾病項目：

重大疾病（甲型）疾病項目	重大疾病（乙型）疾病項目
1. 急性心肌梗塞（重度） 2. 冠狀動脈繞道手術 3. 末期腎病變 4. 腦中風後殘障（重度） 5. 癌症（重度） 6. 癱瘓（重度） 7. 重大器官移植或造血幹細胞移植	1. 急性心肌梗塞（重度） 2. 冠狀動脈繞道手術 3. 末期腎病變 4. 腦中風後殘障（重度） 5. 癌症（重度） 6. 癱瘓（重度） 7. 重大器官移植或造血幹細胞移植 8. 急性心肌梗塞（輕度） 9. 腦中風後殘障（輕度） 10. 癌症（輕度） 11. 癱瘓（輕度）

31 **(D)**。(D)REITs適合中長期投資。

32 **(D)**。適用對象：年滿60歲，信用正常、具完全行為能力之本國自然人。
貸款期間：銀行會有貸款期間限制，多數設為30年。
給付方式：按月給付。
擔保品：借款本人單獨所有之完整建物及其基地。因此(D)有誤，不能對外出租。

33 **(B)**。A銀行為受託人，代理管理信託財產，因此甲可以檢具醫療機構或其他相關機構之單據向A銀行（受託人）提出申請，經信託監察人同意後撥付。

34 **(C)**。信託業法第31條，信託業不得承諾擔保本金或最低收益率。

35 **(C)**。金管會提出三大要求：
(1) 理專任用：已要求銀行任用新進理財專員，應採行盡職調查程序，建立適當機制瞭解員工品性素行、專業知識、信用及財務狀況，落實KYE（Know your Employee）制度的執行；對於現職理財專員，也應定期或不定期瞭解其信用及財務狀況，預防弊端之發生。
(2) 薪酬及考核：金管會已要求薪酬誘因與考核制度需綜合考量財務指標及非財務指標因素，避免全部薪酬均來自浮動獎酬或以金額的多寡為考量，薪酬也不得直接與商品業績配額或業績門檻連結，並應同時考量非財務指標，例如是否違反相關法令、稽核缺失、客戶紛爭、教育訓練情況等。
(3) 商品適配性：金管會於相關規定，已要求銀行提供客戶的建議，一定要做好KYC、KYP的工作，瞭解客戶目的及風險承擔能力，並且推介適合的商品。

36 (C)。金融服務業提供金融商品或服務前說明契約重要內容及揭露風險辦法第8條，金融服務業依法令規定得以電話行銷提供金融商品或服務並採取線上成交者，依本辦法規定應說明或揭露事項，得由電話行銷人員以電話說明方式為之。

37 (B)。安養信託契約參考範本訂有信託財產給付調整相關約定，非隨受託人心情自行調整。

38 (A)。身心障礙信託契約可以約定剩餘財產捐贈給公益團體。

39 (C)。高齡住宅基本認知為：休閒宅之升級版、經濟自主性要高、運營管理是重點、高齡住宅非安養住宅。

40 (B)。高齡者住宅規劃有所謂的三安與四化原則，三安：安定、安心、安全；四化：社區化、去機構化、單元化、個室化。而在服務供給上則為多元化。

41 (A)。路易氏體失智症：常見的症狀包括出現幻覺、注意力的起伏不定及行動遲緩、步態不穩或運動功能減退。

42 (C)。民法第1173條，繼承人中有在繼承開始前因結婚、分居或營業，已從被繼承人受有財產之贈與者，應將該贈與價額加入繼承開始時被繼承人所有之財產中，為應繼遺產。但被繼承人於贈與時有反對之意思表示者，不在此限。（歸扣制度）

43 (C)。因甲的子女均已死亡，依據民法第1138條之繼承順序，應為配偶與直系血親卑親屬共同繼承、平均分配，因此各享有1/4。

44 (D)。民法第1113-8條，前後意定監護契約有相牴觸者，視為本人撤回前意定監護契約。

45 (C)。民法第1102條，監護人不得受讓受監護人之財產。

46 (C)。依據信託業辦理指定營運範圍或方法之單獨管理運用金錢信託業務應遵循事項：

(A) 第8條，前項信託契約得約定收取績效報酬。

(B) 第9條，信託業應定期檢視每一信託契約信託財產中委託投資或交易資產之淨資產價值變化，發現淨資產價值減損達所約定之原委託投資資產一定比例時，應於事實發生之日起2個營業日內，編製收支計算表及財產目錄，以約定方式送達委託人或指定之受益人。但信託契約另有約定者，不在此限。

(C) 第7條，信託業辦理指定單獨管理運用金錢信託業務應自行處理信託事務。但經委託人及受益人之同意，得使第三人代為處理。前項得使第三人代為處理之業務範圍，僅限於實際執行交易行為以外之事務。

(D) 第3條，信託業辦理指定單獨管理運用金錢信託業務，採提供不同營運範圍或方法供客戶依其風險屬性指定者，就客戶採相同營運範圍或方法之個別信託資金應分別管理運用並獨立設帳，不得有設置單一帳戶集合管理運用及利益共享之情事，並應於信託契約載明相關權利義務。

47 (A)。當本金自益孳息他益，實際上是贈與行為，依具實質課稅原則會被課徵贈與稅。

48 (D)。農地農用適免徵遺產稅，但農地作為他益信託之標的時，遺產標的為「權利」而非土地，縱該信託標的農地實際仍作農業使用，亦無遺產及贈與稅法第17條規定農地扣除額之適用。依據遺產及贈與稅法第17條第1項第6款明定符合農業用地、作農業使用及由繼承人或受遺贈人承受者等3要件，被繼承人所遺留之土地才能免徵遺產稅。

49 (B)。保險業應要求業務人員及核保人員每年參加公平對待65歲以上客戶的教育訓練；另針對傳統型保險商品銷售給65歲以上客戶的過程應錄音或錄影。

50 (B)。

(A) 於訂立年金保險契約時，得經被保險人同意指定身故受益人。

(C) 除聲明放棄權利者外，於保險事故發生前得經被保險人同意變更身故受益人。

(D) 指定之身故受益人同時或先於被保險人本人身故，除要保人已另行指定外，以被保險人之法定繼承人為年金保險契約身故受益人。

51 (B)。有5大單位，國發會、內政部、財政部、中央銀行及金管會，其中金管會強化控管金融機構不動產保證業務風險，並調高銀行辦理相關受限貸款的風險權數。

52 (C)。依法務部90年9月11日法九十律字第029283號函，成立信託委託人須將其財產權移轉或為其他處分予受託人，對於移轉或處分時須受相關法令限制之財產權，在限制條例未解除前，無從成立信託，且農業發展條例第33條規定私法人不得承受耕地，故信託業者（私法人）無法受理耕地之信託。代表非私法人則可以交付信託。

53 (D)。老人安養信託契約參考範本，委託人同意受託人亦得依主管機關調高之幅度，增加信託財產之給付金額。

54 (D)。身心障礙者安養信託契約（自益）範本訂有身心障礙者安養信託契約的最低保障規範，例如信託財產高於一定金額者，每月按固定金額收取信託管理費；信託財產不得投資於金融消費者保護法第11條之2所規定之複雜性高風險商品；受託人受理運用信託資金投資於受託人所提供之金融商品，不得再向委託人另收信託管理費等。

55 (B)。金融消費者保護法第7條，金融服務業與金融消費者訂立提供金融商品或服務之契約，應本公平合理、平等互惠及誠信原則。金融服務業與金融消費者訂立之契約條款顯失公平者，該部分條款無效；契約條款如有疑義時，應為有利於金融消費者之解釋。

56 (B)。依據區域可分為都會型、地方型、介於都會型與地方型之間等三種分類。

57 (B)。委託人為方媽媽，受益人為小兒子，為他益信託，可以約定社福機構為信託監察人；如每年轉入信託專戶金額小於贈與稅免稅額（111年為244萬）且當年無其他贈與者，無須繳贈與稅。

58 (C)。此題改以111年免稅額244萬計算，應為3,000萬－244萬＝$27,560,000，超過2,500萬者稅率為15%，所以為250萬＋2,560,000×15%＝$2,884,000。

59 (C)。民法第1223條規定，要有繼承人之特留分，因此遺囑仍受特留分規範。他益信託於信託行為成立時，視為委託人已將享有信託利益權力贈與該受益人，應依遺產及贈與稅法課徵贈與稅，因此免併入遺產總額。

60 (D)。安養信託優點：財產保障，避免被他人覬覦詐騙或被子女挪用、可設定信託監察人及專款專用、信託帳務獨立透明。

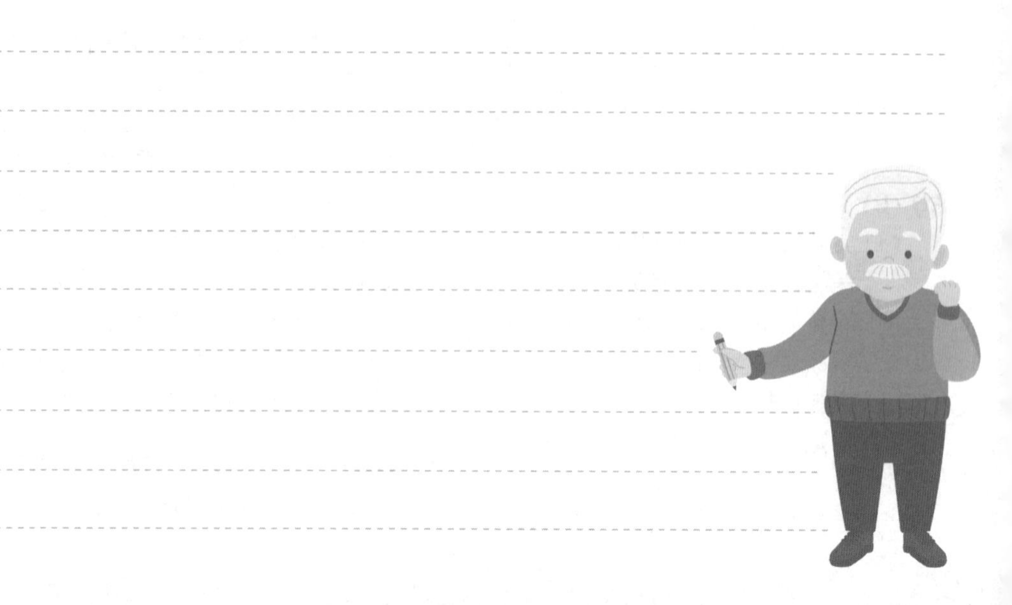

第二期第一節

第一部分

( ) **1** 老人學家由4種不同層面來探討老化的過程，而一般所說的年齡指的是？ (A)時序老化 (B)生理老化 (C)心理老化 (D)社會老化。

( ) **2** 有關老年症候群，下列敘述何者錯誤？ (A)個人若能有效預防慢性疾病，有助於預防老年症候群的發生 (B)老年症候群又稱為廢用症候群，好發於長期臥床療養中的人 (C)老年症候群常見現象包含口腔功能的退化、認知功能的下降 (D)不良的口腔衛生容易提高發生吸入性肺炎、肌少症、心血管疾病、糖尿病等風險。

( ) **3** 我國預計2025年老年人口比將超過20%，依據WHO的定義，2025年我國的人口結構將轉型邁入為？ (A)高齡社會 (B)高齡化社會 (C)老老社會 (D)超高齡社會。

( ) **4** 有關輕度認知障礙，下列敘述何者正確？ (A)是近十年被發現的新型失智症的類型 (B)認知功能已經退化到會明顯影響個人日常生活運作 (C)透過改善生活作息、養成運動習慣與改善睡眠品質等方式，可能有助於恢復認知狀態 (D)思考能力與推理能力明顯退化，導致本人無法維持社交參與。

( ) **5** 有關與老人相關之各目的事業主管機關及其業務權責之敘述，下列何者錯誤？ (A)教育主管機關主責老人教育與學習等之相關服務 (B)消防主管機關主責確認服務提供場域是否符合安全性 (C)內政主管機關主責老人預防保健、醫療、復健與連續性照顧服務的規劃與推動 (D)警政主管機關主責老人失蹤協尋、預防詐騙等的規劃與推動。

(　　)　**6** 下列敘述何者錯誤？　(A)病人自主權利法之下，醫師扮演醫療訊息提供者的角色以及協助病人進行醫療決策的角色　(B)預定醫療決定是指，事先制定書面方式表示自己在符合法令規範的臨床條件下，對於維持生命治療、人工營養及流體餵養或其他與醫療照護方式、善終等相關意願的決定　(C)人工營養及流體餵養是指，透過導管或其他侵入性措施提供病人所需之食物與水分　(D)若是病人的意思表現能力已經明顯受限，為提升醫療成效，醫師只需告知關係人相關訊息，由關係人替代病人選擇與決定最佳的醫療選項。

(　　)　**7** 有關老人福利機構，下列敘述何者正確？　(A)失能者於日常生活中需使用三管，可以入住到安養機構　(B)老人的年齡是以戶籍登記的出生年月日計算　(C)年齡未滿法定老人定義的國人，不能使用老人福利機構提供的各項服務　(D)我國於1980年制定長期照顧服務法統一規範老人福利機構的設置規定與服務項目等相關辦法。

(　　)　**8** 有關推動「病人自主權利法」之相關效益，下列敘述何者錯誤？(A)有助於促進醫病雙方關係的和諧　(B)有助於讓病患本人對於治療的想法受到尊重　(C)有助於減少無效醫療的情形，提升醫療資源的活用　(D)有助於提升社區長照資源的活用，減輕社區的照顧壓力。

(　　)　**9** 依病人自主權利法規定，下列哪一項情形的病患符合執行預立醫療決定書？　(A)經由2位符合資格條件的專科醫師診斷病人是符合重度失智症的情形　(B)經由2位符合資格條件的專科醫師確診病人是符合癌症第2期的情形　(C)經由2位符合資格條件的專科醫師診斷是起因於外傷導致病人的腦部發生病變，處於永久植物人狀態期間已達一個月且仍無恢復跡象　(D)經由2位符合資格條件的專科醫師診斷是起因於外傷導致病人的腦部發生病變，持續性重度昏迷期間已經超過一年仍無恢復跡象。

(　　) **10** 有關長期照顧服務機構設立標準所規定之長照機構負責人，下列敘述何者錯誤？　(A)家庭托顧業務負責人，應具五百小時以上照顧服務經驗　(B)長期照顧服務機構應設置符合長期照顧服務人員資格之業務負責人一人，綜理長照業務，除本標準另有規定外，應為專任　(C)綜合式服務類長照機構業務負責人，合併提供居家式服務類及社區式服務類者，其業務負責人資格，應符合機構住宿式業務負責人資格　(D)居家式或住宿式長照機構提供醫事照護服務，其業務負責人之資格應同時具備醫事人員資格。

(　　) **11** 有關我國現行的長照制度與長照服務，下列敘述何者正確？(A)我國政府設計失能國人本人可以使用的個人額度有四類，包含照顧及專業服務、交通接送服務、輔具及居家無障礙環境改善服務、喘息服務　(B)可使用的個人額度，可依失能國人的生活實際所需，設計彈性機制互相流用　(C)為滿足失能者的需求，居家照顧服務員依規定可提供全家所有室內環境與戶外庭院的大掃除　(D)請領喘息服務者除另有規定外，接受機構收容安置者不予給付。

(　　) **12** 有關長期照顧服務，下列敘述何者錯誤？　(A)向照管中心申請長照服務時，由照顧管理專員來做需求評估　(B)居督是長照重要的靈魂人物，協助個案討論及調整照顧計畫、追蹤服務品質、連結長照服務，並擔任申訴管道　(C)長照新制等級對應長照1.0之輕、中、重度分別為：第2～3級為輕度失能，第4～6級為中度失能，第7～8級為重度失能　(D)長照新制將失能程度由原本的輕、中、重度，更精細區分為長期照顧需要8等級，並分成照顧及專業服務、交通接送服務、輔具與居家無障礙環境改善服務、喘息服務。

(　　) **13** 依民法規定，除配偶外之遺產繼承人，依第一至第四順序排列何者正確？　A.祖父母；B.父母；C.兄弟姊妹；D.直系血親卑親屬　(A)ABCD　(B)DBCA　(C)DCBA　(D)BADC。

(　　) **14** 依民法規定，有關「密封遺囑」的要件，下列敘述何者錯誤？　(A)遺囑人應於遺囑上簽名後，將其密封，於封縫處簽名　(B)遺囑人須指定三人以上之見證人，向公證人提出，陳述其為自己之遺囑，如非本人自寫，並陳述繕寫人之姓名、住所　(C)由公證人於封面記明該遺囑提出之年、月、日及遺囑人所為之陳述，與遺囑人及見證人同行簽名　(D)公證人之職務，在無公證人之地，得由法院書記官行之，僑民在中華民國領事駐在地為遺囑時，得由領事行之。

(　　) **15** 依民法規定，第一順序之繼承人，其親等近者均拋棄繼承權時，下列敘述何者正確？　(A)由其他順位之繼承人共同繼承　(B)由配偶單獨繼承　(C)由配偶與次順位之繼承人共同繼承　(D)由次親等之直系血親卑親屬繼承。

(　　) **16** 依民法規定，繼承開始時，繼承人之有無不明者，由親屬會議於一個月內選定下列何者，並將繼承開始及選定事由，向法院報明？　(A)遺囑執行人　(B)監護人　(C)遺產管理人　(D)受託人。

(　　) **17** 規範高齡者安養信託之委託人、受託人及受益人間權利義務是「信託法」，下列何者是該法之主管機關？　(A)財政部　(B)衛生福利部　(C)法務部　(D)金融監督管理委員會。

(　　) **18** 安養信託規劃時，通常會建議設置信託監察人，該信託監察人原則上係由下列何者選任？　(A)委託人　(B)受託人　(C)受益人　(D)委託人、受託人及受益人共同選任。

(　　) **19** 高齡社會下，信託業者依信託業法得申請辦理有關高齡者服務之業務範圍，不包括下列何者？　(A)辦理金錢之信託　(B)擔任信託監察人　(C)擔任遺囑執行人　(D)與信託業務無關之不動產租賃居間。

(　　) **20** 信託業依適合度方式對委託人所作風險承受等級之評估結果，如超過多久應再重新檢視？　(A)6個月　(B)1年　(C)2年　(D)3年。

(　　) **21** 下列何者不是可以對信託財產強制執行的理由？　(A)持有對受託人的債權證明　(B)信託前即存在於該信託財產的權利　(C)因處理信託事務所產生的權利　(D)其他法律另有規定者。

(　　) **22** 高齡長者將股票交付信託，有關信託公示制度，下列敘述何者錯誤？　(A)股票交付信託，但未辦理信託公示，信託無效　(B)該股票上載明其為信託財產，始可對抗第三人　(C)需通知股票發行公司，否則無法對抗該公司　(D)股票公示方法係依目的事業主管機關規定辦理。

(　　) **23** 下列何者不是造成信託行為無效的理由？　(A)有傷害債權人的權益者　(B)其目的違反強制或禁止規定　(C)以進行訴願或訴訟為主要目的者　(D)以依法不得受讓特定財產權之人為該財產權之受益人。

(　　) **24** 有關我國信託課稅原則之說明，下列敘述何者錯誤？　(A)所得稅原則上於信託所得實際分配年度課徵　(B)以信託財產之經濟上實質效果或受益情形課稅　(C)遺囑信託於立遺囑人身故時，依規定課徵遺產稅　(D)稅負最後仍歸由依實質課稅原則所定之人負擔者，得為簡便徵繳手續直接對受託人課稅。

(　　) **25** 陳先生將原符合綜合所得稅購屋借款利息列舉扣除額之房屋，交付辦理信託，信託後只要該房屋仍作自用住宅使用，陳先生所支付之購屋借款利息，依規定仍可適用列舉扣除額規定。陳先生辦理的是下列何種類型信託？　(A)自益信託　(B)他益信託　(C)公益信託　(D)本金自益孳息他益信託。

(　　) **26** 有關個人將資金捐贈予符合稅法優惠規定之公益信託，下列敘述何者錯誤？　(A)捐贈金額不計入贈與總額　(B)捐贈被繼承人死亡時已成立之公益信託，該金額不計入遺產總額　(C)申報捐贈年度之所得稅時，於年度所得總額20%內可主張列舉扣除所得　(D)受託人因該公益信託而取得之房屋，雖直接供辦理公益活動使用者，仍應課徵房屋稅。

(　　) **27** 信託存續期間，下列何種行為需課相關稅負？　(A)信託終止，受託人依約定給付信託資金予受益人　(B)信託期間委託人追加信託財產，增加之受益權由委託人享有　(C)信託期間變更受託人，原受託人將信託財產移轉給新受託人　(D)委託人交付不動產成立他益信託後，受託人依約定移轉不動產予受益人。

(　　) **28** 依房地合一稅規定，在他益信託情形下，信託終止後由受益人出售之房地持有期間計算，下列何者正確？　(A)受益人交易房地日－委託人取得房地日　(B)受益人交易房地日－信託契約訂立日　(C)受益人交易房地日－受託人移轉房地予受益人　(D)受託人移轉房地予受益人－委託人取得房地日。

(　　) **29** 小額終老保險，是因應我國人口老化與少子化趨勢，為普及高齡者基本保障而推動之商品。下列敘述何者錯誤？　(A)自2021年7月起，放寬每人最多可投保3張，且保額上限也提高至70萬元　(B)可附加一年期傷害保險附約，每人累計保額上限10萬元，增加因意外傷害事故所致死亡或失能之保障　(C)為便於高齡者投保，其商品內容以簡單易懂為原則，且保費相較於其他同類型保險更便宜　(D)目前小額終老保險，內容包含壽險及健康險，可以提供被保險人身故、失能及醫療保障，其保險期間皆為終身。

(　　) **30** 長期照護保險，可提供經濟保障給需要長期照護的被保險人，然而保險公司在契約條款中訂有「免責期」規定。有關免責期，下列敘述何者錯誤？　(A)依法規定免責期不得超過6個月，所以多數長照險的免責期間為90～180天　(B)「免責期」是指當被保險人符合理賠條件時，必須維持該狀態達特定天數且未能復原，保險公司才會理賠　(C)被保險人在免責期間所產生的相關醫療費用，保險公司不予理賠　(D)至免責期滿後，保險公司才會開始給付保險金。而免責期滿後，也會補發免責期間之保險金。

(　　) **31** 預售屋履約擔保機制所稱「買方所繳價金」，不包括下列何種款項？　(A)簽約款　(B)開工款　(C)各期工程款　(D)交屋款。

( ) **32** 房東加入社會住宅包租代管計畫即可享有稅費優惠，但不包括下列何種稅款？ (A)地價稅 (B)房屋稅 (C)綜合所得稅 (D)遺產稅。

( ) **33** 甲因擔心其子女揮霍，擬將其部分財產成立遺囑信託，並指定A銀行為受託人，有關其所擬成立之遺囑信託，下列敘述何者正確？ (A)就遺囑信託以信託利益之歸屬而言，應兼具自益信託與他益信託之性質 (B)以立遺囑人（即委託人）死亡時，遺囑始發生效力 (C)若A銀行拒絕或不能接受信託時，遺囑信託即歸於失效 (D)遺囑信託可排除民法第1223條有關特留分規定之適用。

( ) **34** 甲與A銀行簽訂老人安養信託契約，其內容主要是依照老人安養信託契約參考範本（增訂信託財產給付彈性及信託監察人權責等相關條款）簽訂，由甲自己為受益人，關於該信託財產之管理及運用方法，下列敘述何者正確？ (A)財產之管理及運用方法係集合管理運用，A銀行對信託財產無運用決定權 (B)財產之管理及運用方法係單獨管理運用，A銀行對信託財產無運用決定權 (C)財產之管理及運用方法係共同管理運用，A銀行對信託財產有運用決定權 (D)財產之管理及運用方法係集合管理運用，A銀行對信託財產有運用決定權。

( ) **35** 有關保險業在提供金融消費者投資型保險商品或服務前，應考量之適合度事項，下列敘述何者錯誤？ (A)金融消費者是否確實瞭解其所交保險費係用以購買保險商品 (B)金融消費者投保險種、保險金額及保險費支出與其實際需求是否相當 (C)金融消費者之投資屬性、風險承受能力及是否確實瞭解投資型保險之投資損益係由其自行承擔 (D)投資損益由金融消費者自行負擔，保險業無需建立交易控管機制。

( ) **36** 下列何者不是金融監督管理委員會訂定之「金融服務業公平待客原則」？ (A)注意與忠實義務 (B)酬金與業績衡平 (C)申訴保障 (D)綠色金融。

(　) **37** 有關意定監護制度，下列敘述何者正確？　(A)監護人執行職務之範圍由法院依職權指定　(B)2020年經立法院三讀通過增訂成年人意定監護相關條文　(C)意定監護契約可約定受任人執行監護職務不受刑法規定之限制　(D)本人意思能力尚健全時，由本人與受任人約定，於本人受監護宣告時，由受任人擔任其監護人。

(　) **38** 有關不動產保全信託之優點，下列敘述何者錯誤？　(A)避免不動產遭人詐騙而盜賣或設定抵押　(B)信託財產可依信託契約約定做適當分配或處分　(C)信託財產可由子女擔任信託監察人　(D)信託財產須委託人全權處理，不可假第三人協助管理或處分。

(　) **39** 下列何者不是長照機構經營目前主要面臨的問題？　(A)人力資源不足　(B)供需失衡、惡性競爭　(C)法令限制　(D)無地區可蓋。

(　) **40** 為脫離原生家庭、社區，專供具生活自理能力無須他人協助老人居住之住宅群，包含公辦民營的老人公寓、由民間企業投資開發或公辦民營之老人住宅及非經老人住宅登記之銀髮住宅。此為下列何種特性？　(A)在宅老化　(B)社區老化　(C)類社區老化　(D)機構老化。

第二部分

(　) **41** 面對高齡人口直線上升，信託公會呼籲銀行儘早建立高齡金融服務指引，下列何者與此指引無關？　(A)失智的照顧　(B)慢性病的併發症　(C)衍生性金融商品　(D)財產法律的問題。

(　) **42** 有關意定監護與法定監護之關係，下列敘述何者正確？　(A)意定監護優先，法定監護補充　(B)法定監護優先，意定監護補充　(C)意定監護與法定監護順序，由社會福利機構裁量決定　(D)意定監護與法定監護順序，由主管機關依職權定之。

(　) **43** 民法關於口授遺囑之規定，下列敘述何者錯誤？　(A)屬於民法規定之遺囑之一種　(B)自遺囑完成時起，經過三個月而失其效力　(C)應由見證人中之一人或利害關係人，於為遺囑人死亡後三個月內，提經親屬會議認定其真偽　(D)利害關係人對於親屬會議認定口授遺囑之真偽如有異議，得聲請法院判定之。

(　　) **44** 甲因車禍意外身亡，惟生前欠有大筆債務，下列敘述何者錯誤？(A)債權人得向法院聲請命繼承人於三個月內提出遺產清冊 (B)繼承人依規定陳報遺產清冊給法院時，法院應依公示催告程序公告，命被繼承人之債權人於一定期限內報明其債權 (C)繼承人在法院公示催告程序所定之一定期限內，對於被繼承人之任何債權人償還債務，依法生清償效力 (D)在法院公示催告程序所定之一定期限屆滿後，繼承人對於在該一定期限內報明之債權及繼承人所已知之債權，均應按其數額，比例計算，以遺產分別償還。但不得害及有優先權人之利益。

(　　) **45** 張老先生因精神障礙不能為意思表示，經法院為監護宣告，於治療後已回復常態，下列敘述何者正確？ (A)張老先生仍然是無行為能力人 (B)張老先生不得為自書遺囑，得為公證遺囑 (C)因張老先生已回復常態，縱使未撤銷監護宣告，仍可以做有效的遺囑行為 (D)張老先生得立有效的遺囑，惟其30歲兒子不得為遺囑見證人。

(　　) **46** 有關高齡者以300萬元於甲銀行設立自己之安養信託，並約定將信託財產以存款方式管理，下列敘述何者正確？ (A)甲銀行為避免利益衝突並盡忠實義務，僅得於甲銀行以外之銀行辦理存款 (B)因高齡者於甲銀行辦理信託，雙方已有信賴基礎，故甲銀行信託專責部門可逕於自家銀行之分行辦理存款 (C)除信託契約有約定，或事先告知該高齡者並取得其書面同意，否則不得於甲銀行業務部門辦理存款 (D)為落實善良管理人之注意義務，甲銀行得因存款利率過低而將高齡者財產運用在同性質之配息債券基金以增加收益性。

(　　) **47** 高齡者為自己設立安養信託，將退休安養資金移轉給受託銀行管理，有關該財產於信託生效後，下列敘述何者正確？ (A)受益人享有經濟實質上之受益權 (B)受託人係以委託人名義管理財產 (C)委託人喪失對信託財產之管理及決定權 (D)為盡忠實義務，該信託財產列示於受託銀行自有資產項下。

( ) **48** 委託人張三與受託人李四簽訂信託契約，指定張三兒子為受益人，並將符合自用住宅條件之土地房屋信託過戶移轉予李四，信託期間10年。有關此信託之相關課稅，下列敘述何者錯誤？
(A)此筆土地房產之地價稅納稅義務人為李四
(B)李四將土地移轉給張三兒子時，應課徵土地增值稅
(C)此筆土地房屋仍可申請到適用自用住宅相關優惠課稅
(D)張三於信託成立時，將不動產移轉給李四不課徵土地增值稅。

( ) **49** 金管會建請集保結算所規劃「退休準備平台」，其中「保障型保險商品平台」已於2021年上線，目前主要以下列哪些險種為主？ A.重大疾病保險；B.癌症保險；C.日額型住院醫療險；D.小額終老保險；E.定期壽險
(A)僅BCD (B)僅ADE
(C)僅ACE (D)僅CDE。

( ) **50** 風險管理的策略，最直接也最方便的方式，就是購買商業保險。只要有繳付保險費的經濟能力，透過購買保險可以移轉人身風險的經濟損失。然而，在面對長壽風險時，建議應優先選擇下列哪一些商品？ A.年金保險；B.房貸壽險；C.健康保險；D.傷害保險；E.長期照護保險；F.定期壽險
(A)僅ACE (B)僅ACDF
(C)僅ABCD (D)ABCDEF。

( ) **51** 「留房養老」或「以租養老」係屬於下列何種型態之不動產信託業務？
(A)交易控管 (B)管理
(C)建築開發 (D)預售屋履約擔保。

( ) **52** 某甲欲將公司名下不動產贈與配偶時，應適用何種稅法規定辦理課稅？
(A)遺產及贈與稅法 (B)所得稅法
(C)土地稅法 (D)證券交易稅條例。

( ) **53** 甲擬提供新臺幣1億元成立公益信託，由A銀行擔任受託人。依中華民國信託業商業同業公會會員辦理公益信託實務準則第10條第2款規定，A銀行於執行公益信託時應注意該公益信託依信託本旨所為之年度公益支出，除信託成立當年度外，原則上應不低於前一年底信託資產總額之多少比例，且必要時於公益信託契約中應為約定？ (A)百分之一 (B)百分之三 (C)百分之五 (D)百分之十。

( ) **54** 銀行業在提供投資型金融商品或服務給金融消費者時，應該在訂立契約前充分瞭解金融消費者之相關資料，其內容不包括下列何者？ (A)金融消費者之宗教信仰 (B)金融消費者之所得與資金來源 (C)金融消費者之風險偏好及過往投資經驗 (D)金融消費者之簽訂契約目的與需求。

( ) **55** 依金融消費者保護法規定，金融服務業於事前以書面同意對於評議委員會所作其應向金融消費者給付每一筆金額或財產價值在一定額度以下之評議決定，應予接受。依金融監督管理委員會民國110年9月17日之公告，就銀行業所提供之非投資型金融商品或服務，其一定額度為新臺幣多少元？ (A)五萬 (B)十二萬 (C)一百萬 (D)一百二十萬。

( ) **56** 吳爺爺高齡90歲，行動些微不便但意識清楚，子女因工作繁忙無暇照顧年邁父親，協議成立安養信託，作為支應父親未來安養資金之來源。依信託公會老人安養信託契約參考範本，有關銀行信託部門受理此項業務時應注意事項，下列敘述何者錯誤？ (A)信託契約可以約定信託監察人之順位次序 (B)若無約定信託監察人之順位次序，委託人亦得指定繼任信託監察人 (C)在信託監察人繼任生效前，本信託契約視同無信託監察人，有關信託監察人職務即停止行使 (D)信託監察人若有怠於執行職務或其他重大事由時，受益人得解任之。

請根據下列案例，回答第57～60題：

當今社會常見高齡父母照顧心智障礙子女，該等父母亦會加入相關社福團體，以取得心智障礙者照護協助與資訊。父母不想增加其他家族成員負擔，故有計畫將現金存入該名心智障礙子女存款帳戶，父母自己也有穩定配息股票。父母為了自己及心智障礙子女，也計畫分別成立安養信託。請回答下列問題：

(　　)　**57** 有關上述高齡父母照顧心智障礙子女之家庭，可透過信託協助。下列敘述何者錯誤？　(A)可分別成立高齡者及身心障礙者兩份安養信託　(B)可邀社服團體擔任信託監察人　(C)父母規畫好未來照顧心智障礙子女的金流安排，可約定匯入信託專戶　(D)父母以心智障礙子女為保險受益人所購買之保險，因已有保障，故不得將保險金入信託專戶。

(　　)　**58** 為心智障礙者成立之安養信託，倘若選定信託監察人，下列敘述何者錯誤？　(A)信託監察人可採順位式，以延續其功能　(B)信託契約可約定契約變更或提前終止，需經信託監察人同意　(C)信託監察人有正當事由，經委託人同意後可以辭任　(D)父母身故後，信託監察人僅得依心智障礙者以外之家庭成員指示處理信託事務。

(　　)　**59** 下列何者不宜作為高齡父母成立安養信託目的之給付項目？(A)安養機構費用　(B)醫療費用　(C)清償子女債務費用　(D)生活費。

(　　)　**60** 有關上述之安養信託契約之說明，下列敘述何者正確？　(A)簽約即產生效力　(B)由委託人開設信託專戶　(C)倘未設立信託監察人，不影響信託效力　(D)以心智障礙者為受益人之信託，信託給付亦可支付給高齡父母自行運用。

解答與解析

1 (A)。時序老化又稱自然老化，指一個人的年齡，從出生就開始朝向老化。

2 (B)。老年症候群與廢用症候群不同，老年症候群是指老年人身上出現多重器官系統功能受損之現象，廢用症候群則因缺乏身體活動導致一系列身體機能衰退，好發於長期臥床療養中的人。

3 (D)。國際上將65歲以上人口占總人口比率達到7%、14%及20%，分別稱為高齡化社會、高齡社會及超高齡社會。

4 (C)。「輕度認知障礙」是介於正常老化與輕度失智症之間的一種過渡階段，研究發現非藥物性的治療如認知（記憶）訓練或運動訓練乃至合併兩種訓練可改善對輕度認知障礙患者認知能力，因此(C)正確。

5 (C)。老人福利法第5條，主管機關及各目的事業主管機關權責劃分如下：

一、主管機關：主管老人權益保障之規劃、推動及監督等事項。

二、衛生主管機關：主管老人預防保健、心理衛生、醫療、復健與連續性照護之規劃、推動及監督等事項。

三、教育主管機關：主管老人教育、老人服務之人才培育與高齡化社會教育之規劃、推動及監督等事項。

四、勞工主管機關：主管老人就業促進及免於歧視、支援員工照顧老人家屬與照顧服務員技能檢定之規劃、推動及監督等事項。

五、都市計畫、建設、工務主管機關：主管老人住宅建築管理、老人服務設施、公共設施與建築物無障礙生活環境等相關事宜之規劃、推動及監督等事項。

六、住宅主管機關：主管供老人居住之社會住宅、購租屋協助之規劃及推動事項。

七、交通主管機關：主管老人搭乘大眾運輸工具、行人與駕駛安全之規劃、推動及監督等事項。

八、金融主管機關：主管本法相關金融、商業保險、財產信託措施之規劃、推動及監督等事項。

九、警政主管機關：主管老人失蹤協尋、預防詐騙及交通安全宣導之規劃、推動及監督等事項。

十、消防主管機關：主管本法相關消防安全管理之規劃、推動及監督等事項。

十一、其他措施由各相關目的事業主管機關依職權規劃辦理。

6 (D)。病人自主權利法第5條，病人為無行為能力人、限制行為能力人、受輔助宣告之人或不能為意思表示或受意思表示時，醫療機構或醫師應以適當方式告知本人及其關係人。

7 **(B)**。
(A) 應入住長照機構。
(C) 60歲以上未滿65歲自願負擔費用者，老人福利機構得視內部設施情形，提供安養、照顧服務。
(D) 應為老人福利法。

8 **(D)**。為尊重病人醫療自主、保障其善終權益，促進醫病關係和諧，特制定病人自主權利法，因此(D)錯誤。

9 **(D)**。病人自主權利法第14條，病人符合下列臨床條件之一，且有預立醫療決定者，醫療機構或醫師得依其預立醫療決定終止、撤除或不施行維持生命治療或人工營養及流體餵養之全部或一部：一、末期病人。二、處於不可逆轉之昏迷狀況。三、永久植物人狀態。四、極重度失智。五、其他經中央主管機關公告之病人疾病狀況或痛苦難以忍受、疾病無法治癒且依當時醫療水準無其他合適解決方法之情形。前項各款應由2位具相關專科醫師資格之醫師確診，並經緩和醫療團隊至少2次照會確認。

10 **(C)**。長期照顧服務機構設立標準第6條，綜合式服務類（以下簡稱綜合式）長照機構業務負責人，應具備下列資格之一：

一、合併提供居家式服務類及社區式服務類者，其業務負責人資格，依第4條規定。（社區式服務類（以下簡稱社區式）長照機構業務負責人，除提供家庭托顧服務外，應具備第3條各款資格之一者。家庭托顧業務負責人，應具五百小時以上照顧服務經驗。第3條則為居家式服務類長照機構業務負責人資格規定）

二、合併提供服務內容包括機構住宿式服務類者，其業務負責人資格，依前條規定。

11 **(D)**。
(A) 服務對象為包括—65歲以上失能老人、50歲以上失智症者、日常生活需要他人協助的獨居或衰弱老人、領有身心障礙證明的失能身心障礙者（不限年齡）、55歲以上的失能原住民。服務分成四大類，分別為「照顧及專業服務」、「交通接送服務」、「輔具及居家無障礙環境改善服務」、「喘息服務」。
(B) 長期照顧服務申請及給付辦法第7條，長照需要等級，依失能程度，分為第二級至第八級。長照服務給付項目如下：一、個人長照服務：(一)照顧及專業服務。(二)交通接送服務。(三)輔具及居家無障礙環境改善服務。二、家庭照顧者支持服務之喘息服務。

前二項等級及項目之額度，依等級規定如附表二；前項第一款第二目之分類原則，規定如附表三。

第二項第一款與第二款項目額度，或第一款各目額度，不得互相流用。

(C) 居服員工作內容主要以身體照顧及案主本身所需之家事服務為主。

12 (B)。照顧管理專員是長照重要的靈魂人物，協助個案討論及調整照顧計畫、追蹤服務品質、連結長照服務，並擔任申訴管道。

13 (B)。民法第1138條，遺產繼承人，除配偶外，依左列順序定之：一、直系血親卑親屬。二、父母。三、兄弟姊妹。四、祖父母。

14 (B)。民法第1192條，密封遺囑，應於遺囑上簽名後，將其密封，於封縫處簽名，指定2人以上之見證人，向公證人提出，陳述其為自己之遺囑，如非本人自寫，並陳述繕寫人之姓名、住所，由公證人於封面記明該遺囑提出之年、月、日及遺囑人所為之陳述，與遺囑人及見證人同行簽名。

15 (D)。民法第1176條，第一順序之繼承人，其親等近者均拋棄繼承權時，由次親等之直系血親卑親屬繼承。

16 (C)。民法第1177條，繼承開始時，繼承人之有無不明者，由親屬會議於1個月內選定遺產管理人，並將繼承開始及選定遺產管理人之事由，向法院報明。

17 (C)。信託法的主管機關為法務部。

18 (A)。信託監察人原則上係由委託人選任。但受益人不特定、尚未存在或其他為保護受益人之利益認有必要時，法院得因利害關係人或檢察官之聲請，選任1人或數人為信託監察人。但信託行為定有信託監察人或其選任方法者，從其所定。

19 (D)。依據信託業法第16條及第17條規定之信託業經營之業務項目及附屬項目外，第18條規定信託業不得經營未經主管機關核定之業務。因此，(D)不行。

20 (B)。依適合度規章第12條：信託業依適合度方式對客戶所作風險承受等級之評估結果如超過1年，信託業於推介或新辦受託投資時，應再重新檢視客戶之風險承受等級。

21 (A)。依信託法第12條第1項：「對信託財產不得強制執行。但基於信託前存在於該財產之權利、因處理信託事務所生之權利或其他法律另有規定者，不在此限」規定，信託財產原則上不得為強制執行，惟有3種除外情形：

(1) 信託前存在於信託財產的權利：舉例來說，委託人以名下房屋向銀行辦理抵押借款後，將該房屋作為信託財產；嗣委託人未按期還款，銀行即可就該信託房屋聲請強制執行。

(2) 因處理信託事務所生的權利：舉例來說，受託人因維修信託財產而積欠承包商款項，承包商對該信託財產得聲請強制執行。

(3) 其他法律另有規定者：舉例來說，受託人未繳納信託財產所生之地價稅，稅捐單位對該信託財產得聲請強制執行。

因此(A)不行。

22 **(A)**。信託公示，是指通過一定方式將有關財產已設立信託的事實向社會公眾予以公布，從而使交易第三方對交易對象是信託財產還是受託人自有財產能充分識別，保證第三方交易安全和交易效率，確保第三方免受無謂損失，從而平衡受益人和第三方的利益關係。信託法第4條，以應登記或註冊之財產權為信託者，非經信託登記，不得對抗第三人。以有價證券為信託者，非依目的事業主管機關規定於證券上或其他表彰權利之文件上載明為信託財產，不得對抗第三人。以股票或公司債券為信託者，非經通知發行公司，不得對抗該公司。因此(A)錯誤。

23 **(A)**。信託法第5條，信託行為，有左列各款情形之一者，無效：一、其目的違反強制或禁止規定者。二、其目的違反公共秩序或善良風俗者。三、以進行訴願或訴訟為主要目的者。四、以依法不得受讓特定財產權之人為該財產權之受益人者。

24 **(A)**。課稅原則：我國以「得為權利主體之自然人或法人」為納稅義務人，無以信託財產於下列各款信託關係人間，基於信託關係移 轉或為其他處分者，不課徵所得稅：一、因信託行為成立，委託人與受託人間。二、信託關係存續中受託人變更時，原受託人與新受託人間。信託財產發生之收入，「受託人」應於所得發生年度，按所得類別依所得稅法規定，減除成本、必要費用及損耗後，分別計算受益人之各類所得額，由「受益人」併入當年度所得額，課徵所得稅。受託人計算受益人之各類所得額時，得採現金收付制或權責發生制，惟一經選定不得變更。因此，並非於信託所得實際分配年度才課徵。

25 **(A)**。委託人及受益人均為陳先生，為自益信託。

26 **(D)**。房屋稅第15條，私有房屋有下列情形之一者，免徵房屋稅：經目的事業主管機關許可設立之公益信託，其受託人因該信託關係而取得之房屋，直接供辦理公益活動使用者。

27 **(D)**。(D)應課徵土地增值稅。

28 **(B)**。民國105年3月9日台財稅字第10400189670號房地合一課徵所得稅申報作業要點，以房屋、土地為信託財產，受託人於信託關係存續中，交易該信託財產，以下列日期認定。信託關係存續中或信託關係消滅，受託人依信託本旨交付信託財產與受益人後，受益人交易該房屋、土地者，亦同：

(1) 受益人如為委託人，為委託人取得該房屋、土地之日。

(2) 受益人如為非委託人，或受益人不特定或尚未存在，為訂定信託契約之日；信託關係存續中，追加房屋、土地為信託財產者，該追加之房屋、土地，為追加之日。

(3) 信託關係存續中，如有變更受益人之情事，為變更受益人之日；受益人由不特定或尚未存在而為確定，為確定受益人之日。

此題為他益信託，受益人非委託人，因此為訂定信託契約之日。

29 (D)。目前小額終老保險包含終身壽險（每人累計保額上限自110年7月1日起由50萬元提高至70萬元），可提供被保險人身故或完全失能時之保障，保障期間為終身，並可附加1年期傷害保險附約（每人累計保額上限10萬元）。

30 (D)。長期照顧險，依法規定免責期不得超過6個月，在免責期內，保戶必須符合理賠狀態，也就是長期照顧狀態且未能復原，至免責期滿後，保險公司才會給付保險理賠金，免責期滿後，不會補發免責期間之保險金。此外，長期照顧險沒有等待期的設定，也就是說，投保後就會立即生效。

31 (D)。買方依預售屋買賣契約，與所有權登記前所給付買賣方是預售屋買賣價金，包括訂金，簽約款，開工款及各縣各期工程款等自備款，但不包含所有權登記款及交屋款。

32 (D)。房東加入社會住宅包租代管計畫可以享有地價稅、房屋稅及綜合所得稅稅費優惠。

33 (B)。遺囑信託屬於他益信託，立遺囑人死亡時才發生效力，遺囑指定之受託人拒絕接受時，利害關係人或法官的聲請法院選任受託人，遺囑信託仍生效力。遺囑信託不得排除民法第1223條有關特留分之適用。

34 (B)。依據老人安養信託契約範本規定，其信託財產之管理及運用方法為單獨管理運用，受託人對信託財產無運用決定權。

35 (D)。投資型保險，由金融消費者自行承擔風險，但保險業人員應建立交易控管機制，以保障金融消費者權益。

36 (D)。十大原則：訂約公平原則、注意與忠實義務原則、廣告招攬真實原則、商品或服務適合度原則、告知與揭露原則、酬金與業績衡平原則、申訴保障原則、業務人員專業性原則、友善服務原則及落實誠信經營原則。

37 (D)。

(A) 監護人執行職務之範圍依意定監護契約之約定。

(B) 2019年經立法院三讀通過成年人意定監護相關條文。

(C) 意定監護契約不能約定受託人執行職務不受刑法規定之限制。

38 **(D)**。信託財產可依信託契約約定由委託人或其委任之第三人協助管理或處分，無需委託人全權處理。

39 **(D)**。台灣長照機構所面臨最大的問題：一是風評極佳的長照機構，一位難求；二是收費很貴族、一般人消費不起；三、依靠地方政府補助的一般型長照機構，其照護及管理品質不佳，甚至還被週遭鄰居認為是「嫌惡」設施；四、人力資源不足無法提供品質良好之照護；五、供需失衡造成惡性競爭；六、法令限制過高，長照機構設立與經營不易。

40 **(C)**。「在宅老化」的核心在於長者在家也能享有各種服務資源，居家智慧照顧應用範疇是透過智慧科技或數位輔助，守護高齡者居住安全、掌握健康情形並提供生活支持服務。

社區老化：指透過在社區中照顧服務之提供，補足居家照顧之不足，讓老年人在所居住之社區在地老化，透過健全照顧服務體系，延緩老年人進入機構接受照顧之時間。

機構老化：以機構為家，提供老人全天候照顧，主要以中度失能或家庭無法照顧之老人為對象。

41 **(C)**。信託公會呼籲銀行儘早建立高齡金融服務指引，如延長高齡者就業、改革退休金，以及失智症預防等，金融服務機構針對高齡者應該制定友善機制及措施，使高齡者更容易使用金融服務。因此，與衍生性金融商品無關，此為高風險投資商品，不會在指引內。

42 **(A)**。民法第1113-4條：「法院為監護之宣告時，受監護宣告之人已訂有意定監護契約者，應以意定監護契約所定之受任人為監護人，同時指定會同開具財產清冊之人」，因此意定監護優先。

43 **(B)**。民法第1196條，口授遺囑，自遺囑人能依其他方式為遺囑之時起，經過3個月而失其效力。

44 **(C)**。民法第1157條，繼承人依前二條規定陳報法院時，法院應依公示催告程序公告，命被繼承人之債權人於一定期限內報明其債權。

前項一定期限，不得在3個月以下。

民法第1158條，繼承人在前條所定之一定期限內，不得對於被繼承人之任何債權人償還債務。

45 **(A)**。民法第14條，受監護之原因消滅時，法院應依前項聲請權人之聲請，撤銷其宣告。未撤銷前，依據民法第15條，仍為無行為能力人。無行為能力人不得做有效遺囑行為。

46 **(C)**。信託業法第27條，信託業除依信託契約之約定，或事先告知受益人並取得其書面同意外，不得為下列行為：一、以信託財產購買其銀行業務部門經紀之有價證券或票券。二、以信託財產存放於其銀行業務部門或其利害關係人處作為存款或與其銀行業務部門為外匯相關之交易。三、以信託財產與本身或其利害關係人為第25條第1項以外之其他交易。

47 **(A)**。信託者，謂委託人將財產權移轉或為其他處分，使受託人依信託本旨，為受益人之利益或為特定之目的，管理或處分信託財產之關係。信託生效後，係以受託人名義管理財產，但委託人仍具有對信託財產之管理及決定權，另依據信託法第24條，受託人應將信託財產與其自有財產及其他信託財產分別管理。故(A)正確。

48 **(C)**。自益信託才得適用自用住宅課徵地價稅及房屋稅，此題為他益信託，無法適用。

49 **(B)**。包括定期壽險、小額終老險和重大疾病健康險共3類商品。

50 **(A)**。未來得面對長壽風險、健康醫療風險、通貨膨脹風險與投資風險等難纏的四大風險，針對長壽風險可優先選擇年金保險、健康保險及長期照護保險。

51 **(B)**。銀行將不動產與安養信託結合，推出「留房養老」信託服務，高齡者可將名下的房屋出租，並將房屋產權與租金交付信託，由銀行管理及運用依照生活需求定期撥付相關費用，屬於管理型態之不動產信託業務。

52 **(B)**。營利事業單位贈與財產予他人，雖然不是贈與稅課稅對象，不用申報繳納贈與稅，可是受贈個人應依所得稅法第4條第17款規定，併入受贈年度的所得課徵綜合所得稅。

53 **(A)**。中華民國信託業商業同業公會會員辦理公益信託實務準則第10條，公益信託之信託資產總額未達新臺幣3千萬元者，其依信託本旨所為之年度公益支出金額，除信託成立當年度外，應不低於該年度之公益信託行政管理費。
公益信託之信託資產總額達新臺幣3千萬元（含）以上者，依信託本旨所為之年度公益支出，除信託成立當年度外，原則上應不低於前一年底信託資產總額之1%。

54 **(A)**。金融服務業確保金融商品或服務適合金融消費者辦法第4條，銀行業及證券期貨業提供投資型金融商品或服務，於訂立契約前，應充分瞭解金融消費者之相關資料，其內容至少應包括下列事項：一、接受金融消費者原則：應訂定金融消費者往來之條件。二、瞭解金融消費者審查原則：應訂定瞭解金融消費者審查作業程序，及留存之基本資料，包括金融消費者之身分、財務背景、所得與資金來源、風險偏好、過往投資經驗及簽訂契約目的與需求等。該資料之內容及分析結果，應經金融消費者以簽名、蓋用原留印鑑或其他雙方同意之方式確認；修正時，亦同。三、評估金融消費者投資能力：除參考前款資料外，並應綜合考量下列資料，以評估金融消費者之投資能力：(一)金融消費者資金操作狀況及專業能力。(二)金融消費者之投資屬性、對風險之瞭解及風險承受度。(三)金融消費者服務之合適性，合適之投資建議範圍。

55 **(B)**。金融消費者保護法第29條第2項之一定額度，中華民國110年9月17日金管法字第11001948991號，銀行業及證券期貨業所提供之非投資型金融商品或服務，其一定額度為新臺幣12萬元。

56 **(D)**。信託法第58條，信託監察人怠於執行其職務或有其他重大事由時，指定或選任之人得解任之；法院亦得因利害關係人或檢察官之聲請將其解任。

57 **(D)**。可將現金匯入信託專戶，亦可將保險金入信託專戶。

58 **(D)**。父母身故後，信託監察人得依心智障礙者以外之家庭成員、社福機構及主管機關之指示處理信託事務。

59 **(C)**。安養信託是信託功能的延伸，目的係在保障受益人未來生活之財產管理、資產保全、安養照護、醫療給付等目的所成立的信託，因此(C)不宜作為給付項目。

60 **(C)**。安養信託簽約後應由受託人開設信託專戶，並由委託人交付信託資金才產生效力，如以心智障礙者為受益人之信託，信託給付不得支付給父母自行運用。另信託法對於監督信託如約履行、正常運作，設有信託監察人制度，在信託設立之初，即可由委託人指定一人或數人擔任監察人。

第二期第二節

第一部分

(　　)　**1** 有關健康，下列敘述何者錯誤？　(A)是一個靜態的過程　(B)是個人的責任　(C)是多層面的概念　(D)各層面的健康概念是相互影響的。

(　　)　**2** 有關老人跌倒，下列敘述何者錯誤？　(A)訓練足底肌的功能，可期待有助於預防跌倒的發生　(B)我國老人跌倒的首要因素是起因於心理因素的害怕跌倒，亦稱為跌倒恐懼症　(C)老人跌倒後容易引起骨折，經過臥床靜養的療養期後，後續容易引發廢用症候群的發生　(D)跌倒是指在非自願的情境下，身體非預期性的跌到低處，導致手部、膝蓋與其他部位接觸到地面。

(　　)　**3** 下列何者不是我國政府公告之長照十年計畫2.0的目的？
(A)向前延伸銜接提供慢性疾病的醫護照顧服務
(B)銜接出院準備服務及居家照顧服務
(C)建立優質、平價、普及的長照服務體系
(D)提供支持家庭的相關長照服務。

(　　)　**4** 下列敘述何者錯誤？　(A)研究指出，若無運動習慣者，於40歲起肌肉的質與量將明顯逐年下降　(B)研究指出，肌少症是引發阿茲海默型失智症首要因素　(C)可使用五公尺步行速度的方式，評估受測者行動能力的表現　(D)可使用計時五次坐站的方式，評估受測者下肢肌力的表現。

(　　)　**5** 末期病人尚無簽署不施行心肺復甦術或維生醫療意願書，且本人已經處於意識昏迷的狀態時，可由病人最近的親屬出具同意書；請選出最近親屬的法定優先順序：　甲、父母　乙、成年子女　丙、兄弟姐妹　丁、配偶
(A)丁→乙→甲→丙　　(B)丁→甲→丙→乙
(C)甲→丁→丙→乙　　(D)甲→丁→乙→丙。

(　) **6** 有關我國老人經濟安全相關措施，下列敘述何者正確？ (A)我國使用最低生活費及申請人的動產及不動產等財產這二項指標判定申請人是否符合經濟弱勢的特殊身份別 (B)我國由中央政府制定全國一致性標準的最低生活費及申請人財產的標準 (C)最低生活費是行政院主計處所公布當地區最近一年每人可支配所得中位數60%訂定的 (D)老人生活津貼可作為其他債務的扣押、讓與或擔保。

(　) **7** 依老人福利法，為提高家庭照顧老人之意願及能力，提升老人在社區生活之自主性，直轄市、縣（市）主管機關應自行或結合民間資源提供之社區式服務不包括下列何者？
(A)法律服務　　(B)輔具服務
(C)心理諮商服務　　(D)住家環境改善服務。

(　) **8** 有關老人福利法之服務措施，下列敘述何者錯誤？ (A)社會局應推動社會住宅，排除老人租屋障礙 (B)老人搭乘國內公、民營水、陸、空大眾運輸工具、進入康樂場所及參觀文教設施，應予以半價優待 (C)直轄市、縣（市）主管機關應定期舉辦老人健康檢查及保健服務，並依健康檢查結果及老人意願，提供追蹤服務 (D)無扶養義務之人或扶養義務之人無扶養能力之老人死亡時，當地主管機關或其入住機構應為其辦理喪葬；所需費用，由其遺產負擔之，無遺產者，由當地主管機關負擔之。

(　) **9** 有關長照服務的申請，下列敘述何者正確？
(A)申請單一窗口是各個地方政府的社區整合型服務中心
(B)長照需要評估可由專人以親自家訪方式進行或結合出院準備服務
(C)政府補助的對象是不分國人的年齡、性別或是有無長照需求，凡是持有我國國籍者皆有資格可申請使用
(D)政府補助的交通接送服務，包含協助往返醫療院所就醫或復健以及到居家附近的店家購買生活必需品。

(　　) **10** 有關家庭照顧者支持性服務，下列敘述何者錯誤？ (A)居住在不同行政區的案女陳小姐，利用每天上班前與下班後的時間協助案主滿足基本生理需求，因案女與案主無實際同住的事實，所以此案例不符合申請使用喘息服務 (B)案女林小姐表示自己的照顧壓力很大，暫時幾天白天想要休息抒壓轉換心情；可建議案女使用日間照顧中心的喘息服務，確保案主白天的日常生活照顧需求 (C)案女王小姐表示自己的照顧壓力主要來源是不知如何照顧案主，想要學習一些照顧技能；可提供案女照顧者訓練及研習課程相關訊息 (D)雙老家庭無育有子女，案妻表示自己的身體狀況不佳，經醫師診斷自己下個月需住院進行手術；可建議案妻於住院期間使用機構住宿式喘息服務，確保案主的日常生活照顧需求。

(　　) **11** 有關病人自主權利法之說明，下列敘述何者錯誤？ (A)病人自主權利法的適用對象是本人 (B)病人自主權利法中，醫師的角色是提供醫療訊息與協助醫療決策 (C)已經簽署預立醫療決定意願書之末期病人，醫療機構或醫師可直接依其意願開始執行，以尊重病人自主權利 (D)病人自主權利法仍提供醫療人員一個選擇要不要執行的權利，即使病人已預訂醫療決定，醫療機構或醫師得不施行之。

(　　) **12** 雙老家庭的陳爺爺左側偏癱，由案妻在家獨自照顧長達三年，二老皆具備溝通能力，夜間二人分房睡。里長建議案妻申請使用長照服務，經過專人的長照需要評估，核定二老都符合資格可以使用長照服務。王奶奶向專人表示自己體力差，外出購物和準備三餐很累，很害怕幫陳爺爺洗澡的過程中發生意外，最近半年壓力很大無法入睡。請問下列各項長照服務之中，哪一項的服務使用建議較不妥適？ (A)建議使用小規模多機能服務 (B)建議使用日間照顧中心 (C)建議使用團體家屋 (D)建議使用喘息服務。

( ) **13** 密封遺囑不具備民法規定之方式，而具備民法規定自書遺囑之方式者，下列敘述何者正確？ (A)有自書遺囑之效力 (B)該遺囑仍為無效遺囑 (C)應經法院裁定認定屬於何種遺囑 (D)有代筆遺囑之效力。

( ) **14** 無人承認繼承，遺產管理人於完成職務後，所賸餘之財產，應歸屬於下列何者？ (A)地方自治團體 (B)國庫 (C)法院裁定之遺產管理人 (D)所捐贈之公益團體。

( ) **15** 下列何種情形，繼承人並不當然喪失繼承權？ (A)故意致被繼承人於死 (B)詐欺妨害被繼承人變更遺囑 (C)偽造被繼承人之遺囑 (D)對於被繼承人有重大虐待情事。

( ) **16** 甲與乙為夫妻，有兒子丙及女兒丁。丙已婚，配偶為戊，丙於民國90年因病死亡。乙於民國111年身故時，對乙之遺產何人有繼承權？ (A)依代位繼承規定，甲戊丁三人有繼承權 (B)甲一人有繼承權 (C)丁一人有繼承權 (D)甲丁二人有繼承權。

( ) **17** 高齡者擬成立安養信託，有關交付信託財產，下列敘述何者錯誤？ (A)高齡者需移轉交付信託財產 (B)受託人因信託行為取得之財產權為信託財產 (C)高齡者為防侵占，可將房貸不多的不動產交付信託 (D)高齡者可將債務交付信託，以安養晚年。

( ) **18** 高齡社會下，信託業者扮演重要角色，有關其業務管理，下列敘述何者錯誤？ (A)信託業為擔保其因違反受託人義務而對受益人所負之利益返還責任，依法提存賠償準備金 (B)信託業應每半年營業年度編製營業報告書及財務報告 (C)董事及主管人員連帶責任自卸職之日起一年內，不行使該項請求權而消滅 (D)信託業應建立內部控制及稽核制度。

( ) **19** 有關國人常因退休規劃而進行投資，因此信託業需建立非專業投資人商品適合度規章，下列敘述何者錯誤？ (A)商品風險等級至少區分為三個等級 (B)商品風險等級與客戶風險承受等級需適配 (C)信託業辦理客戶風險承受等級評估人員與從事推介之人員不得為同一人 (D)信託業辦理客戶風險承受等級評估時，服務人員可協助客戶代為填寫，最終結果需經客戶確認。

(　　) **20** 有關甲（委託人）為爸爸乙（受益人）於丙銀行（受託人）成立安養信託，下列敘述何者錯誤？　(A)甲不幸於信託期間死亡，信託關係則消滅　(B)乙病故，信託關係即消滅　(C)丙銀行被合併，信託關係不會消滅　(D)丙銀行經營不善而破產，信託財產不受影響。

(　　) **21** 依信託法規定，下列何者不是信託關係消滅的事由？　(A)信託行為所定事由發生時　(B)信託目的已完成或不能完成　(C)在他益信託中，委託人未依信託契約約定，獨自要求終止信託　(D)公益信託遭主管機關撤銷許可時。

(　　) **22** 有關公益信託，下列敘述何者錯誤？　(A)應設置信託監察人　(B)只能用宣言信託方式成立　(C)應經目的事業主管機關之許可　(D)未經許可，不得使用公益信託之名稱。

(　　) **23** 下列何者非信託業之利害關係人？　(A)對信託財產具有運用決定權者　(B)持有信託業已發行股份總數或資本總額百分之五以上者　(C)信託業負責人持股比率超過百分之五之企業　(D)信託業持股比率超過百分之五之企業。

(　　) **24** 下列何者非屬預收款信託性質？　(A)生前契約信託　(B)退休安養信託　(C)預售屋價金信託　(D)禮券預收款信託。

(　　) **25** 信託存續期間發生信託關係人或信託財產變更情形之相關課稅，下列敘述何者錯誤？（假設他益信託均屬委託人無保留變更受益人及分配、處分信託利益之權利）　(A)自益信託發生受託人變更情形，將涉及課徵贈與稅　(B)個人之自益信託變更為他人受益，將涉及課徵贈與稅　(C)營利事業之自益信託變更為他人受益，將涉及課徵所得稅　(D)個人之他益信託發生增加交付信託財產情形時，將涉及課徵贈與稅。

(　　) **26** 下列何種態樣，其信託期間所得之納稅義務人為受益人？　(A)委託人未明定受益人之範圍及條件　(B)委託人僅保留特定受益人間分配他益信託利益之權利　(C)委託人保留變更受益人及分配、處分信託利益之權利　(D)委託人明定受益人之範圍及條件且保留變更受益人及分配、處分信託利益之權利。

(　　)　**27** 林父於屆退時，為自己安養及提前規劃財產移轉所需，以現金1,000萬元成立信託期間10年之本金他益、孳息自益之信託契約，本金受益人為林小弟，假設林父當年度贈與稅免稅額皆未使用，且假設每人每年免稅額為220萬元，及中華郵政一年定儲固定利率為1%【PVIF（1%,10）＝0.9053】，請問下列何者正確？　(A)林父不用繳贈與稅　(B)林父應繳贈與稅68.5萬元　(C)林父應繳贈與稅78萬元　(D)林父應繳贈與稅100萬元。

(　　)　**28** 高齡社會到來，有業者想專營擔任社會有眾多需求之老人安養信託受託人，下列敘述何者錯誤？　(A)最低實收資本額為新台幣二十億元　(B)該業者需受信託業法規定管理　(C)該業者之組織以股份有限公司為限　(D)政策推廣之業務，故該業者名稱可標示「信託」字樣而無需申請。

(　　)　**29** 依目前規定，附保證給付之投資型保險商品，於全權委託帳戶之單位淨值，若低於該帳戶成立當日單位淨值多少比率時，即不得提供資產撥回？　(A)70%　(B)80%　(C)85%　(D)90%。

(　　)　**30** 依現行遞延年金保險單示範條款規定，要保人不得於下列哪一個時期終止年金保險契約？　(A)累積期　(B)寬限期　(C)等待期　(D)給付期。

(　　)　**31** 下列何者並非銀行承作「以房養老貸款」需評估之主要風險項目？　(A)長壽風險　(B)地緣政治風險　(C)不動產跌價風險　(D)子女繼承問題。

(　　)　**32** 「意定監護」契約何時生效？　(A)本人與受任人完成「意定監護」契約簽署　(B)公證人完成公證書　(C)本人受「監護宣告」　(D)完成公證之「意定監護」契約送交本人住所地法院。

(　　)　**33** 甲與乙約定，若甲受監護宣告時，乙允為擔任監護人。其後甲與A銀行簽訂老人安養信託契約，其內容主要是依照老人安養信託契約參考範本（增訂信託財產給付彈性及信託監察人權責等相關條款）簽訂，除約定由B社會福利團體擔任信託監察人外，並約定信託契約存續期間屆滿前，委託人不得終止該安養信託契約。若甲後來因罹患癡呆症，經法院為監護之宣告，由法院指定乙擔任其監護人，有關該安養信託終止，下列敘述何者正確？　(A)乙得經B社會福利團體之書面同意終止信託　(B)乙得自行決定終止信託　(C)B社會福利團體得經乙之書面同意終止信託　(D)乙及B社會福利團體皆不得終止信託。

(　　)　**34** 甲與乙為夫妻關係，育有丙、丁二子女。若甲以遺囑成立信託，將其所有之土地信託移轉給A銀行管理及處分，並指定戊為信託監察人，己為遺囑執行人，則於辦妥遺囑執行人繼承登記後，信託登記之辦理應由何人申請？　(A)由乙、丙、丁會同A銀行申請　(B)由乙、丙、丁會同戊及己申請　(C)由戊、己會同A銀行申請　(D)由己會同A銀行申請。

(　　)　**35** 有關金融服務業公平待客原則，下列敘述何者錯誤？　(A)刊登、播放廣告及進行業務招攬或營業促銷活動時，應確保廣告招攬內容之真實　(B)應以金融消費者能充分瞭解之文字或其他方式，說明金融商品或服務之重要內容，並充分揭露風險　(C)業務人員之酬金制度不得僅考量業績目標達成情形，應綜合考量金融消費者權益，金融商品或服務產生之各項風險　(D)無需訂定申訴處理程序或設立申訴管道，所有金融消費爭議均交由財團法人金融消費評議中心處理。

(　　)　**36** 有關商業型不動產逆向抵押貸款（以房養老），下列敘述何者正確？　(A)借款人需先將房屋所有權移轉登記給債權銀行，再由債權銀行將該房屋設定抵押權給借款人　(B)貸款期間經過越久，貸款餘額越少　(C)依老人福利法之規定，金融主管機關應鼓勵金融業者提供商業型不動產逆向抵押貸款服務　(D)借款人須搬離房屋，將房屋交由債權銀行管理處分。

(　　)　**37** 有關安養信託辦理流程，下列敘述何者錯誤？　(A)受託人依信託契約管理運用信託財產　(B)由委託人與受託人簽訂信託契約，約定將財產交付予受託人　(C)受益人依照信託契約約定每月定期或不定期給付生活費或安養費用　(D)受託人依照委託人之指示，於約定之信託期間內，由委託人或其指定之受益人領取本金或孳息。

( ) **38** 不動產保全信託之架構，下列敘述何者錯誤？ (A)須信託移轉過戶不動產予受託人 (B)地價稅、房屋稅之納稅義務人為委託人 (C)受託人須定期出具信託財產報告書 (D)委託人之子女可擔任信託監察人。

( ) **39** 下列何者不是內政部社會司訂定老人住宅管理要點？ (A)經營管理方式 (B)面積規定 (C)老人住宅定義 (D)長照機構設置。

( ) **40** 依建築技術規則建築設計施工編第293條第1項規定，有關老人住宅基本設施及設備規劃設計規範，下列敘述何者錯誤？ (A)外部空間規劃 (B)居住單元與居室服務空間規劃 (C)共用服務空間 (D)車位數量及尺寸大小。

第二部分

( ) **41** 運用在地資源協助老人在熟悉的社區中就近活用所需的長照服務，協助老人朝向自然老化，此說明是符合下列哪一項理念？ (A)在地老化 (B)正常老化 (C)成功老化 (D)活躍老化。

( ) **42** 有關「遺囑信託」，下列敘述何者正確？ (A)是遺囑人生前與受託人訂立的契約，以其死亡為條件所設立的信託 (B)遺囑人以遺囑，將其財產先由繼承人繼承，而後再移轉於受託人 (C)是遺囑人死亡之後，繼承人或遺囑執行人依遺囑，與受託人簽訂契約設立之信託 (D)以遺囑為之的信託，是委託人的單獨行為。

( ) **43** 甲死亡，得分配之遺產共計300萬元，甲之配偶乙與甲之祖父母丙、丁同為繼承人時，丙應分得多少遺產？ (A)50萬元 (B)75萬元 (C)100萬元 (D)150萬元。

( ) **44** 民法關於遺產分割之規定，下列敘述何者正確？ (A)繼承人有數人時，在分割遺產前，各繼承人對於遺產全部為分別共有 (B)於遺產分割時，繼承人中如對於被繼承人負有債務者，不得繼承財產 (C)被繼承人之遺囑，定有分割遺產之方法，或託他人代定者，從其所定 (D)繼承人應於繼承開始時起三個月內請求分割遺產。但法律另有規定或契約另有訂定者，不在此限。

(　　) **45** 曾小姐擔任吳老太太之意定監護之受任人，下列敘述何者錯誤？(A)曾小姐與吳老太太應簽訂意定監護契約，且契約訂定時吳老太太應有完全行為能力　(B)曾小姐與吳老太太簽訂意定監護契約，須經由國內之公證人依公證法規定作成公證書始為成立　(C)曾小姐與吳老太太簽訂之意定監護契約，於簽約時發生效力　(D)法院為吳老太太之監護宣告前，曾小姐得隨時撤回意定監護契約。

(　　) **46** 有關受託人的義務，下列敘述何者錯誤？　(A)受託人應依信託本旨以善良管理人之注意處理信託事務　(B)受託人應將信託財產與其自有財產及其他信託財產分別管理　(C)受託人應盡忠實義務，只能為委託人利益辦理信託，不得為自己或第三人之利益辦理信託　(D)受託人應自己處理信託事務。但信託行為另有訂定或有不得已之事由者，得使第三人代為處理。

(　　) **47** 有關我國保險金信託，下列敘述何者正確？　(A)保險金信託一經委託人及受託人簽約完成，便立即生效　(B)若保單契約之要保人為父親，受益人為兒子，則保險金信託應由父親擔任委託人　(C)以成年子女擔任保險金信託之受益人時，若無設置信託監察人，則子女可自行終止信託契約，毋須經過父母之同意　(D)保險金信託的功能之一係為防止未成年子女在獲得鉅額保險金後，遭到監護人盜用，因此當父母之一方為不良配偶時，可不經其同意而簽訂信託契約。

(　　) **48** 有關土地信託相關之土地增值稅，下列敘述何者錯誤？　(A)信託期間出售土地時，應以受託人為納稅義務人，課徵土地增值稅　(B)自益土地信託終了時，將原受託之土地移轉予受益人，免課徵土地增值稅　(C)遺囑信託終了時，將原受託之土地移轉予受益人，免課徵土地增值稅　(D)以土地訂立他益信託契約，信託到期受託人移轉土地予受益人時，應對受託人課徵土地增值稅。

( ) **49** 有關人壽保險之「自然保費」之特性，下列敘述何者正確？(A)在投保初期，相較於平準保費而言，繳付較低的保險費 (B)已將應納保險費總額，平均分攤在每一個繳費期間 (C)被保險人年齡逐漸增加，保費金額會逐漸遞減 (D)通常適用於終身型的保險商品。

( ) **50** 保險局於2014年推動保單活化政策，即功能性契約轉換，以鼓勵保戶將年輕時購買之保單，轉換為同一公司之健康保險或年金保險，以支應未來的醫療費或生活費。下列哪一種保險，可以申請辦理保單活化？ (A)外幣計價人壽保險 (B)變額萬能壽險 (C)定期壽險 (D)終身壽險。

( ) **51** 房地合一稅2.0施行後，個人出售房屋但未提示因取得、改良及移轉而支付之費用者，稽徵機關得按下列何種標準計算其費用？ (A)成交價額3% (B)成交價額3%，並以30萬元為限 (C)成交價額5% (D)成交價額5%，並以30萬元為限。

( ) **52** 有關社會住宅包租代管計畫，下列敘述何者錯誤？ (A)社會住宅係指由政府興辦或獎勵民間興辦，專供出租之住宅及其必要附屬設施 (B)目前政府推動之社會住宅主要分為新建、包租代管等2種 (C)林口A7及板橋浮洲合宜住宅不得加入社會住宅包租代管計畫，但預告登記塗銷者不在此限 (D)參與社會住宅包租代管計畫的房東享有公證費、修繕費及房貸壽險等費用補助。

( ) **53** 甲與A銀行簽訂有老人安養信託契約，信託財產為新臺幣1,600萬元，其內容主要依照老人安養信託契約參考範本（委託人於信託期間喪失財產管理能力適用）簽訂，約定於甲受法院為監護宣告或輔助宣告時，由長年負責看護之乙擔任共同受益人，享有信託利益四分之一。甲其後經法院為監護宣告，乙於信託期間內竟然為構成喪失受益權之行為，有關乙所享有受益權之歸屬，下列敘述何者正確？ (A)該受益權仍歸屬於乙 (B)該受益權應歸屬於乙之繼承人 (C)該受益權應歸屬於甲，但甲已死亡時，應歸屬於甲之繼承人 (D)該受益權應直接歸屬於國庫。

(　　) **54** 甲與乙約定，若甲受監護宣告時，乙允為擔任監護人。其後甲與A銀行簽訂老人安養信託契約，其內容主要是依照老人安養信託契約參考範本（增訂信託財產給付彈性及信託監察人權責等相關條款）簽訂，除約定由B社會福利團體擔任信託監察人外，並約定信託契約存續期間屆滿前，委託人與受託人之任一方得隨時終止本契約。經查委託人其後經法院為輔助之宣告，法院指定丙為輔助人，若委託人依老人安養信託契約之約定申請終止本契約時，應檢附下列何者之書面同意？　(A)B社會福利團體及意定監護人乙之同意　(B)意定監護人乙及輔助人丙之同意　(C)輔助人丙之同意即可　(D)B社會福利團體及輔助人丙之同意。

(　　) **55** 甲以自己為要保人，配偶乙為被保險人，兒子丙為受益人向A人壽保險公司投保外幣收付之保險商品，A人壽保險公司在適合度評估時，應瞭解何人對匯率風險之承受能力？　(A)甲　(B)乙　(C)丙　(D)都不需要，由消費者自行評估。

(　　) **56** 針對信託公會老人安養信託契約參考範本，委託人若有指定設置信託監察人者，下列敘述何者錯誤？　(A)須由信託監察人出具願任同意書始生效力　(B)信託監察人得以自己名義，為受益人為有關信託之訴訟上之行為　(C)信託監察人不得以自己名義，為受益人為有關信託之訴訟外之行為　(D)信託監察人得以自己名義，為受益人為有關信託之訴訟上或訴訟外之行為。

請根據下列案例，回答第57～60題：

> 王媽媽80歲，育有2子，年輕時買了高額的人壽保險，要保人及被保險人為王媽媽，受益人為大兒子，小兒子在英國工作，大兒子中度自閉，都是王媽媽一人照顧，王媽媽近期身體不適至醫院檢查，發現罹患癌症，她擔心身故後大兒子無人照顧，小兒子人在國外也無法回國照顧大哥，便尋求銀行協助，她希望能透過信託來照顧大兒子，其餘資產留給小兒子。請回答下列問題：

( ) **57** 若王媽媽安排完全他益信託，一次轉入信託專戶金額為5,000萬，需繳多少贈與稅（假設贈與稅免稅額為244萬，且今年無其他贈與）？
(A)0 (B)5,762,000
(C)5,884,000 (D)9,512,000。

( ) **58** 王媽媽對於信託監察人的制度有些困擾，關於信託監察人下列A～E的敘述何者錯誤？ A.可指定一人或多人；B.不能約定順位；C.可由社福團體擔任；D.可由意定監護人擔任；E.契約變更或提前終止無需監察人同意 (A)僅AB (B)僅BE (C)僅ACD (D)僅BDE。

( ) **59** 王媽媽詢問保險金信託的問題，下列敘述何者正確？ (A)委託人為大兒子 (B)委託人為王媽媽 (C)受益人為王媽媽 (D)受益人為小兒子。

( ) **60** 若王媽媽決定以現金1,500萬作完全他益信託，用來照顧大兒子，假設該信託已執行超過2年，請問下列敘述何者正確？(A)信託財產不計入王媽媽遺產 (B)信託財產仍計入王媽媽遺產 (C)規劃時不需繳贈與稅 (D)規劃時需繳贈與稅128萬。

解答與解析

1 (A)。健康特性如下：
(1) 動態模式，非穩定不變。
(2) 健康具個別差異，並有賴自我實踐。
(3) 健康乃個人與環境互相作用的結果。
(4) 健康與疾病是互補的名詞，沒有明確的分界點。

2 (B)。我國老人跌倒的首要因素是在心理方面的原因是自覺不足。老化是大家都不喜歡的一件事，很多老人並不自覺自己老了。

3 (A)。長照十年計畫2.0的目的：
(1) 建立優質、平價、普及的長照服務體系，發揮社區主義精神，讓有長照需求的國民可以獲得基本服務，在自己熟悉的環境安心享受老年生活，減輕家庭照顧負擔。
(2) 實現在地老化，提供從支持家庭、居家、社區到機構式照顧的多元連續服務，普及照顧服務體系，建立關懷社區，期能提升具長照需求者與照顧者之生活品質。

(3) 銜接前端初級預防功能，預防保健、活力老化、減緩失能，促進長者健康福祉，提升老人生活品質。
(4) 向後端提供多目標社區式支持服務，轉銜在宅臨終安寧照顧，減輕家屬照顧壓力，減少長期照顧負擔。

4 (B)。阿茲海默症視為一種神經退化的疾病，並認為有將近七成的風險因子與遺傳有關。肌少症更容易引發糖尿病、代謝症候群，造成失能、死亡率上升。

5 (A)。民法第1138條，照民法的規定，配偶間有相互繼承遺產的權利，除了配偶以外，遺產依下列順序繼承：(1)直系血親卑親屬（如子女、養子女及代位繼承的孫子女等）。(2)父母。(3)兄弟姊妹。(4)祖父母。因此近親屬的法定優先順序丁→乙→甲→丙。

6 (C)。社會救助法第4條，本法所稱低收入戶，指經申請戶籍所在地直轄市、縣（市）主管機關審核認定，符合家庭總收入平均分配全家人口，每人每月在最低生活費以下，且家庭財產未超過中央、直轄市主管機關公告之當年度一定金額者。
前項所稱最低生活費，由中央、直轄市主管機關參照中央主計機關所公布當地區最近一年每人可支配所得中位數60%定之，並於新年度計算出之數額較現行最低生活費變動達百分之五以上時調整之。直轄市主管機關並應報中央主管機關備查。
前項最低生活費之數額，不得超過同一最近年度中央主計機關所公布全國每人可支配所得中位數（以下稱所得基準）70%，同時不得低於台灣省其餘縣（市）可支配所得中位數60%。
依社會救助法請領之各項現金給付或補助之權利，不得扣押、讓與或供擔保。

7 (D)。老人福利法第18條，為提高家庭照顧老人之意願及能力，提升老人在社區生活之自主性，直轄市、縣（市）主管機關應自行或結合民間資源提供下列社區式服務：一、保健服務。二、醫護服務。三、復健服務。四、輔具服務。五、心理諮商服務。六、日間照顧服務。七、餐飲服務。八、家庭托顧服務。九、教育服務。十、法律服務。十一、交通服務。十二、退休準備服務。十三、休閒服務。十四、資訊提供及轉介服務。十五、其他相關之社區式服務。

8 (A)。老人福利法第3條，住宅主管機關：主管供老人居住之社會住宅、購租屋協助之規劃及推動事項。

9 (B)。(A)長期照顧管理中心、(C)65歲以上失能長者、55歲以上失能山地原民、50歲以上失能身心障礙者、65歲以上IADL獨居者、50歲以上失智症患者、55歲以上失能平地原住民、49歲以下失能身心障礙者、65歲以上衰弱者、(D)提供長照給付對象往返居家至社區式服務類長照機構或至醫療院所就醫、復健、透析治療之交通接送。

10 (A)。不需要同住。

11 (C)。病人自主權利法第14條第3項，醫療機構或醫師依其專業或意願，無法執行病人預立醫療決定時，得不施行之。

12 (C)。團體家屋（Group Home）是提供失智症老人一種小規模，生活環境家庭化及照顧服務個別化的服務模式，滿足失智症老人之多元照顧服務需求，並提高其自主能力與生活品質。有別於一般長照機構的照顧方式，家屋的空間規劃猶如一般家庭，有共用的客廳、餐廳、廚房、廁所，及屬於長者的個人臥室、廁所，提供小規模生活環境家庭化及照顧服務個別化的服務模式。

13 (A)。民法第1193條，密封遺囑，不具備前條所定之方式，而具備第1190條所定自書遺囑之方式者，有自書遺囑之效力。

14 (B)。民法第1185條，第1178條所定之期限屆滿，無繼承人承認繼承時，其遺產於清償債權並交付遺贈物後，如有賸餘，歸屬國庫。

15 (D)。民法第1145條，有左列各款情事之一者，喪失其繼承權：

一、故意致被繼承人或應繼承人於死或雖未致死因而受刑之宣告者。

二、以詐欺或脅迫使被繼承人為關於繼承之遺囑，或使其撤回或變更之者。

三、以詐欺或脅迫妨害被繼承人為關於繼承之遺囑，或妨害其撤回或變更之者。

四、偽造、變造、隱匿或湮滅被繼承人關於繼承之遺囑者。

五、對於被繼承人有重大之虐待或侮辱情事，經被繼承人表示其不得繼承者。

前項第二款至第四款之規定，如經被繼承人宥恕者，其繼承權不喪失。

16 (D)。因為丙已經身故，故由配偶及其直系卑親屬共同繼承，亦即甲及丁。

17 (D)。安養信託係將財產交付信託，債務不能。

18 (C)。信託業法第35條，信託業違反法令或信託契約，或因其他可歸責於信託業之事由，致委託人或受益人受有損害者，其應負責之董事及主管人員應與信託業連帶負損害賠償之責。前項連帶責任，自各應負責之董事及主管人員卸職之日起2年內，不行使該項請求權而消滅。

19 (D)。信託業建立非專業投資人商品適合度規章應遵循事項第13條，信託業應依本事項訂定作業程序，並建立事前及事後監控機制，該機制應包含下列項目：一、辦理客戶風險承受等級評估，請客戶填具客戶資料表時，應避免由信託業所屬人員代為填寫。二、辦理評估客戶風險承受等級之人員與對客戶從事推介之人員不得為同一人。三、辦理第3條第1款及第3款作業時應以電腦系統方式控管。四、第1款及第2款事項應有事後監控機制，例如經辦理人員以外之第三人確認或對客戶作抽樣調查。

20 (A)。委託人於信託期間死亡，信託關係消滅時，於受託人移轉信託財產於歸屬權利人前，信託關係視為存續，以歸屬權利人視為受益人。

21 (C)。信託法第26條，信託關係，因信託行為所定事由發生，或因信託目的已完成或不能完成而消滅。信託法第78條，公益信託，因目的事業主管機關撤銷設立之許可而消滅。

22 (B)。信託法第71條，法人為增進公共利益，得經決議對外宣言自為委託人及受託人，並邀公眾加入為委託人。亦即公益信託可以不用對外宣言。

23 (C)。信託業法第7條，本法稱信託業之利害關係人，指有下列情形之一者：一、持有信託業已發行股份總數或資本總額5%以上者。二、擔任信託業負責人。三、對信託財產具有運用決定權者。四、第1款或第2款之人獨資、合夥經營之事業，或擔任負責人之企業，或為代表人之團體。五、第1款或第2款之人單獨或合計持有超過公司已發行股份總數或資本總額10%之企業。六、有半數以上董事與信託業相同之公司。七、信託業持股比率超過5%之企業。

24 (B)。預收款信託種類：禮券預收款信託、生前契約預收款信託、儲值卡預收款信託、會籍費用預收款信託。

25 (A)。受託人變更不涉及任何稅負。

26 (B)。遺產及贈與稅法第5-1條，1.信託契約明定信託利益之全部或一部之受益人為非委託人者，視為委託人將享有信託利益之權利贈與該受益人，依本法規定，課徵贈與稅。2.信託契約明定信託利益之全部或一部之受益人為委託人，於信託關係存續中，變更為非委託人者，於變更時，適用前項規定課徵贈與稅。3.信託關係存續中，委託人追加信託財產，致增加非委託人享有信託利益之權利者，於追加時，就增加部分，適用第1項規定課徵贈與稅。前三項之納稅義務人為委託人。但委託人有第7條第1項但書各款情形之一者，以受託人為納稅義務人。

27 (B)。（$10,000,000×0.9053－$2,200,000）×10%＝68.53萬，自111年度開始免稅額為244萬，則為66.13萬。

28 (D)。信託業法第9條，信託業之名稱，應標明信託之字樣。但經主管機關之許可兼營信託業務者，不在此限。非信託業不得使用信託業或易使人誤認為信託業之名稱。但其他法律另有規定者，不在此限。政黨或其他政治團體不得投資或經營信託業。

29 (B)。人身保險商品審查應注意事項第151條之1，附保證給付之投資型保險商品之專設帳簿資產如為委託經主管機關核准經營或兼營全權委託投資業務之事業代為運用與管理者，於全權委託帳戶之單位淨值低於該帳戶成立當日單位淨值80%時，不得提供資產撥回。

30 (D)。遞延年金保險單示範條款規定，自收到要保人書面通知時，開始生效。年金給付期間，要保人不得終止本契約。

31 (B)。銀行評估之主要風險包括壽命不確定性風險、利率風險、擔保品跌價風險、子女繼承問題。

32 (C)。民法第1113-3條，意定監護契約之訂立或變更，應由公證人作成公證書始為成立。公證人作成公證書後7日內，以書面通知本人住所地之法院。前項公證，應有本人及受任人在場，向公證人表明其合意，始得為之。意定監護契約於本人受監護宣告時，發生效力。

33 (D)。信託契約存續期間屆滿前，受託人一方得隨時終止本契約；但應於預定終止日前10個銀行營業日以前，以書面通知委託人。受託人通知委託人終止時，如本契約設有信託監察人者，受託人並應以書面通知信託監察人；委託人已受監護之宣告或輔助之宣告者，受託人並應以書面通知監護人或輔助人。委託人死亡，本契約應即終止。

34 (D)。民法第1215條，遺囑執行人有管理遺產，並為執行上必要行為之職務。遺囑執行人因前項職務所為之行為，視為繼承人之代理。
遺囑信託是由立遺囑人（委託人）預立遺囑，在遺囑中指定遺囑執行人，述明將全部或部分遺產交付信託，並明定該信託財產之受益人及受託人。一旦立遺囑人過世，由遺囑執行人依遺囑內容處理遺產、繼承相關事務，並將遺產完納遺產稅後交付信託。由受託人依遺囑內容管理信託財產，達到委託人照顧受益人（繼承人或受遺贈人）之遺願。
因此為己會同A銀行申請。

35 (D)。十大原則：訂約公平原則、注意與忠實義務原則、廣告招攬真實原則、商品或服務適合度原則、告知與揭露原則、酬金與業績衡平原則、申訴保障原則、業務人員專業性原則、友善服務原則及落實誠信經營原則。

36 (C)。商業型不動產逆向抵押貸款（以房養老），借款人將房屋設定抵押權給債權銀行，無須移轉房屋所有權，可於原屋繼續居住，隨著貸款期間越長，貸款餘額增加。

37 (C)。委託人依照信託契約約定每月定期或不定期給付生活費或安養費用。

38 (B)。房屋為信託財產者，於信託關係存續中，以受託人為房屋稅之納稅義務人；土地為信託財產者，於信託關係存續中，以受託人為地價稅或田賦之納稅義務人。

39 **(D)**。老人住宅管理要點第2條，老人住宅之設置及營運管理規劃，除法令另有規定外，適用本要點之規定。
第7條，興建老人住宅應符合區域計畫法、都市計畫法及其他相關法令規定，其建築基地面積應符合下列規定……。
老人住宅管理要點第3條，本要點所稱老人住宅，指依老人福利法或依其他相關法令規定興建，且其基本設施及設備規劃設計，符合建築主管機關老人住宅相關法令規定，供生活能自理之老人居住使用之建築物。

40 **(D)**。建築技術規則建築設計施工編第295條，老人住宅之服務空間，包括左列空間：一、居室服務空間：居住單元之浴室、廁所、廚房之空間。二、共用服務空間：建築物門廳、走廊、樓梯間、昇降機間、梯廳、共用浴室、廁所及廚房之空間。三、公共服務空間：公共餐廳、公共廚房、交誼室、服務管理室之空間。

41 **(A)**。在地老化定義為持續居住在社區內而非住在照護機構，並且保有某種程度的獨立性。因此，用在地資源協助老人在熟悉的社區中就近活用所需的長照服務，協助老人朝向自然老化，符合在地老化定義。

42 **(D)**。內政部89年5月3日台內中地字第8908199號函，遺囑人以遺囑，將其財產之全部或一部為受益人利益或特定目的設立之信託，稱遺囑信託。遺囑信託屬單獨行為，因此，遺囑人生前與他人訂立契約，以其死亡為條件或始期而設立之信託，非屬遺囑信託；而在遺囑人死亡之後，繼承人或遺囑執行人依遺囑，與受託人簽訂契約設立之信託，亦非遺囑信託。

43 **(A)**。民法第1144條，配偶有相互繼承遺產之權，其應繼分，依左列各款定之：三、與第1138條所定第4順序之繼承人同為繼承時，其應繼分為遺產2/3。祖父母為第4順位，因此丙丁各得300萬×（1/3）/2＝50萬。

44 **(C)**。
(A) 民法第1151條，繼承人有數人時，在分割遺產前，各繼承人對於遺產全部為公同共有。
(B) 民法第1172條，繼承人中如對於被繼承人負有債務者，於遺產分割時，應按其債務數額，由該繼承人之應繼分內扣還。
(C) 民法第1165條，被繼承人之遺囑，定有分割遺產之方法，或託他人代定者，從其所定。
(D) 民法第1164條，繼承人得隨時請求分割遺產。但法律另有規定或契約另有訂定者，不在此限。

45 (C)。民法第1113-3條，意定監護契約於本人受監護宣告時，發生效力。

46 (C)。受託人得為自己或第三人之利益辦理信託。

47 (C)。

(A) 保險金信託其特性是保險事故發生、保險理賠金入帳後，信託契約才生效。

(B)「保險金信託」係由委託人（即保險受益人）與受託人簽訂信託契約，因此保險金信託為受益人兒子。

(D) 解除信託契約必須經過信託監察人同意。

48 (D)。土地稅法第5-2條，以土地為信託財產，受託人依信託本旨移轉信託土地與委託人以外之歸屬權利人時，以該歸屬權利人為納稅義務人，課徵土地增值稅。

49 (A)。自然保險費隨著年齡增長及危險發生率的提高，保費逐年遞增。平準保險費，保險期間內，每一時期繳交保費皆為相同。因此自然保費相較平準保費是剛開始要繳的保費低，之後會逐漸增加。

50 (D)。2014年8月金管會保險局起主導並開放「保單活化」政策，目的是為了讓民眾將現有的傳統型終身壽險保單，轉換為同一壽險公司的「健康險、長照險或遞延年金險」。

51 (B)。推計費用率為3%，並上限金額為新臺幣30萬元。

52 (D)。為鼓勵房東參與社會住宅包租代管計畫，透過租賃住宅服務業將住宅出租予一定所得以下社會或經濟弱勢戶，即可享有每屋每月租金收入最高1.5萬元免稅優惠，超過部分還能扣除60%必要耗損及費用，無須另外檢附證明文件，此外，房屋稅、地價稅亦可享有自用住宅優惠稅率。

53 (C)。因為乙死亡，該受益權歸屬於甲，但甲已死亡時，應歸屬於甲之繼承人。

54 (D)。因B社會福利團體擔任信託監察人，丙為輔助人，因此委託人依老人安養信託契約之約定申請終止本契約時，應經B社會福利團體及丙同意。

55 (A)。應瞭解要保人對匯率風險之承受能力，即甲。

56 (C)。信託公會老人安養信託契約參考範本第4條，信託監察人得以自己名義，為受益人為有關信託之訴訟上或訴訟外之行為，並以善良管理人之注意義務，依本契約之約定及相關法令執行其職務。

57 (C)。（5,000萬－244萬－2,500萬）×15%＋250萬＝5,884,000元。

58 (B)。信託監察人可以一人或多人，並能約定順位，另監察人也可由社福團體或意定監護人擔任，契約變更或提前終止需經監護人同意。

59 **(A)**。此為自益信託，因此委託人及受益人均為大兒子、受託人則為銀行。

60 **(A)**。遺產及贈與稅法第5-1條，信託契約明定信託利益之全部或一部之受益人為非委託人者，視為委託人將享有信託利益之權利贈與該受益人，依本法規定，課徵贈與稅。因信託已執行超過2年，因此，信託財產不計入王媽媽之遺產。

第三期第一節

第一部分

( ) **1** 老人學家由4種不同層面來探討老化的過程。一般所說的肌少症係指下列何者？ (A)時序老化 (B)生理老化 (C)心理老化 (D)社會老化。

( ) **2** 衛福部在長照服務2.0啟動後，預算連年創下新高，有關長照2.0理念／目的之敘述，下列何者錯誤？ (A)理念：以人為本、社區基礎、連續照顧 (B)建立優質、免費、普及的長期照顧服務體系 (C)整合多目標社區式支持服務，銜接出院準備服務及居家照護服務 (D)實踐在地老化價值，提供每個需要的人都有多元連續照顧服務。

( ) **3** 在老化的過程中，有關社會關係的轉變，不包含下列何者？(A)孤立 (B)代溝 (C)回憶生活 (D)有充分的經濟能力消費。

( ) **4** 有關「認知功能下降」之敘述，下列何者錯誤？ (A)泛指心智功能的下降，且已影響個人獨立運作自己的日常生活 (B)危險因子包含不良的飲食習慣、無運動習慣、長期的失眠、長期的人際低互動 (C)研究結果證實無氧運動能有效預防失智症 (D)維持口腔功能不退化，有助預防大腦功能的退化。

( ) **5** 與老人福利服務相關之各目的事業主管機關之敘述，下列何者正確？ (A)提供老人預防保健、心理衛生等服務的主管機關是衛生主管機關 (B)提供老人居住之社會住宅的主管機關是社會福利主管機關 (C)主管老人住宅建築管理、老人服務設施、公共設施等無障礙生活環境規劃是住宅主管機關 (D)主管老人就業促進及免於歧視的主管機關是社會福利主管機關。

(　　) **6** 有關「長照服務」之敘述，下列何者錯誤？ (A)所有提供長照服務的單位，需要先取得設立許可證書，才能正式營業提供長照服務 (B)日間照顧中心是指，只提供白天時段的服務，傍晚失能者回家生活 (C)小規模多機能服務提供日間照顧、臨時住宿等服務 (D)團體家屋屬於機構住宿式服務，提供中度以上的失智者全天候的永久型入住服務。

(　　) **7** 有關「預立醫療決定的簽署程序」之敘述，下列何者正確？(A)一定要先經過醫療機構提供醫療照護諮商這個程序 (B)意願人可以請代理人代替本人參加醫療照護諮商 (C)一定要經過公證人公證的流程 (D)因為系統已經登錄完畢，所以不需要重複註記在全民健康保險卡。

(　　) **8** 有關我國「長照十年計畫2.0」之敘述，下列何者錯誤？ (A)提供家庭托顧服務，協助失能者能就近得到白天的照顧服務 (B)為了普及各種長照服務，政府全額補助長照服務的相關費用 (C)提供喘息服務，讓家人有機會休息 (D)在社區設置失智社區服務據點，提供社區失智長者到據點參加認知功能促進相關服務。

(　　) **9** 早發性失智的王先生，生活尚能自理，最不適合的照護方式為下列何者？ (A)失智據點 (B)護理之家 (C)團體家屋 (D)日照中心。

(　　) **10** 下列敘述何者錯誤？ (A)老人福利機構的主管機關是社會及家庭署 (B)精神護理之家的主管機關是護理及健康照護司 (C)身心障礙福利機構的主管機關是社會及家庭署 (D)住宿式服務之長期照顧服務機構的主管機關是長期照顧司。

(　　) **11** 有關長期照顧服務法與老人福利法之敘述，下列何者錯誤？(A)長期照顧服務法與老人福利法之社區服務皆包含家屬教育服務 (B)老人福利法之社區服務包含法律服務，長期照顧服務法之社區服務不含法律服務 (C)老人福利法之社區服務提供退休準備服務，長期照顧服務法之社區服務不含此服務 (D)長期照顧服務法與老人福利法之居家服務、社區服務及機構服務皆包含醫事照護服務。

(　　) **12** 有關病人自主權利法與安寧緩和條例之敘述，下列何者錯誤？(A)病人自主權利法主要病情告知對象為本人　(B)安寧緩和條例主要病情告知對象為本人，家屬也可　(C)安寧緩和條例決定簽署的程序不包含註記在健保卡　(D)病人自主權利法只要簽署意願書即生效，可由家屬代簽。

(　　) **13** 甲男乙女為夫妻，有子女丙男丁女二人，丙有一子A，丁有一子B一女C，乙、丁先於甲死亡，甲死亡後何人可主張繼承甲之遺產？　(A)僅丙　(B)僅丙、丁　(C)僅丙、B　(D)丙、B、C。

(　　) **14** 下列何者非屬生前特種贈與？　(A)在繼承開始前二年內，從被繼承人受有財產之贈與　(B)繼承人中有在繼承開始前因結婚，已從被繼承人受有財產之贈與　(C)繼承人中有在繼承開始前因分居，已從被繼承人受有財產之贈與　(D)繼承人中有在繼承開始前因營業，已從被繼承人受有財產之贈與。

(　　) **15** 有關拋棄繼承之敘述，下列何者錯誤？　(A)未滿七歲之繼承人為拋棄繼承時，應由其法定代理人代理之　(B)拋棄繼承之效力，自法院收到繼承人之書面表示日起生效　(C)繼承人對繼承權不得為一部之拋棄　(D)拋棄繼承不得附條件與期限。

(　　) **16** 下列何者非屬遺產分割之方法？　(A)信託分割　(B)遺囑指定分割　(C)協議分割　(D)裁判分割。

(　　) **17** 信託監察人除監督受託人外，也可以自己的名義，為受益人進行有關信託的訴訟上或訴訟外之行為，在資格上應有所限制。下列何者得為信託監察人？　(A)已婚未成年人　(B)受監護或輔助宣告之人　(C)破產人　(D)公益團體。

(　　) **18** 在保險金信託中，應由保單中的何人來擔任信託的委託人？(A)要保人　(B)被保險人　(C)受益人　(D)保險公司。

(　　) **19** 金管會持續推動銀行業公平合理對待高齡客戶措施，請銀行公會訂定相關自律規範之有關高齡族群的保護重點，不包含下列何者？　(A)業者需對高齡客戶了解、觀察及諮詢，以確實評估其金

融需求　(B)成立高齡金融反剝削基金會　(C)客服流程設計、商品開發，皆需考慮高齡之特殊需要及友善性　(D)在商品推介、銷售環節，應強化KYC、KYP及適合度分析等審慎評估程序。

(　　) **20** 信託業擔任安養信託之受託人且訂有給付報酬者，下列敘述何者錯誤？　(A)受託人之報酬請求權屬一般債權　(B)安養信託收費普遍不高　(C)約定之報酬可依個案情形請求增減數額　(D)有優先於無擔保債權人受償之權。

(　　) **21** 信託業依投資商品適合度方式對客戶作風險承受等級之評估結果，超過多久需再重新檢視？　(A)六個月　(B)一年　(C)十八個月　(D)二年。

(　　) **22** 高齡者擔心未來失智，故在金錢型安養信託約定受託銀行在其概括指定的範圍或方法內，由受託銀行具有運用決定權，依信託業法施行細則分類，該信託業務屬下列何者？　(A)指定單獨管理運用金錢信託　(B)特定單獨管理運用金錢信託　(C)指定集合管理運用金錢信託　(D)指定存款運用金錢信託。

(　　) **23** 信託成立後多少期間內，委託人或其遺產受破產宣告者，推定其行為有害債權？　(A)三個月　(B)六個月　(C)一年　(D)三年。

(　　) **24** 委託人蔣爸爸在110年12月1日以20萬股之某一上市公司股票成立一為期五年之信託，約定於五年間每年配息配股給蔣小兒，五年期滿後該股票仍歸蔣爸爸所有，該股票訂立信託契約日，公司每股淨值為50元，收盤價為100元，假設蔣爸爸當年度僅有此筆贈與，且贈與免稅額為220萬元，郵局一年期定期儲金固定利率為2%，請問蔣爸爸需繳納多少贈與稅？【PVIF（2%,5）＝0.9057】　(A)0　(B)68.57萬　(C)159.14萬　(D)178萬。

(　　) **25** 有關員工持股信託及員工福儲信託之特性，下列敘述何者正確？(A)信託資金集合運用分別管理　(B)信託投資標的、投資金額、投資時點等均由受託人指定，屬金錢信託　(C)信託投資標的、投資金額、投資時點等均由委託人指定，屬股票信託　(D)僅限每季由委託人薪資中提撥一定比例或金額加上公司的獎勵金進行投資。

(　　)　**26** 有關遺囑信託申辦流程之相關敘述，下列何者錯誤？　(A)委託人應配合遺囑信託需求，確立信託目的、信託財產與受益人等信託內容　(B)委託人立遺囑說明信託相關內容並指定遺囑執行人　(C)若有選任遺囑執行人者，無須繳納遺產稅得逕將遺產交付信託　(D)受託人依信託約定管理信託財產及給付信託利益予受益人。

(　　)　**27** 下列何種常見之預收款信託業務，非將預收款全數交付信託？(A)生前契約信託　(B)第三方代收代付款信託　(C)電子支付款項信託　(D)禮券預收款信託。

(　　)　**28** 信託存續期間，有關課稅之敘述，下列何者錯誤？　(A)自益信託改他益信託，委託人為營利事業時，委託人應就贈與利益代扣所得稅　(B)委託人為自然人，追加他益信託財產，應對委託人課徵贈與稅　(C)房屋為信託財產者，其地價稅、房屋稅得以信託財產中之金錢支付　(D)出售信託財產中之股票，應以受託人為納稅義務人。

(　　)　**29** 依據現行遞延年金保險單示範條款，要保人不得於下列何項時期辦理年金保險契約終止？　(A)累積期　(B)寬限期　(C)等待期　(D)給付期。

(　　)　**30** 在保險市場上，俗稱的「長照三寶」，通常是指下列何者？A.利變年金險；B.特定傷病險；C.定額手術險；D.傷害醫療險；E.長期照護險；F.失能扶助險　(A)A、D、F　(B)B、E、F　(C)C、E、F　(D)A、E、F。

(　　)　**31** 房地合一稅修正後，自110年7月1日起，共有五種交易不受影響，下列何者敘述錯誤？　(A)自住房地持有並設籍滿6年，稅率10%　(B)個人因非自願調職交易，稅率10%　(C)個人以自有土地與建商合建分回房地交易，稅率20%　(D)個人參與危老重建取得房地後第一次移轉，稅率20%。

(　　) **32** 有關銀行辦理以房養老貸款業務，下列敘述何者錯誤？
(A)符合一定年齡且須有正常收入之本國自然人
(B)信用往來正常、貸款成數符合擔保品區位、屋況條件
(C)擔保品所有權為借款人持有且為自住使用
(D)年齡與貸款年限加總不得低於各銀行規定，並應注意餘命高於預期壽命問題。

(　　) **33** 若甲自書遺囑全文，記明年、月、日，並親自簽名，指定乙為遺囑執行人，該遺囑明文記載將遺產中之十分之一現金新臺幣5,000萬元，信託交由A銀行管理，以因應其孫輩丙、丁及戊教育及生活所需要。若A銀行因故拒絕接受，下列敘述何者正確？
(A)利害關係人或檢察官得聲請法院選任受託人
(B)該遺囑信託無效
(C)遺囑執行人應起訴強制A銀行接受擔任受託人
(D)A銀行應指定其他銀行擔任受託人。

(　　) **34** 甲與A銀行參考中華民國信託商業同業公會所公布「老人安養信託契約參考範本」之內容，成立自益型老人安養信託，若其後甲死亡，有關該信託契約效力之敘述，下列何者正確？
(A)信託契約應即終止　(B)信託契約自始無效
(C)信託契約撤銷　(D)信託契約解除。

(　　) **35** 下列敘述何者違反「金融服務業公平待客原則」之「告知與揭露原則」？
(A)金融服務業銷售文件之用語應以中文表達，並力求淺顯易懂，必要時得附註原文
(B)金融服務業任何說明或揭露之資訊或資料均須正確，前述資訊或資料應註記日期
(C)對於投資型商品，金融服務業只須就商品之特性向金融消費者說明重要內容即可，無須揭露可能涉及之風險資訊
(D)金融服務業應依各類金融商品或服務之特性向金融消費者說明，其對該金融商品或服務之權利行使、變更、解除及終止之方式及限制。

( ) **36** 有關商業型不動產逆向抵押貸款（以房養老）之敘述，下列何者錯誤？ (A)借款人需先將房屋所有權移轉登記給債權銀行，再由債權銀行將該房屋設定抵押權給借款人 (B)貸款期間經過越久，貸款餘額越多 (C)依老人福利法之規定，金融主管機關應鼓勵金融業者提供商業型不動產逆向抵押貸款服務 (D)貸款期間，借款人仍可繼續居住於已抵押設定之房屋。

( ) **37** 下列何者非屬信託業跨金融商品內部資源整合行銷之模式？(A)安養信託結合生存保險 (B)透過發行認同信用卡推展退休安養信託業務 (C)不動產開發及危老都更業務整合授信及信託業務 (D)與社福團體，律師與會計師事務所等進行跨業轉介行銷合作。

( ) **38** 有關安養信託之優點，下列敘述何者正確？ A.可以解決老後財產管理不便及財產安全受威脅的問題；B.民眾可預先規劃資產配置，約定未來按期給付日常所需的生活費；C.民眾可預先規劃資產配置，約定未來給付款項於予安養機構，確保晚年照護無虞；D.有利銀行推展積極型理財商品提高民眾信託財產報酬率，確保信託財產可以用到最後一刻 (A)僅A、B (B)僅B、C (C)僅A、B、C (D)僅B、C、D。

( ) **39** 下列敘述何者錯誤？ (A)市場供需平衡，健康狀況及經濟能力較高的高齡者進入住宅市場 (B)健康狀況佳，但經濟能力較低的高齡者以長照機構為主 (C)健康狀況不佳，但經濟能力較高的高齡者可自費入住收費型的長照機構或導入其服務 (D)健康狀況及經濟能力較差的高齡者則透過社會福利解決其居住及照顧問題。

( ) **40** 涉及銀髮住宅申請設置與營運管理方面相關法規，下列何者錯誤？ (A)老人福利綜合管理要點 (B)老人福利法 (C)老人福利法施行細則 (D)老人住宅綜合管理要點。

第二部分

(　　) **41** 生物老化（physical aging）指生理上的改變，身體器官系統的效率降低了。在功能性的老化-身體功能評估中體適能測驗「5公尺步行速度」表現，其測量目的是下列何者？　(A)下肢肌肉表現　(B)爆發力　(C)動態平衡力　(D)行動能力表現。

(　　) **42** 有關繼承債務之清償責任，下列敘述何者錯誤？　(A)被繼承人生前之債務，除法律另有特別規定或專屬於被繼承人本身者外，全部自其死亡時起，由繼承人承受　(B)被繼承人死亡前二年內贈與繼承人之財產，應全部算入限定責任之責任財產範圍內　(C)繼承人所繼承之債務，得僅就因繼承所得遺產之限度內，予以清償　(D)繼承人意圖詐害被繼承人之債權人之權利而為遺產之處分，亦就繼承債務之清償，負有限責任。

(　　) **43** 依民法規定，繼承權被侵害者，被害人或其法定代理人得請求回復之請求權，自知悉被侵害之時起，幾年間不行使而消滅？(A)一年　(B)二年　(C)三年　(D)五年。

(　　) **44** 有關遺贈之敘述，下列何者正確？　(A)遺贈為契約行為　(B)遺贈須與受贈與人雙方意思表示一致　(C)遺贈須以口頭約定或以書面成立贈與契約　(D)遺贈必須滿16歲始得為之。

(　　) **45** 依民法規定，法院為監護之宣告後，監護人共同執行職務時，有事實足認監護人全體不符受監護人之最佳利益之情事者，應如何處理？　(A)應由國家養護機構介入，擔任監護人　(B)應由親屬會議決定監護人之人選　(C)法院得依有聲請權人之聲請或依職權，就民法規定所列之人另行選定或改定為監護人　(D)應由親屬會議就配偶、三親等內血親或二親等內姻親中，重新選定監護人。

(　　) **46** 高齡者以不動產成立安養信託，下列敘述何者錯誤？　(A)信託成立後不清償債務，債權人可向法院聲請撤銷信託　(B)高齡者拒付受託人管理財產之修繕費用，受託人可去評議中心爭取權益　(C)該不動產依約定處分所得款項仍然是信託財產　(D)若該不動產在信託前已有房貸，而高齡者在信託後不再支付房貸本息，貸款銀行可向法院聲請拍賣該不動產。

(　　)　**47** 在委託人與受益人不相同的他益信託架構中，一旦信託成立後，在信託行為並未另有保留或訂定的情況下，下列何者為委託人在未取得受益人同意的情況下可單獨辦理的事項？　(A)變更受益人　(B)終止信託契約　(C)同意受託人的辭任　(D)當受託人破產時指定新受託人。

(　　)　**48** 金碳吉公司員工A先生因故去世，金碳吉公司為照顧A先生未成年的兒子B，於107年將200萬元交付信託，並指定B為信託受益人，下列敘述何者正確？　(A)金碳吉公司須報繳贈與稅　(B)B未成年，不用列入所得　(C)B應將107年實際受領金額列入當年個人綜合所得，並於108年5月申報繳納綜合所得稅　(D)B應將200萬元列入107年個人綜合所得，並於108年5月申報繳納綜合所得稅。

(　　)　**49** 衡量保險市場發展的指標，經常會使用「保險密度」，下列敘述何者正確？　(A)有效保險契約件數對人口數之比率　(B)有效保險契約保額對國民所得之比率　(C)保險費收入對GDP之比率　(D)每人平均保費支出。

(　　)　**50** 有關年金保險的定義與說明，下列何者錯誤？　(A)除了一次給付型，還有定期給付與終身給付型　(B)常見類型有投資型年金險、利變型年金險等　(C)在被保險人生存期間或特定期間內，定期支付約定金額　(D)進入給付期間仍可以申請保單借款。

(　　)　**51** 有關留房養老安養信託，下列敘述何者正確？　A.留房養老架構下委託人未必是100%信託利益之受益人；B.可由子女擔任委託人及本金受益人，指定父母為孳息受益人；C.信託關係消滅，受託人將不動產歸屬返還予本金受益人　(A)A、B、C　(B)僅A、B　(C)僅B、C　(D)僅A、C。

(　　)　**52** 不動產合建態樣有關「委建」、「合建分屋」及「合建分售」之敘述，下列何者錯誤？　(A)「委建」係地主以資金向建商購買建物　(B)「合建分屋」係地主與建商進行房地互易　(C)「合建分售」係地主與建商各自出售土地及建物，雙方按房地比例分別收取價款　(D)「合建分屋」發票憑證開立時點為收取房地出售價款時開立。

( ) **53** 依金融消費者保護法第7條規定，金融服務業與金融消費者訂立提供金融商品或服務之契約，應本公平合理、平等互惠及下列何種原則？ (A)信賴保護原則 (B)誠信原則 (C)過失責任原則 (D)法律不溯及既往原則。

( ) **54** 若A銀行之理財業務人員擬對金融消費者甲銷售金融消費者保護法第11條之2第2項所定之複雜性高風險商品，有關其說明及揭露之事項，下列何者正確？ (A)金融服務業提供之金融商品屬複雜性高風險商品者，其對金融消費者進行之說明及揭露，除以非臨櫃之自動化通路交易或金融消費者不予同意之情形外，應錄音或錄影 (B)金融服務業與金融消費者訂立提供金融商品或服務之契約日起10個營業日內，應向金融消費者充分說明該金融商品、服務及契約之重要內容，並充分揭露其風險 (C)金融服務業對金融消費者進行之說明及揭露時，應有律師或會計師擔任見證人 (D)金融服務業對金融消費者進行之說明及揭露，應以金融消費者能充分瞭解之文字或其他方式為之，但其內容不包括交易成本、可能之收益及風險等。

( ) **55** 關於「金融消費爭議事件」，如金融消費者對於金融服務業回覆之處理結果不接受者，得於收受處理結果或期限屆滿之日起多久內，向財團法人金融消費評議中心申請評議？ (A)10日 (B)30日 (C)60日 (D)90日。

( ) **56** 下列有關金錢型安養信託辦理流程，正確順序應為何？ A.受託人設置信託財產專戶；B.委託人移轉信託財產給受託人；C.受託人定期支付生活費、安養機構費用；D.委託人與受託人簽訂信託契約；E.受託人依信託契約管理運用信託財產
(A)A→D→B→C→E (B)D→B→A→C→E
(C)D→A→B→E→C (D)D→B→A→E→C。

請根據下列案例，回答第57～60題：

老曾名下有一自有房產及存款若干元，目前獨居在南部自宅務農為生，其子小曾已成家立業另行居住在北部。老曾已屆70歲想安排退休安養規劃，其自有房產是沒有電梯的透天厝，因老曾感到身體已老化、上下樓梯行動愈來愈不方便，考慮想搬到附近的長照安養機構住，但擔心沒有固定收入可繳交入住安養機構費用。

(　　)　**57** 老曾耳聞銀行可協助將老屋產權交付信託，透過包租代管業者合作出租老屋，租金一樣交付信託，可用來支付長照安養機構及其他生活費用。前述安養制度稱為下列何者？　(A)理財型房屋貸款　(B)留房養老安養信託　(C)不動產證券化　(D)產業型逆向抵押貸款。

(　　)　**58** 假設老曾經診斷已罹患阿茲海默失智症，由小曾帶往入住長照安養機構。有關簽訂長期照護定型化契約應記載事項中，如老曾入住逾期欠繳長期照護費，經扣抵保證金達多少時，長照安養機構應訂至少多久以上之期限通知小曾補足？　(A)1／3、一個月　(B)1／3、三個月　(C)1／2、一個月　(D)1／2、三個月。

(　　)　**59** 假設老曾將自有房產出售，取得價金設立自益安養信託，其資金用途，下列何者錯誤？　(A)信託管理費　(B)老曾未來喪葬費用　(C)老曾安養機構費用　(D)小曾名下房屋貸款本息。

(　　)　**60** 小曾鑑於其父老曾面臨安養退休金困窘，遂著手提前規劃準備退休金，查得我國金管會已請某機構規劃結合退休投資與促進公益之「退休準備平台」，該機構為下列何者？　(A)臺灣集中保管結算所　(B)中華民國退休基金協會　(C)中華民國投信投顧公會　(D)證券投資人及期貨交易人保護中心。

解答與解析

1 (B)。隨著年齡增加，各種生理器官功能開始衰退的「生物老化」或「生理老化」。故肌少症為生理老化。

2 (B)。建立優質、平價、普及的長期照顧服務體系。

3 (D)。經濟能力會下降。

4 (C)。有氧運動能減緩大腦老化，阻止認知能力下降，降低失智症的風險。

5 (A)。老人福利法第3條，本法所稱主管機關：在中央為衛生福利部；在直轄市為直轄市政府；在縣（市）為縣（市）政府。

本法所定事項，涉及各目的事業主管機關職掌者，由各目的事業主管機關辦理。

前二項主管機關及各目的事業主管機關權責劃分如下：

一、主管機關：主管老人權益保障之規劃、推動及監督等事項。

二、衛生主管機關：主管老人預防保健、心理衛生、醫療、復健與連續性照護之規劃、推動及監督等事項。

三、教育主管機關：主管老人教育、老人服務之人才培育與高齡化社會教育之規劃、推動及監督等事項。

四、勞工主管機關：主管老人就業促進及免於歧視、支援員工照顧老人家屬與照顧服務員技能檢定之規劃、推動及監督等事項。

五、都市計畫、建設、工務主管機關：主管老人住宅建築管理、老人服務設施、公共設施與建築物無障礙生活環境等相關事宜之規劃、推動及監督等事項。

六、住宅主管機關：主管供老人居住之社會住宅、購租屋協助之規劃及推動事項。

七、交通主管機關：主管老人搭乘大眾運輸工具、行人與駕駛安全之規劃、推動及監督等事項。

八、金融主管機關：主管本法相關金融、商業保險、財產信託措施之規劃、推動及監督等事項。

九、警政主管機關：主管老人失蹤協尋、預防詐騙及交通安全宣導之規劃、推動及監督等事項。

十、消防主管機關：主管本法相關消防安全管理之規劃、推動及監督等事項。

十一、其他措施由各相關目的事業主管機關依職權規劃辦理。

6 (D)。團體家屋（Group Home）是提供失智症老人一種小規模，生活環境家庭化及照顧服務個別化的服務模式，滿足失智症老人之多元照顧服務需求，並提高其自主能力與生活品質。有別於一般的機構式照護，家屋的空間規畫猶如一般家庭，有共用的客廳、餐廳、廚房、廁所，及屬於自己的臥室、廁所。經醫師診斷中度以上失智（CDR為2分以上）為原則，具行動能力、但需被照顧之失智症老人，不屬於機構住宿式服務。

7 **(A)**。病人自主權利法第9條，意願人為預立醫療決定，應符合下列規定：

一、經醫療機構提供預立醫療照護諮商，並經其於預立醫療決定上核章證明。

二、經公證人公證或有具完全行為能力者二人以上在場見證。

三、經註記於全民健康保險憑證。

意願人、二親等內之親屬至少一人及醫療委任代理人應參與前項第一款預立醫療照護諮商。經意願人同意之親屬亦得參與。但二親等內之親屬死亡、失蹤或具特殊事由時，得不參與。

8 **(B)**。並非全額，有部分負擔，低收入戶全額給付。

9 **(B)**。護理之家主要是提供患有重大疾病和慢性病，而無法自理生活的人，因此不適合王先生。

10 **(B)**。精神護理之家的主管機關是心理健康司。

11 **(A)**。老人福利法第18條，有包括教育服務，但非家屬教育服務。

12 **(D)**。病人自主權利法第9條，意願人為預立醫療決定，應符合下列規定：一、經醫療機構提供預立醫療照護諮商，並經其於預立醫療決定上核章證明。二、經公證人公證或有具完全行為能力者二人以上在場見證。三、經註記於全民健康保險憑證。

13 **(D)**。因乙丁先於甲死亡，因此由其剩餘仍在世之直系卑親屬優先繼承，即為丙、B、C。

14 **(A)**。民法第1173條，繼承人中有在繼承開始前因結婚、分居或營業，已從被繼承人受有財產之贈與者，應將該贈與價額加入繼承開始時被繼承人所有之財產中，為應繼遺產。但被繼承人於贈與時有反對之意思表示者，不在此限。前項贈與價額，應於遺產分割時，由該繼承人之應繼分中扣除。贈與價額，依贈與時之價值計算。

因此生前特種贈與指被繼承人生前因結婚、分居、營業，對繼承人所為之贈與。

15 **(B)**。民法第1175條，繼承之拋棄，溯及於繼承開始時發生效力。

16 **(A)**。遺產分割之方法：遺囑分割、協議分割、裁判分割。

17 **(D)**。信託法第53條，未成年人、受監護或輔助宣告之人及破產人，不得為信託監察人。

18 **(C)**。保險金信託係委託人約定當被保險人身故發生理賠或滿期保險金給付情事時，由保險公司將保險金交付受託人，並由受託人依信託契約約定將信託財產分配予受益人，於信託期間終止或到期時，交付剩餘資產予信託受益人。本項業務之保險受益人、信託委託人及信託受益人為同一人。

19 **(B)**。對高齡族群的保護重點有三方面：

(1) 銀行業者對高齡客戶必須有更多的了解、觀察及諮詢（符合法令規定），以確實評估其金融需求。

(2) 在客服流程設計、商品開發過程方面，也應考慮高齡客戶之特殊需要，並納入友善性考量。

(3) 在商品推介、銷售環節，應藉由KYC、KYP及適合度分析等審慎評估程序之強化，以及建立相應之控管措施與風險管理機制，俾向高齡客戶推介適合當事人風險屬性及承受能力之金融商品或服務。

20 **(D)**。信託法第39條，受託人就信託財產或處理信託事務所支出之稅捐、費用或負擔之債務，得以信託財產充之。前項費用，受託人有優先於無擔保債權人受償之權。第一項權利之行使不符信託目的時，不得為之。因此「給付報酬」未有優先於無擔保債權人受償之權。

21 **(B)**。信託業建立非專業投資人商品適合度規章應遵循事項第12條，信託業依適合度方式對客戶所作風險承受等級之評估結果如超過1年，信託業於推介或新辦受託投資時，應再重新檢視客戶之風險承受等級；如推介前無法重新檢視者，信託業僅得推介依第6條評估及確認後屬最低風險等級之商品。

22 **(A)**。信託業法施行細則第6條，單獨管理運用之信託：指受託人與個別委託人訂定信託契約，並單獨管理運用其信託財產。

23 **(B)**。信託法第6條，信託成立後6個月內，委託人或其遺產受破產之宣告者，推定其行為有害及債權。

24 **(A)**。未超過免稅額，且未有獲配股息。（自111年度開始免稅額為244萬元）

25 **(A)**。「員工福利信託」係公司為留住人才並提升企業向心力，以成立信託的方式，協助員工累積個人財富的信託類型，包括「員工持股信託」與「員工福利儲蓄信託」兩個類型。「員工持股信託」每月提撥之信託資金（包括薪資提存金及公司獎助金）之投資方式係用以投資自家公司股票；而「員工福利儲蓄信託」之投資方式除了自家公司股票外，還包括國內外基金或其他國內外有價證券等，為信託資金集合運用分別管理

26 **(C)**。遺產及贈與稅第6條，有遺囑執行人，以遺囑執行人為遺產稅之納稅義務人。遺囑執行人並將遺產完納遺產稅後交付信託。

27 **(A)**。殯葬管理條例第51條，殯葬禮儀服務業與消費者簽訂生前殯葬

服務契約，其有預先收取費用者，應將該費用75%，依信託本旨交付信託業管理。除生前殯葬服務契約之履行、解除、終止或本條例另有規定外，不得提領。

28 (A)。他益信託，委託人為營利事業時，無贈與稅適用。

29 (D)。年金給付期間，要保人不得終止契約。

30 (B)。長照三寶為長照險、殘扶險、傷病險，為BEF。

31 (B)。5種不受影響的交易：

(1) 維持稅率20%

A. 個人及營利事業非自願因素（如調職、房地遭強制執行）交易。

B. 個人及營利事業以自有土地與建商合建分回房地交易。

C. 個人及營利事業參與都更或危老重建取得房地後第一次移轉。

D. 營利事業興建房屋完成後第一次移轉。

(2) 維持稅率10%：自住房地持有並設籍滿6年（課稅所得400萬元以下免稅）

32 (A)。申貸對象：(1)年滿60歲之自然人。(2)具完全行為能力。(3)票信、債信往來正常者。(4)在國內設有戶籍之本國國民。

33 (A)。信託法第36條，受託人除信託行為另有訂定外，非經委託人及受益人之同意，不得辭任。但有不得已之事由時，得聲請法院許可其辭任。

受託人違背其職務或有其他重大事由時，法院得因委託人或受益人之聲請將其解任。

前二項情形，除信託行為另有訂定外，委託人得指定新受託人，如不能或不為指定者，法院得因利害關係人或檢察官之聲請選任新受託人，並為必要之處分。

34 (A)。信託關係消滅之情況：

(1) 信託契約中約定的終止事由已發生，例如：委託人約定的信託終止日到期。

(2) 信託目的已完成或不能完成時。

(3) 全體受益人死亡。

(4) 已經沒有信託財產可管理處分。

(5) 如果受益人為委託人本人，屬於「自益信託」，委託人或其繼承人可以提前終止信託契約。

35 (C)。金融服務業公平待客原則之告知與揭露原則：

以客戶能充分瞭解之文字或其他方式，說明金融商品或服務之重要內容，並充分揭露風險。

36 (A)。借款人將該房屋設定抵押權給銀行，無須移轉登記。

37 (D)。在跨信託或金融產品整合行銷方面，信託業可開發結合不同信託業務之服務，例如安養宅建案之不動產開發信託搭配租賃權信託、預收款信託及安養信託的信託整合模式或以信託業務整合內部資源貫穿銀行授信、理財、保險、證券化等各項金融商品，提供整合式金融服務。

38 **(C)**。安養信託並不推薦風險性理財，因此不推展積極性理財商品。

39 **(B)**。健康狀況佳，但經濟能力較低的高齡者以安養中心為主。

40 **(A)**。老人住宅綜合管理要點，為直轄市、縣（市）政府辦理老人住宅之申請設置與營運管理規劃，維護老人居住安全及權益，特訂定本要點。
無老人福利綜合管理要點。

41 **(D)**。一般走路速度以及快速走路速度測驗來評估中老年人行動能力。

42 **(D)**。民法第1163條，繼承人中有下列各款情事之一者，不得主張第1148條第2項所定之利益：一、隱匿遺產情節重大。二、在遺產清冊為虛偽之記載情節重大。三、意圖詐害被繼承人之債權人之權利而為遺產之處分。
民法第1148條第2項，繼承人對於被繼承人之債務，以因繼承所得遺產為限，負清償責任。

43 **(B)**。民法第1146條，繼承權被侵害者，被害人或其法定代理人得請求回復之。前項回復請求權，自知悉被侵害之時起，2年間不行使而消滅；自繼承開始時起逾10年者亦同。

44 **(D)**。民法債篇各論之贈與契約（民法第406條）之處，就作為之行為能力而言，贈與為契約，贈與人須有完全行為能力；但遺贈則以遺囑為之，為單獨行為，16歲以上之未成年人不用法定代理人之允許，即可立遺囑（民法第1186條第2項）。
法律不要求贈與契約須履行一定之方式，故贈與為不要式行為；但遺贈須以遺囑依法定方式為之，故屬要式行為。

45 **(C)**。民法第1106-1條，有事實足認監護人不符受監護人之最佳利益，或有顯不適任之情事者，法院得依前條第一項聲請權人之聲請，改定適當之監護人，不受第1094條第1項規定之限制。

46 **(B)**。信託法第39條，受託人就信託財產或處理信託事務所支出之稅捐、費用或負擔之債務，得以信託財產充之。前項費用，受託人有優先於無擔保債權人受償之權。第41條，受託人有第39條第1項或前條之權利者，於其權利未獲滿足前，得拒絕將信託財產交付受益人。

47 **(D)**。信託法第45條，受託人之任務，因受託人死亡、受破產、監護或輔助宣告而終了。其為法人者，經解散、破產宣告或撤銷設立登記時，亦同。第36條第3項之規定，於前項情形，準用之。新受託人於接任處理信託事務前，原受託人之繼承人或其法定代理人、遺產管理人、破產管理人、監護人、輔助人或清算人應保管信託財產，並為信託事務之移交採取必要之措施。法人合併時，其合併後存續或另立之法人，亦同。

48 **(D)**。此為他益信託，因為營利事業，不適用贈與，故列為B個人綜合所得稅申報。

49 **(D)**。保險密度，即該國保險業保費收入除其人口數，也就是平均每人每年的保費支出。

50 **(D)**。年金開始給付前，要保人得申請保險單借款，亦即進入給付期，不得申請保單借款。

51 **(A)**。均為正確，可依需求約定。

52 **(D)**。合建分屋：依財政部84年5月24日台財稅第841624289號函釋規定，除地主自始至終均未列名為起造人，且建設公司於房屋興建完成辦理總登記後，始將地主應分得之房屋所有權移轉與地主，應以房屋所有權移轉與地主之登記日為房屋換出日外，其餘均應以房屋使用執照核發日為房屋換出日。建設公司並應於上述換出日起3日內開立統一發票。

53 **(B)**。金融消費者保護法第7條，金融服務業與金融消費者訂立提供金融商品或服務之契約，應本公平合理、平等互惠及誠信原則。

54 **(A)**。金融消費者保護法第10條，金融服務業提供之金融商品屬第11條之2第2項所定之複雜性高風險商品者，前項之說明及揭露，除以非臨櫃之自動化通路交易或金融消費者不予同意之情形外，應錄音或錄影。

55 **(C)**。金融消費者保護法第13條第2項，金融消費者就金融消費爭議事件應先向金融服務業提出申訴，金融服務業應於收受申訴之日起30日內為適當之處理，並將處理結果回覆提出申訴之金融消費者；金融消費者不接受處理結果者或金融服務業逾上述期限不為處理者，金融消費者得於收受處理結果或期限屆滿之日起60日內，向爭議處理機構申請評議；金融消費者向爭議處理機構提出申訴者，爭議處理機構之金融消費者服務部門應將該申訴移交金融服務業處理。

56 **(C)**。順序為：委託人與受託人簽訂信託契約；受託人設置信託財產專戶；委託人移轉信託財產給受託人；受託人依信託契約管理運用信託財產；受託人定期支付生活費、安養機構費用。

57 **(B)**。留房養老是安養信託的一種，主要對象是55歲以上、手上不止一間房產的民眾，可以到銀行申請成立信託帳戶，以委託銀行「包租代管」房屋的方式，每月專款專用，並在扣除信託管理費之後，按月給付安養費用給受益人，讓高齡者不用擔心產權、資金管理等問題，且最終仍保有房產所有權，也讓房子能順利傳承。

58 **(C)**。消費者欠繳養護（長期照護）費或其他費用，或對機構負損害賠償責任時，機構得定不得少於7日以上之期限通知消費者繳納，逾期仍不繳納者，機構得於保證金內扣抵，保證金扣抵達1/2時，機構應定1個月以上之期限通知消費者補足。

59 **(D)**。此為自益信託，可以支付信託管理費及老曾之未來喪葬費用，但不能用來支付老曾兒子的各項支出，包括其名下房屋貸款本息。

60 **(A)**。我國金管會督導臺灣集中保管結算所股份有限公司規劃結合教育、投資、保障與公益的四合一「退休準備平台」，以提供國人安全、合宜的退休理財規劃管道。

第三期第二節

第一部分

( ) **1** 慢性病預防以及老年症候群預防對於高齡者皆是重要課題，下列何者為「老年症候群」-Geriatric Syndrome？ (A)糖尿病 (B)腦溢血 (C)輕微尿失禁 (D)心肌梗塞。

( ) **2** 有關我國「長照十年計畫2.0」之敘述，下列何者錯誤？ (A)長照服務申請專線是1966 (B)設計「輕度、中度、重度」三個失能等級 (C)國人申請後，需要通過「需求評估」，並不是任何人都可以使用 (D)政府補助的額度設有上限，並不是無限可以使用長照服務。

( ) **3** 超高齡社會即將到來，下列何者是金融機構面對超高齡社會要提升服務品質的做法？ (A)增加網路操作的服務內容 (B)增加高報酬的金融商品 (C)進行針對高齡者相關知識的內部教育訓練 (D)提高首次購屋的貸款成數。

( ) **4** 有關「成功老化」之敘述，下列何者錯誤？ (A)成功老化的精神並不在於永保年輕，而是在於如何妥善的老化 (B)成功老化重視如何逆轉與對抗「時序老化」的過程 (C)成功老化強調要保持參與生活的心態，因為每一個人都是自己人生的主角 (D)成功老化提倡從現在跨出第一步，以正向的心態經營自己的老年生活。

( ) **5** 有關「長照服務人員」之敘述，下列何者正確？ (A)家庭托顧服務員可以同時照顧六位失能者，包含自己的失能家屬最多四位，提供白天的照顧服務 (B)照顧服務員的主要功能是協助失能者滿足個人的基本生理需求以及日常生活需求 (C)護理人員的主要功能是協助失能者提升行為、社會關係、社會適應能力 (D)生活協助員的主要功能是協助失能者安排各項所需的長照服務，協助維持居家生活。

(　　) **6** 重度失智的趙爺爺，已經是3管病人，最適合入住的長照機構為下列何者？　(A)待在家裡　(B)安養中心　(C)家庭托顧　(D)長照機構（長期照護型）。

(　　) **7** 有關「長照十年計畫2.0」之長照服務，下列敘述何者正確？(A)政府設計「長照四包錢」，失能者可以選擇使用長照服務或是選擇現金補助　(B)服務的對象只有失能（智）者　(C)已經入住到護理之家的失能（智）者不具資格申請　(D)已經僱用外籍看護工的失能（智）者不具資格申請。

(　　) **8** 有關「長照十年計畫2.0」之長照服務，下列敘述何者正確？(A)長照需求等級1級的失能（智）者才能申請使用「交通接送服務」　(B)若是失能（智）者同時具有身心障礙身份別，可優先使用身障福利服務申請「輔具服務居家無障礙環境改善服務」　(C)為確保失能（智）者的權利，「喘息服務」的額度若有餘額，可以挪到其他項目的額度作為使用　(D)「照顧及專業服務」的補助額度是每年給付一次，可以一次申請使用完畢也可以分次使用。

(　　) **9** 下列敘述何者錯誤？　(A)依照國情統計通報，國人108年不健康之存活年數為8.2年　(B)依照國情統計通報，女性國人108年健康平均餘命為74.8歲　(C)依照國情統計通報，男性國人108年健康平均餘命為70.1歲　(D)依照國情統計通報，男性國人108年不健康之存活年數為7.6年。

(　　) **10** 長期照顧服務法之居家式長照服務不包含下列哪一項服務？(A)輔具服務　(B)交通接送服務　(C)心理支持服務　(D)緊急救援服務。

(　　) **11** 有關安寧緩和條例之敘述，下列何者錯誤？　(A)最近親屬之順序為配偶、父母、成年子女、孫子女　(B)安寧緩和條例最近親屬之範圍不包含四親等旁系血親　(C)不施行心肺復甦術或維生醫療，應由二位具有相關專科醫師資格之醫師診斷確為末期病人　(D)末期病人無簽署第一項第二款之意願書且意識昏迷或無法清楚表達意願時，最近親屬得以一人出具同意書。

(　　)　**12** 有關長期照顧服務申請及給付辦法之敘述，下列何者錯誤？(A)長照需要等級之複評期間自一百零八年八月一日起調整為一年　(B)照顧組合AA01每六個月需進行家訪並重新依個案需求擬訂照顧計畫，由個案管理員執行　(C)住院且有長照需要之個案，出院前由醫院完成長照需要評估者，出院後第六個月內即由照管中心進行個案初評　(D)長照服務給付之照顧組合名稱、內容與說明及支付價格，得由全國性長照相關法人、團體，檢具長照服務照顧組合建議書，向中央主管機關建議收載。

(　　)　**13** 單親父甲育有子女乙、丙、丁。甲死亡時，留下現金新臺幣（下同）150萬元，並無遺囑。甲生前，乙曾向甲借貸40萬元，且全數尚未清償，丙曾向甲借貸20萬元，且全數尚未清償。於遺產分割時，乙、丙、丁各可取得多少遺產？　(A)乙50萬元，丙50萬元，丁50萬元　(B)乙30萬元，丙50萬元，丁70萬元　(C)乙40萬元，丙40萬元，丁70萬元　(D)乙70萬元，丙70萬元，丁70萬元。

(　　)　**14** 繼承人欲拋棄其繼承權，應如何辦理？　(A)應於繼承開始時起三個月內，以書面向法院為之　(B)應於繼承開始時起六個月內，以書面向法院為之　(C)應於知悉其得繼承之時起三個月內，以書面向法院為之　(D)應於知悉其得繼承之時起六個月內，以書面向法院為之。

(　　)　**15** 依民法規定，法院對於監護之聲請，認為未達民法規定應為監護宣告之程度者，應如何處理？　(A)得依民法第15條之1規定，為輔助宣告　(B)應駁回監護聲請，不作任何處置　(C)應依職權逕交由社會福利機構安置　(D)應由主管機關擔任法定代理人，始能保障其權利。

(　　)　**16** 下列何種情形，可適用代位繼承之規定？　(A)第一順位繼承人於繼承開始前拋棄繼承　(B)第一順位繼承人於繼承開始前死亡　(C)被繼承人之兄弟姊妹於繼承開始前對於被繼承人有侮辱情事，經被繼承人表示其不得繼承　(D)被繼承人之兄弟姊妹於繼承開始後故意致應繼承人於死。

(　　) **17** 金融消費者為無行為能力人、限制行為能力人、受輔助宣告人或授與締約代理權之本人者，金融服務業依相關規定應為之說明或揭露事項者，不包括下列何者？
(A)法定代理人　(B)職務代理人
(C)意定代理人　(D)輔助人。

(　　) **18** 信託業建立非專業投資人商品適合度規章之項目不包括下列何者？　(A)商品風險等級分類　(B)員工教育訓練機制　(C)不當推介及受託投資客訴處理機制　(D)客戶風險承受等級與商品風險等級之適配方式。

(　　) **19** 有關信託成立方式的相關規範，下列何者正確？
(A)信託，除法律另有規定外，僅能以契約為之
(B)遺囑人死亡後，其繼承人或遺囑執行人依據遺囑，與受託人簽訂之信託契約，即為遺囑信託
(C)委託人生前以其死亡為條件或始期訂約，於死亡時發生效力，此非為遺囑信託
(D)以進行訴願或訴訟為主要目的者，信託行為仍被認定有部分效力。

(　　) **20** 有關信託財產要件，下列何者錯誤？　(A)須為受託人依法可取得之財產權　(B)僅為債務之消極財產不得為信託標的　(C)須為確定存在之財產權　(D)財產權本身附有負擔會影響信託設立效力。

(　　) **21** 高齡者以金錢成立信託，並指示受託人將金錢投資績優公司股票，以獲取穩定配息，該業務項目屬信託業法之何種信託？
(A)金錢之信託　(B)有價證券之信託
(C)金錢債權之信託　(D)股票之信託。

(　　) **22** 信託行為之有效要件所指的三大確定性，不包括下列何者？
(A)目的確定　(B)方法確定　(C)信託財產確定　(D)私益信託時受益人確定。

(　　)　**23** 委託人李媽媽於107年8月1日以價值6,600萬之某一上市公司股票成立一為期十年之信託，約定於十年間每年配息配股給小兒，十年期滿後該股票仍歸李媽媽所有，信託期間受託人不可處分股票，假設112年8月1日李媽媽不幸身故，依當日收盤價計算股票價值為8,000萬，郵局一年期定期儲金固定利率為2%，請問應計入李媽媽遺產之未領受信託利益權利價值金額為多少？【PVIF（2%,5）＝0.9057】　(A)754.4萬　(B)5,977.62萬　(C)7,245.6萬　(D)8,000萬。

(　　)　**24** 甲以自己之資金向建設公司購買2,000萬元的不動產（土地公告現值加房屋評定現值合計金額為1,200萬元），並要求建設公司將該不動產登記於甲兒子名下，下列敘述何者正確？　(A)視同贈與1,200萬　(B)視同贈與2,000萬　(C)贈與金額應為公告地價及房屋評定現值的合計金額　(D)以第三人為登記名義人，無贈與稅。

(　　)　**25** 有關保險金信託契約的實務作業重點，下列何者錯誤？　(A)為自益信託，保險金受益人＝信託委託人＝信託受益人　(B)信託期間由銀行依約定方式管理保險金　(C)委託人約定將保險金交付信託，待保險金撥入信託專戶時信託契約才生效　(D)信託終止時，將信託財產返還予保險契約之要保人。

(　　)　**26** 有關信託及房屋稅之敘述，下列何者錯誤？　(A)凡附著於土地上之各種房屋依法均應課徵房屋稅　(B)房屋為信託財產者，以受託人為房屋稅之納稅義務人　(C)經主管機關許可設立之公益信託，其取得之房屋一定可以免徵房屋稅　(D)自益信託且該房屋仍供委託人本人自住使用，得申請適用住家用稅率。

(　　)　**27** 下列何者不是管理型股票信託之目的？　(A)希望股票被妥適管理及領息　(B)想透過股票信託合法節稅　(C)希望股票可透過出借方式產生更多收益　(D)發行限制員工權利新股獎勵員工但希望可妥適管控該等股票。

(　　) **28** 房地合一稅修法後，自110年7月1日起，境內個人、法人持有期間僅2～5年者，其交易所得應課稅率分別為何？　(A)35%、免課　(B)20%、35%　(C)35%、35%　(D)45%、45%。

(　　) **29** 保險局於2021年度實施的投資型保單新「六不原則」，不包括下列何者？　(A)保證費率不得一率到底，必須分性別、年齡收不同保證費率　(B)保單不得有不停效保證　(C)不得承諾保戶資金立即投資　(D)附保證的月撥回類全委保單，淨值一旦低於7美元，不得再撥回。

(　　) **30** 保單活化政策為金管會2014年所推出，有關其執行目的與方式，下列敘述何者錯誤？　(A)可將傳統型終身壽險與年金險，選擇轉換為其他險種保單　(B)開放不同壽險公司保單的申請轉換　(C)可轉換成養老險、年金險，健康險　(D)保戶可依需求，重新分配既有的保險資源。

(　　) **31** 銀行承作以房養老貸款所需面臨風險不包括下列何者？　(A)長壽風險　(B)利率風險　(C)不動產漲價風險　(D)子女繼承問題。

(　　) **32** 有關留房養老安養信託結合不動產代管業者之異業結盟架構，下列敘述何者錯誤？　(A)由不動產所有權人與信託業者簽訂信託契約　(B)由信託業者管理租賃事務　(C)由信託業者將信託專戶內扣除稅費後的租賃款項交予資金受益人（高齡者）　(D)信託終止時不動產歸屬登記予不動產受益人。

(　　) **33** 依「銀行業公平對待高齡客戶自律規範」第15條規定，銀行應建立高齡客戶金融交易監控及加強查核（自行查核與內部稽核）機制，以及早辨識異常交易，但不適用於下列何種業務？　(A)財富管理業務　(B)信託業務　(C)授信業務　(D)銀行保險業務。

(　　) **34** 若甲擬捐助新臺幣10億元成立公益信託，依照中華民國信託業商業同業公會會員辦理公益信託實務準則第10條規定，會員於執行公益信託時應注意依信託本旨所為之年度公益支出，除信託成立當年度外，原則上應不低於前一年底信託資產總額之多少比例？(A)百分之一　(B)百分之二　(C)百分之三　(D)百分之五。

(　　)　**35** 下列敘述何者違反「金融服務業公平待客原則」之「申訴保障原則」？　(A)電子支付機構應於其業務服務網頁載明業務服務爭議採用之申訴及處理機制及程序　(B)就金融消費爭議事件，金融服務業應於收受申訴之日起三十日內為適當之處理，並將處理結果回覆提出申訴之金融消費者　(C)信託業應訂定並實行適當之紛爭處理程序，以有效處理委託人或受益人對其服務之申訴　(D)保險業僅需就傳統型保險商品訂定客戶紛爭之處理程序，投資型保險不用。

(　　)　**36** 金融服務業應就其業別環境與營業規模，依規定事項落實執行「公平待客原則」。其中，將「公平待客原則」政策及策略、內部遵循規章及行為守則，納入教育訓練課程，定期辦理教育宣導及人員訓練，每年時數至少多久？　(A)30小時　(B)10小時　(C)3小時　(D)1小時。

(　　)　**37** 委託人在簽約時支付簽約費，並交付小額財產到信託專戶，未啟動信託服務前無須交付大筆資金，請問以上敘述屬於下列何種信託業務之優點？　(A)公益信託　(B)保險金信託　(C)不動產信託　(D)預開型安養信託。

(　　)　**38** 有關金管會信託2.0「全方位信託」計畫願景，下列敘述何者錯誤？　(A)打造友善住宅，推動在地安老　(B)協助資產管理，保障經濟安全　(C)結合證券化工具，發展多元市場　(D)同業合作結盟，滿足多元需求。

(　　)　**39** 高齡者對環境適應能力低，普遍希望能在同一居所終老，下列何者錯誤？　(A)類社區老化　(B)社區老化　(C)在宅老化　(D)區域老化。

(　　)　**40** 下列何者為中華民國信託業商業同業公會所訂定安養信託契約範本，預先約定增加受託人可彈性調整信託財產給付金額之事項？　A.物價指數變動；B.委託人受監護或輔助宣告；C.委託人有入住安養機構或聘僱照護人員需求；D.主管機關調高安養機構收費標準　(A)僅A、B、C　(B)僅A、B、D　(C)僅A、C、D　(D)A、B、C、D。

第二部分

(　　) **41** 有關「尿失禁」之敘述，下列何者正確？　(A)出現尿失禁現象時，容易讓老人的憂鬱指數上升並影響夜間睡眠品質　(B)女性老人尿失禁的主因是泌尿道系統感染　(C)男性老人尿失禁的主因是膀胱肌肉功能退化　(D)尿失禁是指可以用意識控制尿液，漏尿的量與頻率都屬於輕微，還不至於會影響本人的社交功能。

(　　) **42** 下列何種情形，需經被繼承人表示其不得繼承，才喪失繼承權？(A)對於被繼承人有重大之虐待或侮辱情事　(B)偽造被繼承人之遺囑　(C)脅迫妨害被繼承人變更遺囑　(D)故意致應繼承人於死。

(　　) **43** 遺囑信託之信託生效時點為何時？　(A)遺囑完成時　(B)委託人死亡時　(C)簽立書面信託契約時　(D)遺囑有效成立時。

(　　) **44** 依民法規定，應得特留分之人，如因被繼承人所為之遺贈，致其應得之數不足者，應如何處理？　(A)應向受遺贈人請求損害賠償　(B)應行使歸扣權　(C)得按其不足之數由遺贈財產扣減之　(D)應主張遺贈無效，回復未為遺贈前之原狀。

(　　) **45** 民法有關意定監護之規定，下列敘述何者錯誤？　(A)法院為監護之宣告後，受任人有正當理由者，得聲請法院許可辭任其職務　(B)前後意定監護契約有相牴觸者，視為本人均撤回前後兩份意定監護契約　(C)意定監護契約之訂立或變更，應由公證人作成公證書始為成立　(D)意定監護契約得約定受任人執行監護職務，得以受監護人之財產購買股票進行投資。

(　　) **46** 有關信託行為的撤銷，下列敘述何者錯誤？　(A)信託行為一旦遭到撤銷，則信託行為自始無效　(B)信託行為遭撤銷時，不影響受益人已取得之權利　(C)信託行為有害於委託人之債權人權利者，債權人得聲請法院撤銷之　(D)撤銷權，自債權人知有撤銷原因時起，一年間不行使而消滅。自行為時起逾十年者，亦同。

(　　) **47** 有關信託業針對非專業投資人辦理風險承受等級之評估作業，下列敘述何者正確？　(A)僅針對自然人客戶，當客戶為法人時無須辦理風險承受度評估　(B)辦理評估客戶風險承受等級之人員與對客戶從事推介之人員可以為同一人　(C)填具客戶資料表時，可由信託業所屬人員代為填寫，但必須由客戶親自簽名確認　(D)若風險承受等級之評估結果已超過一年，卻無法重新檢視時，僅得推介風險等級最低之商品。

(　　) **48** 有關員工持股信託的相關課稅，下列敘述何者正確？　A.公司獎勵金，列入員工當年營利所得，納入員工當年個人綜合所得課稅；B.信託收益依實質課稅原則，列入員工當年個人綜合所得課稅；C.信託財產返還員工，納入員工當年個人綜合所得稅課稅；D.信託財產返還員工，無需課稅　(A)僅A、C　(B)僅B、D　(C)僅A、B、C　(D)僅A、B、D。

(　　) **49** 關於長期照顧保險約定之生理功能障礙，以六項日常生活自理能力存有障礙之定義，但不包括下列何者？　(A)移位障礙　(B)進食障礙　(C)辨識障礙　(D)更衣障礙。

(　　) **50** 我國已進入高齡社會，面對人口老化及少子化趨勢，經由小額終老保險之設計，以利高齡長者取得基本保險保障。有關小額終老保險特色與內容，下列敘述何者錯誤？　(A)投保金額從10萬～50萬元，每人最多投保3張　(B)提供終身身故或完全失能保障　(C)保險費較一般終身壽險便宜，可搭配傷害險附約增加保障　(D)身故或完全失能保障，第4保單年度起給付1倍保險金額。

(　　) **51** 有關預售屋不動產開發信託所稱「賣方就建案已完工並達交屋狀態」，係指下列何種情形？　(A)該建案結構體完成　(B)該建案取得使用執照　(C)建物完成所有權第一次登記　(D)建物所有權移轉給預售屋買方時。

(　　) **52** 107年5月1日出售104年8月1日取得之不動產，相關課稅之規定，下列敘述何者正確？　A.無房地合一稅課徵之適用；B.出售土地所得免稅；C.出售房屋所得屬財產交易所得，計入個人綜合所得課稅　(A)A、B、C　(B)僅A、B　(C)僅B、C　(D)僅A、C。

(　　) **53** 甲與A銀行參考中華民國信託業商業同業公會所公布「老人安養信託契約參考範本（委託人於信託期間喪失財產管理能力適用）」之條款，簽訂有老人安養信託契約，有關信託契約終止之事項，下列敘述何者正確？　(A)信託契約存續期間屆滿前，委託人非經目的事業主管機關之核准，不得終止本契約　(B)信託契約存續期間屆滿前，受託人一方得隨時終止本契約，不須於預定終止日前十個銀行營業日以前，以書面通知委託人　(C)受託人無法繼續履行處理信託事務之義務，致信託目的無法達成或信託事務無法執行時，受託人仍不得逕行終止　(D)因天然災害、政府法令變更或其他不可抗力之事由，致信託目的無法達成或信託事務無法執行時，本契約應即終止。

(　　) **54** 甲與A銀行簽訂「信託約定書」，規劃將其名下不動產成立遺囑信託，以該不動產之收益照顧其恩師乙之餘生，俟乙死亡後，剩餘信託財產捐贈給B私立大學。經查甲完成公證遺囑，並指定丙為遺囑執行人，丁為遺產管理人。若甲並無繼承人，甲死亡後，應如何辦理該不動產之信託登記？　(A)應於辦畢遺產管理人登記後，由受益人乙及B私立大學會同受託人申請之　(B)應於辦畢遺產管理人登記後，由受託人單獨申請之　(C)應於辦畢遺產管理人登記後，由遺產管理人丁會同受託人申請之　(D)應於辦畢遺產管理人登記後，由遺囑執行人丙會同受託人申請之。

(　　) **55** 所謂「金融消費者」，是指接受金融服務業提供金融商品或服務者。但不包括下列何對象？　A.專業投資機構；B.符合一定財力或專業能力之自然人；C.符合一定財力或專業能力之法人　(A)A、B、C　(B)僅A、B　(C)僅B、C　(D)僅A。

(　　) **56** 有關運用信託機制結合安養照護產業架構高齡信託模式，安養設施業者面臨問題可提供的解決方案，下列敘述何者正確？A.安養設施業者與高齡長輩間互不信任問題，可利用預收款信託來解決；B.安養設施業者面臨安養設施用地取得問題，可利用預收款信託來解決；C.安養設施業者面臨高齡長輩未妥善規劃資產保全問題，可利用安養信託來解決；D.安養設施業者面臨興建資金來源籌措不易，可透過不動產信託、營建資金信託來解決 (A)僅A、B、C (B)僅A、D (C)僅A、C、D (D)A、B、C、D。

請根據下列案例，回答第57～60題：

> 許醫師早年喪偶就未再娶，目前有一兒子許小弟（25歲），及一弱智女兒許小妹（22歲），尚能自理日常生活，許醫師年紀已大，為了保障弱智女兒之生活，避免財產遭詐騙，並進而達成移轉財產予下一代之規劃，於111年3月與銀行安排下列信託規劃：甲信託：委託人許醫師移轉現金5,000萬元予信託專戶，受益人為許小妹，且約定每月由信託專戶給付受益人許小妹生活費用3萬元，每年共36萬元。乙信託：許醫師將2,000萬之壽險保單（要保人及被保險人為許醫師，死亡保險金受益人為許小妹），交付信託，約定死後這筆保險金匯入此信託專戶。丙信託：委託人許醫師以現金2,000萬元成立信託，信託期間20年，契約約定每年由信託財產定額100萬給付許醫師，20年後信託期間屆滿剩餘財產移轉給許小弟。丁信託：許醫師預立遺囑，於許醫師死亡之日，將95年3月以市價3,000萬購入的房屋轉入丁信託，受益人為許小弟，信託期間為10年。

( ) **57** 有關甲信託，下列敘述何者正確？ A.成立時由許醫師申報繳納贈與稅；B.許小妹每年將36萬元計入所得申報所得稅；C.信託期間屆滿，信託財產移轉於受益人許小妹時，再由許醫師申報繳納贈與稅；D.信託期間，許小妹死亡時，須將許小妹享有信託利益之權利未領受部分計入許小妹的遺產總額 (A)僅A、B (B)僅A、D (C)僅B、C、D (D)僅A、B、D。

( ) **58** 假設許小弟不幸於113年3月死亡，（假設許醫師已領2年信託利益），死亡當日丙信託財產價值為1,800萬，郵局一年期定期儲金固定利率為1%，請問應計入許小弟遺產之未領受丙信託利益權利價值金額為多少？【PVIFA（1%,18）＝16.3983】 (A)1,601,700元 (B)2,000,000元 (C)16,398,300元 (D)18,000,000元。

(　　) **59** 假設3年後許醫師不幸死亡，遺囑順利執行，房屋轉入丁信託，下列敘述何者正確？　A.丁信託期間有關地價稅及房屋稅由許小弟為納稅義務人；B.許醫師死亡，以該筆房屋的土地公告現值及房屋評定價值計入遺產總額；C.信託期間屆滿，受託人將信託財產移轉給許小弟時，無須申報繳納土地增值稅及契稅；D.信託期間屆滿，受託人將信託財產移轉給許小弟時，須由許小弟申報繳納土地增值稅及契稅　(A)僅A、B　(B)僅B、C　(C)僅B、D　(D)僅A、B、D。

(　　) **60** 假設3年後，許醫師不幸死亡，下列敘述何者錯誤？　A.須將甲信託的信託財產時價計入許醫師的遺產總額；B.須將乙信託的信託財產時價計入許醫師的遺產總額；C.須將丙信託中許醫師享有信託利益之權利未領受部分計入許醫師的遺產總額；D.須將丁信託中的房屋以3,000萬計入許醫師的遺產總額　(A)僅A、B　(B)僅A、B、C　(C)僅A、B、D　(D)僅B、C、D。

解答與解析

1 (C)。老年症候群中有一即為老人尿失禁，因此輕微尿失禁為老年症候群之症狀。

2 (B)。長照2.0將失能程度由原本的輕、中、重度，更精細地區分為長期照顧需要8等級。

3 (C)。依據金融業公平待客原則，(A)(B)(D)相反。

4 (B)。成功老化包含生理、心理和社會三個層面，生理方面維持良好的健康及獨立自主的生活；心理方面適應良好，認知功能正常無憂鬱症狀；社會方面維持良好的家庭及社會關係，讓身心靈保持最佳的狀態，進而享受老年的生活。簡單的說，就是身心健康，還能享受生活，因此並非重視如何逆轉與對抗「時序老化」的過程。

5 (B)。
(A) 家庭托顧是一種介於居家與社區照顧間的服務模式，由托顧家庭在日間協助照顧失能老人，目前每一托顧家庭收托不得超過4人（包括自己家人）。
(C) 護理人員具有完整的護理、老人照護及長期照護之養成教育，透過此角色之擴展，更可引領優質長期照護之服務。

6 (D)。長期照護型長照中心服務對象主要照護無法自主生活，以及有慢性病者的患者，需要長期專業醫療服務，長期照護型長照中心，也能像護理之家一樣，能提供3管醫療服務。

7 **(C)**。曾經或已經具其他相同類型補助者，如身心障礙者日間照顧及住宿式照顧費用補助、領有中低收入失能老人機構公費安置費補助者等，住宿式服務機構使用者補助方案就不予補助。

8 **(B)**。失能（智）者同時具有身心障礙身份別，可優先使用身障福利服務申請「輔具服務居家無障礙環境改善服務」。

9 **(A)**。平均壽命與健康平均餘命之差距（即不健康之存活年數），108年為8.5年。

10 **(B)**。長期照顧服務法第10條，居家式長照服務之項目如下：一、身體照顧服務。二、日常生活照顧服務。三、家事服務。四、餐飲及營養服務。五、輔具服務。六、必要之住家設施調整改善服務。七、心理支持服務。八、緊急救援服務。九、醫事照護服務。十、預防引發其他失能或加重失能之服務。十一、其他由中央主管機關認定到宅提供與長照有關之服務。

11 **(A)**。安寧緩和醫療條例第7條第4項，最近親屬之範圍如：一、配偶。二、成年子女、孫子女。三、父母。四、兄弟姐妹。五、祖父母。六、曾祖父母、曾孫子女或三親等旁系血親。七、一親等直系姻親。

12 **(C)**。住院且有長照需要之個案，為利其出院後即時取得長照服務，出院前由醫院完成長照需要評估者，於出院後第4 個月內即由照管中心進行個案初評。

13 **(B)**。（150＋40＋20）/3＝70萬
乙：70－40＝30萬；丙：70－20＝50萬；丁：70萬

14 **(C)**。民法第1174條，繼承人得拋棄其繼承權。前項拋棄，應於知悉其得繼承之時起3個月內，以書面向法院為之。拋棄繼承後，應以書面通知因其拋棄而應為繼承之人。但不能通知者，不在此限。

15 **(A)**。民法第14條，法院對於監護之聲請，認為未達第1項之程度者，得依第15條之1第1項規定，為輔助之宣告。

16 **(B)**。民法第1140條，第1138條所定第1順序之繼承人，有於繼承開始前死亡或喪失繼承權者，由其直系血親卑親屬代位繼承其應繼分。

17 **(B)**。金融服務業提供金融商品或服務前說明契約重要內容及揭露風險辦法第4條，金融服務業依本辦法應予揭露及說明之金融消費者，指與金融服務業訂定金融商品或服務契約之契約相對人。前項金融消費者為無行為能力人、限制行為能力人、受輔助宣告人或授與締約代理權之本人者，金融服務業依本辦法應為之說明或揭露事項應向其法定代理人、輔助人或意定代理人為之。

18 (C)。信託業建立非專業投資人商品適合度規章應遵循事項第3條，信託業建立非專業投資人商品適合度規章應包含下列項目：一、客戶風險承受等級分類。二、商品風險等級分類。三、客戶風險承受等級與商品風險等級之適配方式。四、避免不當推介及受託投資之事前及事後監控機制。五、員工教育訓練機制。

19 (C)。遺囑信託為委託人以立遺囑方式設立信託，但信託生效日為委託人死亡發生繼承事實時。

20 (D)。委託人辦理信託的財產應符合以下要件，信託成立：該財產已確定存在。該財產屬於委託人的財產。該財產依法得以轉讓受託人。

21 (A)。以原始信託標的判斷，因此仍為金錢信託。

22 (B)。私益信託而言，信託目的、信託財產及受益人之確定，被認為係信託之有效要件。

23 (C)。8,000萬×0.9057＝7,245.6萬。

24 (A)。贈與房產給子女須繳納增值稅、契稅及土地增值稅，房產價值並非以市價來看，而是用「土地公告現值」及「房屋評定現值」計價，因此為1,200萬。

25 (D)。信託終止時，將信託財產返還予保險契約之委託人。

26 (C)。房屋稅條例第15條，私有房屋有下列情形之一者，免徵房屋稅：十一、經目的事業主管機關許可設立之公益信託，其受託人因該信託關係而取得之房屋，直接供辦理公益活動使用者。

27 (C)。「管理型有價證券信託」指以管理有價證券為目的之信託，主要適用於當有價證券持有人無暇或無法管理有價證券時，或機構法人基於有價證券之保全、作業或法令規定，而交付的信託。內容包含：股票股息或紅利之取得、政府公債或公司債之利息及本金之取得、公司增資發行新股之認購及公司股票表決權之行使（依委託人及受益人指示為之）。

28 (C)。

房地合一2.0　持有期間		
適用稅率	境內個人	境內法人
45%	2年以內	2年以內
35%	超過2年 未逾5年	超過2年 未逾5年
20%	超過5年 未逾10年	超過5年
15%	超過10年	－

29 (D)。「六不」原則：(1)附保證給付不得超出身故保證類型。(2)附保證給付金額，最多不得超過保戶總繳保費。(3)附保證的月撥回類全委保單，淨值一旦低於8美元，不得再撥回。(4)保證費率不得一率到底，必須分性別、年齡收不同保證費率。(5)不得承諾保戶資金立即投資，(6)保單不得有不停效保證。

30 (#)。 依公告答案為(A)或(B)。保單活化：提供保戶一種功能性契約轉換的「選擇權」，要保人可以選擇將原先含有死亡保障的傳統終身壽險（身故保險金），轉換為老年時可能需要的年金險或是醫療險、類長照險等健康險，藉由創造穩定現金流，轉移長壽風險給保險公司。

31 (C)。 不動產漲價並非風險，有利於銀行。

32 (B)。 留房養老安養信託，透過與包租代管業者合作，由高齡者將房屋產權及租金交付信託，而且不用子女同意，除可取得不動產租金收益，也可避免遭不當處分，長者的資產也不會因此流失，仍可傳承給子孫。

33 (C)。 銀行業公平對待高齡客戶自律規範第15條，銀行應建立高齡客戶金融交易監控及加強查核（自行查核與內部稽核）機制，以及早辨識異常交易。前項規定不適用授信業務。

34 (A)。公益信託之信託資產總額達新臺幣3千萬元（含）以上者，依信託本旨所為之年度公益支出，除信託成立當年度外，原則上應不低於前一年底信託資產總額之1%。

35 (D)。 金融消費者保護法第13條第2項：金融消費者就金融消費爭議事件應先向金融服務業提出申訴，金融服務業應於收受申訴之日起30日內為適當之處理，並將處理結果回覆提出申訴之金融消費者；金融消費者不接受處理結果者或金融服務業逾上述期限不為處理者，金融消費者得於收受處理結果或期限屆滿之日起60日內，向爭議處理機構申請評議；金融消費者向爭議處理機構提出申訴者，爭議處理機構之金融消費者服務部門應將該申訴移交金融服務業處理。
本會104年5月25日金管法字第1040054727號函：(1)為加強金融服務業對消費爭議處理之重視，提升消費爭議處理之效率與品質，保護金融消費者權益，各金融服務業應建立消費爭議處理制度（含處理流程SOP），提報董事會通過，並落實執行。(2)消費爭議處理制度內容至少應包括消費爭議之範圍、組織架構、受理方式、處理流程、處理時效、進度查詢、追蹤稽核、教育訓練與定期檢討等。

36 (C)。 將「公平待客原則」政策及策略、內部遵循規章及行為守則納入教育訓練課程（含數位課程），定期辦理教育宣導及人員訓練（每年至少3小時）。

37 (D)。 預開型安養信託，可採預先辦理，不必當下就開始將資產交付信託，且無受理金額，讓小額資產也能辦理信託，打破信託只有高資產者才能辦理的迷思。

38 (D)。 計畫願景乃透過與其他金融商品之整合，及結合都市更新及利用公有閒置土地，以打造友善住宅，推動在地安老；結合以房養老及保險給付等成立安養信託，以協助資產管理，確保經濟安全；透過跨業合作結盟，提供客戶一站式購足服務；並可結合證券化工具，以發展多元市場等。

39 **(D)**。區域老化，指區域人口老化程度。

40 **(D)**。安養信託契約範本第10條之1（信託財產給付金額之調整），一、雙方當事人得約定於信託存續期間內，如有下列情事，受託人得調整本契約「其他約定事項」表四所約定信託財產之給付金額：一、因行政院主計總處公布之消費者物價指數（總指數）變動；二、本契約存續期間，主管機關如依法令調高長照、安養、養護或護理之家等機構（當事人可依個案需求自行增刪機構之種類）之收費標準者，委託人同意受託人亦得依主管機關調高之幅度，增加信託財產之給付金額；三、本契約設有信託監察人時，雙方當事人得約定於信託存續期間內，如委託人本人、配偶、四親等內之親屬、最近一年有同居事實之其他親屬、檢察官、主管機關或社會福利機構依家事事件法，向管轄法院提出對委託人為監護宣告或輔助宣告事件之聲請，於法院裁定監護之宣告或輔助之宣告前，為因應委託人之生活、安養照護及醫療，得由信託監察人檢具事證及理由，以書面通知受託人依下列約定，增加信託財產之給付金額。

41 **(A)**。膀胱老化是造成老年人尿失禁的原因，男人的尿失禁有一半是攝護腺肥大造成，一半是膀胱老化引起；女人除了膀胱老化之外，約有3成是因尿道鬆弛、膀胱脫垂等引起的應力性尿失禁。

42 **(A)**。民法第1145條，有左列各款情事之一者，喪失其繼承權：

一、故意致被繼承人或應繼承人於死或雖未致死因而受刑之宣告者。

二、以詐欺或脅迫使被繼承人為關於繼承之遺囑，或使其撤回或變更之者。

三、以詐欺或脅迫妨害被繼承人為關於繼承之遺囑，或妨害其撤回或變更之者。

四、偽造、變造、隱匿或湮滅被繼承人關於繼承之遺囑者。

五、對於被繼承人有重大之虐待或侮辱情事，經被繼承人表示其不得繼承者。

前項第二款至第四款之規定，如經被繼承人宥恕者，其繼承權不喪失。

43 **(B)**。遺囑信託之信託生效時點為委託人死亡時。

44 **(C)**。民法第1225條，應得特留分之人，如因被繼承人所為之遺贈，致其應得之數不足者，得按其不足之數由遺贈財產扣減之。受遺贈人有數人時，應按其所得遺贈價額比例扣減。

45 (B)。民法第1113-8條，前後意定監護契約有相牴觸者，視為本人撤回前意定監護契約。

46 (A)。信託法第6條，信託行為有害於委託人之債權人權利者，債權人得聲請法院撤銷之。前項撤銷，不影響受益人已取得之利益。但受益人取得之利益未屆清償期或取得利益時明知或可得而知有害及債權者，不在此限。信託成立後6個月內，委託人或其遺產受破產之宣告者，推定其行為有害及債權。

47 (D)。信託業建立非專業投資人商品適合度規章應遵循事項

(A) 第4條，信託業訂定客戶風險承受等級分類時，應考量不同客戶對於風險之承受能力不同，就客戶之身分、財務背景、所得與資金來源、風險偏好、過往投資經驗及委託目的與需求等，綜合下列資料，至少將客戶劃分為高風險承受等級、中風險承受等級及低風險承受等級：一、客戶資金操作狀況及專業能力。二、客戶之投資屬性、對風險之瞭解及風險承受度。

(B) 第13條，辦理評估客戶風險承受等級之人員與對客戶從事推介之人員不得為同一人。

(C) 第13條，辦理客戶風險承受等級評估，請客戶填具客戶資料表時，應避免由信託業所屬人員代為填寫。

48 (B)。

(A) 公司獎勵金，列入員工當年薪資所得，納入員工當年個人綜合 所得課稅。

(C) 信託財產返還員工無需納入員工所得課稅。

49 (C)。長期照顧保險單示範條款第2條，6項日常生活自理能力（ADLs）存有障礙之定義如下：

(1) 進食障礙：須別人協助才能取用食物或穿脫進食輔具。

(2) 移位障礙：須別人協助才能由床移位至椅子或輪椅。

(3) 如廁障礙：如廁過程中須別人協助才能保持平衡、整理衣物或使用衛生紙。

(4) 沐浴障礙：須別人協助才能完成盆浴或淋浴。

(5) 平地行動障礙：雖經別人扶持或使用輔具亦無法行動，且須別人協助才能操作輪椅或電動輪椅。

(6) 更衣障礙：須別人完全協助才能完成穿脫衣褲鞋襪（含義肢、支架）。

50 (A)。目前小額終老保險包含終身壽險，每人累計保額上限自110年7月1日起由50萬元提高至70萬元。

51 (C)。賣方就建案已完工並達交屋狀態：指建物完成所有權第一次登記，此時信託目的已完成，信託關係消滅。

52 (A)。房地合一稅於2016年上路，只要於2016年後取得之房地，出售時均得適用本稅制規定，此題不適用房地合一稅，無房地合一稅課徵之適用，出售土地所得免稅，且出售房屋所得屬財產交易所得，計入個人綜合所得課稅。

53 (D)。老人安養信託契約參考範本（委託人於信託期間喪失財產管理能力適用）第19條，信託存續期間內，如有下列情事之一者，本契約應即終止：(三)因天然災害、政府法令變更或其他不可抗力之事由，致信託目的無法達成或信託事務無法執行時。

54 (C)。於辦完遺產管理人丁登記後，由遺產管理人丁會同受託人申請之不動產之信託登記。

55 (A)。金融消費者保護法第4條，本法所稱金融消費者，指接受金融服務業提供金融商品或服務者。但不包括下列對象：

一、專業投資機構。

二、符合一定財力或專業能力之自然人或法人。

56 (C)。安養設施業者面臨安養設施用地取得問題，可利用REITs信託來解決。

57 (B)。

(B) 已由許醫生納入贈與，許小妹無須計入申報所得稅。

(C) 甲信託屬於以信託金額按受益人死亡時起至受益時止之期間，依受益人死亡時郵政儲金匯業局一年期定期儲金固定利率複利折算現值計算之，列入許小妹遺產課徵遺產稅。

58 (A)。$18,000,000－$1,000,000×16.3983＝$1,601,700。

59 (B)。

(A) 土地為信託財產者，於信託關係存續中，以受託人為地價稅或田賦之納稅義務人。

(D) 遺產與贈與稅法第3-2條，因遺囑成立之信託，於遺囑人死亡時，其信託財產應依本法規定，課徵遺產稅。

60 (C)。遺產及贈與稅法第10-1條，享有全部信託利益之權利者，該信託利益為金錢時，以信託金額為準；信託利益為金錢以外之財產時，以受益人死亡時信託財產之時價為準。

土地以公告土地現值或評定標準價格為準；房屋以評定標準價格為準。

第四期第一節

第一部分

(　　)　**1** 世界衛生組織（World Health Organization, WHO）定義一個國家高齡人口達多少比率時稱之為「超高齡社會」？　(A)7%　(B)14%　(C)20%　(D)25%。

(　　)　**2** 簡易智能量表（Mini-mental state examination，簡稱MMSE）屬於量測下列何者的量表工具？　(A)體重　(B)滿意度　(C)認知功能　(D)情緒智商（E.Q.）。

(　　)　**3** 有關我國實施長期照顧計畫2.0版的理念和目的，下列敘述何者錯誤？　(A)以人為本　(B)社區基礎　(C)連續照顧　(D)強調以機構式服務為主。

(　　)　**4** Leavell和Clark（1965）將疾病的預防策略分為三段五級，其中初段預防的第一級內容為何？　(A)健康促進　(B)特殊保護　(C)早期治療　(D)恢復常態。

(　　)　**5** 依長期照顧服務法規定，下列何者不是長照基金的主要來源？　(A)遺產稅　(B)贈與稅　(C)菸品健康福利捐　(D)證券交易稅。

(　　)　**6** 李老太太78歲，日前中風，意識清楚，左側偏癱，無法由口進食，使用鼻胃管灌食，因家人無法照顧，建議她入住下列哪一類型機構？　(A)安養機構　(B)團體家屋　(C)養護型長照機構　(D)失智照顧型長照機構。

(　　)　**7** 下列何者不是直轄市、縣（市）主管機關應自行或結合民間資源提供協助失能老人之家庭照顧者的服務？　(A)臨時或短期喘息照顧服務　(B)照顧者訓練及研習　(C)照顧者個人諮商及支援團體　(D)搭乘國內大眾運輸工具，應予以半價優待。

(　　) **8** 以長照高齡者為中心的照顧網絡服務中，常見長照A個管師就是一位很重要的照顧夥伴，也是高齡金融規劃顧問師在召開或參與照顧安排會議中很重要的夥伴。下列何者不是長照A個管師的工作內容？　(A)討論及調整照顧計畫　(B)核定照顧計畫　(C)連結長照服務　(D)追蹤服務品質。

(　　) **9** 有關預立醫療決定的必要程序，下列敘述何者錯誤？　(A)預立醫療照護諮商　(B)公證或二人以上在場見證　(C)健保卡註記　(D)衛生福利部網站上揭露名單。

(　　) **10** 依長期照顧服務法規定，下列何者為由中央主管機關指定提供長照需要評估及連結服務為目的所設立的機關？　(A)社會局　(B)衛生局　(C)長期照顧管理中心　(D)長照服務機構。

(　　) **11** 依長期照顧服務法規定，長期照顧是指身心失能持續已達或預期達多少期間以上者？　(A)3個月　(B)6個月　(C)8個月　(D)10個月。

(　　) **12** 有關老人福利法，下列敘述何者正確？　(A)其中央主管機關為內政部　(B)本法所稱老人，指年滿七十歲以上之人　(C)金融主管機關負責老人生活津貼的發放　(D)老人就業促進及免於歧視是勞工主管機關的業務職掌與權責。

(　　) **13** 依民法規定，下列何者非屬兩願離婚之要件？　(A)離婚協議之書面　(B)二人以上證人之簽名　(C)於公證人處辦理公證　(D)向戶政機關辦理離婚登記。

(　　) **14** 法院為監護宣告時，應依職權選定監護人。下列何者依法不得擔任受監護人之監護人？　(A)受監護人之四親等內血親　(B)受監護人之二親等內姻親　(C)主管機關或社會福利機構　(D)照護受監護人之法人機構。

(　　) **15** 依民法規定，繼承人在繼承開始前幾年內，從被繼承人受有財產之贈與者，該財產視為其所得遺產？　(A)二年　(B)三年　(C)五年　(D)七年。

( ) **16** 依民法規定，配偶與被繼承人之兄弟姊妹同為繼承時，其應繼分為遺產之幾分之幾？ (A)為遺產全部 (B)二分之一 (C)三分之二 (D)與被繼承人之兄弟姊妹平均。

( ) **17** 依信託法規定，有關信託財產，下列敘述何者錯誤？ (A)受託人死亡時，信託財產不屬於其遺產 (B)受託人破產時，信託財產不屬於其破產財團 (C)信託財產之管理方法委託人可逕行變更 (D)屬於信託財產之債權與不屬於該信託財產之債務不得互相抵銷。

( ) **18** 依信託法規定，信託受託人在某些情況下可將信託財產轉為自有財產，或於該信託財產上設定或取得權利，下列何種情況不包含在內？ (A)有不得已事由經法院許可者 (B)由集中市場競價取得者 (C)經受益人書面同意，並依市價取得者 (D)與監察人充分討論，經監察人同意即可將信託財產轉為自有財產。

( ) **19** 若委託人要求購買超過其風險承受等級之商品時，信託業者應如何處理？ (A)申報疑似洗錢 (B)應予婉拒 (C)通報投資人保護中心 (D)遵從客戶指示辦理。

( ) **20** 下列何者為安養信託委託人之權利？ (A)選任信託監察人 (B)監督受益人生活情形 (C)向金管會請求增減信託報酬 (D)信託財產受強制執行時，向法院對債務人提起異議之訴。

( ) **21** 張三將部分未上市櫃股票信託予受託人李四，惟交付時雙方並未依規定於該有價證券上或其他表彰權利的文件上載明為信託財產，其法律效力為何？ (A)其信託行為無效 (B)其信託關係不成立 (C)委託人必須撤銷此信託 (D)信託行為仍成立，惟不得對抗第三人。

( ) **22** 規劃高齡者安養信託，一般會建議設立「信託監察人」，下列敘述何者錯誤？ (A)是為了保護受益人及信託財產 (B)可監督受託人執行信託事務 (C)已婚之未成年人為照顧高齡長輩而可擔任 (D)以信託監察人自己名義為受益人為有關信託之訴訟上行為。

( ) **23** 下列何者不是信託法規定的信託方式？ (A)契約信託 (B)遺囑信託 (C)宣言信託 (D)委任信託。

( ) **24** 安養信託高齡受益人不幸在信託期間身故，下列相關課稅敘述何者正確？ (A)依所得稅法規定課徵遺產稅 (B)無須課徵遺產稅 (C)就該高齡受益人未領受之信託利益，課徵遺產稅 (D)於信託期間核課之所得稅，可扣抵遺產稅。

( ) **25** 如長輩捐助成立公益信託，可於所得總額多少百分比內列舉扣除？ (A)10% (B)15% (C)20% (D)25%。

( ) **26** 個人以房地不動產辦理信託，受託人於信託期間依約交易該不動產，有關房地持有期間之計算，下列敘述何者錯誤？ (A)自益信託時，以受託人交易該房地日為持有迄日 (B)他益信託時，以受益人取回款項時為持有迄日 (C)自益信託時，以委託人取得該房地日為持有起日 (D)他益信託時，以委託人簽訂信託契約日為持有起日。

( ) **27** 下列何種信託行為委託人無需課徵贈與稅？ (A)自然人訂立信託契約時，明定信託利益全部之受益人為非委託人 (B)營利事業訂立信託契約時，明定信託利益全部之受益人為非委託人 (C)自然人所立信託契約明定信託利益受益人為委託人，於信託關係存續中變更為非委託人時 (D)自然人所立信託契約明定信託利益全部之受益人為非委託人，於信託關係存續中追加信託財產時。

( ) **28** 下列何者非於信託利益實際分配時，由受益人併入分配年度之所得申報繳納所得稅？ (A)共同信託基金 (B)期貨信託基金 (C)集合管理運用帳戶 (D)證券投資信託基金。

( ) **29** 高齡長者面對「長壽」風險適合購買的保險商品，下列何者非屬之？ (A)年金保險 (B)長期照護險 (C)健康保險 (D)微型保險。

( ) **30** 健康保險所約定的「疾病」，指被保險人自契約生效日起持續有效一段期間後所發生的疾病，常見為「契約生效三十日之後所發生的疾病」，關於此三十日，通常稱為下列何者？ (A)寬限期 (B)審閱期 (C)撤銷期 (D)等待期。

( ) **31** 有關財政部110年「房地合一稅2.0」修法相關內容，下列敘述何者錯誤？ (A)增列預售屋納入課稅範圍 (B)不論個人或營利事業，短期炒作不動產者均課重稅 (C)延長個人短期交易房地適用高稅率之持有期間 (D)自住房地無條件適用10%優惠稅率，且享有400萬免稅額。

( ) **32** 下列何種方式非預售屋履約擔保機制？ (A)同業連帶擔保 (B)不動產開發信託 (C)價金返還之保證 (D)建築經理公司履約保證。

( ) **33** 甲為避免其屬祖產之土地遭子孫出售，與A銀行簽訂合作意向書確認雙方意願，由甲以遺囑之方式，將該等土地（約占其遺產10%）成立信託，由A銀行擔任受託人，並指定律師乙為遺囑執行人。若甲死亡後，其繼承人不願配合辦理信託登記，應如何向地政機關申請信託登記？ (A)於辦畢遺囑執行人及繼承登記後，得由A銀行自行申請 (B)於辦畢遺囑執行人及繼承登記後，得由乙自行申請 (C)於辦畢遺囑執行人及繼承登記後，由乙會同A銀行申請 (D)應先由法院選任遺產管理人後，由A銀行會同遺產管理人申請。

( ) **34** 參照共益型老人安養信託契約參考範本之約定條款，自益信託轉變成共益信託之事由，即有關委託人在信託期間喪失財產管理能力之認定條件，下列敘述何者錯誤？ (A)委託人受法院為輔助宣告者 (B)委託人受法院為監護宣告者 (C)委託人完成訂立意定監護契約並由公證人作成公證書 (D)委託人符合身心障礙者權益保障法第五條並領有身心障礙證明後，由委託人出具書面同意者。

( ) **35** 參照「臨櫃作業關懷客戶提問參考範本」規定，銀行櫃台人員對高齡客戶異常金融交易行為之應對保護措施，包括對高齡客戶辦理下列哪些服務時，應予以協助避免該等客戶因遭詐騙或作出有損本身權益之決定？ A.存提款 B.匯款 C.購買基金 D.鉅額資金轉移 E.投保保險 (A)僅ABD (B)僅ADE (C)僅ABCE (D)ABCDE。

(　) **36** 金融服務業提供金融商品或服務，應盡善良管理人之注意義務；其提供之金融商品或服務具有信託、委託等性質者，並應依所適用之法規規定或契約約定，負忠實義務。此規定是屬於金融服務業公平待客原則中哪一項原則？　(A)商品或服務適合度原則　(B)注意與忠實義務原則　(C)訂約公平誠信原則　(D)業務人員專業性原則。

(　) **37** 有關高齡金融保險商品，下列敘述何者錯誤？　(A)小額終老保險可提供高齡者基本保險保障　(B)小額終老保險特色是低門檻、低保費、保障終身　(C)年金保險繳交保費一段期間或至特定年齡後，壽險公司會定期給年金金額至被保險人身故　(D)長期看護保險指當被保險人罹患符合長期看護狀態，無論是否屆滿免責期，壽險公司皆會定期給付保險金。

(　) **38** 有關安養信託架構及特色，下列敘述何者錯誤？　(A)係委託人將財產移轉予受託銀行，由受託銀行依照信託契約約定內容定期或不定期支付生活、安養費用予受益人　(B)閒置資金得經受託銀行專業判斷，運用於高風險高報酬之理財商品，以增裕未來安養費用來源　(C)得視受益人需求設置信託監察人，協助監督信託事務執行　(D)受託銀行應以善良管理人之注意義務，負起財產保全之責任。

(　) **39** 依金融消費者保護法規定，金融服務業與金融消費者訂立之契約條款顯失公平者，該部分條款無效；契約條款如有疑義時，應為有利於下列何者之解釋？　(A)金融消費者　(B)金融服務業者　(C)金融評議機構　(D)金融主管機關。

(　) **40** 「在社區場域中，透過照顧服務的輸送與提供，補足居家照顧之不足，讓高齡者能在自己所居住的社區在地老化，同時建構健全的照顧服務網絡，以延緩社區老人進入機構接受照顧的時間」以上敘述稱為下列何者？　(A)在宅老化　(B)社區老化　(C)類社區老化　(D)機構老化。

第二部分

(　　)　**41**　有關不健康餘命，下列敘述何者正確？　(A)指65歲以後的平均存活時間　(B)指「國人健康餘命」減掉「國人平均壽命」　(C)僅針對臥病在床人口的存活時間　(D)指因失能、臥床或慢性病等影響生活品質之年數。

(　　)　**42**　依民法規定，繼承人對於被繼承人之債務，以因繼承所得遺產為限，負何種責任？　(A)依人數平均分攤責任　(B)連帶責任　(C)不真正連帶責任　(D)無任何責任。

(　　)　**43**　依民法規定，有關繼承之拋棄，下列敘述何者錯誤？　(A)拋棄繼承，是無相對人的單獨行為　(B)繼承開始前，得預先拋棄繼承　(C)繼承之拋棄，溯及於繼承開始時發生效力　(D)應於規定時間內，以書面向法院為之。

(　　)　**44**　甲已年邁，擔心若他日因心智欠缺受法院為監護之宣告時，未能選任適當之監護人，以守護其資產，遂擬與其家庭律師乙訂立意定監護契約，有關該契約，下列敘述何者正確？　(A)意定監護契約之訂立，應由三人以上之見證人簽名見證始為成立　(B)意定監護契約於本人以書面通知本人住所地之法院時，發生效力　(C)法院為監護之宣告前，意定監護契約之本人得隨時撤回之，但受任人不得隨時撤回　(D)意定監護契約之訂立，應由公證人作成公證書始為成立，且該公證，應有本人及受任人在場，向公證人表明其合意，始得為之。

(　　)　**45**　甲女為退休教師，領有退休金，並將退休金轉為年金險及儲蓄保單，其配偶於多年前去世，唯一的獨子乙亦長年居住美國，與甲感情不佳，沒有往來。甲之日常起居均靠同住之姪孫丙照顧。有關甲之老後扶養與繼承事宜，下列敘述何者正確？　(A)甲可依法訂立遺囑，將所有財產給丙，使乙拿不到任何遺產　(B)甲若成立遺囑信託，信託財產於甲死亡時，無須課徵遺產稅　(C)甲得與丙訂定意定監護契約，但甲之醫療決定依法僅能由乙行之，丙不得任意干涉　(D)甲可就其年金險及儲蓄保單與銀行簽訂保險金信託契約，由社福團體擔任信託監察人。

(　　) **46** 下列信託行為，何者雖不會被認定為無效，但仍可能被撤銷？(A)以進行訴願或訴訟為主要信託目的　(B)信託目的違反強制或禁止規定、公共秩序或善良風俗者　(C)信託行為有害於委託人之債權人權利者　(D)以依法不得受讓特定財產權之人，為該財產權之受益人者。

(　　) **47** 有關國內信託業者辦理保險金信託，下列敘述何者錯誤？　(A)僅限身故保險金可交付信託　(B)保險金撥入信託專戶後，信託才生效　(C)由保險受益人擔任信託委託人兼受益人　(D)可設置信託監察人，並約定契約變更或提前終止需經信託監察人同意。

(　　) **48** 李四簽訂信託契約，指定配偶與兒子為受益人且各受益50%，信託財產包括：存款400萬元及某上櫃公司股票100張（簽約日每股收盤價20元，每股淨值15元），李四今年度244萬元的贈與免稅額度尚未使用，則李四簽訂此信託契約需繳納多少贈與稅？(A)31,000元　(B)56,000元　(C)306,000元　(D)356,000元。

(　　) **49** 下列何者為保險有效契約件數對人口數的比率？　(A)保險密度　(B)保險滲透度　(C)保險投保率　(D)保險普及率。

(　　) **50** 有關「自然保費」之特性，下列敘述何者錯誤？　(A)被保險人年齡逐漸增加，保費金額會逐漸遞增　(B)通常用在非終身型的保險商品　(C)將應納保險費總額，皆平均分攤在每一個繳費期間　(D)在投保初期，其相較於平準保費而言，繳付較低的保險費。

(　　) **51** 依不動產經紀業管理條例規定，下列何者為區分預售屋與成屋間之認定時點？　(A)領有建造執照　(B)領有使用執照　(C)建物完成稅籍申報　(D)建物完成所有權第一次登記。

(　　) **52** 有關不動產投資信託REITs，下列敘述何者錯誤？　(A)一般投資人不需要大筆資金，也可以透過購買REITs投資具有收益性之不動產　(B)公開發行之REITs交易方式和一般股票一樣，都是透過集中市場進行交易　(C)依據不動產證券化條例規定，受託銀行對於REITs當年度的收益配息比例具有裁量權，即便低於50%也可以　(D)REITs具有穩定租金收益及配息分離課稅等特點，相對保守穩健，適合推薦給高齡者作為退休金投資參考。

( ) **53** 依信託公會修訂之安養信託契約範本內容，有關委託人可預先約定得調整給付金額之事項，下列敘述何者錯誤？ (A)物價指數變動 (B)央行調高政策利率 (C)受益人有入住安養機構需求 (D)主管機關調高安養機構收費標準。

( ) **54** 下列何者不是金融監督管理委員會訂定之「金融服務業公平待客原則」？ (A)廣告招攬真實 (B)淨零減排 (C)業務人員專業性 (D)訂約公平誠信。

( ) **55** 有關意定監護與成年監護，下列敘述何者錯誤？ (A)監護人報酬均僅能由法院按其勞力及受監護人之資力酌定之 (B)意定監護之監護人不限於民法第1111條所定範圍內之人 (C)成年監護之監護人係本人喪失意思能力而受監護宣告時，由法院依其職權選定 (D)意定監護與成年監護之監護人均不以1人為限。

( ) **56** 有關預開型安養信託特色，下列敘述何者錯誤？ (A)可增加高齡者辦理安養信託的意願 (B)開始啟動信託帳戶的支付時，才會收取管理費 (C)簽訂信託契約時初始信託資金一律只要新台幣一萬元 (D)以時間換取空間，既能提早規劃，又不致使信託費用大增。

請根據下列案例，回答第57～60題：

許伯伯已退休獨居在自有房產中，其獨生女小芳已出嫁另行租屋居住在他處。許伯伯因罹患阿茲海默氏症，在家中失智行為加劇，導致日常生活完全無法自理，於是小芳考慮將許伯伯送到合格的長照安養機構居住，但擔心無法長期負擔許伯伯入住安養機構費用，於是小芳邀約A銀行一位合格的高齡金融規劃顧問師李顧問，洽詢其專業規劃及意見。請回答下列問題：

( ) **57** 有關長期支付入住安養機構的費用來源，李顧問建議可在不出售許伯伯的自有房產下，運用該房產提供資金，下列方案何者最不具可行性？ (A)以房養老融資信託 (B)留房養老安養信託 (C)不動產證券化 (D)商業型逆向抵押貸款。

(　　) **58** 當許伯伯入住合格的長照安養機構，有關簽訂其長期照護定型化契約應記載事項中，許伯伯（即消費者）應於訂立契約時一次繳足保證金，該保證金最高不得超過多久之長期照護費？ (A)一年 (B)二個月 (C)三個月 (D)六個月。

(　　) **59** 假設李顧問建議出售許伯伯的自有房產，取得價金後設立自益型安養信託，專款專用照顧許伯伯，並設立信託監察人，下列敘述何者正確？ (A)依信託法，信託監察人不得收取相關報酬 (B)該自益型安養信託成立後，信託金額仍可再追加 (C)依信託法，信託監察人須按受益人之血親親等順序選任 (D)許伯伯未來身故的喪葬費用不可列為該自益型安養信託專款專用範圍。

(　　) **60** 當許伯伯（即消費者）入住合格的長照安養機構，有關簽訂其長期照護定型化契約應記載事項中，下列敘述何者錯誤？ (A)消費者攜回審閱至少五日 (B)得約定拋棄契約審閱權 (C)消費者得於進住之日起三十日內主動終止契約，該長照安養機構不得拒絕 (D)如契約未定期限者，該長照安養機構於行政院主計處所定當地消費者物價指數自原收費標準訂定日起上漲或下跌超過5%時，始得調整收費。

解答與解析

1 (C)。世界衛生組織定義，65歲以上老年人口占總人口比率達到7%時稱為「高齡化社會」，達到14%是「高齡社會」，若達20%則稱為「超高齡社會」。

2 (C)。簡易智能量表（Mini-mental state examination, MMSE）是常用的認知功能評估工具，量測項目包括：時間辨認、地點辨認、短時間記憶、注意力和計算、最近事物的記憶檢查、物體名稱、重複説別人的話、了解別人説的意思、看懂文字或圖片的意思、寫句子與畫圖形。

3 (D)。長照2.0的理念主要有三：

(1) 以人為本：提升具長期照顧需求者與照顧者之生活品質。

(2) 連續照顧：實現在地老化，提供從支持家庭、居家、社區到住宿式照顧之多元連續服務。

(3) 社區基礎：普及照顧服務體系，建立以社區為基礎之照顧型社區。長照2.0強調的是「社區整合性」的照顧，亦即建構社區整體照顧服務體系。

4 (A)。高齡者健康照護三段五級預防策略，初段預防的第一級內容中，針對健康高齡者，為「高齡者健康促進」照護目標，因此初段預防的第一級內容為(A)健康促進。

5 **(D)**。長期照顧服務法第15條第2項：基金之來源如下：一、遺產稅及贈與稅稅率由10%調增至20%以內所增加之稅課收入。二、菸酒稅菸品應徵稅額由每千支（每公斤）徵收新臺幣590元調增至新臺幣1,590元所增加之稅課收入。三、政府預算撥充。四、菸品健康福利捐。五、捐贈收入。六、基金孳息收入。七、其他收入。因此，(D)證券交易稅不是基金之來源。

6 **(C)**。老人福利機構設立標準第2條，老人福利機構依其照顧對象，分類如下：一、長期照顧機構：分為下列三種類型：(一)長期照護型：照顧罹患長期慢性病，且需要醫護服務及他人照顧之老人。(二)養護型：照顧生活自理能力缺損需他人照顧之老人或需鼻胃管、胃造瘻口、導尿管護理服務需求之老人。(三)失智照顧型：照顧神經科、精神科或其他專科醫師診斷為失智症中度以上、具行動能力，且需受照顧之老人。此題李老太太身體一側偏癱，無法由口進食，需使用鼻胃管灌食，但家人無法照顧的情況，屬於照顧生活自理能力缺損需他人照顧之老人，適合(C)「養護型長照機構」。

7 **(D)**。依據老人福利法第31條，為協助失能老人之家庭照顧者，直轄市、縣（市）主管機關應自行或結合民間資源提供下列服務：一、臨時或短期喘息照顧服務。二、照顧者訓練及研習。三、照顧者個人諮商及支援團體。四、資訊提供及協助照顧者獲得服務。五、其他有助於提升家庭照顧者能力及其生活品質之服務。因此，(D)搭乘國內大眾運輸工具，應予以半價優待，非屬其服務項目。

8 **(B)**。長照A個管師其工作項目包括：(1)到府評估個案擬定照護計畫、與個案及照專討論及溝通；(2)連結其他單位提供長照服務；(3)定期訪視（電訪、家訪）、不定期抽查服務品質；(4)社區資源整合與服務；(5)執行計畫相關行政業務；(6)行政核銷事務協助；(7)其他相關長照業務辦理等。故(A)(C)(D)皆為其須負責的工作項目；(B)「核定照顧計畫」並非為其工作。

9 **(D)**。辦理預立醫療決定需要這4步驟：進行預立醫療照護諮商、簽署預立醫療決定書、辦理見證或公證、完成健保卡註記。因此(D)不是。

10 **(C)**。長期照顧服務法第3條，長期照顧管理中心（以下稱照管中心）：指由中央主管機關指定以提供長照需要之評估及連結服務為目的之機關（構）。

11 **(B)**。長期照顧服務法第3條，長期照顧（以下稱長照）：指身心失能持續已達或預期達6個月以上者，依其個人或其照顧者之需要，所提供之生活支持、協助、社會參與、照顧及相關之醫護服務。

12 (D)。(A)老人服務法第3條，本法所稱主管機關：在中央為衛生福利部；在直轄市為直轄市政府；在縣（市）為縣（市）政府。(B)老人服務法第2條，本法所稱老人，指年滿65歲以上之人。(C)老人服務法第3條，金融主管機關：主管本法相關金融、商業保險、財產信託措施之規劃、推動及監督等事項。(D)老人服務法第3條，勞工主管機關：主管老人就業促進及免於歧視、支援員工照顧老人家屬與照顧服務員技能檢定之規劃、推動及監督等事項。因此(D)正確。

13 (C)。民法第1050條，兩願離婚，應以書面為之，有2人以上證人之簽名並應向戶政機關為離婚之登記。因此(C)不是。

14 (D)。民法第1111-2條，照護受監護宣告之人之法人或機構及其代表人、負責人，或與該法人或機構有僱傭、委任或其他類似關係之人，不得為該受監護宣告之人之監護人。但為該受監護宣告之人之配偶、四親等內之血親或二親等內之姻親者，不在此限。

15 (A)。民法第1148-1條第1項，繼承人在繼承開始前2年內，從被繼承人受有財產之贈與者，該財產視為其所得遺產。

16 (B)。民法第1144條，配偶有相互繼承遺產之權，其應繼分，依左列各款定之：二、與第1138條所定第二順序或第三順序之繼承人同為繼承時，其應繼分為遺產二分之一。

17 (C)。信託法第15條，信託財產之管理方法，得經委託人、受託人及受益人之同意變更。因此(C)錯誤。

18 (D)。信託法第35條第1項，受託人除有左列各款情形之一外，不得將信託財產轉為自有財產，或於該信託財產上設定或取得權利：一、經受益人書面同意，並依市價取得者。二、由集中市場競價取得者。三、有不得已事由經法院許可者。

19 (B)。信託業建立非專業投資人商品適合度規章應遵循事項第11條，信託業辦理客戶風險承受等級分類與商品風險等級適合度之適配評估作業時，如有下列情形應予以婉拒：一、客戶拒絕提供相關資訊。二、客戶要求購買超過其風險承受等級之商品。

20 (A)。信託法第52條第1項，受益人不特定、尚未存在或其他為保護受益人之利益認有必要時，法院得因利害關係人或檢察官之聲請，選任一人或數人為信託監察人。但信託行為定有信託監察人或其選任方法者，從其所定。因此(A)安養信託委託人可以選任信託監察人。

21 (D)。信託法第4條第2項，以有價證券為信託者，非依目的事業主管機關規定於證券上或其他表彰權利之文件上載明為信託財產，不得對抗第三人。因此(D)正確。

22 (C)。信託法第53條，未成年人、受監護或輔助宣告之人及破產人，不得為信託監察人。

23 **(D)**。信託法第2條，信託，除法律另有規定外，應以契約或遺囑為之。宣言信託，信託法第71條，法人為增進公共利益，得經決議對外宣言自為委託人及受託人，並邀公眾加入為委託人。另有法定信託：非當事人之行為所設立，而是依法律擬制成立之信託。因此無(D)。

24 **(C)**。遺產及贈與稅法第3-2條，信託關係存續中受益人死亡時，應就其享有信託利益之權利未領受部分，依本法規定課徵遺產稅。

25 **(C)**。所得稅法第6-1條：個人及營利事業成立、捐贈或加入符合所得稅法第4條之3各款規定之公益信託之財產，個人可列舉不超過綜合所得總額20%之捐贈扣除額。

26 **(B)**。「他益信託」：自受託人取得該不動產並完成移轉登記之日起算持有期間。

27 **(B)**。依照遺產及贈與稅法的規定，贈與稅之課徵，是以中華民國國民及非中華民國國民所贈與的財產，只對自然人的贈與行為課徵贈與稅，其他如營利事業或社團、財團法人的贈與行為都不屬於贈與稅的課徵範圍，不需要申報贈與稅。

28 **(C)**。所得稅法第3-4條第6項：依法經行政院金融監督管理委員會核准之共同信託基金、證券投資信託基金、期貨信託基金或其他信託基金，其信託利益於實際分配時，由受益人併入分配年度之所得額，依本法規定課稅。因此(C)不是。

29 **(D)**。微型保險為低保額、低保費、內容簡單之保險、提供經濟弱勢民眾基本死亡及失能保障避免遭受突發事故對家庭經濟造成嚴重衝擊，針對經濟弱勢及特定身分民眾，提供壽險、傷害險全方面的保障。

30 **(D)**。保險等待期是指保戶在投保後，需經過一段時間後所發生的保險事故才屬保障範圍，若在等待期間發生，則非屬保障範圍。因此，被保險人自契約生效日起持續有效一段期間後所發生的疾病，常見為「契約生效30日之後所發生的疾病」，關於此30日，即為等待期。

31 **(D)**。自住減免：指個人轉賣本人、配偶或未成年子女實際居住6年以上的自住屋，且未提供出租或營業使用，即可適用房地合一稅課稅所得400萬元內免稅、超過400萬元部分適用10%所得稅率，但優惠為6年內限用1次。

32 **(D)**。目前預售屋交易使用的履約保證機制，分別是不動產開發信託、價金信託、價金返還、同業連帶保證、公會連帶保證等5種。

33 **(C)**。土地登記規則第126條第1項，信託以遺囑為之者，信託登記應由繼承人辦理繼承登記後，會同受託人申請之；如遺囑另指定遺囑執行人時，應於辦畢遺囑執行人及繼承登記後，由遺囑執行人會同受託人申請之。所以為(C)。

34 (C)。依據老人安養信託契約參考範本，自益信託轉變為共益信託之標準，本契約範本於第二條第二項約款，展現其內容：一、在信託期間內，委託人受法院為監護宣告或輔助宣告者。二、在信託期間內，委託人成為身心障礙者權益保障法第五條規定之身心障礙者，領有身心障礙證明後，由委託人出具書面同意者。(C)錯誤。

35 (A)。銀行業公平對待高齡客戶自律規範第12條，銀行應參照「臨櫃作業關懷客戶提問參考範本」規定，制定櫃台人員對高齡客戶異常金融交易行為之應對保護措施，包括對高齡客戶辦理存提款、匯款、鉅額資金轉移等，以協助防免該等客戶因遭詐騙或作出有損本身權益之決定。

36 (B)。金融消費者保護法第7條第3項，金融服務業提供金融商品或服務，應盡善良管理人之注意義務；其提供之金融商品或服務具有信託、委託等性質者，並應依所適用之法規規定或契約約定，負忠實義務。

37 (D)。長期看護保險指的是，被保險人在保障期間內，一旦因疾病或意外事故傷害，符合「需要長期看護狀態」之情事時，保險公司按期（以保單內容每1、3、6個月不等）給付保險金，長照險設計有「免責期」規定，依法規定免責期不得超過6個月，多數長照險的免責期間為90-180天，在免責期間所產生之費用，保險公司皆不予理賠，在免責期滿也不會「補發」理賠金，至免責期滿後，保險公司才會開始給付保險理賠金。

38 (B)。基於安養信託係以保障委託人未來生活、安養照護及醫療等目的，有關信託財產之運用僅限制不得指定投資於複雜性、高風險商品。

39 (A)。金融消費者保護法第7條第2項，金融服務業與金融消費者訂立之契約條款顯失公平者，該部分條款無效；契約條款如有疑義時，應為有利於金融消費者之解釋。

40 (B)。(A)在宅老化：指居住者在原居住環境終老一生而不遷移，高齡者可擁有熟悉的人、事、物，居住環境也能因應居住者的老化而滿足不同階段的生活需求。(B)社區老化：指在社區場域中，透過照顧服務的輸送與提供，補足居家照顧之不足，讓高齡者能在自己所居住的社區在地老化，同時建構健全的照顧服務網絡，以延緩社區老人進入機構接受照顧的時間。(C)類社區老化：本研究將「類社區安養」定義為脫離原生家庭、社區，專供具生活自理能力無須他人協助老人居住之住宅群，包含公辦民營的老人公寓、由民間企業投資開發或公辦民營之老人住宅、及非經老人住宅登記之銀髮住宅。(D)機構老化：為提供老人24小時的密集照顧，主要服務對象為重度失能或家庭缺乏照顧資源的老人。

41 (D)。「不健康餘命」包括失能、臥床、慢性病纏身等年數，是「國人平均壽命」扣除「國人健康餘命」得出之數字。「不健康餘命」數字越高，代表國家和社會得付出更多醫療和照顧成本。

42 (B)。民法第1153條第1項，繼承人對於被繼承人之債務，以因繼承所得遺產為限，負連帶責任。

43 (B)。民法第1174條，繼承人得拋棄其繼承權。前項拋棄，應於知悉其得繼承之時起3個月內，以書面向法院為之。拋棄繼承後，應以書面通知因其拋棄而應為繼承之人。但不能通知者，不在此限。根據民法第1147條規定：「繼承，因被繼承人死亡而開始」，繼承必須由被繼承人死亡才開始，要先有繼承權，才有所謂拋棄掉繼承權。所以在繼承這件事開始前所為之「預先聲明拋棄繼承權」無效。

44 (D)。民法第1113-3條，(1)意定監護契約之訂立或變更，應由公證人作成公證書始為成立。公證人作成公證書後7日內，以書面通知本人住所地之法院。(2)前項公證，應有本人及受任人在場，向公證人表明其合意，始得為之。(3)意定監護契約於本人受監護宣告時，發生效力。

45 (D)。(A)民法第1223條，直系血親卑親屬之特留分，為其應繼分二分之一。乙有特留分。(B)遺產及贈與稅法第3-2條，因遺囑成立之信託，於遺囑人死亡時，其信託財產應依本法規定，課徵遺產稅。信託關係存續中受益人死亡時，應就其享有信託利益之權利未領受部分，依本法規定課徵遺產稅。(C)民法第1113-2條，稱意定監護者，謂本人與受任人約定，於本人受監護宣告時，受任人允為擔任監護人之契約。前項受任人得為一人或數人；其為數人者，除約定為分別執行職務外，應共同執行職務。可以約定甲之醫療可由丙行之。(D)信託法第53條，未成年人、受監護或輔助宣告之人及破產人，不得為信託監察人。因此社福團體可以擔任信託監察人。

46 (C)。信託法第5條，信託行為，有左列各款情形之一者，無效：一、其目的違反強制或禁止規定者。二、其目的違反公共秩序或善良風俗者。三、以進行訴願或訴訟為主要目的者。四、以依法不得受讓特定財產權之人為該財產權之受益人者。信託法第6條第1項，信託行為有害於委託人之債權人權利者，債權人得聲請法院撤銷之。

47 (A)。身故保險金、完全失能保險金、滿期保險金等，均可交付信託。

48 (B)。配偶相互贈與不課徵贈與稅，現行每人每年贈與免稅額244萬。(4,000,000+100×1,000×$20)/2－$2,440,000＝$560,000贈與總額於2千5百萬以下稅率為10%，贈與稅＝$560,000×10%＝$56,000。

49 (C)。(A)保險密度＝保費收入÷全國人口數；每人平均支出之保險費。(B)保險滲透度＝保費收入÷

國內生產毛額；指的是保險收入占該國國內生產毛額（GDP）的比率代表保險業對該國經濟之貢獻程度。(C)保險投保率＝保險契約數÷全國人口數；國人平均每人購買的保單張數。(D)普及率＝保險金額÷國民所得；發生事故後，保險的保障額度對收入的倍數。

50 (C)。自然保費(Yearly Renewable Term Premium)是指保險費的計算是依照危險的大小來決定，一般是按死亡率、損失率的增加而逐年調高保費，因為與生命的自然衰老現象連動，因此保費也會隨人的年齡增加而保費慢慢增加，所以稱為自然費率。故(C)錯誤。

51 (B)。不動產經紀業管理條例第4條，成屋：指領有使用執照，或於實施建築管理前建造完成之建築物。預售屋：指領有建造執照尚未建造完成而以將來完成之建築物為交易標的之物。因此為(B)領有使用執照。

52 (C)。不動產證券化條例第10條，不動產投資信託契約，應以書面為之，並記載下列事項：八、不動產投資信託基金投資收益分配之項目、時間及給付方式。

53 (B)。老人安養信託契約參考範本第10條之1（信託財產給付金額之調整），一、雙方當事人得約定於信託存續期間內，如有下列情事，受託人得調整本契約「其他約定事項」表四所約定信託財產之給付金額：(一)因行政院主計總處公布之消費者物價指數（總指數）變動；(二)自受託人依本契約約定開始給付信託財產給委託人後，委託人發生身心障礙者權益保障法第5條所稱身心障礙之情事並領有身心障礙證明、受法院為監護之宣告或輔助之宣告等情事發生時，受託人得依約定，增加信託財產之給付金額；(三)自受託人依本契約約定開始給付信託財產給委託人後，委託人有使用長照服務、入住長照、安養、養護或護理之家等機構（當事人可依個案需求自行增刪機構之種類）或聘僱照護人員之需求，並由委託人檢附相關證明文件後，受託人得依約定，增加信託財產之給付金額；二、本契約存續期間，主管機關如依法令調高長照、安養、養護或護理之家等機構（當事人可依個案需求自行增刪機構之種類）之收費標準者，委託人同意受託人亦得依主管機關調高之幅度，增加信託財產之給付金額。

54 (B)。金融服務業公平待客原則之十大原則：(1)訂約公平原則；(2)注意與忠實義務原則；(3)廣告招攬真實原則；(4)商品或服務適合度原則；(5)告知與揭露原則；(6)酬金與業績衡平原則；(7)申訴保障原則；(8)業務人員專業性原則；(9)友善服務原則；(10)落實誠信經營原則。

55 (A)。未成年人之監護，民法第1104條，監護人得請求報酬，其數額由法院按其勞力及受監護人之資力酌定之。成年人之意定監護，民法第1113-7條，意定監護契約已約定報酬或約定不給付報酬者，從其約定；未約定者，監護人得請求法院按其勞力及受監護人之資力酌定之。

56 (C)。預開型安養信託是提撥一定金額，作為將來退休安養之用，指定支付自己將來的生活費、醫療費及安養費用等。簽約時無須明確退休規劃，即可開立信託專戶，信託期間屆滿即自動續約。直到開始動用信託資產才開始計收信託管理費。

57 (C)。「不動產證券化」，就是將一個或數個龐大而不具流動性之不動產，轉換成較小單位的有價證券並發行予投資人，以達到促進不動產市場及資本市場相互發展之目標。因此最不具可行性。

58 (B)。養護（長期照護）定型化契約應記載及不得記載事項，保證金：消費者應於訂立契約時，一次繳足保證金，最高不得逾二個月之保證金。

59 (B)。(A)信託監察人之報酬、因處理事務所支出之必要費用及非可歸責於自己事由所受損害之補償，得由受託機構以信託財產充之。(C)信託法第52條第1項，受益人不特定、尚未存在或其他為保護受益人之利益認有必要時，法院得因利害關係人或檢察官之聲請，選任一人或數人為信託監察人。但信託行為定有信託監察人或其選任方法者，從其所定。(D)受託人受託管理信託財產，專款專用支付受益人的醫療費、養護機構費用、信託監察人費用與未來喪葬費。

60 (B)。養護（長期照護）定型化契約不得記載事項：一、不得約定拋棄契約審閱權。二、約定保證金數額超過主管機關核定之數額。三、不得約定養護（長期照護）費數額超過主管機關核定之數額。四、不得約定「養護（長期照護）費以週計費」、「未超過半個月以半個月計費」及「超過半個月以全月計費」，或其他類似之收費方式。五、不得約定受照顧者發生急、重、傷病、死亡或其他緊急事故等情事，與機構無關之文字。六、不得約定如無立遺囑者，其遺體及其遺留財物得依機構慣例處理之。七、不得要求消費者負擔非因可歸責於消費者所生之費用（如春節期間及特殊假日之照顧費用）。八、不得約定消費者同房型換房應收取費用。九、不得約定扣抵保證金達一定數額時，機構得逕行終止契約。十、不得約定排除機構故意或過失之責任。十一、不得約定消費者遷出機構後所遺留之物品，機構得任意處置。十二、不得為其他違反法律強制、禁止規定或顯失公平之約定。故(B)錯誤。

第四期第二節

第一部分

(　　) **1** 依據世界衛生組織（World Health Organization, WHO）對於慢性病的定義，下列何者不屬於慢性病？　(A)中風　(B)肺炎　(C)肥胖　(D)糖尿病。

(　　) **2** 我國的長期照顧需求等級（CMS）共有幾級？　(A)3　(B)8　(C)9　(D)12。

(　　) **3** 有關健康與老化，下列敘述何者錯誤？　(A)健康是多層面的，包括生理、心理、社會與靈性等　(B)健康是動態、可促進的　(C)老化是從中年才開始　(D)老化與生活習慣有關。

(　　) **4** 照顧高齡失能者時，主要家庭照顧者會遇到許多挫折，下列哪一個方式對於挫折調適是比較沒有幫助的？　(A)在支持系統中尋求助力，不過度將責任置於自己身上　(B)照顧者因挫折有負面情緒是正常的情緒反應，不需過度壓抑　(C)協助高齡失能者尋找還有的能力或進步空間，獲得價值感　(D)每日聚焦於高齡失能者的病況，可以改善並減少照顧者心理創傷。

(　　) **5** 依老人福利法規定，有關老人相關財產信託措施之規劃、推動及監督是由下列何機關主管？　(A)衛生福利部　(B)各地方政府　(C)金融監督管理委員會　(D)中華民國信託業商業同業公會。

(　　) **6** 有關長照2.0的服務內容，下列敘述何者正確？　(A)A單位又稱「長照柑仔店」　(B)B單位有提供日間照顧服務　(C)C單位是社區整合服務中心　(D)社區式服務主要以受照顧者入住之方式，提供全時照顧或夜間住宿等之服務。。

(　　) **7** 我國長期照顧計畫2.0版的給付服務項目中，不包括下列何者？(A)人壽保險服務　(B)交通接送服務　(C)照顧及專業服務　(D)輔具及居家無障礙環境改善服務。

( ) **8** 有關長期照顧服務法，下列敘述何者正確？ (A)照顧者的需求非長期照顧服務法的重點 (B)長期照顧管理中心是中央主管機關指定直接提供長照實務服務的機構 (C)醫事人員只要取得其專業證照，就同步取得長照服務人員之執業證照 (D)本法所稱失能者，指身體或心智功能部分或全部喪失，致其日常生活需他人協助者。

( ) **9** 有關病人自主權利法，下列敘述何者正確？ (A)輸血是預立醫療決定中可能延長病人生命之必要醫療措施之一 (B)預立醫療照護諮商除了意願人本人及諮商團隊外，尚需政府機關代表 (C)意願人簽署預立醫療決定時，主責照護醫療團隊成員可以擔任見證人 (D)丁老先生無繼承人，已立遺囑將房屋贈與給楊先生，故可請他擔任醫療委任代理人。

( ) **10** 王伯伯82歲，有輕度認知障礙問題，去年太太去世，子女擔心王伯伯白天一個人在家比較危險，但又希望王伯伯晚上都可以和子女共享天倫。下列何種照護最適合王伯伯？ (A)老人公寓 (B)護理之家 (C)日間照顧中心 (D)養護型長期照護機構。

( ) **11** 以台灣現行之健康照顧體系，下列何者非屬於長期照顧之範疇？ (A)居家照顧服務 (B)急性後期照護 (C)社區照顧服務 (D)機構照顧服務。

( ) **12** 為了要確保老人的經濟安全，老人福利法規定採取各種方式逐步規劃實施，下列何者不是老人福利法中的老人經濟安全措施？ (A)特別照顧津貼 (B)生活津貼 (C)年金保險制度方式 (D)興建社會住宅。

( ) **13** 依民法規定，繼承人得拋棄其繼承權，應於知悉其得繼承之時起多少時間內，以書面向法院為之？ (A)2個月 (B)3個月 (C)6個月 (D)1年。

( ) **14** 受輔助宣告之人為下列何種行為時，無須經輔助人同意？ (A)受贈與之行為 (B)為他人保證之行為 (C)買賣不動產之行為 (D)協議分割遺產之行為。

(　) **15** 有關遺囑，下列敘述何者正確？　(A)遺囑完成後不得修改　(B)未滿16歲者不得為遺囑　(C)法定代理人得代理無行為能力人立遺囑　(D)限制行為能力人為遺囑須得法定代理人之同意。

(　) **16** 依民法規定，對於因精神障礙或其他心智缺陷，致不能為意思表示或受意思表示，法院得為下列何種宣告？　(A)輔助宣告　(B)監護宣告　(C)破產宣告　(D)止付宣告。

(　) **17** 高齡長輩為回饋社會擬成立「公益信託」，下列敘述何者正確？(A)由長輩向公益目的事業主管機關申請核准成立　(B)該信託僅受金管會監督　(C)受託人應每三年至少一次定期出具財務狀況報告　(D)該信託應設置信託監察人。

(　) **18** 信託業與高齡者甲君簽訂金錢安養信託契約，並約定信託業於「存款」範圍內具有運用決定權，該信託屬下列何者？　(A)特定單獨管理運用金錢信託　(B)指定營運範圍之集合管理運用金錢信託　(C)指定營運範圍之單獨管理運用金錢信託　(D)不指定營運範圍之單獨管理運用金錢信託。

(　) **19** 銀行辦理信託業務，下列敘述何者錯誤？　(A)應設置信託業務專責部門　(B)各分支機構均可管理運用信託財產　(C)不擔保信託業務之運用績效　(D)分支機構可收受委託人之信託財產。

(　) **20** 依信託法規定，信託關係消滅後，信託財產的歸屬對象依序排列為下列何者？　A.享有全部信託利益之受益人；B.委託人或其繼承人；C.依信託行為所定　(A)ABC　(B)BCA　(C)CAB　(D)CBA。

(　) **21** 信託業提供金融商品或服務時，應確保對金融消費者之「適合度」，下列何者非屬考量銷售對象「適合度」之項目？　(A)年齡　(B)知識　(C)宗教信仰　(D)財產狀況。

(　) **22** 信託行為有害於委託人之債權人權利者，債權人得向下列何者聲請撤銷？　(A)受託人　(B)法院　(C)委託人　(D)法務部。

( ) **23** 信託業辦理委託人不指定營運範圍或方法之金錢信託，下列敘述何者錯誤？ (A)得投資公債 (B)得投資短期票券 (C)得投資金融債券 (D)得投資公司債及公司股票。

( ) **24** 他益信託計算贈與稅時，依遺產稅法使用之折算利率係按下列何者？ (A)台灣銀行一年期定期儲金固定利率 (B)郵局一年期定期儲金固定利率 (C)台灣銀行一年期定期儲金機動利率 (D)郵局一年期定期儲金機動利率。

( ) **25** 高齡長輩為保障財產安全，將土地辦理自益信託，長輩不幸過世後，其繼承人將繼承之土地賣出，則計算土地增值稅之原地價應以何日之當期土地公告現值為準？ (A)被繼承人取得土地日 (B)繼承發生日 (C)繼承人賣出日 (D)信託財產移轉日。

( ) **26** 高齡長輩向殯葬服務業購買生前契約，為保障消費者權益，殯葬服務業者依法需辦理預收款信託，下列敘述何者錯誤？ (A)該業者需將長輩購買款項75%交付信託 (B)需辦理他益型架構之信託 (C)受託機構是為該業者管理信託財產 (D)當業者歇業時，信託受益權歸屬於未被履約之消費者。

( ) **27** 上市櫃公司為照顧員工退休生活而實施「員工持股信託」福利計畫，下列敘述何者正確？ (A)屬有價證券信託 (B)由公司承擔投資風險 (C)參加之員工是信託委託人，也是受益人 (D)公司獎助金屬公司費用而非為員工薪資所得。

( ) **28** 為滿足老人安養及身心障礙者照護信託實務需要，中央銀行同意放寬銀行擔任受託人時得代為結匯，則下列敘述何者錯誤？(A)結匯申報列計受託人結匯額度 (B)由受託銀行代受益人辦理新臺幣結匯申報 (C)限以老人安養及身心障礙者照護為目的之信託 (D)憑中央銀行同意函、委託人結匯授權書及相關證明文件辦理。

(　　) **29** 因應我國人口老化與少子化趨勢，為普及高齡者基本保障而推動「小額終老保險」。下列敘述何者錯誤？　(A)目前小額終老保險內容包含終身壽險，可提供高齡者身故、失能及醫療保障　(B)自112年5月起，每人最多可投保3張，且保額上限也提高至70萬元　(C)可以附加一年期傷害保險附約，每人累計保額上限10萬元，增加因意外傷害事故所致死亡或失能之保障　(D)為便於高齡者投保，其商品內容以簡單易懂為原則，且保費相較於其他同類型壽險更便宜。

(　　) **30** 在保險市場上，所謂「長照三寶」，通常是指下列何者？　A.傷害醫療險　B.長期照護險　C.失能扶助險　D.利變年金險　E.特定傷病險　F.定額手術險　(A)BCE　(B)CDE　(C)ACE　(D)ABF。

(　　) **31** 依所得稅法規定，有關房地交易，個人未提示因取得、改良或移轉而支付之費用者，稽徵機關得按成交價額3%計算其費用，並以多少金額為限？　(A)20萬元　(B)30萬元　(C)50萬元　(D)60萬元。

(　　) **32** 有關得認列為房地合一稅之成本或費用，下列敘述何者錯誤？(A)房地購入時所繳之契稅及印花稅　(B)房地購入或售出所支付之仲介費　(C)房地持有期間所繳之地價稅及房屋稅　(D)為照顧高齡者或身心障礙者所施設無障礙設施之裝修費用，但以非於2年內所能耗竭者為限。

(　　) **33** 參照老人安養信託契約參考範本之約定條款，如老人安養信託設置信託監察人者，應檢附該信託監察人之相關文件，下列何者正確？　(A)良民證　(B)履歷表　(C)願任同意書　(D)資格審查表。

(　　) **34** 參照老人安養信託契約參考範本之約定條款，委託人可交付信託財產之資金來源，下列何者錯誤？　(A)委託人之金錢　(B)委託人應收帳款債權　(C)委託人於信託期間新增之信託財產　(D)以委託人本人為生存保險受益人之保險契約可得受領之保險金。

(　　)　**35** 依金融消費者保護法第5條規定，所稱金融消費爭議，指金融消費者與金融服務業間，因商品或服務所生之下列何種爭議？(A)行政　(B)刑事　(C)勞資　(D)民事。

(　　)　**36** 為確保金融服務業對每一客戶提供相同服務，並依客戶需求提供適當照顧，落實普惠金融，期透過金融服務業之誠信經營形成良好公司治理文化，具體落實公平對待客戶之宗旨，訂定「金融服務業公平待客原則」。自民國112年起新增哪兩項評核指標？　(A)訂約公平誠信原則；注意與忠實義務原則　(B)友善服務原則；落實誠信經營原則　(C)商品或服務適合度原則；告知與揭露原則　(D)酬金與業績衡平原則；申訴保障原則。

(　　)　**37** 有關管理型不動產信託可對高齡者創造三重效益，下列敘述何者錯誤？　(A)可透過留房養老，創造金流　(B)可透過受託人保管不動產產權，達到保全財產　(C)可透過受託人協助傳承規劃　(D)辦理信託，可增強融資機構信心，降低貸款利率。

(　　)　**38** 有關社會扶養負擔增加之主要原因，下列敘述何者正確？　(A)生育率持續上升　(B)老年人口相對工作年齡人口持續增加　(C)政府年度預算持續增加　(D)政府部門超徵稅收。

(　　)　**39** 有關安養信託跨業結盟策略，下列敘述何者正確？　A.透過異業合作提供多元服務；B.透過跨業轉介加強服務廣度及深度；C.金控轉投資成立社福長照機構，提供一條龍服務；D.推動一站式購足的商業經營模式　(A)僅AB　(B)僅ABD　(C)僅BCD　(D)僅CD。

(　　)　**40** 「為提供老人24小時的密集照顧，主要服務對象為重度失能或家庭缺乏照顧資源的老人」上述為下列何者？　(A)在宅老化　(B)社區老化　(C)類社區老化　(D)機構老化。

第二部分

(　　) **41** 下列何者是長照基金預算最大用途？　(A)完善長照服務輸送體系計畫　(B)強化長照機構服務、緩和失能及連續性照護服務計畫　(C)機構及社區預防性照顧服務量能提升計畫　(D)推展原住民長期照顧—文化健康站實施計畫。

(　　) **42** 遺囑於侵害特留分時，其於扣減範圍內發生何種效力？　(A)遺囑失效　(B)遺囑撤銷　(C)遺囑撤回　(D)遺囑無效。

(　　) **43** 孀居之甲男曾收養一養女乙，但雙方因故已終止收養關係，甲男另有一親生子丙。丙男與丁女結婚，但雙方因感情不睦業已離婚，丁有一未婚之妹戊。有關結婚效力，下列敘述何者錯誤？(A)若甲男與乙女結婚，甲乙之婚姻無效　(B)若甲男與丁女結婚，甲丁之婚姻無效　(C)若丙男與乙女結婚，丙乙之婚姻無效　(D)若丙男與戊女結婚，丙戊之婚姻有效。

(　　) **44** 依夫妻法定財產制之規定，有關夫或妻於婚姻關係存續中就其婚後財產所為之無償行為，下列敘述何者正確？　(A)該無償處分行為，不待當事人主張即當然無效　(B)該無償處分行為，以受益人受益時明知其情事者為限，他方始得聲請法院撤銷之　(C)有害及法定財產制關係消滅後他方之剩餘財產分配請求權者，他方得聲請法院撤銷之　(D)限於夫或妻於行為時明知有損於他方之剩餘財產分配請求權者，他方始得聲請法院撤銷之。

(　　) **45** 成年監護中有關法定監護人之職務，下列敘述何者錯誤？　(A)監護人得設多數人，且法院得分配其執行職務之範圍　(B)監護人不得以受監護人之財產為投資上市股票之行為　(C)監護人應以處理自己事務同一之注意，執行其監護職務　(D)監護人得對受監護人請求一定之報酬，且由法院酌定其數額。

(　　) **46** 有關宣言信託，下列敘述何者錯誤？　(A)委託人兼受託人　(B)委託人限為法人　(C)須以公共利益為目的　(D)對公眾宣言前，應經信託業務主管機關許可。

(　　)　**47** 張三多年前將500萬元及房屋一間交付信託，自己與兒子各受益50%。今年張三不幸意外身故，身故日信託財產情形：存款100萬元，基金淨值200萬元，房屋市價1,000萬元（土地公告現值250萬元，房屋評定現值50萬元）。應納入張三遺產課稅之未領受信託利益價值為多少？　(A)1,300萬元　(B)650萬元　(C)600萬元　(D)300萬元。

(　　)　**48** 我國稅法上主要區分為國稅及地方稅兩大類，下列何者為地方稅？　(A)土地增值稅　(B)贈與稅　(C)個人綜合所得稅　(D)營業稅。

(　　)　**49** 有關長期照顧保險約定之生理功能障礙，以六項日常生活自理能力存有障礙之定義，其中不包括下列何者？　(A)辨識障礙　(B)如廁障礙　(C)沐浴障礙　(D)更衣障礙。

(　　)　**50** 在長期看護險保單契約條款中，通常訂有免責期的規定，依法規定免責期不得長於多久？　(A)3個月　(B)6個月　(C)9個月　(D)1年。

(　　)　**51** 有關現行房地合一稅2.0，就境內個人持有不動產3年後交易，適用之稅率為何？　(A)45%　(B)40%　(C)35%　(D)20%。

(　　)　**52** 有關以房養老貸款，下列敘述何者錯誤？　(A)又稱反向抵押貸款　(B)借款人須一定年齡以上　(C)由銀行保有房屋所有權，借款人仍保有房屋使用權　(D)借款人以自住房屋提供擔保，將房屋資產價值轉換為現金，以支付養老生活費用。

(　　)　**53** 參照身心障礙者安養信託契約參考範本之約定條款，如受託人受理運用信託資金，投資於受託人所提供金融商品時，受託人向委託人收取有關之手續費，下列敘述何者正確？　(A)不得收取申購手續費　(B)不得收取贖回手續費　(C)不得另外收取信託管理費　(D)須訂定各金融商品身心障礙者相關優惠費率。

(　　) **54** 依金融消費者保護法第4條，所稱「金融消費者」，指接受金融服務業提供金融商品或服務者。但不包括下列何種對象？A.專業投資機構；B.18歲以下之自然人；C.符合一定專業能力之自然人；D.符合一定財力之法人　(A)ACD　(B)ABC　(C)BCD　(D)ABD。

(　　) **55** 金融消費者就金融消費爭議事件，應先向金融服務業提出申訴，金融服務業應於收受申訴之日起______內為適當之處理，並將處理結果回覆提出申訴之金融消費者。金融消費者不接受處理結果者或金融服務業逾上述期限不為處理者，金融消費者得於收受處理結果或期限屆滿之日起______內，向爭議處理機構申請評議。空格處應依序填入下列何者？　(A)10日；20日　(B)15日；30日　(C)20日；40日　(D)30日；60日。

(　　) **56** 對與信託業者合作安養信託業務之安養機構業者，其優點不包含下列何者？　(A)減少人工作業　(B)確保入住資金充足　(C)可獲得信託專責部門資金融通　(D)可準時收到入住者費用。

請根據下列案例，回答第57～60題：

高老太太高齡77歲，老伴已離世，目前獨居某安養機構，大兒子於科學園區就業，小兒子是一位多重障礙者，一直是高老太太心中的重擔，因此買了保險，但又擔心自己百年後小兒子的生活。銀行建議高老太太可進行下列規劃：簽訂遺囑：3/4財產給大兒子，1/4財產給小兒子，照顧其未來生活。安養信託：社會詐騙事件層出不窮，希望將高老太太的銀行存款交付信託管理。保險金信託：高老太太百年後，計畫將保險理賠金交付信託管理，照顧小兒子。以房養老：將高老太太的房子，抵押給銀行，款項支付安養機構費用。請回答下列問題：。

(　　) **57** 有關高老太太的遺囑，下列敘述何者錯誤？　(A)可以建議公證遺囑　(B)遺囑自立遺囑人死亡時發生效力　(C)只留給小兒子1/4財產，違反了特留分的規定　(D)留給大兒子的財產比小兒子多，但沒有贈與稅的問題。

(　　) **58** 有關高老太太百年後的遺產稅計算，下列何者正確？　A.土地以公告現值計算　B.房屋以評定現值計算　C.未償之債務，無確實之證明者，仍得認列扣除額　(A)僅AB　(B)僅BC　(C)僅AC　(D)ABC。

(　　) **59** 有關保險金信託的規劃，下列敘述何者錯誤？　(A)要保人在保險契約上批註保險理賠金「限匯入保險受益人之信託財產專戶」　(B)保險受益人為小兒子　(C)信託委託人為高老太太　(D)信託受託人管理未來的保險金，約定自信託專戶每月支付醫療費、養護機構或看護費用。

(　　) **60** 若高老太太申辦以房養老（不動產逆向抵押貸款），下列何者不是銀行將面臨的風險？　(A)長壽風險　(B)不動產增值　(C)不動產跌價　(D)利率風險。

解答與解析

1 **(B)**。根據世界衛生組織（WHO）的定義，慢性疾病是指持續時間較長，而且病情發展較慢的疾病。慢性疾病如癌症、心臟病和糖尿病，1997年世界衛生組織已經將肥胖視為一種慢性疾病。因此(B)肺炎不在其中。

2 **(B)**。失能等級就是個案的長照需要等級（縮寫為CMS）一共分為1-8級，代表被照顧者的長照需求度愈高。在申請長照服務後，會由縣市政府的照顧管理專員，或是社區整合型服務中心的個案管理人員到宅進行評估。

3 **(C)**。老化共有四個層面：時序老化、生理老化、心理老化、社會老化，只要有其中一個層面衰退、變慢或難以維持，即視為老化，故(C)有誤。

4 **(D)**。因高齡失能者是屬「不可逆」、「不可康復」狀態，易為家庭照顧者心理帶來長期挫折。目前長照2.0計畫及衛生福利部積極為家庭照顧者擬定相關政策，例如可申請喘息服務、居家照顧員人力等，因此(D)每日聚焦於高齡失能者的病況，將為家庭照顧者帶來更大的壓力、失落及挫折。

5 **(C)**。老人福利法第3條第2項，本法所定事項，涉及各目的事業主管機關職掌者，由各目的事業主管機關辦理。老人福利法第3條第3項第8款，金融主管機關：主管本法相關金融、商業保險、財產信託措施之規劃、推動及監督等事項。金融監督管理委員會組織法第2條第2項及第3項，金融服務業包括金融控股公司、金融重建基金、中央存款保險公司、銀行業、……；但金融支付系統，由中央銀行主管。前項所稱銀行業、證券業、期貨業及保險業範圍如下：一、銀行業：指銀行機構、信用合作社、票券金融公司、信用卡公司、信託業、郵政機構之郵政儲金匯兌業務與其他銀行服務業之業務及機構。故(C)正確。

6 **(B)**。(A)長照柑仔店之通稱係指C級單位。(C)C級單位是巷弄長照站，A級單位是社區整合服務中心。(D)受照顧者入住之方式，提供全時照顧或夜間住宿等之服務應屬機構式照護。

7 **(A)**。長期照顧服務申請及給付辦法第7條第2項：長照服務給付項目如下：「一、個人長照服務：(一)照顧及專業服務。(二)交通接送服務。(三)輔具及居家無障礙環境改善服務。二、家庭照顧者支持服務之喘息服務」。因此，(A)人壽保險服務不是給付服務項目。

8 **(D)**。長期照顧服務法：(A)第1條：為健全長期照顧服務體系提供長期照顧服務，確保照顧及支持服務品質，發展普及、多元及可負擔之服務，保障接受服務者與照顧者之尊嚴及權益，特制定本法。(B)第3條：本法用詞，定義如下：六、長期照顧管理中心（以下稱照管中心）：指由中央主管機關指定以提供長照需要之評估及連結服務為目的之機關（構）。(C)第19條：長照人員非經登錄於長照機構，不得提供長照服務。但已完成前條第四項之訓練及認證，並依其他相關法令登錄之醫事人員及社工人員，於報經主管機關同意者，不在此限。

9 **(A)**。病人自主權利法：(B)第9條第2項：意願人、二親等內之親屬至少一人及醫療委任代理人應參與前項第一款預立醫療照護諮商。經意願人同意之親屬亦得參與。但二親等內之親屬死亡、失蹤或具特殊事由時，得不參與。(C)第9條第4項：意願人之醫療委任代理人、主責照護醫療團隊成員及第十條第二項各款之人不得為第一項第二款之見證人。(D)第10條第2項：下列之人，除意願人之繼承人外，不得為醫療委任代理人：一、意願人之受遺贈人。二、意願人遺體或器官指定之受贈人。三、其他因意願人死亡而獲得利益之人。因此楊先生不能擔任醫療委任代理人。

10 **(C)**。老人福利機構設立標準第2條，本法所定老人福利機構，依其照顧對象，分類如下：一、長期照顧機構：分為下列三種類型：(一)長期照護型：照顧罹患長期慢性病，且需要醫護服務及他人照顧之老人。(二)養護型：照顧生活自理能力缺損需他人照顧之老人或需鼻胃管、胃造廔口、導尿管護理服務需求之老人。(三)失智照顧型：照顧神經科、精神科或其他專科醫師診斷為失智症中度以上、具行動能力，且需受照顧之老人。二、安養機構：照顧需他人照顧或無扶養義務親屬或扶養義務親屬無扶養能力，且日常生活能自理之老人。三、其他老人福利機構：照顧需其他福利服務之老人。長期照顧服務法第9條及21條：長照機構依提供方式與其服務內容，分類如下：(一)居家式服務類：到宅提供服務。(二)社區式服務類：於社區設置一定場所及設施，提供日間照顧、家庭托顧、臨時住宿、團體家屋、小規模多機能及其他整合性等服務。但不包括機構住宿服務類。(三)機構住宿式服務類：以受照顧者入住之方式，提供全時照顧或夜間住宿等之服務。(四)綜合式服務類：提供上開兩種以上服務之長照機構。因此，王伯伯適合(C)日間照顧中心。

11 **(B)**。長期照顧服務法第9條至第13條，(B)急性後期照護非屬長期照顧之範疇。

12 **(D)**。老人福利法第11條第1項，老人經濟安全保障，採生活津貼、特別照顧津貼、年金保險制度方式，逐步規劃實施。因此(D)非為規定之老人經濟安全措施。

13 **(B)**。民法第1174條第1項及第2項，繼承人得拋棄其繼承權。前項拋棄，應於知悉其得繼承之時起3個月內，以書面向法院為之。

14 **(A)**。民法第1501條第1項，受輔助宣告之人為下列行為時，應經輔助人同意。但純獲法律上利益，或依其年齡及身分、日常生活所必需者，不在此限：一、為獨資、合夥營業或為法人之負責人。二、為消費借貸、消費寄託、保證、贈與或信託。三、為訴訟行為。四、為和解、調解、調處或簽訂仲裁契約。五、為不動產、船舶、航空器、汽車或其他重要財產之處分、設定負擔、買賣、租賃或借貸。六、為遺產分割、遺贈、拋棄繼承權或其他相關權利。七、法院依前條聲請權人或輔助人之聲請，所指定之其他行為。故(A)屬於純獲法律上利益，無須經輔助人同意。

15 **(B)**。民法：(A)第1190條：自書遺囑者，應自書遺囑全文，記明年、月、日，並親自簽名；如有增減、塗改，應註明增減、塗改之處所及字數，另行簽名。因此自書遺囑可修改，但公證、密封、代筆、口授等遺囑，因成立有一定方式，法條中也沒有可修改的規定，因此這幾種遺囑做好後，不可以任意自行修改，立遺囑人想要修改，只能先將遺囑一部或全部撤回，另立新遺囑。(B)第1186條第2項：限制行為能力人，無須經法定代理人之允許，得為遺囑。但未滿十六歲者，不得為遺囑。故正確。(C)第1186條第1項：無行為能力人，不得為遺囑。(D)第1186條第2項前半段：限制行為能力人，無須經法定代理人之允許，得為遺囑。

16 (B)。民法第14條第1項，對於因精神障礙或其他心智缺陷，致不能為意思表示或受意思表示，或不能辨識其意思表示之效果者，法院得因本人、配偶、四親等內之親屬、最近一年有同居事實之其他親屬、檢察官、主管機關、社會福利機構、輔助人、意定監護受任人或其他利害關係人之聲請，為「監護之宣告」。

17 (D)。信託法：(A)第70條：公益信託之設立及其受託人，應經目的事業主管機關之許可。前項許可之申請，由受託人為之。(B)第72條第1項及第2項：公益信託由目的事業主管機關監督。目的事業主管機關得隨時檢查信託事務及財產狀況；必要時並得命受託人提供相當之擔保或為其他處置。（目的事業主管機關為金管會）(C)第72條第3項：受託人應每年至少一次定期將信託事務處理情形及財務狀況，送公益信託監察人審核後，報請主管機關核備並公告之。(D)第75條：公益信託應置信託監察人。故(D)正確。

18 (C)。信託業法施行細則第8條：(A)特定單獨管理運用金錢信託：指委託人對信託資金保留運用決定權，並約定由委託人本人或其委任之第三人，對該信託資金之營運範圍或方法，就投資標的、運用方式、金額、條件、期間等事項為具體特定之運用指示，並由受託人依該運用指示為信託資金之管理或處分者。(B)指定營運範圍或方法之集合管理運用金錢信託：指委託人概括指定信託資金之營運範圍或方法，並由受託人將信託資金與其他不同信託行為之信託資金，就其營運範圍或方法相同之部分，設置集合管理運用帳戶，受託人對該集合管理運用帳戶具有運用決定權者。(C)指定營運範圍或方法之單獨管理運用金錢信託：指受託人與委託人個別訂定信託契約，由委託人概括指定信託資金之營運範圍或方法，受託人於該營運範圍或方法內具有運用決定權，並為單獨管理運用者。(D)不指定營運範圍或方法之單獨管理運用金錢信託：指委託人不指定信託資金之營運範圍或方法，由受託人於信託目的範圍內，對信託資金具有運用決定權，並為單獨管理運用者。故為(C)。

19 (B)。銀行經營信託或證券業務之營運範圍及風險管理準則：(A)第3條第1項第1款：銀行經營信託業務之風險管理，除應符合其他法令規定者外，並應依下列規定辦理：一、本國銀行總行或外國銀行申請認許時所設分行應設置信託業務專責部門，除得收受信託財產外，並負責信託財產之管理、運用及處分；各分支機構辦理信託業務，除經主管機關核准者外，限於信託財產之收受，其管理、運用及處分均應統籌由該專責部門為之。(B)依據第3條第1項第1款，各分支機構辦理信託業務，除經主管機關核准者外，限於信託財產之收受，其管理、運用及處分均應統籌由該專責部門為之。(C)第3條第1項第3款：三、銀行專責部門或分支機構辦理信託業務，應以顯著方式於營業櫃檯標示，並向客戶充分告知下列事項：(一)銀行辦理信託業務，應盡善良管理人之注意義務及忠實義務。(二)銀行不擔保信託業務之管理或運用績效，委託人或受益人應自負盈虧。(三)信託財產經運用於存款以外之標的者，不受存款保險之保障。(D)依據第3條第1項第1款，分支機構構可收受委託人之信託財產。故(B)錯誤。

20 **(C)**。信託法第65條，信託關係消滅時，信託財產之歸屬，除信託行為另有訂定外，依左列順序定之：一、享有全部信託利益之受益人。二、委託人或其繼承人。故為CAB，為(C)。

21 **(C)**。金融服務業確保金融商品或服務適合金融消費者辦法第4條，銀行業及證券期貨業提供投資型金融商品或服務，於訂立契約前，應充分瞭解金融消費者之相關資料，其內容至少應包括下列事項：一、接受金融消費者原則：應訂定金融消費者往來之條件。二、瞭解金融消費者審查原則：應訂定瞭解金融消費者審查作業程序，及留存之基本資料，包括金融消費者之身分、財務背景、所得與資金來源、風險偏好、過往投資經驗及簽訂契約目的與需求等。該資料之內容及分析結果，應經金融消費者以簽名、蓋用原留印鑑或其他雙方同意之方式確認；修正時，亦同。三、評估金融消費者投資能力：除參考前款資料外，並應綜合考量下列資料，以評估金融消費者之投資能力：(一)金融消費者資金操作狀況及專業能力。(二)金融消費者之投資屬性、對風險之瞭解及風險承受度。(三)金融消費者服務之合適性，合適之投資建議範圍。因此(C)宗教信仰非屬考慮因素。

22 **(B)**。信託法第6條第1項，信託行為有害於委託人之債權人權利者，債權人得聲請法院撤銷之。

23 **(D)**。信託業法第32條第1項，信託業辦理委託人不指定營運範圍或方法之金錢信託，其營運範圍以下列為限：一、現金及銀行存款。二、投資公債、公司債、金融債券。三、投資短期票券。四、其他經主管機關核准之業務。故(D)得投資公司債及公司股票錯誤。（不能投資公司股票）

24 **(B)**。遺產及贈與法第10-2條，係依據郵政儲金匯業局一年期定期儲金固定利率為折算利率。

25 **(B)**。遺產及贈與稅法第3條之2第2項規定：「信託關係存續中受益人死亡時，應就其享有信託利益之權利未領受部分，依本法規定課徵遺產稅。」信託利益的財產價值計算在遺產及贈與稅法第10條之1第1款後段：「信託利益為金錢以外之財產時，以受益人死亡時信託財產之時價為準」。時價依遺產及贈與稅法第10條第3款規定，第一項所稱時價，土地以公告土地現值或評定標準價格為準；房屋以評定標準價格為準。土地稅法第31條之1第3項，以自有土地交付信託，且信託契約明定受益人為委託人並享有全部信託利益，受益人於信託關係存續中死亡者，該土地有第1項應課徵土地增值稅之情形時，其原地價指受益人死亡日當期之公告土地現值。即為(B)繼承發生日（受益人死亡日）。

26 **(B)**。殯葬管理條例第51條，殯葬禮儀服務業與消費者簽訂生前殯葬服務契約，其有預先收取費用者，應將該費用75%，依信託本旨交付信託業管理。除生前殯葬服務契約之履行、解除、終止或本條例另有規定外，不得提領。此為預收款信託（生前契約信託）。

27 **(C)**。「員工持股信託」係企業員工作為受益人（員工亦為委託人），與受託銀行的信託部簽訂契約，約定每月固定從薪水中提撥一定金額（員工自提金），企業也會依一定比例提撥相對獎勵金，共同的資金將會交給銀行，購買自家公司的股票，同時會計算每個員工每月的持股比例，待員工退休或離職時，受託銀行依據員工持股信託委員會指示返還股票或現金給員工。此非有價證券信託，投資風險由委託人（員工）承受，此種公司獎助金屬公司費用且為員工薪資所得。故(C)正確。

28 **(A)**。依據104年8月12日金管銀票字第10440004050號函，中央銀行已原則同意業者得憑中央銀行前述同意函、委託人出具之結匯授權書（若受託人與委託人簽訂之信託契約已明文授權受託人辦理結匯者，得以受託人出具已獲授權辦理結匯之聲明書代替）及相關證明文件，代老人及身心障礙之受益人辦理新臺幣結匯申報，並列計受益人結匯額度。爰擬提供受益人旨揭結匯申報服務之銀行，得依前述說明事項辦理後續申請等相關事宜。因此，(A)結匯申報應列計受益人結匯額度。

29 **(#)**。依公告答案為(A)或(B)。(A)保險內容包括身故保險金、完全失能保險金、祝壽保險金。(B)112年5月1日起投保限額：最低保額10萬元，累積最高保額90萬元。附約限制：不可附加任何附約。其他規定：同一被保險人累積本公司及同業小額終老保險之壽險保額不得超過90萬元，且每人最多僅能投保4張。

30 **(A)**。長期照護險、特定傷病險、失能扶助險，俗稱「長照三寶」。

31 **(B)**。費用認定：個人或營利事業未提示因取得、改良及移轉而支付之費用者，稽徵機關得按成交價額3%計算其費用，並以30萬元為限。

32 (C)。不得列減除費用：取得房屋土地後，房屋土地於使用期間繳納的房屋稅、地價稅、管理費、清潔費及金融機構借款利息等。

33 (C)。委託人若有指定設置信託監察人者，應由信託監察人出具願任同意書後，始生效力。

34 (B)。老人安養信託契約參考範本，一、本契約之信託財產，係指委託人簽訂本契約後，依本契約之約定存入信託專戶之資金，其資金來源包含：(一)委託人交付信託之金錢。(二)以委託人本人為生存保險受益人之保險契約可得受領之保險金，並由委託人向人壽保險公司請領，逕由保險公司依委託人之指示將保險金交付受託人之金錢。二、委託人於信託存續期間內新增之信託財產。三、委託人以交付票據方式交付信託財產者，應俟票款兌付後之金錢為信託財產；委託人以匯款方式匯入者，應匯入一、第一項明定信託資金之來源。二、第二項明定信託存續期間內，委託人得追加信託財產。三、第三項明定委託人以票據或匯款之方式交付信託財產時之處理。四、第四項明定委託人以其本人為生存保險受益人之保險契約可得受領之保險金作為信託財產時之處理。五、第五項參照信託法第九條第二項規定明定信託財產之同一性。

35 (D)。依金融消費者保護法第5條，本法所稱金融消費爭議，指金融消費者與金融服務業間因商品或服務所生之民事爭議。

36 (B)。112年為第5次辦理評核，新增「友善服務原則」及「落實誠信原則」等2項評核指標。

37 (D)。「留房養老安養信託」，透過與包租代管業者合作，由高齡者將房屋產權及租金交付信託，而且不用子女同意，除可取得不動產租金收益，也可避免遭不當處分，長者的資產也不會因此流失，仍可傳承給子孫。因此(A)(B)(C)正確，(D)錯誤。

38 (B)。台灣人口結構在高齡化、少子化的趨勢下，早已迅速老化，長期將導致工作年齡人口減少、老年人口占比增加，加重扶養負擔。(B)正確。

39 (B)。銀行如果想拓展安養服務，可能面臨銀行法或信託法下兼營安養服務或轉投資安養機構的限制，因此金控轉投資成立社福長照機構非為安養信託跨業結盟策略。

40 (D)。重度個案因需較充足之照顧設施與密集之照顧人力，若在無家屬可照顧或家屬無法長期負擔之考量下，可能選擇入住住宿式機構接受全時24小時服務。(D)正確。

41 (A)。2023年依據基金用途區分，「完善長照服務輸送體系」花費最多，達505億元。

42 (A)。「遺產分割方法（民法第1165條第1項）及應繼分之指定，若侵害特留分，自可類推適用民法第1225條，許被侵害者，行使扣減權。（最高法院104年度台上字第1480號判決參照）」、「被繼承人因遺贈或應繼分之指定超過其所得自由處分財產之範圍，而致特留分權人應得之額不足特留分時，特留分扣減權利人得對扣減義務人行使扣減權，是扣減權在性質上屬於物權之形成權，經扣減權利人對扣減義務人行使扣減權者，於侵害特留分部分，即失其效力。（最高法院81年台上字第1032號判決參照）」故(A)正確。

43 **(C)**。婚姻無效之情形：未辦理(1)結婚登記（民法第982條）；(2)近親結婚（民法第983條）：直系血親、直系姻親，縱使姻親關係消滅也不得結婚，於因收養而成立之直系親屬間，在收養關係終止後，亦適用之；(3)旁系血親6親等以內，除非是因為收養成立的同輩分4親等及6親等旁系血親；(4)旁系姻親5親等以內，且輩分不同。故(C)錯誤。

44 **(C)**。民法第1020-1條第1項，夫或妻於婚姻關係存續中就其婚後財產所為之無償行為，有害及法定財產制關係消滅後他方之剩餘財產分配請求權者，他方得聲請法院撤銷之。但為履行道德上義務所為之相當贈與，不在此限。

45 **(C)**。(A)民法第1112-1條，法院選定數人為監護人時，得依職權指定其共同或分別執行職務之範圍。(B)民法第1101條第3項，監護人不得以受監護人之財產為投資。但購買公債、國庫券、中央銀行儲蓄券、金融債券、可轉讓定期存單、金融機構承兑匯票或保證商業本票，不在此限。(C)民法第1100條，監護人應以善良管理人之注意，執行監護職務。民法第223條，應與處理自己事務為同一注意者，如有重大過失，仍應負責。故(C)錯誤。(D)民法第1104條，監護人得請求報酬，其數額由法院按其勞力及受監護人之資力酌定之。

46 **(D)**。信託法第71條，(1)法人為增進公共利益，得經決議對外宣言自為委託人及受託人，並邀公眾加入為委託人。(2)前項信託於對公眾宣言前，應經目的事業主管機關許可。(3)第一項信託關係所生之權利義務，依該法人之決議及宣言內容定之。內政業務公益信託許可及監督辦法第2條，本辦法所稱主管機關為內政部。故(D)錯誤。

47 **(D)**。存款100萬＋基金200萬＋土地公告現值250萬＋房屋現值50萬＝600萬，受益50%，600萬×50%＝300萬。

48 **(A)**。地方税是屬於地方政府可支用的税收，包括直轄市及縣（市）税，共有8種：由各直轄市及縣（市）地方政府所屬的税捐機關負責稽徵（臺北市由臺北市税捐稽徵處辦理）：地價税、田賦、土地增值税、房屋税、契税、使用牌照税、娛樂税、印花税。故為(A)。

49 (A)。依長期照顧保險單示範條款條文規定，生理功能障礙：係指被保險人經專科醫師依巴氏量表（Barthel Index）或依其他臨床專業評量表診斷判定達X個月以上（不得高於6個月），其進食、移位、如廁、沐浴、平地行動及更衣等六項日常生活自理能力（Activities of Daily Living, ADLs）持續存有三項（含）以上之障礙。不含(A)辨識障礙。

50 (B)。依長期照顧保險單示範條款條文規定，「免責期」不得超過6個月。

51 (C)。境內個人買賣房地持有2年以內（稅率45%）、超過2年未逾5年（稅率35%）、超過5年未逾10年（稅率20%）、超過10年（稅率15%）。故為(C)。

52 (C)。(C)以房養老貸款只有把不動產抵押給銀行，因所有權還是借款人，貸款期間到期時只需要清償借款即可贖回房產。

53 (C)。信託管理費不重複收取，例如：客戶以5,000萬元交付信託，其中1,000萬元投資基金，受託人已就身心障礙者安養信託之全部資產5,000萬元計收信託管理費，不得再就投資之基金1,000萬元另外收取信託管理費。

54 (A)。金融消費者保護法第4條第1項，本法所稱金融消費者，指接受金融服務業提供金融商品或服務者。但不包括下列對象：一、專業投資機構。二、符合一定財力或專業能力之自然人或法人。

55 (D)。金融消費者保護法第13條第2項，金融消費者就金融消費爭議事件應先向金融服務業提出申訴，金融服務業應於收受申訴之日起30日內為適當之處理，並將處理結果回覆提出申訴之金融消費者；金融消費者不接受處理結果者或金融服務業逾上述期限不為處理者，金融消費者得於收受處理結果或期限屆滿之日起60日內，向爭議處理機構申請評議；金融消費者向爭議處理機構提出申訴者，爭議處理機構之金融消費者服務部門應將該申訴移交金融服務業處理。

56 (C)。與信託業者合作安養信託業務之安養機構業者，不會因此獲得信託專責部門資金融通，但能協助資產管理，確保經濟安全。

57 (C)。民法第1223條，繼承人之特留分，依左列各款之規定：一、直系血親卑親屬之特留分，為其應繼分1/2。二、父母之特留分，為其應繼分1/2。三、配偶之特留分，為其應繼分1/2。四、兄弟姊妹之特留分，為其應繼分1/3。五、祖父母之特留分，為其應繼分1/3。因高老太太老伴已離世，只有2個兒子，因此小兒子之應繼分為1/2，其特留分為1/4。(C)並未違反特留分的規定。

58 (A)。遺產及贈與稅法第10條，遺產及贈與財產價值之計算，以被繼承人死亡時或贈與人贈與時之時價為準；被繼承人如係受死亡之宣告者，以法院宣告死亡判決內所確定死亡日之時價為準。本法中華民國84年1月15日修正生效前發生死亡事實或贈與行為而尚未核課或尚未核課確定之案件，其估價適用修正後之前項規定辦理。第一項所稱時價，土地以公告土地現值或評定標準價格為準；房屋以評定標準價格為準；其他財產時價之估定，本法未規定者，由財政部定之。遺產及贈與稅法第17條第1項第9款，被繼承人死亡前，未償之債務，具有確實之證明者。因此(A)正確。

59 (C)。「保險金信託」係由委託人（即保險受益人）與受託人簽訂信託契約，約定當保險事故發生時，保險公司將信託財產（理賠金）交付予受託人，受託人依信託契約管理、運用信託財產，並依約定方式將信託財產分配給保險受益人，使受益人生活確實享受到保險金的照顧，確保信託真正發揮照護及保障的功能。因此，此信託委託人為小兒子。

60 (B)。不動產增值是有利因素，非銀行將面臨的風險。

第五期第一節

第一部分

( ) **1** 根據世界衛生組織（WHO）定義，目前2023年我國的高齡社會發展現況屬於下列何者？ (A)高齡化社會 (B)前高齡社會 (C)高齡社會 (D)超高齡社會。

( ) **2** 請問年齡歧視（Ageism）是老年學家探討老化過程的哪種層面？ (A)時序老化 (B)生理老化 (C)心理老化 (D)社會老化。

( ) **3** 關於高齡者「衰弱」的特徵，下列何者錯誤？ (A)走路速度慢 (B)肥胖 (C)握力差 (D)活動力低落。

( ) **4** 在功能性體適能檢測中，評估下肢肌力表現的是何種項目？ (A)開眼單足站立 (B)起立行走坐下 (C)5公尺步行速度 (D)計時5次坐站。

( ) **5** 有關我國長照服務政策2.0的給付與支付制度，下列敘述何者正確？ (A)失能等級分為1-6級 (B)長照低收入戶及長照中低收入戶其部分負擔皆為0% (C)若有外籍看護則不能申請長照2.0 (D)每三年給付額度四萬元的輔具及居家無障礙環境改善服務。

( ) **6** 下列何者為老人福利法的「中央」主管機關？ (A)交通部 (B)教育部 (C)內政部 (D)衛生福利部。

( ) **7** 個人長照服務之「照顧及專業服務」項目給付「一般戶」之部分負擔比率為多少？ (A)16% (B)21% (C)27% (D)30%。

( ) **8** 康伯今年67歲，身體狀況良好，意識清楚且行動自如，因老伴以及兒孫白天上班上課，一個人在家無聊，請問何種照顧模式可以讓康伯白天參與活動，晚上又能在家享受天倫之樂？ (A)養生村 (B)日照中心 (C)護理之家 (D)社區關懷據點。

(　　) **9** 有關老人福利法第30條之「有法定扶養義務之人應善盡扶養老人之責」，若負扶養義務者有下列數人時，依民法之規定，其履行扶養義務之順位依序為何？　A.女婿；B.直系血親卑親屬；C.兄弟姊妹；D.直系血親尊親屬　(A)A-B-C-D　(B)B-A-D-C　(C)B-D-C-A　(D)D-B-A-C。

(　　) **10** 有關長期照顧服務人員訓練認證繼續教育及登錄辦法所界定的長照服務人員，不包含下列何者？　(A)護理師　(B)居家服務督導員　(C)照顧管理專員　(D)家事管理員。

(　　) **11** 有關長期照顧服務之申請，下列敘述何者正確？　(A)56歲的楊女士，具原住民身份，長照失能等級為3級，可以享有給付　(B)48歲車禍半身不遂的李先生，欲添購改善輔具及進行居家無障礙環境改善，如費用超支可先預支下一期的　(C)90歲的陳奶奶住在養護機構，女兒為其另聘有外籍看護，外籍看護每週休假當天可以申請喘息服務　(D)居家服務員前往案家同時幫符合長照給付的張爺爺和張奶奶備餐，可以收取二份的支付。

(　　) **12** 有關病人自主權利法之醫療委任代理人，下列敘述何者錯誤？　(A)指接受意願人書面委任，於意願人意識昏迷或無法清楚表達意願時，代理意願人表達意願之人　(B)應以成年且具行為能力之人為限，並經其書面同意　(C)擔任醫療委任代理人需書面同意，而終止時只需口頭表示　(D)繼承人可擔任意願人之醫療委任代理人。

(　　) **13** 下列有關夫妻財產制之敘述，何者正確？　(A)夫妻財產制契約應於結婚後約定　(B)夫妻財產制契約之訂立，應經公證　(C)夫妻財產制於未約定下，適用分別財產制　(D)夫妻財產制契約之訂立，非經登記，不得以之對抗第三人。

(　　) **14** 甲乙結婚時採分別財產制。甲死亡時，繼承人有配偶乙及子女丙丁共三人。甲遺有存款700萬元，負債100萬元。甲並以遺囑遺贈大方基金會400萬元。繼承人如欲主張特留分或扣減權，應可得遺產若干？　(A)乙得700萬元　(B)基金會得400萬元　(C)丙得200萬元　(D)丁得100萬元。

(　　) **15** 下列有關遺囑執行人與遺產管理人之敘述，何者錯誤？　(A)遺囑執行人與遺產管理人均得請求報酬　(B)遺囑執行人與遺產管理人均應由法院選任　(C)遺囑執行人與遺產管理人均有可能編製遺產清冊　(D)遺囑執行人與遺產管理人有因保存遺產而為必要處置行為之權限。

(　　) **16** 甲死亡時，其配偶乙、其母丙、其子丁、其孫女戊，均尚健在。就甲之遺產，法定應繼分為如何？　(A)乙有三分之一　(B)丙有三分之一　(C)丁有二分之一　(D)戊有四分之一。

(　　) **17** 下列何者非屬信託之特性？　(A)信託可彈性設計　(B)信託財產具獨立性　(C)所有權與受益權分立　(D)受託人死亡或撤銷設立登記信託關係即消滅。

(　　) **18** 某甲想為高齡母親設立信託，為保障受益人利益，請問他可以找下列何者擔任信託監察人？　(A)值得信賴且仍正常營業的陳律師　(B)受輔助宣告的同窗好友　(C)剛年滿17歲負責任的忘年之交好友　(D)能力強但因連帶保證而破產的共患難好友。

(　　) **19** 關於信託業代老人及身心障礙之受益人辦理新臺幣結匯申報之敘述，下列何者錯誤？　(A)列計信託業之結匯額度　(B)由信託業代受益人辦理新臺幣結匯申報　(C)僅限以老人安養及身心障礙者照護為目的之信託　(D)憑中央銀行同意函、委託人結匯授權書及相關證明文件辦理。

(　　) **20** 有關信託財產的定義與規範，下列敘述何者錯誤？　(A)財產權本身附有負擔者，不得以該財產權設立信託　(B)受託人之債權人，原則上不得對信託財產強制執行　(C)信託標的之財產應為積極財產，不能僅為債務之消極財產　(D)受託人因信託財產之管理、處分、滅失、毀損或其他事由取得之財產，仍屬信託財產。

(　　) **21** 某甲想設立信託，關於信託成立方式及其相關說明，下列何者錯誤？　(A)商事信託以信託業者為受託人，受金管會監督　(B)民事信託之受託人非屬信託業者，監督機關為法院　(C)信託，除法律另有規定外，應以契約或遺囑為之　(D)宣言信託是自然人為增進公共利益對外宣言以自己為委託人及受託人而成立。

(　　) **22** 下列有關遺囑信託的相關規定與說明，何者正確？
(A)為雙方契約行為
(B)立遺囑人應依信託法所定方式設立遺囑
(C)遺囑人死亡後，其繼承人依遺囑，與受託人簽訂信託契約，非屬遺囑信託
(D)委託人在生前與人訂立信託契約，以其死亡為條件或始期，使該信託於其死亡時發生效力亦屬遺囑信託。

(　　) **23** 為保障消費者權益，主管機關針對許多行業之預收款定有履約保障之要求，下列何種行業未有交付信託之規定？　(A)臍帶血業者　(B)電子支付業者　(C)安養機構業者　(D)生前契約殯葬服務業者。

(　　) **24** 高齡者持有上市櫃公司股票，以領取其穩定股息，因其性質為長期持有，故適合以借券創造額外收益，有關辦理借券之敘述下列何者正確？
(A)出借人要注意擔保維持率120%問題
(B)目前辦理借券之方式只可透過借券信託方式參與
(C)如持股人之子女為該上市櫃公司董監事者，將無法辦理
(D)適合借券的類型如短期股價較難升到理想價位之股票。

(　　) **25** 某甲希望辦理他益信託指定子女們受益，兼顧贈與及保留相關權利等目的，請問下列何種情況國稅局可能於受理審查時暫不核課贈與稅？　(A)某甲保留信託財產運用決定權　(B)某甲保留變更受益人及分配、處分信託利益之權利　(C)某甲僅保留特定受益人間分配他益信託利益之權利　(D)某甲無保留變更受益人及分配、處分信託利益之權利。

(　　) **26** 某位高齡者正評估規劃辦理公益信託回饋社會，關於公益信託課稅之敘述，下列何者錯誤？　(A)個人捐贈公益信託之金額不計入贈與總額　(B)捐贈被繼承人死亡時未成立之公益信託，該金額不計入遺產總額　(C)公益信託於實際分配信託利益時，以受託人為所得稅扣繳義務人　(D)個人捐贈公益信託之金額，申報當年所得稅時，於年度所得總額20%內可主張列舉扣除所得。

( ) **27** 某甲近期將名下房屋簽約辦理不動產信託，並指定其兒子乙為受益人，待信託到期終止時，受託人才將房屋過戶予兒子乙。下列相關課稅之敘述何者正確？ (A)某甲應於簽約後3個月內申報課徵贈與稅 (B)某甲將房屋辦理信託過戶登記予受託人時須課徵契稅 (C)某甲將房屋辦理信託過戶登記予受託人時須課徵土增稅 (D)信託到期時，乙須先完納土增稅及契稅，受託人才能將房屋過戶予乙。

( ) **28** 天下公司為照顧職災之員工子女甲小妹，成立他益信託500萬元，並約定信託期間每年自信託專戶給付100萬元，請問下列課稅方式何者正確？ (A)因屬職災，此他益信託如經稅捐機關核可，免課稅 (B)信託成立時，對天下公司課徵贈與稅 (C)500萬元於信託成立年度，併入甲小妹當年度所得申報課稅 (D)甲小妹於每年領取100萬元時，併入當年度所得申報課稅。

( ) **29** 除癌症險及重大疾病險外，其他健康保險一般常見的等待期為幾日？ (A)7日 (B)14日 (C)30日 (D)60日。

( ) **30** 關於變額年金的敘述，下列何者錯誤？ (A)投資風險由保險公司承擔 (B)帳戶為分離帳戶 (C)累積期身故，返還保價金 (D)可彈性繳交保險費。

( ) **31** 某甲與其子女均適用40%所得稅率，今某甲擬將500張上市櫃股票於今年除權息後簽約辦理本金自益孳息他益股票信託，並指定子女為孳息受益人。請問下列何者非屬某甲此舉可享有的好處？ (A)分散所得 (B)節省贈與稅 (C)節省子女所得稅 (D)降低未來遺產稅。

( ) **32** 依現行規定，課徵房地合一所得稅時，個人未提示因取得、改良及移轉而支付之費用者，稽徵機關應如何計算其費用？ (A)按成交價5%計算其費用，並以50萬元為限 (B)按成交價5%計算其費用或以30萬元為限 (C)按成交價3%計算其費用，並以30萬元為限 (D)按成交價3%計算其費用或以50萬元為限。

(　　) **33** 甲現年65歲，因精神障礙致其為意思表示、受意思表示及辨識其意思表示效果之能力顯有不足，經法院為輔助之宣告。若甲擬與A銀行成立身心障礙者安養信託契約，下列關於該契約成立之敘述，何者正確？　(A)可由甲與A銀行直接簽訂契約　(B)應由甲之輔助人與A銀行簽訂契約　(C)應由輔助人代理甲與A銀行簽訂契約　(D)應由甲與A銀行簽訂契約，並取得輔助人之同意。

(　　) **34** 甲以自己為要保人，配偶乙為被保險人，兒子丙為受益人向A人壽保險公司投保外幣收付之保險商品，A人壽保險公司在適合度評估時，應瞭解何人對匯率風險之承受能力？　(A)甲　(B)乙　(C)丙　(D)都不需要，風險由消費者自行評估。

(　　) **35** 依行政院所核定「新世代打擊詐欺策略行動綱領」，列舉出防制詐欺四大面向，下列何者非屬之？　(A)識詐　(B)驗詐　(C)阻詐　(D)懲詐。

(　　) **36** 依銀行業公平對待高齡客戶自律規範第14條第1款規定，銀行就提供高齡客戶申購、轉換「高風險商品」交易服務時，應建立控管機制。其以錄音方式保留紀錄或以電子設備留存相關作業過程之軌跡，除未滿五年應至少保存五年以上，且遇有爭議之交易時，應保留至爭議終結為止外，相關保存期限並不得少於該商品存續期間加計多少個月之期間？　(A)1個月　(B)2個月　(C)3個月　(D)6個月。

(　　) **37** 針對管理型不動產信託業務與異業合作方案，提供高齡長輩多元服務，下列何者敘述錯誤？　(A)服務對象為非自住且有出租不動產需求之客戶　(B)屬於不動產保全信託與留房養老業務的綜合體　(C)皆由受託人擔任物業管理公司角色　(D)可達到創造金流、資產保全及不動產傳承三大效益。

(　　) **38** 有關高齡金融商品-「目標日期基金」敘述何者正確？　(A)也可稱為「生命週期基金」　(B)基金名稱之年份，如2025等，是指基金發行年度　(C)該商品主要是因應退休生活產生，投資期間無需太長　(D)生命週期資產配置設計是指距離退休時間愈近，股票投資部位愈高。

(　　)　**39** 有關安養信託之優點，下列敘述何者正確？　A.可以解決老後財產管理不便及財產安全受威脅的問題　B.民眾可預先規劃資產配置，約定未來按期給付日常所需的生活費　C.民眾可預先規劃資產配置，約定未來給付款項於予安養機構，確保晚年照護無虞　D.有利銀行推展積極型理財商品提高民眾信託財產報酬率，確保信託財產可以用到最後一刻　(A)僅AB　(B)僅BC　(C)僅ABC　(D)僅BCD。

(　　)　**40** 高齡者自我照顧行為與居住型態研究樣態中，下列何者不是屬於脫離原生家庭、社區，專供具生活自理能力無須他人協助老人居住之住宅？　(A)老人公寓　(B)養護中心　(C)老人住宅　(D)銀髮住宅。

第二部分

(　　)　**41** 有關疾病的「三段五級」預防策略，下列敘述何者錯誤？　(A)在里民活動中心舉辦糖尿病衛教活動，屬於初段預防　(B)健康服務中心舉辦流感疫苗接種活動，屬於次段預防　(C)就醫時醫生建議進一步安排檢查，屬於次段預防　(D)車禍導致骨折，術後定期到醫院復健，屬於末段預防。

(　　)　**42** 有關繼承拋棄之規定，下列敘述何者錯誤？　(A)繼承人須於規定時效內以書面向法院為之　(B)溯及於繼承開始時發生效力　(C)繼承開始前預為繼承之拋棄，有效　(D)配偶拋棄繼承權者，其應繼分歸屬於與其同為繼承之人。

(　　)　**43** 依民法規定，法院為監護之宣告前，意定監護契約之本人可否撤回之？　(A)契約一經簽訂，即不能撤回　(B)契約一經公證，即不能撤回　(C)得隨時撤回　(D)須經公證人判斷可否撤回。

(　　)　**44** 若子女不孝，父母欲以遺囑使其喪失繼承權，下列敘述何者錯誤？　(A)此遺囑得以代筆遺囑為之　(B)遺囑應明確載明該子女不得繼承之意思表示　(C)此等情事需構成重大虐待或侮辱之行為　(D)對父母為重大之侮辱之行為，係絕對失去繼承權。

(　　) **45** 繼承人有數人時，在分割遺產前，各繼承人對於遺產之權利為何？　(A)各繼承人對於遺產全部為公同共有　(B)各繼承人對於遺產全部為分別共有　(C)各繼承人對於遺產全部為按其比例分別單獨所有　(D)各繼承人對於遺產全部為連帶權利。

(　　) **46** 依信託法規定，信託行為有害於委託人之債權人權利者，下列敘述何者正確？　(A)債權人得聲請法院撤銷之　(B)受益人與委託人對債權人負連帶清償責任　(C)信託行為自始無效　(D)如屬自益信託，因不影響債權人權益，故債權人不能影響信託行為效力。

(　　) **47** 依信託業建立非專業投資人商品適合度規章應遵循事項，下列敘述何者錯誤？　(A)商品之風險等級至少區分為五個等級　(B)信託業應考量客戶之投資屬性、對風險之瞭解及風險承受度等　(C)信託業必須就商品之特性、保本程度、商品期限等，區分不同商品風險等級　(D)客戶為法人時，得由法人客戶指定之有權代理人代表該法人受評估。

(　　) **48** 甲自2020年起每年12月固定贈與女兒200萬元傳承家產，盼十年內將全數資產移轉給下一代，但某甲在2022年3月因出意外過世，其身故日財產包括存款2,000萬元、某上市股票10張（收盤價600元、淨值100元），市價1,000萬之房屋乙棟（土地公告現值300萬、房屋評定現值100萬），請問應納入計算遺產稅之財產共計為多少？　(A)2,500萬元　(B)3,100萬元　(C)3,400萬元　(D)4,000萬元。

(　　) **49** 下列何者為長期照護險用來判斷認知功能障礙的標準？　(A)經驗生命表　(B)臨床失智量表　(C)高齡投保評估表　(D)巴氏量表。

(　　) **50** 有關「平準保費」之特性，下列敘述何者錯誤？　(A)已將應納保險費總額，平均分攤在每一個繳費期間　(B)在投保初期時，比起自然保費，須繳交較高的保險費　(C)即使被保險人年齡增加，但保險費之金額仍然不變　(D)因採平準機制，故所有被保險人，都是繳納相同的保險費。

(　　)　**51** 依民法規定，前後意定監護契約有相牴觸者，其效力為何？(A)由本人決定何者有效　(B)前後意定監護契約皆無效，由法院採法定監護制　(C)視為本人撤回前意定監護契約　(D)因意定監護契約優先原則，後意定監護契約視為無效。

(　　)　**52** 有關「公益出租人」得享有之稅負優惠項目，不包含下列何者？(A)租金所得稅免稅額　(B)房地合一稅免稅額　(C)地價稅稅率　(D)房屋稅稅率。

(　　)　**53** 有關共益型老人安養信託契約，單一委託人情形下，如約定共同受益人中之委託人死亡，指定由另一生存受益人享有全部信託利益時，下列敘述何者錯誤？　(A)課徵遺產稅　(B)免徵贈與稅　(C)認定為死因贈與　(D)不會產生特留分之問題。

(　　)　**54** 參考身心障礙者安養信託契約範本，如受託人無法繼續履行處理信託事務之義務，致信託目的無法達成或信託事務無法執行時，下列敘述何者正確？　(A)受託人不得終止信託　(B)受託人得逕行終止信託　(C)受託人須移交新受託人方得終止信託　(D)受託人須經委託人同意方得終止信託。

(　　)　**55** 所謂「金融消費者」，是指接受金融服務業提供金融商品或服務者。但不包括下列何對象？　A.專業投資機構　B.符合一定財力或專業能力之自然人　C.符合一定財力或專業能力之法人　(A)ABC　(B)僅AC　(C)僅BC　(D)僅A。

(　　)　**56** 下列何者非屬信託業跨金融商品「內部」資源整合行銷之模式？(A)安養信託結合生存保險　(B)不動產開發及危老都更業務整合授信及信託業務　(C)透過發行認同信用卡推展退休安養信託業務　(D)與社福團體，律師與會計師事務所等進行跨業轉介行銷合作。

請根據下列案例，回答第57～60題：

余老太太中年喪偶，獨力辛苦養育一女一子：姊姊余美及弟弟余德，余德因小時候有次連日高燒，後遺罹患輕度智障，幸余老太太名下有一間貸款已完全清償的房屋供余家三口生活居住。至今，余美剛圓滿結婚、嫁入婆家，但思及余老太太因身體逐漸老化，雖仍可自主行動、且為余德輔助宣告的輔助人，但一位老人家整天照護余德太過勞累；所以余美邀請了甲銀行的高齡金融規劃顧問師郝顧問，一起討論余家一老一障未來長照相關的建議方案。

(　　) **57** 郝顧問建議余老太太將余德送至合法立案的長照機構負責照護二年試試看，依相關的長照服務機構定型化契約應記載事項規定，如果該長照機構這二年內因通貨膨脹因素，想要調整余德相關的長照費用，下列敘述何者正確？　(A)不得調整　(B)應先經余德及余老太太同意　(C)僅須報請該長照機構所在地主管機關核定　(D)得逕依主計處公告消費者物價指數變動幅度調整。

(　　) **58** 如果選擇合法立案的社區式長照機構來照護余德，依據相關的長照服務機構定型化契約不得記載事項規定，有關約定契約終止時長期照顧費、其他費用不得記載之收費方式：　A.「以週計費」　B.「未超過半個月以半個月計費」　C.「超過半個月以全月計費」，下列組合選項何者較為完整正確？

(A)僅AB　　(B)僅BC

(C)僅AC　　(D)ABC。

(　　) **59** 由於余美已不方便完全支應照顧余老太太及余德的生活照顧費用，所以郝顧問建議以余老太太提供自己名下的不動產設定抵押權給甲銀行，由甲銀行每月平均撥付金額給余老太太，以安定後續余家二人的生活。有關前述之金融商品，下列何者正確？　(A)銀行包租代管　(B)二胎房屋貸款　(C)以房養老業務　(D)「留房養老」安養信託。

( ) **60** 若余老太太有一張以自己為要、被保險人，余德為身故保險金受益人的壽險保單，為了防止未來這筆保險理賠金被詐騙或濫用，郝顧問建議在甲銀行辦理保險金信託。請問該保險金信託生效之時點，下列何者正確？ (A)簽訂保險金信託契約時 (B)保險金匯入信託專戶時 (C)信託開始給付余德生活費或養護費時 (D)辦理保單批註，註明「保險金限匯入余德信託專戶」核准時。

解答與解析

1 (C)。在1993年，臺灣老年人口占總人口比率已超過7%，正式邁入高齡化社會，而在2018年超過14%轉為高齡社會；依據國家發展委員會推估（2022），我國將於2025年高齡人口超過20%，邁入超高齡社會；同時預估在2050年，高齡人口將達到最高峰，占總人口約36.6%。所以為(C)。

2 (D)。(A)時序老化：自出生後生存年齡老化過程。(B)生理老化：身體器官系統（心肺部、循環系統）功能性老化。(C)心理老化：認知功能（記憶力、學習力、智力）。(D)社會老化：與時序老化有關（年齡）。

3 (B)。衰弱是一種以生理功能喪失與容易發生併發症為表現的一種症候群，其臨床表現包括活動力降低、體重減輕、疲倦、食慾降低、肌肉耗損、骨質流失、步態與平衡功能異常，甚至是認知功能的障礙。(B)不是。

4 (D)。(A)評估靜態平衡能力。(B)評估長者的上肢肌力。(C)評估行走速度及行走能力。(D)評估長者的下肢肌力。

5 (D)。(A)長照2.0將失能程度由原本的輕、中、重度，更精細地區分為長期照顧需要8等級。(B)長期照顧服務申請及給付辦法第14條，依長照身分別，自行負擔一定比率之金額（部分負擔）。身分部分負擔比率（%）：長照低收入戶0%；長照中低收入戶10%；長照一般戶30%。(C)聘有外籍看護工家庭之被照顧者，如經長照需求評估符合失能等級2至8級，可申請專業服務、交通接送、輔具服務、住宅無障礙環境改善服務及到宅沐浴車服務等多元長照服務。(D)評估符合長照2.0服務對象者且需求評估達2級（含）以上者，輔具及居家無障礙環境改善服務的額度為4萬元/3年。

6 (D)。老人福利法第3條第1項，本法所稱主管機關：在中央為衛生福利部；在直轄市為直轄市政府；在縣（市）為縣（市）政府。

7 (A)。長照2.0補助：照顧及專業服務1級失能者不提供補助，2至8

級，低收入戶全額給付；中低收入部分負擔5%；一般戶16%。

8 **(D)**。(A)養生村：以老人住宅的方式推動，在養生村居住的年長者們比較像房客，而不是受照顧者。(B)日照中心：像是「長輩的幼兒園」，長輩白天至日照中心，由專業人員帶領之含括健康、社會、心理等各項類型活動，透過日間照顧活動、安定性環境及溫馨的陪同，且保有生活上自主權及獨立性，維持長輩應有生活品質與尊嚴，讓長輩能獲得安全照顧，傍晚再回家中與親人共享天倫之樂，用意在於有效活化老人身心靈，延緩老化速度，而家屬亦可有效降低照顧負擔並得到休息機會。(C)護理之家：經過政府認可，為出院後仍須照護之恢復期病患、慢性病患或身心障礙的年長者，提供受專業訓練的人員之長期照護需求。(D)社區關懷據點：結合長期照顧管理服務中心等相關福利資源，提供65歲以上老人關懷訪視、電話問安、諮詢及轉介服務、餐飲服務、健康促進等多元服務。

9 **(C)**。民法第1115條第1項，負扶養義務者有數人時，應依左列順序定其履行義務之人：一、直系血親卑親屬。二、直系血親尊親屬。三、家長。四、兄弟姊妹。五、家屬。六、子婦、女婿。七、夫妻之父母。故(C)正確。

10 **(D)**。長期照顧服務人員訓練認證繼續教育及登錄辦法第2條第1項，本法第3條第四款所定長照服務人員（以下簡稱長照人員）其類別如下：一、照顧服務員、生活服務員或家庭托顧服務員（以下併稱照顧服務人員）。二、居家服務督導員。三、教保員、社會工作人員（包括社會工作師）及醫事人員。四、照顧管理專員及照顧管理督導。五、中央主管機關公告指定為長照服務相關計畫人員。

11 **(A)**。(B)經評估符合長照2.0服務對象者且需求評估達2級（含）以上者，輔具及居家無障礙環境改善服務的額度為4萬元/3年，無法預支。(C)聘僱外籍家庭看護工之被照顧者，經縣市長期照顧管理中心評估失能等級為第7級或第8級，且為獨居或主要照顧者為70歲以上的長照需要者，可申請喘息服務。(D)僅收取1份支付。

12 **(C)**。(A)病人自主權利法第3條，醫療委任代理人：指接受意願人書面委任，於意願人意識昏迷或無法清楚表達意願時，代理意願人表達意願之人。(B)病人自主權利法第10條第1項，意願人指定之醫療委任代理人，應以成年且具行為能力之人為限，並經其書面同意。(C)病人自主權利法第11條第1項，醫療委任代理人得隨時以書面終止委任。(D)病人自主權利法第10條第2項，下列之人，除意願人之繼承人外，不得為醫療委任代理人：一、意願人之受遺贈人。二、意願人遺體或器官指定之受贈人。三、其他因意願人死亡而獲得利益之人。

13 (D)。(A)民法第1004條，夫妻得於結婚前或結婚後，以契約就本法所定之約定財產制中，選擇其一，為其夫妻財產制。(B)民法第1007條，夫妻財產制契約之訂立、變更或廢止，應以書面為之。(C)民法第1005條，夫妻未以契約訂立夫妻財產制者，除本法另有規定外，以法定財產制，為其夫妻財產制。(D)民法第1008條第1項，夫妻財產制契約之訂立、變更或廢止，非經登記，不得以之對抗第三人。

14 (D)。民法第1223條，繼承人之特留分，依左列各款之規定：一、直系血親卑親屬之特留分，為其應繼分1/2。因此為（700萬－100萬）/3*（1/2）＝100萬。

15 (B)。(B)民法第1209條第1項，遺囑人得以遺囑指定遺囑執行人，或委託他人指定之。

16 (C)。民法1138條，遺產繼承人，除配偶外，依左列順序定之：一、直系血親卑親屬。二、父母。三、兄弟姊妹。四、祖父母。因此配偶乙及其子丁各分1/2，(C)正確。

17 (D)。受託人死亡時，除信託行為另有約定外，信託關係並未消滅。

18 (A)。信託法第53條，未成年人、受監護或輔助宣告之人及破產人，不得為信託監察人。因此(A)可以擔任信託監察人。

19 (A)。中央銀行已原則同意業者得憑中央銀行前述同意函、委託人出具之結匯授權書（若受託人與委託人簽訂之信託契約已明文授權受託人辦理結匯者，得以受託人出具已獲授權辦理結匯之聲明書代替）及相關證明文件，代老人及身心障礙之受益人辦理新臺幣結匯申報，並列計受益人結匯額度。

20 (A)。財產權本身附有負擔，例如不動產上有積欠稅金，並不妨礙其作為信託財產。

21 (D)。宣言信託是指委託人以自己的財產之一部或全部，對外以口頭或對外宣言自己為受託人，並以第三人的利益為管理或處分之信託。

22 (C)。(A)遺囑信託屬單獨行為，於遺囑生效前，立遺囑人仍得自由處分其財產。遺囑信託之性質與契約信託不同，遺囑生效日即委託人死亡時成立。(B)立遺囑人應依民法所定方式設立遺囑。(D)委託人在生前與人訂立信託契約，以其死亡為條件或始期，使該信託於其死亡時發生效力者，非屬遺囑信託。

23 (C)。(A)臍帶血保存定型化契約，保存費如經甲乙雙方合意採預繳（付）之付費方式支付時，乙方應扣除當年度費用後，全數交付信託，並分年平均提領或動支。(B)電子支付機構管理條例第21條第1項，專營電子支付機構對於儲值款項扣除應提列準備金之餘額，併同代理收付款項之金額，應全部交付信託或取得銀行十足之履約保證。(D)殯葬管理條例（以下簡稱本條例）第51條第1項規定，殯葬禮儀服務業與消費者簽訂生前殯葬服務契約，其有預先收取費用者，應將該費用75%，依信託本旨交付信託業管理。除生前殯葬服務契約之履行、解除、終止或本條例另有規定外，不得提領。

24 **(D)**。(A)整戶擔保維持率120%以上。(B)可透過信託借券或雙向借券。(C)金管會自民國95年發布公開發行公司內部人，包括董事、監察人、經理人及持有公司股份超過10%的大股東（包括其配偶、未成年子女及利用他人名義持有的股票），不得進行有價證券借貸交易。

25 **(B)**。財政部94年2月23日台財稅字第09404509000號函，信託契約明定有特定之受益人者：(1)受益人特定，且委託人無保留變更受益人及分配、處分信託利益之權利者：依遺贈稅法第5條之1（自然人贈與部分）或所得稅法第3條之2（營利事業贈與部分）規定辦理。信託財產發生之收入，依所得稅法第3條之4規定課徵受益人所得稅。(2)受益人特定，且委託人僅保留特定受益人間分配他益信託利益之權利，或變更信託財產營運範圍、方法之權利者：依遺贈稅法第5條之1（自然人贈與部分）或所得稅法第3條之2（營利事業贈與部分）規定辦理。信託財產發生之收入，依所得稅法第3條之4規定課徵受益人所得稅。(3)受益人特定，但委託人保留變更受益人或處分信託利益之權利者：不適用遺贈稅法規定課徵贈與稅；信託財產發生之收入，屬委託人之所得，應由委託人併入其當年度所得額課徵所得稅。俟信託利益實際分配予非委託人時，屬委託人以自己之財產無償贈與他人，應依遺贈稅法第4條規定課徵贈與稅。

26 **(B)**。(B)遺產及贈與稅法第16-1條，遺贈人、受遺贈人或繼承人提供財產，捐贈或加入於被繼承人死亡時已成立之公益信託並符合左列各款規定者，該財產不計入遺產總額。因此捐贈被繼承人死亡時未成立之公益信託，該金額應計入遺產總額。

27 **(D)**。信託法第1條，稱信託者，謂委託人將財產權移轉或為其他處分，使受託人依信託本旨，為受益人之利益或為特定之目的，管理或處分信託財產之關係。信託登記雖有「財產權」之移轉行為，但因只是「形式上」的財產權移轉，實質上的財產權仍屬於委託人所有（限於信託關係的受益人仍為委託人之「自益信託」）；因之，於委託人將不動產「信託登記於」受託人名下時，並不課徵土地增值稅或契稅；於信託關係消滅，受託人將不動產返還委託人時，也不課徵土地增值稅或契稅。但如信託受益人並非委託人時（他益信託），於信託成立時，視為委託人將享有信託利益之權利贈與該受益人，依法應課徵贈與稅。因此信託到期時，乙須先完納土增稅及契稅，受託人才能將房屋過戶予乙。

28 (C)。當委託人為「營利事業」之他益信託，於信託成立時，應課徵受益人之「信託財產」所得稅。因此500萬元於信託成立年度，併入甲小妹當年度所得申報課稅。

29 (C)。人身保險商品審查應注意事項第66條，重大疾病及癌症保險於投保時之等待期間最長得為90日。人身保險商品審查應注意事項第78條，除癌症保險及重大疾病保險外之健康保險，其等待期間最長以30日為限，且復效時不得再約定有等待期間。健康保險等待期間之保險費應於計算基礎內排除。

30 (A)。變額年金保險的特色包括：保戶可自由選擇投資工具；提供高報酬率可能性與自負投資風險；保費另設分離帳戶免於保險公司債權人追償；變額年金保證最低死亡給付。因此(A)錯誤。

31 (C)。將期間配股配息移轉予孳息受益人（子女），依遺產及贈與稅法第10-2條計算贈與稅，有節省贈與稅及未來遺產稅之空間。另股利由受益人領取並申報所得，可分散某甲所得降低稅負。

32 (C)。個人或營利事業未提示因取得、改良及移轉而支付之費用者，稽徵機關得按成交價額3%計算其費用，並以30萬元為限。

33 (D)。簽約時，若委託人為未成年人需要由法定代理人簽章同意；若為受監護或輔助宣告之人，需要監護人或輔助人同意後簽約。

34 (A)。保險業招攬及核保理賠辦法第7條第1項，三、瞭解並評估要保人與被保險人保險需求及適合度之政策：...(三)要保人如係投保外幣收付之保險商品，已評估要保人對匯率風險之承受能力。

35 (B)。行政院於推行全新修訂的「新世代打擊詐欺策略行動綱領1.5版」，從「識詐、堵詐、阻詐、懲詐」四大面向積極打詐。

36 (C)。銀行業公平對待高齡客戶自律規範第14條，銀行就提供高齡客戶申購、轉換「高風險商品」交易服務時，應建立控管機制：(一)以錄音方式保留紀錄或以電子設備留存相關作業過程之軌跡，相關保存期限並不得少於該商品存續期間加計三個月之期間，如未滿五年應至少保存五年以上。惟遇有爭議之交易時，應保留至爭議終結為止。(二)應強化內部牽制與職務分割機制，以確認所提供金融商品及服務符合該等客戶之需求。前項規定不適用授信業務。

37 (C)。管理型不動產信託，異業合作之產業類別包括建築經理業、物業管理業、包租代管業、不動產租賃業、保全業、老人住宅及相關公協會團體等。並非由受託人擔任物業管理公司角色。

38 **(A)**。目標日期基金（Target Date Fund）又稱「生命週期基金」，常作為退休準備的金融商品，投資人挑選該類基金的邏輯非常簡單，就是選擇和自己預定的退休時間點最接近的目標日期基金。目標日期基金的名稱為基金到期的日期，通常為投資人預期退休的年份，如2029、2039、2049等。不同的目標日期可以為不同的年齡族群，量身打造適合的退休投資方案。目標日期基金主要是為因應退休生活，故需要長時間的投資，有時長達20至30年之久，來準備所需的退休金。與一般的基金相較，目標日期基金在操作上首重風險控制，以免作為投資人退休金準備的投資組合遇到下檔風險，造成資產的減損。

39 **(C)**。「安養信託」應是以有具「安全」、「穩健」之他業金融商品為主，選擇運用標的時，選擇最低風險等級之標的。

40 **(B)**。養護中心則是專門照顧長者的老人福利機構，全名為養護型的老人長期照顧中心，簡稱為養護中心，照顧生活自理能力缺損需他人照顧之老人或需鼻胃管、胃造廔口、導尿管護理服務需求之老人。

41 **(B)**。第一段預防：第一級為健康促進、第二級為特殊保護。第二段預防：第三級為早期診斷（發現）、早期治療（疾病控制）。第三段預防：第四級為限制殘障（蔓延）、第五級為復健（恢復常態）。因此(B)健康服務中心舉辦流感疫苗接種活動，屬於初段預防。

42 **(C)**。民法第1147條規定：「繼承，因被繼承人死亡而開始。」，所以在尚未死亡的事實發生前，繼承就不會發生，更不會有先行辦理拋棄繼承權的可能。因此繼承開始前預為繼承之拋棄，無效。

43 **(C)**。民法第1113-5條第2項，法院為監護之宣告前，意定監護契約之本人或受任人得隨時撤回之。

44 **(D)**。民法第1145條第1項，有左列各款情事之一者，喪失其繼承權：一、故意致被繼承人或應繼承人於死或雖未致死因而受刑之宣告者。二、以詐欺或脅迫使被繼承人為關於繼承之遺囑，或使其撤回或變更之者。三、以詐欺或脅迫妨害被繼承人為關於繼承之遺囑，或妨害其撤回或變更之者。四、偽造、變造、隱匿或湮滅被繼承人關於繼承之遺囑者。五、對於被繼承人有重大之虐待或侮辱情事，經被繼承人表示其不得繼承者。前項第二款至第四款之規定，如經被繼承人宥恕者，其繼承權不喪失。(D)對父母為重大之侮辱之行為，經被繼承人表示其不得繼承者，失去繼承權。

45 **(A)**。民法第1151條，繼承人有數人時，在分割遺產前，各繼承人對於遺產全部為公同共有。

46 **(A)**。信託法第6條第1項，信託行為有害於委託人之債權人權利者，債權人得聲請法院撤銷之。

47 **(A)**。信託業建立非專業投資人商品適合度規章應遵循事項第6條，信託業訂定商品風險等級分類時，應就商品特性考量下列事項，綜合評估及確認該商品之風險程度，且至少區分為3個等級。

48 **(C)**。2,000萬+600萬+300萬+100萬+200萬*2＝3,400萬。

49 **(B)**。「認知功能障礙」啟動長照險理賠判定認知功能障礙的兩個條件：(1)疾病符合國際疾病傷害及死因分類標準－第十版（ICD-10-CM）與(2)臨床失智量表（Clinical Dementia Rating Scale, CDR）評估分數大於或等於2分。

50 **(D)**。平準保費：透過精算技術，將同一保險期間內各年度的保險費加以平均，使保戶每一期所需負擔的保險費都相同。由於一般保費時計算是依照危險的大小來決定，而隨著年齡的提高死亡的機率也會增加，因而當被保險人年齡逐年提高，保戶所繳的保費也會愈來愈高。保險公司為了讓保戶在年輕時每年多繳一點，以減輕年老後保費的負擔，而透過精算技術使每年保費都一樣，方便個人財務預算的規劃。因此越早投保，固定保費負擔越便宜。保戶在年輕時多繳存於保險公司的保費就是保單價值準備金。

51 **(C)**。民法第1113-8條，前後意定監護契約有相牴觸者，視為本人撤回前意定監護契約。

52 **(B)**。公益出租人：房屋所有權人出租給符合租金補貼申請資格者，享有稅負優惠。(一)綜合所得稅：承租人若享有租金補貼，房屋所有權人（且需為出租人）於申報綜合所得稅時，110年6月1日起享有每屋每月租金收入最高15,000元免稅額度（主管機關：國稅局）。(二)房屋稅：同自住住家用稅率1.2%（主管機關：地方稅捐稽徵機關）。(三)地價稅：適用稅率2‰（依各地方政府之地價稅優惠自治條例認定）（主管機關：地方稅捐稽徵機關）。

53 **(D)**。繼承時，仍有特留分問題。

54 **(B)**。身心障礙者安養信託契約（自益）範本第17條，受託人無法繼續履行處理信託事務之義務，致信託目的無法達成或信託事務無法執行時，受託人得逕行終止。

55 **(A)**。金融消費者保護法第4條，本法所稱金融消費者，指接受金融服務業提供金融商品或服務者。但不包括下列對象一、專業投資機構。二、符合一定財力或專業能力之自然人或法人。

56 **(D)**。(D)屬於異業合作。

57 **(B)**。費用調整應記載長期照顧費之調整事項。如有調整費用者，應報請提供服務所在地主管機關核定；定有期限之契約應先經使用者同意調整費用。機構調整費用時，應報准服務所在地主管機關；另如為定有期限之契約，應取得使用者同意，方能調整收費，以維護使用者權益。故(B)正確。

58 **(D)**。社區式服務類長期照顧服務機構定型化契約應記載及不得記載事項之不得記載事項，三、不得約定契約終止時，長期照顧費及其他費用「以週計費」、「未超過半個月以半個月計費」及「超過半個月以全月計費」，或其他類似之收費方式。

59 **(C)**。以房養老是由民眾提供自己既有的不動產設定抵押權給銀行等金融機構，在貸款存續期間，由金融機構每月撥付固定金額養老金，作為老年生活保障，以安定年長者生活，並於到期日償還全部貸款本息。故為(C)。

60 **(B)**。生前信託契約生效日在於移轉信託財產於受託人時生效，因此為(B)保險金匯入信託專戶時。

第五期第二節

第一部分

( ) **1** 依據世界衛生組織（WHO）定義高齡常見慢性疾病，不包含下列何者？ (A)心血管疾病 (B)慢性呼吸道疾病 (C)癌症 (D)思覺失調症。

( ) **2** 感官與知覺過程、認知功能、適應能力及人格變化等，係指哪一類老化？ (A)心理老化 (B)關係老化 (C)生理老化 (D)在地老化。

( ) **3** 世界衛生組織（WHO）提出高齡者經營老年生活三項重要支柱，不包含下列何者？ (A)健康 (B)安全保障 (C)財務 (D)社會參與。

( ) **4** 簡易智能量表（MMSE）是評估認知功能的常用量表之一，其評估有6個構面，下列何者非屬之？ (A)定向感 (B)注意力及計算能力 (C)自我照顧能力 (D)建構力。

( ) **5** 長期照顧服務法所謂的「長期照顧」是指身心失能持續已達或預期達多少個月以上者，依其個人或其照顧者之需要，所提供之生活支持、協助、社會參與、照顧及相關之醫護服務？ (A)3個月 (B)6個月 (C)9個月 (D)12個月。

( ) **6** 下列何者不屬於社區式長照服務機構之類型？ (A)日間照顧 (B)家庭托顧 (C)團體家屋 (D)居家醫療。

( ) **7** 有關長照2.0的服務類別，不包含下列何者？ (A)家庭照顧者支持服務 (B)交通接送服務 (C)以房養老服務 (D)輔具租借服務。

( ) **8** 病人自主權利法中，依預立醫療決定終止、撤除或不施行維持生命治療之臨床條件，不包含下列何者？ (A)末期病人 (B)中度失智 (C)永久植物人狀態 (D)處於不可逆轉之昏迷狀況。

(　　) **9** 有關我國民眾長期照顧服務需求，可獲得政府長期照顧支付給付費用補助的失能等級為下列何者？　(A)1-4級　(B)1-6級　(C)2-8級　(D)2-10級。

(　　) **10** 有關長期照顧服務之申請，下列敘述何者正確？　(A)個人服務額度與喘息服務額度可以互相挪用　(B)複評結果高於原核定等級時，該結果自核定當月一日生效　(C)每月結算剩餘額度並予歸零　(D)輔具及居家無障礙環境改善服務額度，每年給付一次。

(　　) **11** 曾老太太85歲，中風呈植物人狀態，現住院中，由出院準備小組協助申請長照服務，請問出院後照管專員需於多久之內前往評估及核定失能等級？　(A)一個月內　(B)四個月內　(C)六個月內　(D)十二個月內。

(　　) **12** 無親屬的85歲趙老太太，意識清楚，行動緩慢無偏癱，簡單日常生活可自理，根據以上敘述，請問她最適合入住下列哪一類型機構？　(A)安養機構　(B)團體家屋　(C)養護型長照機構　(D)失智照顧型長照機構。

(　　) **13** 依民法之規定，下列何者非屬結婚無效之事由？　(A)與他人重婚　(B)違反禁婚親之規定　(C)違反結婚之法定年齡　(D)違反結婚之形式要件。

(　　) **14** 下列關於遺產分割之敘述，何者正確？　(A)遺產分割之費用，應由繼承人平均分擔　(B)有胎兒為繼承人時，應等至胎兒出生，方得為遺產之分割　(C)被繼承人之遺囑禁止遺產之分割者，其禁止之效力以十年為限　(D)被繼承人未立遺囑，繼承人於繼承開始時應向法院訴請裁判分割。

(　　) **15** 某甲因精神障礙致不能為意思表示，經聲請後法院為監護之宣告，乙為監護人。下列敘述何者正確？　(A)因事涉甲之隱私，乙不適合得知甲之護養療治　(B)乙係為公益執行業務，不得請求報酬　(C)法院於必要時，得命乙提出監護事務之報告　(D)乙代理甲進行遺產分割，應經甲之輔助人同意。

( ) **16** 被繼承人之配偶與被繼承人之兄弟姊妹共同繼承時，配偶之應繼分為何？ (A)配偶獨得遺產之全部 (B)配偶可得遺產之二分之一 (C)配偶可得遺產之三分之二 (D)配偶與兄弟姊妹依人數平分繼承遺產。

( ) **17** 某甲與A銀行洽談設立信託，請問下列何者為目前可交付信託之財產？ (A)歸類為耕地的農地 (B)100萬元的債務及其借據 (C)後年可能受贈的100萬元 (D)設定抵押權且房貸餘額尚有100萬元的房屋。

( ) **18** 某高齡長者擬設立他益信託安排財產傳承，並設立公益信託回饋社會，假設信託行為無特別約定情形下，一般信託關係消滅之原因，不包括下列何者？ (A)委託人單獨終止信託 (B)信託行為所定事由發生時 (C)信託目的已完成或不能完成 (D)公益信託之目的事業主管機關撤銷設立許可時。

( ) **19** 張伯伯為自己成立的自益型安養信託，邀請親友許先生擔任信託監察人，其擔任監察人過程中，依信託法相關規定，下列敘述何者錯誤？ (A)監察人的報酬支付，可依信託契約訂定 (B)許先生須以張伯伯名義始能為其執行有關信託訴訟行為 (C)許先生若受監護或輔助宣告則不得為信託監察人 (D)許先生為保護受益人及信託財產，監督受託人執行其職務。

( ) **20** 有關信託監察人選任、辭任與解任相關規定，下列敘述何者錯誤？ (A)公益信託應設置信託監察人 (B)信託監察人有數人時，其職務之執行原則上，應全部同意決議 (C)信託監察人辭任或解任時，得依信託訂定方式，指定或選任新信託監察人 (D)信託監察人有正當事由時，得經指定或選任之人同意或法院之許可辭任。

( ) **21** 許氏兄家三人，為表示奉養孝心，為其獨居之父親共出資200萬，與信託業者簽約成立安養信託，由其三人擔任共同委託人，父親為受益人，下列敘述何者錯誤？ (A)此安養信託為他益型信託 (B)信託財產管理方法，經三兄弟、信託業者及其父親之同意，即可變更　(C)信託財產管理方法因情事變更致不符合父親利益時，信託關係人得聲請信託業者（受託人）變更之　(D)信託成立後，若信託行為無保留變更權利，三兄弟未經父同意，不得隨時變更或終止其信託契約。

(　　)　**22**　依信託法規定，下列有關請求權人及除斥期間或消滅時效之敘述，何者正確？　(A)債權人對信託契約之撤銷權，自知有撤銷原因時起六個月間　(B)受益人聲請對受託人處分信託財產之撤銷權，自知有撤銷原因時起二年間　(C)受託人違反分別管理義務時，受益人之請求權自知悉之日起二年間　(D)受託人對處理信託事務而產生之費用之請求權，五年間不行使而消滅。

(　　)　**23**　我國信託課稅理論為信託導管理論，在課稅原則上則採發生時課稅及實質課稅原則，下列何種信託產品，其信託財產發生收入時，受益人之所得稅課徵時點與其他不同？　(A)安養信託　(B)公益信託　(C)集合管理帳戶　(D)本金自益孳息他益之有價證券信託。

(　　)　**24**　公司為增進員工福利，往往會利用員工持股/儲蓄信託制度，下列敘述何者錯誤？　A.員工可透過持股信託影響公司決策　B.公司提撥之獎勵金應列入員工當年所得　C.持股信託為有價證券信託、儲蓄信託為金錢信託　D.持股信託累積收益，於信託終了時，應列入員工當年度所得申報納稅　(A)僅AB　(B)僅AC　(C)僅ABD　(D)僅ACD。

(　　)　**25**　關於信託之課稅，下列何者錯誤？　(A)個人簽訂他益信託契約涉及贈與稅課徵　(B)公司簽訂他益信託契約涉及贈與稅課徵　(C)個人捐贈資金設立公益信託，該資金不計入贈與總額　(D)遺囑信託之立遺囑人身故時，該信託財產應課徵遺產稅。

(　　)　**26**　有關金融商品之相關稅負，下列敘述何者錯誤？　(A)不動產證券化受益證券買賣免徵證券交易稅　(B)金融資產證券化受益證券證券交易所得免稅　(C)集合管理帳戶及共同信託基金皆於所得發生年度課稅　(D)金融資產證券化及不動產證券化皆於實際分配利息時，就其利息列入所得採分離課稅。

( ) **27** 以土地為信託財產，受託人依信託本旨移轉信託土地與委託人以外之歸屬權利人時，土地增值稅之納稅義務人為何？
(A)受託人 (B)該歸屬權利人
(C)委託人 (D)土地所有權人。

( ) **28** 張先生成立不動產自益信託，於信託期間身故並由其配偶張太太繼承取得受益權，其後張太太於信託期間亦身故，下列有關遺產稅課徵之敘述何者錯誤？（不考慮死亡前5年內繼承及剩餘財產分配請求權） (A)張太太繼承取得受益權時，應申報繳納遺產稅 (B)張太太身故時，其繼承人繼承取得受益權，應申報繳納遺產稅 (C)張太太身故時，因信託財產仍登記在受託人名下，故其繼承人得主張依張先生死亡時當期土地公告現值繳納遺產稅 (D)張先生身故時，不動產雖登記在受託人名下，繼承人仍需計入遺產申報。

( ) **29** 有關高齡保險金融商品之敘述下列何者錯誤？
(A)小額終老保險特色之一是保費較便宜
(B)年金保險可以協助高齡者解決因長壽而延長的生活經濟來源
(C)長期照護保險是當被保險人罹患符合長期照護狀態，無論是否屆滿免責期，保險公司皆會給付保險金
(D)年金保險是指要保人躉繳或繳交保險費一段期間後，壽險公司會定期給付被保險人年金金額至被保險人身故。

( ) **30** 健康保險所約定的「疾病」，指被保險人自________起持續有效一段期間後所發生的疾病，關於這一段期間，通常稱為等待期。請問________內應填入下列何者？
(A)診斷確定日 (B)契約生效日
(C)事故發生日 (D)保險給付日。

( ) **31** 有關以房養老貸款之敘述，下列何者錯誤？ (A)又稱反向抵押貸款（Reverse mortgage） (B)概念是一定年齡以上之借款人以自住房屋提供擔保借款，將房屋資產價值轉換為現金，用以支付養老生活費用 (C)期滿如清償借款，房屋回歸所有權人或其繼承人 (D)借款人貸款期間，保有房屋使用權但無所有權。

( ) **32** 老七於民國105年底取得現行自住且設籍之房屋，因工作所需，於民國112年初出售後換屋，依修定後之房地合一稅2.0規定，其適用之稅率為何？ (A)5% (B)10% (C)20% (D)35%。

( ) **33** 甲與A銀行依中華民國信託業商業同業公會所公布之「老人安養信託契約參考範本」成立安養信託契約，關於信託財產之管理及運用，下列敘述何者正確？ (A)A銀行對信託財產無運用決定權 (B)甲保留運用決定權，但A銀行仍具有裁量權 (C)甲將運用決定權全權委託A銀行 (D)A銀行得將甲所交付之信託財產，與其他委託人交付之信託財產集合管理運用。

( ) **34** A公司為推動教育文化公益事業，與B銀行成立公益信託契約，信託財產為新臺幣1億元，雙方並依中華民國信託業商業同業公會會員辦理公益信託實務準則第10條之規定，於公益信託契約中就年度公益支出事項有所約定。關於其年度公益支出，除信託成立當年度外，原則上應不低於何種比例？ (A)當年度信託資產總額之百分之一 (B)當年度信託資產總額之百分之十 (C)前一年底信託資產總額之百分之一 (D)前一年底信託資產總額之百分之十。

( ) **35** 依銀行業公平對待高齡客戶自律規範第7條規定，除專業投資人、專業客戶及高資產客戶得排除外，銀行針對高齡客戶開發設計金融商品或服務時，宜將商品或服務對高齡客戶之下列何種因素納入考量，以維護其權益？

(A)普遍性 (B)平等性

(C)社會性 (D)友善性。

( ) **36** 依銀行業公平對待高齡客戶自律規範第15條規定，銀行應建立高齡客戶金融交易監控及加強查核（自行查核與內部稽核）機制，以及早辨識異常交易。但上開規定不適用下列何種業務？

(A)信託業務 (B)財富管理業務

(C)外匯業務 (D)授信業務。

( ) **37** 在全方位信託計畫下，多元信託得以發展滿足世代需求，下列相關業務方案敘述何者錯誤？ (A)年輕世代剛進社會打拼，提供小額儲蓄定期投資計畫累積財富 (B)三明治世代財富穩定成長提供信託理財、子女教養信託計畫 (C)熟齡世代以被動收入為主，提供退休安養信託財產保全與生活支付 (D)高齡世代以安養為主，提供信託理財加速累積財富用以支應之後生活所需。

( ) **38** 下列何者非為信託2.0第二階段核心目標？ (A)提升信託部門職能及組織架構 (B)支援企業員工退休準備之員工福利信託 (C)協助保障購屋民眾權益的預售屋信託機制 (D)增進高齡（失智）者及身心障礙者對信託服務的認識與觀念。

( ) **39** 下列何者非屬居家無障礙環境的主要改善目標？ (A)環境美觀 (B)高低落差 (C)操作空間 (D)設施設備。

( ) **40** 現行高齡者住宅搭配長照機構營運方式中，下列何者不是業者所提供之功能？ (A)提供居家護理與照顧 (B)提供短期入住 (C)提供托老日間照顧 (D)提供居家生活補助。

第二部分

( ) **41** 根據國家發展委員會（2022）提出對於台灣人口未來重要課題，下列敘述何者錯誤？ (A)應持續滾動修正友善家庭職場環境等措施，提升民眾生育意願以減緩人口老化速度 (B)建構友善高齡職場環境，鼓勵國人延後退休，強化持續就業，以充裕勞動供給數量 (C)鼓勵產業轉型及育才，減輕勞動需求壓力 (D)檢討移民政策，減少外國人力之延攬及留用，以保障國人就業權益。

( ) **42** 甲男乙女結婚後亦未採取約定財產制。離婚時，甲有婚後剩餘財產100萬元，乙有婚後因車禍向丙請求之精神賠償200萬元。甲乙間因離婚而如何為財產分配？ (A)甲得向乙請求100萬元 (B)甲得向乙請求50萬元 (C)乙得向甲請求100萬元 (D)乙得向甲請求50萬元。

(　　) **43** 依民法規定，繼承人於知悉其得繼承之時起幾個月內開具遺產清冊陳報法院？　(A)一個月內　(B)三個月內　(C)六個月內　(D)一年內。

(　　) **44** 有關贈與稅之敘述，下列何者正確？　(A)夫妻兩願離婚，依離婚協議，一方應給付他方財產者，課贈與稅之二分之一　(B)夫妻兩願離婚，依離婚協議，一方應給付他方財產者，免課贈與稅　(C)離婚之給付內容，無論是否載明於離婚協議書均免課徵贈與稅　(D)離婚之給付內容，未載明於離婚協議書者，有兩人之證人證明，免課徵贈與稅。

(　　) **45** 民法關於前後遺囑有相牴觸者之規定，下列敘述何者正確？　(A)概以前遺囑為準　(B)前遺囑全部失效，概以後遺囑為準　(C)應由親屬會議認定以何者為準　(D)其牴觸之部分，前遺囑視為撤回。

(　　) **46** 高齡長者將股票交付信託，有關信託公示制度，下列敘述何者錯誤？　(A)股票交付信託，但未辦理信託公示，信託無效　(B)須於該股票上載明其為信託財產，始可對抗第三人　(C)須通知股票發行公司，否則無法對抗該公司　(D)股票公示方法係依目的事業主管機關規定辦理。

(　　) **47** 某位高齡者正評估將房地交付信託，其相關稅負之說明，下列何者錯誤？　(A)信託期間以受託人為地價稅之納稅義務人　(B)信託期間受託人未繳房屋稅，稅捐單位得就受託人自有財產強制執行　(C)自益信託之房屋如符合自住條件，可申請按自住用地課徵地價稅　(D)全部他益信託情形下，信託之土地應與委託人在同一縣市轄區內所有土地合併計算地價總額，依規定地價稅稅率課稅。

(　　) **48** 委託人於2022年洽受託銀行簽訂他益信託契約，受益人分別為其配偶、女兒及大愛公益信託，受益權各三分之一，委託人並拋棄變更受益人之權利，信託資金新台幣3,000萬元，委託人當年度並無其他贈與，請問信託契約成立當年度應如何課徵贈與稅（申請適用年度免稅額）？　(A)委託人繳納288.4萬元贈與稅　(B)委託人繳納175.6萬元贈與稅　(C)委託人繳納75.6萬元贈與稅　(D)委託人繳納200萬元贈與稅。

( ) **49** 目前國內重大疾病保險分為甲型及乙型，關於甲型重大疾病的保障範圍，不包含下列何者？ A.冠狀動脈繞道手術 B.癌症（輕度） C.末期腎病變 D.腦中風後殘障（輕度） (A)僅AC (B)僅BD (C)僅AB (D)僅CD。

( ) **50** 下列敘述何者錯誤？ (A)保險投保率＝有效契約件數／總人口數 (B)保險密度＝整體保險費／總人口數 (C)保險普及率＝有效契約保額／國民所得 (D)保險滲透度＝有效契約保額／總人口數。

( ) **51** 有關各目的事業主管機關「打炒房」相關措施，下列何者錯誤？ (A)中央銀行，房市選擇性信用管制措施 (B)財政部，修正房地合一稅2.0並於110.07.01施行 (C)金管會，調整不動產抵押貸款風險權數 (D)內政部，推動社會住宅包租代管計畫及年度租金補貼專案。

( ) **52** 以父母為承買人，與出賣人甲簽訂不動產買賣契約，由父母支付買賣價金予甲並指定子女為登記名義人，其贈與財產價值應以下列何者申報贈與稅？ (A)土地公告現值+房屋評定現值 (B)土地公告地價+房屋評定現值 (C)父母所支付之買賣價金 (D)扣除契稅、印花稅、代書費之買賣價金。

( ) **53** 參照身心障礙者安養信託契約參考範本之特殊需求及架構，受託人得對信託財產給付金額之調整情境，不包含下列何者？ (A)委託人受法院為監護或輔助之宣告 (B)因應行政院主計總處公布物價指數增幅達一定比例 (C)依長照服務機構調高收費標準之幅度調整 (D)委託人發動有聘雇照護人員之需求。

( ) **54** 趙女士擬以自書遺囑方式預先擬訂遺囑，依我國民法之相關規定，其生效要件中，下列何者錯誤？ (A)自書遺囑時，不需要見證人 (B)遺囑須載明年、月、日，並由趙女士親自簽名 (C)遺囑中如有增減文字，趙女士親筆修改並註明增減之處即可，無須另行簽名 (D)趙女士須親自直接書寫，不可以電腦打字印出後親簽為之。

(　　)　**55** 依金融消費者保護法第7條規定，金融服務業與金融消費者訂立提供金融商品或服務之契約，應本公平合理、平等互惠及下列何種原則？　(A)信賴保護原則　(B)誠信原則　(C)過失責任原則　(D)法律不溯及既往原則。

(　　)　**56** 信託2.0「全方位信託」第二階段計畫評鑑中的「信託結盟獎」其所推動四大跨業合作，下列哪一項不包括在內？　(A)安養信託　(B)管理型不動產信託　(C)家族信託　(D)都更危老前置整合信託。

請根據下列案例，回答第57～60題：

郭先生的母親高齡71歲，目前獨居，其老伴已離世，留下股票、不動產給郭先生的母親。銀行建議郭先生可為母親安排意定監護規劃，趁郭老太太目前意識清楚時，以意定監護方式，為自己萬一將來重度失智時，預先選定適當人選為未來的監護人，並與銀行洽談安養信託等相關規劃，同時達到資產保全並妥適運用，以防止遭詐騙或不當使用，造成晚年財務危機。

(　　)　**57** 有關郭老太太的意定監護契約，下列敘述何者錯誤？　(A)監護人資格：限於三親等範圍內之血親　(B)監護人執行職務範圍：依意定監護契約所訂　(C)意定監護契約中得約定報酬或約定不給付報酬，未約定者，監護人得請求法院酌定　(D)非為受監護人之利益，不得使用、代為或同意處分財產。

(　　)　**58** 若郭老太太所持有的不動產，不論與建商合建、參與都市更新或危險老屋重建，都在信託的架構下參與，係屬於不動產信託的何種型態？　(A)交易控管型　(B)管理處分型　(C)興建開發型　(D)買賣型。

(　　)　**59** 郭老太太百年後的遺產稅計算，有關股票的部分，下列敘述何者正確？　A.上市公司股票以收盤價計算　B.公開發行公司股票以收盤價計算　C.未公開發行公司股票以淨值計算　(A)僅AB　(B)僅BC　(C)僅AC　(D)ABC。

( ) **60** 下列何者不宜作為郭老太太成立安養信託目的之給付項目？(A)安養機構費用 (B)醫療費用 (C)生活費 (D)清償郭先生債務費用。

解答與解析

1 **(D)**。常見的慢性疾病：心血管疾病、代謝性疾病、呼吸系統疾病、癌症、免疫系統疾病、腎臟疾病、肝臟疾病、神經系統疾病。

2 **(A)**。心理老化是指個體對老化的心理感受，包括感官與知覺過程、心理功能、適應功能及人格變化等。

3 **(C)**。健康、社會參與、安全保證則是達成活躍老化的三個支柱。

4 **(C)**。簡易智能測驗（Mini-Mental State Examination, MMSE）是認知評鑑的常規檢查工具，量表內容可分為定向力、訊息登錄、注意力及計算能力、記憶力、語言、口語理解及行為能力、建構力等六大項目。

5 **(B)**。長期照顧服務法第3條，長期照顧（以下稱長照）：指身心失能持續已達或預期達6個月以上者，依其個人或其照顧者之需要，所提供之生活支持、協助、社會參與、照顧及相關之醫護服務。

6 **(D)**。長期照顧服務法第11條，社區式長照服務之項目如下：一、身體照顧服務。二、日常生活照顧服務。三、臨時住宿服務。四、餐飲及營養服務。五、輔具服務。六、心理支持服務。七、醫事照護服務。八、交通接送服務。九、社會參與服務。十、預防引發其他失能或加重失能之服務。十一、其他由中央主管機關認定以社區為導向所提供與長照有關之服務。

7 **(C)**。長照2.0服務項目包括：照顧服務（居家服務、日間照顧及家庭托顧）、交通接送、餐飲服務、輔具購買、租借及居家無障礙環境改善、專業服務、喘息服務（居家喘息、機構喘息）、長期照顧機構服務、失智症照顧服務、原住民族地區社區整合型服務、小規模多機能服務、家庭照顧者支持服務據點、成立社區整合型服務中心、複合型日間服務中心與巷弄長照站、社區預防性照顧、預防或延緩失能之服務（如肌力強化運動、生活功能重建訓練、吞嚥訓練、膳食營養、口腔保健、認知促進）、延伸至出院準備服務、居家醫療。不包括(C)以房養老服務。

8 **(B)**。病人自主權利法第14條第1項，病人符合下列臨床條件之一，且有預立醫療決定者，醫療機構或醫師得依其預立醫療決定終止、撤除或不施行維持生命治療或人工營養及流體餵養之全部或一部：一、末期病人。二、處於不可逆轉之昏迷狀況。三、永久植物人狀態。四、極重度失智。五、其他經中央主管機關公告之病人疾病狀況或痛苦難以忍受、疾病無法治癒且依當時醫療水準無其他合適解決方法之情形。

9 (C)。長期照顧服務申請及給付辦法第7條，長照需要等級，依失能程度，分為第2級至第8級。長照需要者向地方政府申請給付須經各縣市長期照顧管理中心進行評估，評估失能程度分為第2至8級為長照需要者，失能程度愈高者獲得政府補助的長照服務額度愈高。

10 (B)。長期照顧服務申請及給付辦法：(A)第7條第2項：長照服務給付項目如下：一、個人長照服務。二、家庭照顧者支持服務之喘息服務。第4項：第二項第一款與第二款項目額度，或第一款各目額度，不得互相流用。(B)第13條第2項：前項複評結果高於原核定時，該結果自核定當月一日生效；複評前之剩餘額度，得保留至複評照顧計畫核定當月月底止。(C)第12條第2項：前項額度，以6個月為一期，扣除照顧計畫核定之額度後，有剩餘者，得保留於照顧計畫核定當月起算6個月內使用，期滿仍有剩餘額度者，應予歸零。(D)第12條第3項：輔具及居家無障礙環境改善服務額度，每3年給付一次。

11 (B)。住院且有長照需要之個案，為利其出院後即時取得長照服務，出院前由醫院完成長照需要評估者，於出院後第4個月內即由照管中心進行個案初評。

12 (A)。(A)安養機構/老年人福利機構：主要服務的對象為有一定生活自理能力、沒有身患重病且無失智、有長時間照料需求的老人家。(B)團體家屋（失智照顧服務）：經醫師診斷確定有失智症或領有身心障礙證明失智類需檢具醫師開立CDR量表（CDR2分以上），且具行動能力（可自行走動、如廁、用餐）、須被照顧之本國籍65歲以上失智症者。(C)養護機構（長期照顧型）：主要是有慢性疾病或長期醫療服務需求的老人家。(D)失智照顧型長照機構：照顧神經科、精神科或其他專科醫師診斷為失智症中度以上、具行動能力，且需受照顧之老人。

13 (C)。民法第982條，結婚應以書面為之，有2人以上證人之簽名，並應由雙方當事人向戶政機關為結婚之登記。

14 (C)。(A)民法第1150條，關於遺產管理、分割及執行遺囑之費用，由遺產中支付之。但因繼承人之過失而支付者，不在此限。(B)民法第1166條，胎兒為繼承人時，非保留其應繼分，他繼承人不得分割遺產。胎兒關於遺產之分割，以其母為代理人。(C)民法第1165條第2項，遺囑禁止遺產之分割者，其禁止之效力以10年為限。(D)被繼承人死亡而未立遺囑者，其遺產應按民法第1138條所定順序，由其配偶、直系血親卑親屬、父母、兄弟姊妹、祖父母等繼承之，如繼承開始時，並無遺囑，而繼承人之有無又不明時，則應由親屬會議選定遺產管理人。

15 **(C)**。(A)民法第1112條：監護人於執行有關受監護人之生活、護養療治及財產管理之職務時，應尊重受監護人之意思，並考量其身心狀態與生活狀況。故乙可以得知甲之養護療治。(B)民法第1104條：監護人得請求報酬，其數額由法院按其勞力及受監護人之資力酌定之。(C)民法第1103條第2項：法院於必要時，得命監護人提出監護事務之報告、財產清冊或結算書，檢查監護事務或受監護人之財產狀況。(D)民法第1101條第2項：監護人為下列行為，非經法院許可，不生效力：一、代理受監護人購置或處分不動產。二、代理受監護人，就供其居住之建築物或其基地出租、供他人使用或終止租賃。

16 **(B)**。民法第1144條，配偶有相互繼承遺產之權，其應繼分，依左列各款定之：二、與第1138條所定第2順序或第3順序之繼承人同為繼承時，其應繼分為遺產1/2。故(B)正確。

17 **(D)**。(A)法務部95年9月25日法政字第0950028232號函略以：「稱信託者，謂委託人將財產權移轉或為其他處分，使受託人依信託本旨，為受益人之利益或為特定之目的，管理或處分信託財產之關係，信託法第1條定有明文，故委託人將財產權移轉或為其他處分，為信託關係成立之要件。本件有關耕地所有權人欲將耕地信託予他人者，仍應踐行耕地所有權移轉登記之程序，始可成立信託關係，縱權利移轉之原因登記為「信託」，仍無礙該信託登記屬所有權移轉登記之本質。上開實施要點第2點第1款及第3點規定，政務人員本人、配偶、未成年子女不動產，應信託予信託業，該規定之『不動產』固應包括所有之不動產，惟如其他法規對此另有規定，自應從其規定。農業發展條例第33條規定：私法人不得承受耕地。但符合第34條規定之農民團體、農業企業機構或農業試驗研究機構經取得許可者，不在此限，係耕地承受之特別規定，而此之耕地承受依前揭說明應包括移轉所有權之信託，是耕地不得信託予私法人之信託業，此部分之信託登記地政機關不應受理。(B)「擔保信託」，係指以擔保債權為目的，且信託以資產為限，債務及借據無法信託。(C)信託以現有資產為限，未來資產不能信託。

18 **(A)**。公益信託係採許可主義，自因目的事業主管機關撤銷設立許可而消滅，公益信託消滅之原因有三種：(一)信託行為所定事由發生；(二)信託目的已達成或不能達成；(三)公益信託違反設立許可條件、監督命令、3年不為活動或為其他有害公益之行為而遭主管機關撤銷（信託法第18條，公益信託，因目的事業主管機關撤銷設立之許可而消滅）。故無(A)。

19 (B)。(A)信託法第56條：法院因信託監察人之請求，得斟酌其職務之繁簡及信託財產之狀況，就信託財產酌給相當報酬。但信託行為另有訂定者，從其所定。(B)信託法第52條第2項：信託監察人得以自己名義，為受益人為有關信託之訴訟上或訴訟外之行為。(C)信託法第53條：未成年人、受監護或輔助宣告之人及破產人，不得為信託監察人。(D)依據信託法第52條第2項，故信託監察人需要對受託人的行為進行監督。

20 (B)。(B)信託監察人有數人時，其職務之執行除法院另有指定或信託行為另有訂定外，以過半數決之。但就信託財產之保存行為得單獨為之。

21 (C)。(A)他益信託：信託委託人與信託受益人非同一人。(B)信託法第15條，信託財產之管理方法，得經委託人、受託人及受益人之同意變更。(C)信託法第16條第1項，信託財產之管理方法因情事變更致不符合受益人之利益時，委託人、受益人或受託人得聲請法院變更之。(D)信託法第3條：委託人與受益人非同一人者，委託人除信託行為另有保留外，於信託成立後不得變更受益人或終止其信託，亦不得處分受益人之權利。但經受益人同意者，不在此限。

22 (C)。(A)信託法第7條：前條撤銷權，自債權人知有撤銷原因時起，1年間不行使而消滅。自行為時起逾10年者，亦同。(B)信託法第19條：前條撤銷權，自受益人知有撤銷原因時起，1年間不行使而消滅。自處分時起逾10年者，亦同。(C)信託法第24條：前項請求權，自委託人或受益人知悉之日起，2年間不行使而消滅。自事實發生時起，逾5年者，亦同。(D)信託法第39條第1項：受託人就信託財產或處理信託事務所支出之稅捐、費用或負擔之債務，得以信託財產充之。信託法第40條：(1)信託財產不足清償前條第一項之費用或債務，或受託人有前條第三項之情形時，受託人得向受益人請求補償或清償債務或提供相當之擔保。但信託行為另有訂定者，不在此限。……(4)第一項之請求權，因2年間不行使而消滅。

23 (B)。所得稅法第3-4條第1項：信託財產發生之收入，受託人應於所得發生年度，按所得類別依本法規定，減除成本、必要費用及損耗後，分別計算受益人之各類所得額，由受益人併入當年度所得額，依本法規定課稅。所得稅法第4-3條：營利事業提供財產成立、捐贈或加入符合左列各款規定之公益信託者，受益人享有該信託利益之權利價值免納所得稅，不適用第3-2條及第4條第1項第17款但書規定。

24 (D)。「員工持股信託」是將每月提撥的信託資金，包括薪資提存金及公司獎助金，投資自家公司股票；而「員工福利儲蓄信託」除了投資自家公司股票外，還包括國內外基金或其他國內外有價證券。均為金錢信託，依所得稅法規定視為員工當年度薪資所得，納入員工當年度綜合所得稅課稅。員工無法透過持股信託影響公司決策。

25 (B)。贈與稅只涉及個人，營利事業無贈與稅之適用。

26 (C)。集合管理運用帳戶因管理運用所生之稅務，受託人依所得稅法信託財產發生之收入，應於所得發生年度，按所得類別依規定減除成本、必要費用及損耗後，分別計算客戶（委託人/受益人）之各類所得額予客戶併入當年度所得額課稅。共同信託基金，於實際分配時，由受益人併入分配年度之所得額，依所得稅法第3條之4第6項規定課稅。

27 (B)。土地稅法第5-2條第2項，以土地為信託財產，受託人依信託本旨移轉信託土地與委託人以外之歸屬權利人時，以該歸屬權利人為納稅義務人，課徵土地增值稅。

28 (C)。土地稅法第31-1條第1項規定，在受託人出售時應以委託人取得土地時之公告現值為前次移轉現值。因張太太身故時，信託財產仍登記在受託人名下，故其繼承人得主張依張先生死亡時當期土地公告現值繳納遺產稅。

29 (C)。長照險保單條款規定「免責期間」是指被保險人經專科醫師診斷確定為長期照顧狀態之日起算，持續達約定日之期間。亦即保戶如經專科醫生診斷確定，且符合長期照顧狀態達一段時間，且未能復原，至免責期滿後，保險公司才會給付保險理賠金。目前規定最長不得超過6個月，在免責期間所產生的費用，保險公司皆不予理賠，在免責期滿也不會「補發」理賠金，至免責期滿後，保險公司才會開始給付保險理賠金。

30 (B)。住院醫療費用保險單示範條款（實支實付型）第2條，本契約所稱「疾病」係指被保險人自本契約生效日（或復效日）起所發生之疾病。

31 (D)。以房養老是把房子拿去辦了「貸款」，不是將房產「過戶」給銀行，所以房產所有權人仍是當事人。

32 (B)。個人交易自住房屋、土地符合一定條件者，課稅所得（稅基）400萬元以內者免納所得稅，超過400萬元者，就超過部分按稅率10%課徵所得稅。適用條件為個人或其配偶、未成年子女辦竣戶籍登記、持有並居住於該房屋連續滿6年。老七房屋已持有且居住連續滿6年，並有設籍，符合條件，稅率10%。

33 (A)。老人安養信託契約參考範本第5條，本契約信託財產之管理及運用方法係單獨管理運用，受託人對信託財產無運用決定權。

34 **(C)**。中華民國信託業商業同業公會會員辦理公益信託實務準則第10條，公益信託之信託資產總額達新臺幣3千萬元（含）以上者，依信託本旨所為之年度公益支出，除信託成立當年度外，原則上應不低於前一年底信託資產總額之1%。

35 **(D)**。銀行業公平對待高齡客戶自律規範第7條，銀行針對高齡客戶開發設計金融商品或服務時，宜將商品或服務對高齡客戶之友善性納入考量，以維護其權益。前項得排除專業投資人、專業客戶及高資產客戶。問之健康狀況等項目之瞭解與評估，以有效辨識相關之風險。

36 **(D)**。銀行業公平對待高齡客戶自律規範第15條，銀行應建立高齡客戶金融交易監控及加強查核（自行查核與內部稽核）機制，以及早辨識異常交易。前項規定不適用授信業務。

37 **(D)**。高齡世代以安養為主，應以提供高齡者較佳生活保障，開發提供符合高齡者金融需求，保障高齡者老年經濟安全為主。

38 **(A)**。信託2.0第二階段計畫提出下列「三大核心目標」：

(1) 滿足人生各階段所需的信託服務，包括因應高齡化社會及失智者財產保護的信託服務（安養信託）、支援企業員工退休準備的信託服務（員工福利信託）、協助保障購屋民眾權益的信託服務（預售屋機制）。

(2) 擴展及深化信託業跨業結盟。

(3) 增進高齡（失智）者及身心障礙者對信託服務的認識與觀念。

39 **(A)**。無障礙環境的三大改善目標：高低落差、操作空間、設施設備。

40 **(D)**。長照服務分成四大類：

(1) 照顧及專業服務：照顧服務：包括居家服務、日間照顧、小規模多機能服務、家庭托顧。專業服務：包括IADLs復能、ADLs復能照護、「個別化服務計畫（ISP）」擬定與執行、營養照護、進食與吞嚥照護、困擾行為照護、臥床或長期活動受限照護、居家環境安全或無障礙空間規劃指導、居家護理指導與諮詢。

(2) 交通接送。

(3) 輔具及居家無障礙環境改善。

(4) 喘息服務：居家喘息、機構喘息（將被照護者送至住宿式長照機構，接受短期24小時的全天候照顧）、社區喘息。

41 **(D)**。國家發展委員會（2022）提出對於台灣人口未來重要課題，於移民上，政府已由過去相對保守之移民政策，轉為積極、開放之移民政策，2022年規劃完成「人口及移民政策」，期透過延攬外國專業人才，擴大吸引及留用僑外生，積極留用外國技術人力等多元移民管道，擴大吸引國際間更多優秀人才投入國內產業發展，補足人力缺口。

42 (D)。夫妻剩餘財產差額分配請求權＝夫或妻現存之婚後財產（除了繼承或無償取得的財產及慰撫金外）扣除婚姻關係存續所負債務後，就剩餘財產之差額平均分配。在此請求權的計算中，現存的婚後財產，並不包括因繼承、無償取得的財產及慰撫金。因此，乙有婚後因車禍向丙請求之精神賠償200萬元不含在內，故乙得向甲請求100萬/2＝50萬元。

43 (B)。民法第1156條，繼承人於知悉其得繼承之時起3個月內開具遺產清冊陳報法院。

44 (B)。配偶間兩願離婚，依離婚協議一方應給付他方財產者，非屬贈與行為，免課徵贈與稅。

45 (D)。民法第1221條，遺囑人於為遺囑後所為之行為與遺囑有相牴觸者，其牴觸部分，遺囑視為撤回。

46 (A)。信託法第4條，(1)以應登記或註冊之財產權為信託者，非經信託登記，不得對抗第三人。(2)以有價證券為信託者，非依目的事業主管機關規定於證券上或其他表彰權利之文件上載明為信託財產，不得對抗第三人。(3)以股票或公司債券為信託者，非經通知發行公司，不得對抗該公司。

47 (D)。土地稅法第3-1條，土地為信託財產者，於信託關係存續中，以受託人為地價稅或田賦之納稅義務人。前項土地應與委託人在同一直轄市或縣（市）轄區內所有之土地合併計算地價總額，依規定稅率課徵地價，分別就各該土地地價占地價總額之比例，計算其應納之地價稅。

48 (C)。贈與給配偶及大愛公益信託免贈與稅。因此為：3,000萬/3＝1,000萬，(1,000萬－244萬)×10%＝75.6萬。

49 (B)。重大疾病險分為甲型和乙型兩種，皆保障七項重大疾病。主要差異在於乙型的保障範圍比較廣，在「急性心肌梗塞、腦中風後殘障、癌症及癱瘓」四個項目上，只要出現「輕度」症狀即可理賠，基礎的甲型重大疾病險，則必須出現「重度」症狀才能獲得理賠。因此，答案為(B)。

50 (D)。保險滲透度＝保費收入÷國內生產毛額；意謂保險業對該國經濟之貢獻程度。

51 (D)。內政部全面限制預售屋及新建成屋換約轉售；嚴懲炒作最高處3年徒刑或併科5千萬罰金；同時要求預售屋解約須30日內申報登錄、管制私法人購屋將採許可制並於5年內不得移轉、建立檢舉獎金機制等，以有效防杜住宅淪為炒作工具，維護市場交易秩序。

52 (A)。贈與的財產之價值應以贈與時之時價為準，如果是土地則以土地公告現值或評定標準價格、如果是房屋則以房屋評定標準價格來計算贈與的價值。因此為(A)土地公告現值+房屋評定現值。

53 (C)。身心障礙者安養信託契約參考範本第11條，因行政院主計總處公布之消費者物價指數（總指數）變動、自受託人依本契約約定開始給付信託財產給委託人後，委託人受法院為監護之宣告等情事發生時，受託人得依約定增加信託財產之給付金額、自受託人依本契約約定開始給付信託財產給委託人後，委託人有使用長照服務、入住長照、安養、養護、或護理之家等機構或聘僱照護人員之需求，並由委託人檢附相關證明文件後，受託人得依約定，增加信託財產之給付金額、契約存續期間，主管機關如依法令調高長照、安養、養護或護理之家等機構之收費標準者，委託人同意受託人亦得依主管機關調高之幅度，增加信託財產之給付金額、信託設有信託監察人時，雙方當事人得約定於信託存續期間內，如委託人本人、配偶、四親等內之親屬、最近一年有同居事實之其他親屬、檢察官、主管機關或社會福利機構依家事事件法，向管轄法院提出對委託人為監護宣告或輔助宣告事件之聲請，於法院裁定監護之宣告或輔助之宣告前，為因應委託人之生活、安養照護及醫療，得由信託監察人檢具事證及理由，以書面通知受託人依約定，增加信託財產之給付金額。

54 (C)。民法第1190條，自書遺囑者，應自書遺囑全文，記明年、月、日，並親自簽名；如有增減、塗改，應註明增減、塗改之處所及字數，另行簽名。(C)需簽名。

55 (B)。金融消費者保護法第7條第1項，金融服務業與金融消費者訂立提供金融商品或服務之契約，應本公平合理、平等互惠及誠信原則。

56 (D)。信託公會已依「信託業跨產業結盟發展藍圖」推動四大跨業合作，包括：安養信託、管理型不動產信託、安養住宅不動產開發信託及家族信託，並建置「合作業者資料庫」，將持續擴充跨業結盟類型及合作對象。

57 (A)。(A)意定監護，是本人（委任人）與受任人約定，當受到監護宣告時，受任人便可擔任監護人的契約，而這個受任人可以是一人或數人（民法第1113-2條）；意定監護亦可撤銷。意定監護的受任人可不受親（等）屬關係之限制，可以是朋友、工作夥伴、親屬等，只要受任人同意即可。

58 (C)。「不動產開發信託」是由地主、建商將建案土地、興建資金信託及預售屋價金信託予銀行，並另委託建築經理公司針對該興建專案做相關查核及建造執照起造人信託，依建案工程進度控管興建資金（包括自有資金、銀行融資款、買方所繳價金等），興建期間由信託專戶支付各項工程款、稅捐等相關費用，專款專用於興建建案，信託存續期間至建案已完工並達交屋狀態時完成辦理建物所有權第一次登記。故為(C)興建開發型。

59 (C)。上市或上櫃公司之股票，遺產價值依照死亡日上市或上櫃股票之收盤價，或興櫃股票之當日加權平均成交價計算。未上市、未上櫃且非興櫃公司股票，遺產價值以被繼承人死亡日公司的資產淨值計算。因此(A)(C)正確。

60 (D)。安養信託是將信託功能延伸，以保障受益人未來生活之財產管理、資產保全、安養照護、醫療給付等目的所成立的「信託」。因此(D)清償郭先生債務費用不宜作為給付項目。

第六期第一節

第一部分

( ) **1** 國人十大死因中，哪一種疾病已經連續30年以上排名為榜首？ (A)肺炎 (B)糖尿病 (C)腎臟疾病 (D)惡性腫瘤。

( ) **2** 為維持最基本口腔功能，世界衛生組織（WHO）希望80歲長者至少能保存多少顆自然牙齒？ (A)8顆 (B)10顆 (C)15顆 (D)20顆。

( ) **3** 下列哪一項功能性體適能檢測是評估靜態平衡力？ (A)小腿肌肉量 (B)開眼單足站立 (C)起立行走坐下 (D)計時五次坐站。

( ) **4** 有關人口統計，假設某年台灣人口為2,342萬，其中小於15歲有279萬，15-64歲有1,633萬，65歲以上有430萬。下列敘述何者錯誤？ (A)該年之扶養比為43.42% (B)該年之扶老比為26.33% (C)該年之扶幼比為17.09% (D)老化指數54.12%。

( ) **5** 長照服務給付及支付是屬於長照基金預算下的哪一項計畫？ (A)完善長照服務輸送體系計畫 (B)機構及社區預防性照顧服務量能提升計畫 (C)推展原住民長期照顧—文化健康站實施計畫 (D)強化長照機構服務、緩和失能及連續性照護服務計畫。

( ) **6** 長照四包錢中有關「照顧及專業服務」之給付標準，中低收入戶的部分負擔比率為多少？ (A)5% (B)10% (C)16% (D)21%。

( ) **7** 有關預立醫療決定的必要程序排序，下列何者正確？ A.進行預立醫療照護諮商 B.邀請二等親及醫療委任代理人 C.健保卡註記 D.填妥預立醫療決定書 (A)A→B→C→D (B)A→D→B→C (C)B→A→C→D (D)B→A→D→C。

(　　)　**8** 某長照機構設立許可證書載明服務項目為「全日型服務、日間照護」，依其服務分類，下列何者正確？　(A)居家式服務類　(B)社區式服務類　(C)機構住宿式服務類　(D)綜合式服務類。

(　　)　**9** 李先生希望中度失智症的媽媽能持續住在家中，但擔心媽媽白天走失或無人照顧，下列哪一項長照2.0的服務較不適合李媽媽？　(A)日間照顧中心　(B)小規模多機能　(C)失智症團體家屋　(D)失智社區服務據點。

(　　)　**10** 政府長照服務四包錢，輔具購買補助每3年給付金額最高額度為多少？　(A)2萬元　(B)3萬元　(C)4萬元　(D)5萬元。

(　　)　**11** 下列何者不屬於長期照顧服務法中規定之社區式服務？　(A)家庭托顧　(B)團體家屋　(C)日間照顧　(D)全時照顧的住宿式機構。

(　　)　**12** 老人生活津貼申請對象，係以年滿65歲且最近一年居住國內超過幾日者為主？　(A)91日　(B)183日　(C)241日　(D)365日。

(　　)　**13** 甲想要由乙擔任自己未來的監護人，乙同意之。下列何者是契約有效成立之必要要件？　(A)向戶政機關聲請並登記　(B)由公證人作成公證書　(C)由律師草擬契約並簽名　(D)必須書面訂立，兩位見證人簽名。

(　　)　**14** 以遺囑限制繼承人不能分割遺產，有無時間限制？　(A)無，因為遺囑自由　(B)無，因為遺囑具有拘束力　(C)有，以十年為限　(D)有，以十五年為限。

(　　)　**15** 甲男乙女結婚，育有A女及B子。乙病逝後，甲因A結婚而贈與80萬元之嫁妝、因B生日而贈與40萬元。今甲死亡，留下財產120萬元。下列敘述何者正確？　(A)A可分得20萬元　(B)B可分得80萬元　(C)乙、A、B為甲之繼承人　(D)甲之應繼財產為240萬元。

(　　)　**16** 甲為乙之法定監護人，下列何種行為，非經法院許可，不生效力？　(A)甲代理乙儲值悠遊卡　(B)甲代理乙購置土地　(C)甲以乙之財產購買公債　(D)甲以乙之財產購買中央銀行儲蓄券。

(　　) **17** 保險金信託之委託人為下列何者？　(A)保險要保人　(B)保險公司　(C)保險受益人　(D)信託監察人。

(　　) **18** 依金融消費者保護法規定，金融服務業與金融消費者訂立金融商品或服務契約前，應充分了解金融消費者之相關資料，但不包括下列何者？　(A)委託目的及需求　(B)財務背景　(C)所得與資金來源　(D)健康檢查頻率。

(　　) **19** 信託業辦理指定單獨管理運用金錢信託，運用信託財產從事有價證券投資交易，逾越法令或信託契約所定限制範圍者，應由下列何者負履行責任？　(A)受託人　(B)委託人　(C)受益人　(D)信託監察人。

(　　) **20** 信託業辦理客戶風險承受等級分類與商品風險等級適合度之適配評估作業時，如客戶要求購買超過其風險承受等級商品者，應如何處理？　(A)應予婉拒　(B)此適配結果僅為參考　(C)依客戶要求直接下單　(D)重新進行風險等級與適合度評估使結果符合該商品風險等級。

(　　) **21** 下列何種理賠金種類，在保險公司同意之前提下，可成為保險金信託契約之信託財產？　A.身故理賠金　B.長期看護險　C.保險滿期金　D.第一級失能保險金　(A)僅A　(B)僅AB　(C)僅ABC　(D)ABCD。

(　　) **22** 信託契約由甲君為委託人，並由A、B、C等3人擔任共同受託人，受益人為乙、丙、丁等3人，下列敘述何者正確？　(A)信託財產為乙、丙、丁公同共有　(B)對A所為之意思表示，對A、B、C全體發生效力　(C)「非」屬經常事務、保存行為，且信託行為無另有訂定之情況下，各項信託事務處理如遇A與B、C意思不一致時，由A、B、C多數決為之　(D)「非」屬經常事務、保存行為，且信託行為無另有訂定之情況下，各項信託事務處理如遇A與B、C意思不一致時，且乙、丙、丁意思也不一致時，由乙、丙、丁多數決為之。

(　　)　**23** 依信託法規定，他益信託之委託人除信託行為另有保留外，於信託成立後不得變更受益人或終止其信託，除非下列何種情形？　(A)受益人同意　(B)受託人同意　(C)委託人同意　(D)信託監察人同意。

(　　)　**24** 有關股票借券信託，下列敘述何者錯誤？　(A)借券收益須課徵營業稅百分之五　(B)以信託帳戶辦理出借，借券交易平台為證券商　(C)委託人交付信託之股票須為證交所公告可出借之股票　(D)委託人為自然人時，不得為所交付信託之股票發行公司內部人。

(　　)　**25** 有關信託資金集合管理運用帳戶之敘述，下列何者正確？　(A)所得稅於配息時課徵　(B)證交稅於配息時課徵　(C)屬於特定單獨管理運用之金錢信託　(D)運用範圍達一定條件應申請兼營證券投資顧問業務執照。

(　　)　**26** 有關贈與財產價值計算方式，下列何者錯誤？　(A)土地-土地公告現值　(B)房屋-房屋評定標準價格　(C)上市櫃股票-贈與日股票收盤價　(D)興櫃股票-贈與日公司資產淨值。

(　　)　**27** 下列何種信託財產於信託存續期間發生之收入，應以受益人為課徵對象於「信託成立年度」即課徵所得稅？　(A)委託人為營利事業所成立之他益信託　(B)主管機關核准之共同信託基金　(C)主管機關核准之證券投資信託基金　(D)主管機關核准之期貨投資信託基金。

(　　)　**28** A先生於105年透過成立完全他益信託方式進行不動產房地之生前贈與，約定113年7月1日將信託財產移轉予受益人B先生，A先生於110年12月間身故，請問該信託涉及課稅之稅目，下列何者錯誤？　(A)贈與稅　(B)遺產稅　(C)土地增值稅　(D)契稅。

(　　)　**29** 有關長期照顧狀態之認定，如以失智功能障礙評估，臨床失智量表須達何項標準以上？　(A)活動稍有障礙　(B)輕度　(C)中度　(D)重度。

( ) **30** 關於「保險普及率」，下列哪項敘述正確？ (A)有效契約件數對人口數之比率 (B)整體保險費對人口數之比率 (C)整體保險費占國民所得之比率 (D)有效契約保額對國民所得之比率。

( ) **31** 依房地合一稅之成本費用認列原則，個人除得減除出售房屋之取得成本外，提示證明文件後得包含於成本中扣除者，不包括下列哪一項？ (A)購入房屋達可供使用狀態前支付之印花稅 (B)取得房屋後所支付之地價稅與房屋稅 (C)房屋所有權移轉登記完成前，向金融機構借款之利息 (D)取得房屋後，於使用期間支付能增加房屋價值或效能且非2年內所能耗竭之修繕費。

( ) **32** 下列何者非預售屋履約擔保機制？ (A)價金信託 (B)不動產產權信託 (C)同業連帶擔保 (D)價金返還之保證。

( ) **33** 老人安養信託功能，不包含下列何者？ (A)意思凍結 (B)資產增值 (C)詐害債權及躲避債務 (D)兼顧配偶或親友之安養。

( ) **34** 參照「老人安養信託契約參考範本」，受託人得自行發動對信託財產給付金額之調整情境，下列何者正確？ (A)受託人認定給付金額不足受益人生活需求 (B)因應行政院主計總處公布物價指數增幅達一定比例 (C)受益人有聘雇照護人員之需求 (D)依長照服務機構自行要求調高收費標準之幅度調整。

( ) **35** 下列何者非屬行政院「新世代打擊詐欺策略行動綱領1.5版」之四大推動重點？ (A)免詐 (B)識詐 (C)堵詐 (D)阻詐。

( ) **36** 下列何者非屬「金融消費者保護法」所定之金融服務業？ (A)期貨業 (B)保險業 (C)電子支付業 (D)第三方支付業。

( ) **37** 有關住宿保證金信託專案之好處，下列何者錯誤？ (A)安養機構不必擔心收不到住宿相關費用 (B)設立信託監察人，監督安養機構營運資金運用 (C)住宿保證金仍屬住民財產，可避免遭安養機構業者不當挪用 (D)預先存放安養、長照費用，避免遭到詐騙或不肖子孫取財。

(　　)　**38** 如果A客戶與B銀行簽訂自益信託契約，約定房屋交付信託並出租，且租金交付信託，於信託期滿仍為A客戶所有。下列何者「非」為交付信託或信託期間，A客戶或B銀行需要負擔之稅負？　(A)房屋稅　(B)營業稅　(C)土地增值稅　(D)所得稅（租賃所得）。

(　　)　**39** 甲君想為自己退休規劃設定安養信託，該信託為自益信託，並且用信託財產繳付費用，下列何者「不得」作為繳付之項目（假定信託財產足以支應）？　(A)甲君每月生活費　(B)甲君因生病之住院費用　(C)甲君每年過年時，要求信託固定撥付一定金額給自己　(D)甲君要求信託代為支付甲君為保單受益人，乙君為要保人之保費。

(　　)　**40** 有關以身障身分申請輔具補助的流程，下列順序何者正確？A.取得身心障礙證明　B.購買輔具並取得收據　C.檢附所需文件、證件於線上系統或至戶籍所在地鄉鎮市區公所、社會局處或輔具中心提出申請　D.檢附收據、保固書正本與其他必要文件請款　(A)ABCD　(B)BCAD　(C)ACBD　(D)CBAD。

第二部分

(　　)　**41** 有關疾病三段五級預防，下列敘述何者正確？　(A)復健屬於第四級限制殘障　(B)預防注射屬於第一級健康促進　(C)定期健康檢查屬於第三級早期發現　(D)初段預防包含健康促進及特殊保護。

(　　)　**42** 配偶與被繼承人之兄弟姐妹共同繼承時，配偶之應繼分下列何者正確？　(A)遺產之1/2　(B)遺產之1/3　(C)遺產之2/3　(D)與其他繼承人平均繼承。

(　　)　**43** 甲女之夫病逝後，與乙男同居二十年而未辦理結婚登記。乙與甲生有一子丙並共同撫育，對外均以夫妻父子稱呼，惟甲在111年因患病而離世。下列敘述何者正確？　(A)乙須向法院請求認領丙，乙丙間才能成立法律上親子關係　(B)乙須向法院請求收養丙，乙丙間才能成立法律上親子關係　(C)甲乙雖未結婚，但甲女不需要認領即可成為丙之法律上母親　(D)我國並無事實上夫妻之制度，乙對甲之遺產無任何權利可請求。

(　　) **44** 甲男乙女結婚，白手起家，未約定夫妻財產制，育有A、B兩子。甲死亡時，留下600萬元，乙名下則無財產，若乙主張剩餘財產差額分配，下列敘述何者正確？　(A)乙、A、B各分得200萬元　(B)乙分得400萬元，A、B各分得100萬元　(C)乙分得300萬元，A、B各分得150萬元　(D)因未約定夫妻財產制，故乙不得請求剩餘財產差額分配。

(　　) **45** 依民法之規定，下列何者將依法喪失繼承權？　(A)因重大過失致應繼承人於死　(B)因重大過失致被繼承人於死　(C)脅迫被繼承人變更關於繼承之遺囑　(D)詐欺被繼承人為關於繼承之遺囑，但經被繼承人宥恕。

(　　) **46** 信託業辦理特定金錢信託，可運用信託財產於國外投資之範圍，下列何者錯誤？　(A)符合規定之以新臺幣計價之外國有價證券　(B)符合規定之境外結構型商品　(C)符合規定之外國公司債券　(D)符合規定之外國證券化商品。

(　　) **47** 關於信託課稅理論，下列何者正確？　(A)我國信託課稅制度主要採信託實體理論　(B)信託導管理論不可累積信託收益至分配時才課稅　(C)信託導管理論以受託人作為課稅主體　(D)信託實體理論採所得發生時課稅。

(　　) **48** 有關公益信託課稅之相關規定，下列敘述何者錯誤？　(A)公益信託於實際分配信託利益時，以受託人為扣繳義務人扣繳　(B)捐贈不動產或股權予公益信託者，應先取得不計入贈與總額證明書才可移轉　(C)營利事業提供財產成立公益信託，捐贈金額得於不超過所得額10%內，列當年度費用　(D)公益信託受託人將信託財產持有之房屋委由崔媽媽出租予學生收取租金，得免繳房屋稅。

(　　) **49** 關於利率變動型年金保險之說明，下列敘述何者錯誤？　A.甲型-年金金額為變動的　B.投資風險由要保人承擔　C.帳戶類型為分離帳戶　D.當被保險人在累積期身故時，保險公司返還保價金　(A)僅A　(B)僅AB　(C)僅ABC　(D)ABCD。

( ) **50** 關於減額繳清保險，下列敘述何者錯誤？ (A)繳納保險費有困難時實施 (B)保險期間縮短 (C)保險金額減少 (D)保險費累積至有保單價值準備金，方可實施。

( ) **51** 實施都市更新時，重建區段範圍內更新前合法建築物所有權人取得更新後建築物，於房屋稅減半徵收二年期間內未移轉，得延長其房屋稅減半徵收期間至喪失所有權止，但以幾年為限？ (A)2年 (B)5年 (C)7年 (D)10年。

( ) **52** 有關私法人買受住宅採許可制之敘述，下列何者錯誤？ (A)私法人為正常經營需要買受住宅，列為需經許可 (B)免經許可之住宅在取得後應受2年不得移轉限制 (C)私法人買受住宅有公益性、必要性，且具共識者，列為免經許可 (D)私法人原則上無住宅需求，考量其執行業務需要，依買受住宅之目的及用途，採許可制。

( ) **53** 甲現年30歲，因車禍致腦部受傷，經法院裁定為受輔助宣告之人，其兄長乙為輔助人，丙為甲之配偶，丁為甲與丙之獨子。若甲經A銀行理專之建議，擬將現金新台幣2,000萬元信託給A銀行，成立安養信託契約，關於該安養信託契約之簽訂，下列敘述何者正確？ (A)應由甲以委託人之地位，自行與A銀行簽訂，並呈報法院備查 (B)應由乙以甲之法定代理人之地位，由乙與A銀行簽訂 (C)應由甲先取得乙之同意後，以委託人之地位自行與A銀行簽訂 (D)應由甲與乙以共同委託人之地位，與A銀行簽訂，並取得丙之同意。

( ) **54** 王老先生為單身老人，參照「老人安養信託契約參考範本」與甲銀行簽訂自益信託契約，且以乙社福團體擔任其信託監察人。假若當王老先生死亡後，經法院依民法規定為公示催告，且於所定期限屆滿仍無繼承人承認繼承時，有關甲銀行處理其剩餘信託財產之敘述，下列何者正確？ (A)依乙社福團體之書面指示交付 (B)剩餘信託財產由甲銀行交付法院提存 (C)依王老先生之遺產管理人之書面指示交付 (D)扣除遺產稅後，由乙社福團體成為信託財產之歸屬權利人。

(　　) **55** 下列何者不屬於目前「金融服務業公平待客原則」所列舉之原則？ (A)友善服務原則 (B)落實誠信經營原則 (C)業務人員專業性原則 (D)複雜性高風險商品銷售原則。

(　　) **56** 客戶於銀行成立安養信託，有關信託財產運用方式，下列何者正確？（假設商品皆有完成銀行審查上架程序，未超逾客戶風險屬性，且不考慮計價幣別） A.轉為定期存款 B.申購國內債券 C.申購外國債券 D.申購股票型基金 (A)僅A (B)僅AB (C)僅ABC (D)ABCD。

請根據下列案例，回答第57～60題：

> 一對七十多歲王姓老夫妻身體尚佳，長期與銀行往來並有存款共約新台幣800萬及投資基金與投保壽險。家庭成員除夫妻二人外，有四十多歲獨子、媳婦及16歲孫子。夫妻投保的壽險，夫妻分別為要保人及被保險人，而保險受益人是另一半配偶及獨子。由於夫妻年齡漸長而想規劃晚年財產安全保障，故至往來銀行詢問理專……。

(　　) **57** 王老先生雖目前身體狀況尚佳，仍擔心未來身心逐漸退化甚至失智，晚年生活沒有保障，理專建議王老先生辦理意定監護預先決定未來如果被認定失智後的監護人。請問依我國民法規定，由下列何者選任約定該意定監護之監護人？ (A)法院 (B)王老先生本人 (C)王老先生兒子 (D)銀行理專。

(　　) **58** 若規劃王老先生自益型之安養信託，下列敘述何者正確？ (A)需將銀行存款一次全數交付信託 (B)信託期間可約定至受益人身故而終止 (C)為累積信託財產，信託成立後應積極投資 (D)信託監察人適合由孫子擔任。

(　　) **59** 若王姓老夫妻之安養信託設有信託監察人，下列敘述何者錯誤？ (A)人選可採順位方式約定 (B)可約定定期訪視受益人 (C)可約定信託提前終止須經其同意 (D)須約定信託利益由信託監察人代為領受。

( ) **60** 若王老先生擔心自己比王老太太早走，太太無人照料，理專下列規劃何者較不恰當？ (A)可規劃王老太太為受益人之安養信託 (B)可規劃王老太太為生存保險受益人之保險金信託 (C)可規劃將存款贈與孫子並約定照顧奶奶 (D)可規劃將存款贈與王老太太供其辦理自益安養信託。

解答與解析

1 **(D)**。癌症（惡性腫瘤）連續第42年蟬聯國人10大死因榜首。

2 **(D)**。自104年起推動8020計畫，是希望80歲的老人至少保存20顆牙齒，因為擁有20顆完好的牙齒，幾乎就可以良好地咀嚼所有的食物。

3 **(B)**。靜態平衡(static balance)，即身體不動時，維持身體某種姿勢一段時間的能力，如站立、單足站立、倒立、站在平衡木上維持不動，或(雙手)倒立動作，皆屬靜態平衡。因此(B)為評估靜態平衡力。

4 **(D)**。(A)扶養比＝【(0-14歲人口+65歲以上人口)/15-64歲人口】×100%＝(279+430)/1,633×100%＝43.42%。(B)扶老比＝(65歲以上人口)/(15-64歲人口)×100%＝430/1,633×100%＝26.33%。(C)扶幼比＝(0-14歲人口)/(15-64歲人口)×100%＝279/1,633×100%＝17.09%。(D)老化指數＝(65歲以上人口數/0-14歲人口數)×100%＝430/279×100%＝154.12%。

5 **(A)**。完善整體服務輸送體系，協助長照服務個案擬定個別化照顧計畫、連結長照服務並定期追蹤個案服務使用情形，即時提供服務諮詢及協調，另推動長照給付及支付制度。

6 **(A)**。低收入戶可獲政府全額補助，中低收入戶自付5%，一般戶自付16%。

7 **(D)**。預立醫療決定只需要這4步驟：邀請二等親及醫療委任代理人、進行預立醫療照護諮商、簽署預立醫療決定書、辦理見證或公證、完成健保卡註記。

8 **(D)**。長期照顧服務機構設立標準第6條，綜合式服務類（以下簡稱綜合式）長照機構業務負責人，應具備下列資格之一：一、合併提供居家式服務類及社區式服務類者，其業務負責人資格，依第四條規定。二、合併提供服務內容包括機構住宿式服務類者，其業務負責人資格，依前條規定。因此證書上載明服務項目為「全日型服務、日間照護」為綜合式服務類。

9 (C)。失智症團體家屋是提供失智症老人一種小規模，生活環境家庭化及照顧服務個別化的服務模式，提供失智症長者24小時居家式環境，滿足失智症老人之多元照顧服務需求，並提高其自主能力與生活品質。

10 (C)。核定給付起每3年新臺幣4萬元。

11 (D)。依據長期照顧服務法第9條，屬於機構住宿式。

12 (B)。中低收入老人生活津貼發給辦法第2條，符合下列各款規定之老人，得依本法第十二條第一項規定，申請發給生活津貼（以下簡稱本津貼）：一、年滿65歲，實際居住於戶籍所在地之直轄市、縣（市），且最近一年居住國內超過183日。

13 (B)。民法第1113-3條第1項，意定監護契約之訂立或變更，應由公證人作成公證書始為成立。公證人作成公證書後7日內，以書面通知本人住所地之法院。

14 (C)。民法第1165條第2項，遺囑禁止遺產之分割者，其禁止之效力以10年為限。

15 (A)。民法第1173條，(1)繼承人中有在繼承開始前因結婚、分居或營業，已從被繼承人受有財產之贈與者，應將該贈與價額加入繼承開始時被繼承人所有之財產中，為應繼遺產。但被繼承人於贈與時有反對之意思表示者，不在此限。(2)前項贈與價額，應於遺產分割時，由該繼承人之應繼分中扣除。(3)贈與價額，依贈與時之價值計算。因此，甲之應繼承財產（120+80）/2＝100萬。A可分得100－80＝20萬。B可分得100－40＝60萬。乙先於甲死亡，無法成為甲之繼承人。

16 (B)。民法第1101條第2項，監護人為下列行為，非經法院許可，不生效力：一、代理受監護人購置或處分不動產。二、代理受監護人，就供其居住之建築物或其基地出租、供他人使用或終止租賃。故(B)非經法院許可，不生效力。

17 (C)。信託架構「保險金信託」係由保險受益人擔任委託人。

18 (D)。金融服務業確保金融商品或服務適合金融消費者辦法，銀行業及證券期貨業提供投資型金融商品或服務，於訂立契約前，應充分瞭解金融消費者之相關資料包括：金融消費者之身分、財務背景、所得與資金來源、風險偏好、過往投資經驗及簽訂契約目的與需求等。

19 (A)。信託業辦理指定營運範圍或方法之單獨管理運用金錢信託業務應遵循事項第8條，信託業辦理指定單獨管理運用金錢信託業務運用信託財產從事有價證券投資交易，逾越法令或信託契約所定限制範圍者，應由信託業負履行責任。

20 (A)。信託業建立非專業投資人商品適合度規章應遵循事項第5條，依前二款各項資料分析評估及分級後，界定客戶之風險承受等級。前項投資/交易經驗不得以客戶曾經投資過「投資組合」商品，作為投資人有投資超過其風險承受等級商品之投資/交易經驗。

21 **(D)**。「保險給付信託」，可避免受益人若是未成年子女、弱勢等無法妥善管理財產的狀況時，保險理賠無法被妥善運用的風險亦可藉由保險給付信託專款專用的特性，達到長期照顧自己，及落實當初規劃保險的本意。身故理賠金、長期看護險、滿期金或第一級失能保險金等均可交付信託。另新台幣、外幣均可信託。

22 **(B)**。信託法第28條，(1)同一信託之受託人有數人時，信託財產為其公同共有。(2)前項情形，信託事務之處理除經常事務、保存行為或信託行為另有訂定外，由全體受託人共同為之。受託人意思不一致時，應得受益人全體之同意。受益人意思不一致時，得聲請法院裁定之。(3)受託人有數人者，對其中一人所為之意思表示，對全體發生效力。

23 **(A)**。信託法第3條，委託人與受益人非同一人者，委託人除信託行為另有保留外，於信託成立後不得變更受益人或終止其信託，亦不得處分受益人之權利。但經受益人同意者，不在此限。

24 **(B)**。信託借券：股票持有人需與券商或銀行辦理信託並開立信託帳戶，以信託帳戶辦理股票出借。

25 **(D)**。(A)「集合管理運用帳戶」其受益人信託利益之課稅方式，無所得稅法第3條之4第6項規定之適用，其受益人之信託利益應於所得發生年度課稅。(B)證券交易稅係向出賣有價證券人課徵，由代徵人於每次買賣交割之當日，按規定稅率代徵，並於代徵之次日，自行填具繳款書向國庫繳納之。(C)信託資金集合管理運用管理辦法第2條，信託資金集合管理運用，謂信託業受託金錢信託，依信託契約約定，委託人同意其信託資金與其他委託人之信託資金集合管理運用者，由信託業就相同營運範圍或方法之信託資金設置集合管理運用帳戶，集合管理運用。本辦法所稱集合管理運用帳戶，指信託業就營運範圍或方法相同之信託資金為集合管理運用所分別設置之帳戶。

26 **(D)**。贈與財產價值之計算，以贈與人贈與時之時價為準。所稱時價為：興櫃股票應依贈與日該證券之當日加權平均成交價估定之；當日無交易價格者，依贈與日前最後1日之加權平均成交價估定之。

27 **(A)**。所得稅法第3-2條第1項，委託人為營利事業之信託契約，信託成立時，明定信託利益之全部或一部之受益人為非委託人者，該受益人應將享有信託利益之權利價值，併入成立年度之所得額，依本法規定課徵所得稅。

28 (B)。遺產及贈與稅法第15條第1項，被繼承人死亡前2年內贈與下列個人之財產，應於被繼承人死亡時，視為被繼承人之遺產，併入其遺產總額，依本法規定徵稅：一、被繼承人之配偶。二、被繼承人依民法第1138條及第1140條規定之各順序繼承人。三、前款各順序繼承人之配偶。故為(B)遺產稅。

29 (C)。除了「生理功能障礙」，另一項是「認知功能障礙」。判定認知功能障礙的兩個條件：(1)疾病符合國際疾病傷害及死因分類標準與(2)臨床失智量表評估分數大於或等於2分。2即為中度失智。

30 (D)。保險普及率＝保險金額÷國民所得，意謂每一元所得所獲之保額保障。故為(D)。

31 (B)。得包含於成本中減除的下列支出：(1)可供使用狀態前支付之必要費用：如契稅、印花稅、代書費、規費、公證費、購入時仲介費房屋、土地所有權移轉登記完成前，向金融機構借款之利息。(2)取得房屋後，於使用期間支付之增置、改良或修繕費（俗稱的裝修費），但須同時滿足能增加房屋價值或效能，且非2年內所能耗竭。不得列減除費用：(1)依土地稅法規定繳納的土地增值稅（2.0有新規定但少見，在此不詳述）。(2)取得房屋土地後，房屋土地於使用期間繳納的房屋稅、地價稅、管理費、清潔費及金融機構借款利息等

32 (B)。預售屋履約擔保：(1)不動產開發信託；(2)價金返還之保證；(3)價金信託；(4)同業連帶擔保；(5)公會辦理連帶保證協定。

33 (C)。「安養信託」概念，信託具有「委託人意思凍結機能」、「受託人裁量機能」以及「受益人連續機能」等多重彈性化之功能，可兼顧防詐，確保財產安全與支應老後生活、照護需求。目前擴大到五大功能，一是財產安全的保障；二是信託財產專款專用；三是定期給付，將信託財產運用於例行性的生活給付，如安養院費用支付，及日常生活支出的生活照顧等；四是累積資產，透過適當的投資理財規劃讓資產增值，避免信託財產用罄，無法達到安養目的。五是多元服務，透過異業資源整合，運用「跨業結盟服務」、「跨業轉介行銷」或「跨信託或金融商品整合行銷」等結合食衣住行育樂等需求，創新行銷或商品整合銷售模式來提供更多元服務。

34 (B)。老人安養信託契約參考範本第10-1條，受託人得自行發動對信託財產給付金額之調整：因應行政院主計總處公布物價指數增幅達一定比例。

35 (A)。新世代打擊詐欺策略行動綱領1.5版，精進「識詐」、「堵詐」、「阻詐」及「懲詐」。

36 (D)。金融消費者保護法第3條第1項，本法所定金融服務業，包括銀行業、證券業、期貨業、保險業、

電子支付業及其他經主管機關公告之金融服務業。

37 **(B)**。可以不怕不肖安養機構侵吞或挪用，還可生利息，另可避免遭到詐騙或不肖子孫取財。對於安養機構而言，因預先存放安養、長照費用，避免收不到住宿相關費用。但住宿保證金信託專案為預收款信託，與監督安養機構營運資金運用無關。

38 **(C)**。信託登記依土地税法第28條之3第1款及契税條例第14條之1第1款規定不課徵土地增值税及契税。但如果依信託契約約定，信託土地於信託終止後毋須返還委託人者，則以委託人為納税義務人，課徵土地增值税。

39 **(D)**。可用於日常生活支出、看護、醫療等安養目的所需。故(D)不得作為繳付之項目。

40 **(C)**。取得身障證明後→有輔具需求→向公所/輔具資源中心提出輔具費用補助申請→社會局於3日內完成審核後並寄發核定結果通知書予申請人→申請人收到核定結果通知書後自行購置或至簽約廠商購買→持核定結果通知書、收據（發票）等應備文件至戶籍地區公所辦理請款或由簽約廠商協助辦理核銷→社會局核撥補助款。

41 **(D)**。三段五級的「三段」與「五級」：第一段預防：第一級為健康促進、第二級為特殊保護。第二段預防：第三級為早期診斷（發現）、早期治療（疾病控制）。第三段預防：第四級為限制殘障（蔓延）、第五級為復健（恢復常態）。因此，第一段是疾病前的預防，第二段是疾病發生時的早期預防，第三段則是疾病進入臨床期，探討的就是如何在疾病中預防疾病惡化。

42 **(A)**。民法第1144條，配偶有相互繼承遺產之權，其應繼分，依左列各款定之：二、與第一千一百三十八條所定第二順序或第三順序之繼承人同為繼承時，其應繼分為遺產二分之一。(A)正確。

43 **(C)**。民法第1065條，(1)非婚生子女經生父認領者，視為婚生子女。其經生父撫育者，視為認領。(2)非婚生子女與其生母之關係，視為婚生子女，無須認領。因此(C)正確。

44 **(B)**。乙：600/2+600/2/3＝400萬；A、B各得600/2/3＝100萬。

45 **(C)**。民法第1145條，(1)有左列各款情事之一者，喪失其繼承權：一、故意致被繼承人或應繼承人於死或雖未致死因而受刑之宣告者。二、以詐欺或脅迫使被繼承人為關於繼承之遺囑，或使其撤回或變更之者。三、以詐欺或脅迫妨害被繼承人為關於繼承之遺囑，或妨害其撤回或變更之者。四、偽造、變造、隱匿或湮滅被繼承人關於繼承之遺囑者。五、對於被繼承人有重大之虐待或侮辱情事，經被繼承人表示其不得繼承者。(2)前項第二款至第四款之規定，如經被繼承人宥恕者，其繼承權不喪失。

46 **(A)**。信託業辦理特定金錢信託業務受託投資之外國有價證券，應符合下列規定：(1)不得以新臺幣計價。(2)投資涉及大陸地區或港澳地區有價證券之範圍及限制，準用證券商受託買賣外國有價證券管理規則第五條之相關規定。(3)不得投資本國企業赴國外發行之有價證券。

47 **(B)**。我國信託課稅原則：(1)原則採導管理論。(2)原則所得發生時課稅。(3)原則採受益人課稅原則。

48 **(D)**。公益出租人指的是住宅所有權人或未辦建物所有權第1次登記住宅且所有人不明的房屋稅納稅義務人，將住宅出租給符合租金補貼申請資格的承租人，或出租給社會福利團體轉租給符合租金補貼申請資格的承租人，經直轄市、縣（市）主管機關認定者。又依同法第15條規定，經認定為公益出租人的房東，享有所得稅優惠。於核（認）定之有效期間內出租房屋供住家使用。其房屋稅稅率1.2%。

49 **(C)**。利率變動型年金保險，為「年金保險」的一種。年金累積期間，保險公司依據要保人交付之保險費，減去附加費用後，依宣告利率計算年金保單價值準備金；年金給付開始時，依年金保單價值準備金，計算年金金額，帳戶類型為區隔帳戶。(1)甲型：年金給付開始時，以當時之年齡、預定利率及年金生命表換算定額年金。(2)乙型：年金給付開始時，以當時之年齡、預定利率、宣告利率及年金生命表計算第一年年金金額，第二年以後以宣告利率及上述之預定利率調整各年度之年金金額。利率變動型年金保險的投資風險係由保險公司承擔。

50 **(B)**。「減額繳清」是以減少保額，一次付清保費的方式來減少未來保費支出，即以保單目前所累積的價值準備金，作為一次繳清（躉繳）的費用，改成保障內容、期間不變，僅保額降低的保險。因此保險費累積至有保單價值準備金，方可實施。

51 **(D)**。都市更新條例第67條，重建區段範圍內更新前合法建築物所有權人取得更新後建築物，於前款房屋稅減半徵收2年期間內未移轉，且經直轄市、縣（市）主管機關視地區發展趨勢及財政狀況同意者，得延長其房屋稅減半徵收期間至喪失所有權止，但以10年為限。

52 **(B)**。私法人買受供住宅使用之房屋許可辦法第2條第1項，私法人買受供住宅使用之房屋，除經中央主管機關公告免經許可之情形外，應檢具使用計畫，向中央主管機關申請許可。

53 **(C)**。簽約時，應經法定代理人、監護人或輔助人協助簽立契約（代理/同意），為(C)應由甲先取得乙之同意後，以委託人之地位自行與A銀行簽訂。

54 **(C)**。當遺產沒有繼承人時，首先可以先選任遺產管理人，讓其協助處理後續的遺產事宜，依照民法第1177條、民法第1178條規定，可由親屬會議選任，亦或是可由利害關係人（被繼承人的債權人、受遺贈人、稅捐機關等受有遺產利益之人）或檢察官向法院聲請選任。親屬會議向法院報明後，依據民法第1178條第1項規定，法院應依公示催告程序，定六個月以上的期限公告繼承人，要求繼承人在期限內承認繼承。若無親屬會議，或親屬會議沒有在一個月內選定遺產管理人時，依據同條第2項規定，利害關係人或檢察官可以聲請法院選任遺產管理人，並由法院依上述規定為公示催告。如果上述六個月的公示催告期限屆滿，仍然沒有繼承人肯承認繼承時，依據民法第1185條規定，在遺產清償債權完畢，並交付遺贈物後，如有賸餘，將歸屬國庫。因此，係依遺產管理人之書面指示交付。

55 **(D)**。發布十大原則，分別為(1)訂約公平誠信原則；(2)注意與忠實義務原則；(3)廣告招攬真實原則；(4)商品或服務適合度原則；(5)告知與揭露原則；(6)酬金與業績衡平原則；(7)申訴保障原則；(8)業務人員專業性原則；(9)友善服務原則；(10)落實誠信經營原則。

56 **(D)**。信託財產之運用範圍除前項約定之銀行存款外，得運用於雙方當事人同意投資之下列金融商品：(1)國內或國外共同基金。(2)指數股票型基金。(3)國內或國外債券。(4)其他經委託人指定之投資標的。

57 **(B)**。民法第1113-2條，稱意定監護者，謂本人與受任人約定，於本人受監護宣告時，受任人允為擔任監護人之契約。因此，理專建議王老先生辦理意定監護預先決定未來如果被認定失智後的監護人，可為銀行理專選任約定該意定監護之監護人。

58 **(B)**。安養信託財產無需一次交付，因目的在保障受益人未來生活之財產管理、資產保全、安養照護、醫療給付等目的所成立的「信託」，因此不積極投資。雖可以指定信託監察人，但信託法第57條，未成年人、受監護或輔助宣告之人及破產人，不得為信託監察人。

59 **(D)**。信託法明定信託監察人之功能在維護受益人之利益，代受益人行使有關信託受益權之相關行為。若屬於受益人固有或專屬之權利，或該權利若由信託監察人代為行使，反損害或限制受益人行使者，信託監察人不得代受益人行使權利。因此(D)錯誤。

60 **(C)**。如要保障王老太太生活，最佳以王老太太為受益人之信託，因此他益信託或王老太太之自益信託為佳。其餘方式較不適合。

第六期第二節

第一部分

( ) **1** 有關人口老化，下列敘述何者錯誤？ (A)台灣目前為高齡社會 (B)台灣於1993年成為高齡社會 (C)高齡社會指老年人口比超過14% (D)老年人口比超過20%為超高齡社會。

( ) **2** 下列何者非世界衛生組織（WHO）定義之慢性疾病類型？ (A)憂鬱症 (B)糖尿病 (C)心血管疾病 (D)慢性呼吸道疾病。

( ) **3** 有關簡易心智/認知狀態量表（MMSE），下列敘述何者正確？ (A)不包含口語理解力 (B)主要評估失智症的分級 (C)分數越高代表認知功能越完整 (D)定向感評估項目包含人、時、地、物。

( ) **4** 下列何者不是成功老化的概念？ (A)避免疾病與失能 (B)持續參與生活及社會互動 (C)成功老化是從年輕時開始做起 (D)學習新事物可以減緩時序老化。

( ) **5** 有關預立醫療決定簽署程序之規定，須經公證人公證或有具完全行為能力者至少幾人在場證明？ (A)5人 (B)4人 (C)3人 (D)2人。

( ) **6** 有關病人自主權利法之敘述，下列何者正確？ (A)預立醫療決定之維持生命治療僅含心肺復甦術、機械式維生系統 (B)預立醫療決定之人工營養及流體餵養指的是流質食物，不包含水分的補充 (C)預立醫療決定之醫療委任代理人，只要完成委任程序，日後意願人的所有醫療意願都由醫療委任代理人來表達 (D)具完全行為能力之人，得為預立醫療決定，並得隨時以書面撤回或變更之。

( ) **7** 阿雯奶奶75歲，日前突然急性腦溢血，急診送醫診療後，需進行三管照護，因照顧問題，家人欲將阿雯奶奶送至機構照護，請問何種機構類型可以收容阿雯奶奶提供照護服務？ (A)養生村 (B)安養機構 (C)養護機構 (D)護理之家。

( ) **8** 長期照顧服務法規定主管機關訂定長照服務品質基準之原則，下列何者錯誤？ (A)訊息公開透明 (B)確保照顧與生活品質 (C)考量多元文化 (D)首重機構營運成本。

( ) **9** 林爸爸75歲，僅輕微高血壓，生活自如，女兒希望住在家中的爸爸延緩失能，下列何種服務較不合適？ (A)長青學苑 (B)樂齡學習中心 (C)小規模多機能 (D)社區照顧關懷據點。

( ) **10** 老人福利機構中的長期照顧機構，不包括下列何者？ (A)長期照護型 (B)養護型 (C)身障教養型 (D)失智照顧型。

( ) **11** 有關請領中低收入老人特別照顧津貼之資格條件敘述，下列何者正確？ (A)限領有中低收入老人生活津貼者 (B)不限居住於戶籍所在地 (C)接受機構安置者或僱用看護（傭）也可請領 (D)失能程度經指定或委託之評估單位（人員）作日常生活活動功能量表評估為輕度以上者即可請領。

( ) **12** 有關長期照顧服務申請及給付項目，下列敘述何者正確？ (A)長照服務額度也適用住宿式機構服務使用者 (B)個人服務額度與喘息服務額度不可互相挪用 (C)連續二次複評等級8級，則複評調整為36個月 (D)輔具服務及居家無障礙環境改善服務每4年給付一次。

( ) **13** 甲在生前將財產贈與給受輔助宣告之人乙，乙表示接受。該贈與效力如何？ (A)無效，因為受輔助宣告之人無行為能力 (B)無效，因為未得輔助人同意 (C)效力未定，因為未得輔助人同意 (D)有效，因對受輔助宣告之人，受贈是純獲法律上利益之行為。

( ) **14** 甲死亡留有遺產120萬元及乙、丙、丁三名子女。甲立自書遺囑將遺產全部留給乙一人，下列敘述何者正確？ (A)該遺囑可行，因為甲可以自由處分遺產 (B)該遺囑不可行，因為自書遺囑要公證 (C)若丙丁主張特留分，得各請求20萬元 (D)該遺囑不可行，乙丙丁應各自取得40萬元。

( ) **15** 下列何者不屬於兩願離婚之要件？ (A)以書面為之 (B)向戶政機關為離婚登記 (C)有二人以上證人之簽名 (D)經公證人作成公證書。

( ) **16** 甲為受監護宣告人，於某日意識清醒時所為之公證遺囑效力為何？ (A)有效 (B)無效 (C)效力未定 (D)法院應實質判斷該遺囑效力。

( ) **17** 依現行信託業法規範，下列何者不得為信託財產？ (A)商譽 (B)債權 (C)動產 (D)專利權。

( ) **18** 有關信託成立方式及分類之相關敘述，下列何者錯誤？ (A)民事信託監督機關為法院 (B)公益信託監督機關為各公益信託目的事業主管機關 (C)遺囑信託為單獨行為，並於遺囑設立完成時生效 (D)契約信託為雙方行為，受託人接受財產權之移轉或處分之同時生效。

( ) **19** 有關信託業法所規定之利害關係人，下列何者錯誤？ (A)擔任信託業之獨立董事 (B)對信託財產有最後核定權限之人員 (C)大股東單獨持有超過公司資本額百分之三 (D)有半數以上董事與信託業相同之公司。

( ) **20** 為滿足老人安養及身心障礙者照護信託實務需要，中央銀行同意放寬銀行擔任受託人時得代為結匯，則下列敘述何者錯誤？ (A)結匯申報列計受託人結匯額度 (B)由受託銀行代受益人辦理新臺幣結匯申報 (C)限老人安養及身心障礙者照護為目的之信託 (D)憑中央銀行同意函、委託人結匯授權書及相關證明文件辦理。

( ) **21** 客戶甲（委託人）依高齡金融規劃顧問師之建議，至銀行乙（受託人）透過特定金錢信託進行投資理財。有關特定金錢信託之敘述，下列何者錯誤？ (A)客戶甲對信託財產不得保留運用決定權 (B)由銀行乙依客戶甲運用指示管理處分信託財產 (C)如涉及投資標的之交易，由銀行乙以受託人名義與交易相對人進行交易 (D)符合客戶風險屬性之境外結構型商品亦屬特定金錢信託可投資之標的範圍。

( ) **22** 要保人為37歲客戶A，保單受益人為60歲B君與10歲C君，若想成立保險金信託，假設保險公司同意保險理賠金可成為保險金信託契約之信託財產，下列敘述何者正確？ (A)需等到B君過世，C君才能以本保單未來C君能領取之保險理賠金作為保險金信託之信託財產 (B)B君得單獨以本保單未來B君能領取之保險理賠金作為保險金信託之信託財產 (C)保險金信託僅限照顧未成年子女，而本張保單受益人包括B君，因此本保單未來之保險理賠金不得作為保險金信託之信託財產 (D)保險金信託之信託受益人需同時有B君與C君，C君不能單獨以本保單未來C君能領取之保險理賠金作為保險金信託之信託財產。

( ) **23** 有關員工持股信託及員工儲蓄信託之敘述，下列何者正確？ (A)員工儲蓄信託屬於有價證券信託 (B)員工持股信託適用對象並無特別限制 (C)員工儲蓄信託投資標的僅限於所服務公司的股票 (D)員工持股信託由持股會代表人代表員工簽訂信託契約。

( ) **24** 張三去年以時價7,500萬元股票成立10年期他益信託，信託期間股利由二名子女受益，並拋棄變更受益人權利，到期時受託人將股票返還張三，若張三該年度無其他贈與，郵局一年期定儲固定利率1.6%，PVIF（1.6%,10）＝0.8532，信託成立時張三應繳多少贈與稅？ (A)987,000元 (B)912,000元 (C)896,000元 (D)857,000元。

( ) **25** 張媽媽成立了一份金錢信託，信託期間孳息由已成年大兒子受益，但張媽媽保留變更受益人之權利，下列何者正確？ (A)信託成立時張媽媽繳納贈與稅 (B)信託期間孳息所得稅之納稅義務人是大兒子 (C)於實際分配孳息時核課贈與稅 (D)信託成立時大兒子即須繳納所得稅。

( ) **26** 依財政部公告函釋，房地為「遺囑信託」之信託財產者，若信託成立後欲享自住稅率，下列何者錯誤？ (A)受益人須為配偶或子女 (B)房地供受益人自住使用 (C)房地未做出租或營業用途 (D)不問受益人是否設有戶籍。

(　　) **27** 有關不計入遺產總額之財產，下列何者錯誤？　(A)被繼承人自己創作之著作權　(B)繼承人捐贈公有事業機構之財產　(C)被繼承人死亡前二年內贈與配偶之財產　(D)被繼承人死亡前五年內，繼承之財產已納遺產稅者。

(　　) **28** 針對A客戶之信託規劃，有2個方案，甲方案：將已持有之上市股票B交付信託；乙方案：以金錢交付信託，再指示信託申購該上市股票B。若此2方案信託業皆不具運用決定權，則針對甲方案與乙方案之比較，下列敘述何者正確？　(A)甲方案與乙方案皆為有價證券信託　(B)甲方案股東名冊仍為A客戶；乙方案股東名冊為信託業　(C)甲方案將上市股票交付信託及乙方案申購上市股票，皆無需繳付證券交易稅　(D)有關公示制度，甲方案不須通知發行公司，即可對抗公司；乙方案則需通知發行公司，始得對抗公司。

(　　) **29** 有關長照險，下列何者為保險公司的除外責任？　A.被保險人之犯罪行為　B.被保險人非法施用毒品　C.被保險人之故意行為　D.被保險人自殺未遂　(A)僅A　(B)僅AB　(C)僅ABC　(D)ABCD。

(　　) **30** 健康保險在下列何種時期發生的疾病，保險公司不負給付責任？(A)免責期　(B)等待期　(C)觀察期　(D)障礙期。

(　　) **31** 有關信託公會期能強化預售屋履約擔保機制之建議，下列何者錯誤？　(A)預售屋買賣價金除收取的訂金外，限制由買方直接匯付至信託帳戶　(B)建置不動產實價登錄平台，優化買方查詢機制，增加買方通知事項　(C)訂定明確可動支「買方所繳價金」專戶的時點，以提升「買方所繳價金」專戶的保障功能　(D)不動產開發信託中「買方所繳價金」專戶之動支項目，以有關工程款交付、繳納各項稅費及工程所需費用為限。

(　　) **32** 依民法規定，不動產物權，依法律行為而取得、設定、喪失或變更者，非經登記之效力為何？　(A)效力未定　(B)仍具效力(C)不生效力　(D)生效，但不得對抗第三人。

(　　)　**33** 依相關法令規定，有關遺囑信託實務運用，下列敘述何者錯誤？(A)遺囑人以遺囑方式設立　(B)以信託利益之歸屬而言，遺囑信託屬於他益信託　(C)信託財產登記應由繼承人辦理繼承登記後，會同遺產管理人申請　(D)遺囑指定之受託人拒絕或不能接受信託且遺囑未另有訂定時，利害關係人或檢察官得聲請法院選任受託人。

(　　)　**34** 信託業辦理對信託財產具有運用決定權之公益信託或安養信託，下列何種態樣無須申請兼營全權委託投資業務？　(A)委託人訂定明確之信託期間　(B)委託人訂定明確之信託財產管理運用方式　(C)受託人參與信託財產為股票之現金增資　(D)受託人將信託財產運用於國內股票型基金。

(　　)　**35** 參照「身心障礙者安養信託契約範本」，受託銀行依本契約執行信託事務所負之債務，下列敘述何者正確？　(A)由委託人負完全履行責任　(B)由受託銀行負完全履行責任　(C)受託銀行僅於信託財產之限度內負履行責任　(D)先由信託財產償還債務，不足之處再由受託銀行補足。

(　　)　**36** 信託業訂定商品風險等級分類時，應就商品特性考量相關事項綜合評估，其評估事項不包括下列何者？　(A)保本程度　(B)商品期限　(C)商品設計之複雜度　(D)商品之成本、費用及合理性。

(　　)　**37** 有關意定監護之說明，下列敘述何者錯誤？　(A)應由公證人作成公證書　(B)通知受任人住所地之法院　(C)本人與受任人約定，於本人受監護宣告時，受任人允為擔任監護人之契約　(D)法院為監護宣告時，受監護宣告之人已訂有意定監護契約者，原則上應以意定監護契約所定之受任人為監護人。

(　　)　**38** 有關安養信託與異業結盟趨勢，可洽談合作模式之對象，下列何者錯誤？　(A)社福機構　(B)安養機構　(C)醫療體系　(D)信託業者自身財管部門。

( ) **39** 下列何者為目前我國老人居住型態之大宗？ (A)海外移居 (B)入住機構 (C)在宅老化 (D)候鳥式移居。

( ) **40** 有關「老宅困老人」的討論議題,下列敘述何者錯誤？ (A)無電梯公寓或透天厝使行動不便的長者出門不易 (B)僅老年人口居住的住宅數增加,設備設施應更符合老人的需求 (C)以前工法較佳,超過40年屋齡的房屋耐震度佳,以致都更不被重視 (D)早期發展的建築設施之居住環境品質、公共安全,多已不符合現今的需求。

第二部分

( ) **41** 有關台灣健康照護體系，下列敘述何者錯誤？ (A)發展以社區為導向 (B)機構服務歸屬於醫療照護系統 (C)急性後期照護屬於醫療照護系統 (D)居家服務屬於長期照顧服務系統。

( ) **42** 依民法規定，監護人有數人時，下列敘述何者錯誤？ (A)監護人中一人欲辭任，應經法院許可 (B)意定監護人不以受監護人之親屬為限 (C)意定監護契約之撤回，應以書面先向他方為之，並由公證人作成公證書 (D)就受監護人重大事項行使意思不一致時，應由社福主管機關決定。

( ) **43** 下列何者無從行使夫妻法定財產制中剩餘財產分配請求權？ (A)婚姻遭撤銷 (B)剩餘財產較少之一方先死亡 (C)夫妻一方對婚姻生活無貢獻 (D)婚姻關係存續中協議改用分別財產制。

( ) **44** 甲的妻子早逝，兒子乙也遭遇車禍過世，乙與丙生有一女丁。下列何人得成為甲之遺囑見證人？ (A)丙 (B)丁 (C)受輔助宣告之老友 (D)滿18歲之鄰居高中生。

( ) **45** 甲男乙女結婚，生下A子、B女、C子。乙和A預先拋棄對甲之繼承權後，甲因病死亡，留下遺產若干。下列敘述何者正確？ (A)乙與A預先拋棄繼承權之行為有效 (B)乙、A、B、C均得繼承甲之財產 (C)甲之遺產為B、C兩人公同共有 (D)乙、A不得請求分割遺產。

( ) **46** 信託成立後多少期間內，委託人或其遺產受破產宣告者，推定其行為有害債權？ (A)三個月 (B)六個月 (C)一年 (D)三年。

( ) **47** 有關金融服務業提供金融商品或服務時之相關規定，下列何者錯誤？ (A)訂約前應充分瞭解金融消費者之相關資料 (B)訂約前應確保商品對金融消費者之適合度 (C)訂約時須有適當之人員審核簽約程序 (D)銀行業應設立信託財產評審委員會進行金融商品之上架前審查。

( ) **48** 下列何者非屬預收款信託性質？ (A)生前契約信託 (B)退休安養信託 (C)預售屋價金信託 (D)禮券預收款信託。

( ) **49** 黃大明已投保二張小額終老保險保額合計40萬。自2023年5月投保張數和保額上限提高後，黃大明還可再投保之小額終老保險張數及保額，最多分別為何？ (A)一張、30萬 (B)一張、50萬 (C)二張、合計30萬 (D)二張、合計50萬。

( ) **50** 關於保險費率之說明，下列敘述何者正確？ A.平準費率將同一保險期間內各年度的保險費加以平均，使保戶每一期所需負擔的保險費都相同 B.自然保險費率隨年齡的增長及危險發生率的提高而逐年增加 C.自然保險費率早期繳費壓力較大 (A)僅AB (B)僅BC (C)僅AC (D)ABC。

( ) **51** 以父母為承買人與出賣人簽訂不動產買賣契約，由父母支付買賣價金予出賣人並指定子女為登記名義人，應如何課稅？ (A)以父母支付的買賣價金計算應納之贈與稅 (B)以子女應支付的買賣價金計算應納之贈與稅 (C)以土地公告地價總額及房屋課稅現值計算應納之贈與稅 (D)以土地公告現值總額及房屋評定標準價格計算應納之贈與稅。

( ) **52** 有關都市更新之稅賦減免規定，下列何者錯誤？ (A)更新期間土地無法使用者，減半徵收地價稅 (B)實施權利變換，以建築物抵付權利變換負擔者，免徵契稅 (C)依權利變換取得之建築物，於更新後第一次移轉時，減徵契稅40% (D)依權利變換取得之土地，於更新後第一次移轉時，減徵土地增值稅40%。

(　　) **53** 依「所得稅法」規定，有關營利事業捐贈或加入一般民眾社會福利公益信託之租稅優惠限額，下列敘述何者正確？
(A)以不超過所得額百分之十為限
(B)以不超過營收額百分之十為限
(C)以不超過所得額百分之二十為限
(D)以不超過營收額百分之二十為限。

(　　) **54** 甲與A銀行依信託公會所公布之「老人安養信託契約參考範本（增訂信託財產給付彈性及信託監察人權責等相關條款）」成立安養信託契約，並約定由乙及丙擔任信託監察人，且甲與A銀行任一方得隨時終止契約。若甲已事先依民法意定監護制度委託丁擔任意定監護人，但經查法院僅對甲為輔助宣告，並選任戊為輔助人，則甲若欲終止該契約時，除以書面通知A銀行外，並應檢附下列何者，始為有效之終止？
(A)乙及丙之書面同意
(B)丁及戊之書面同意
(C)乙、丙及戊之書面同意
(D)乙、丙、丁及戊之書面同意。

(　　) **55** 依照行政院「新世代打擊詐欺策略行動綱領1.5版」，有關防制詐欺四大面向，下列何者之原則是屬於「擋金流」？
(A)睹詐　　(B)阻詐
(C)懲詐　　(D)識詐。

(　　) **56** 有關意定監護與法定監護之差別，下列敘述何者錯誤？
(A)法定監護係由法院依職權為監護人之選定
(B)意定監護之監護人得為一人或數人
(C)法定監護由法院選定數人為監護人時，得依職權指定分別或共同執行職務之範圍
(D)意定監護之監護人限於民法第1111條所定範圍內之人。

請根據下列案例，回答第57～60題：

林伯伯已經65歲了，可是女兒林美還未成年，所以開始打算未來退休生活及相關的財務規劃，他找了甲銀行的高齡金融規劃顧問師贊顧問協助提供意見。林伯伯名下有一間已無負債的房屋，還有以林伯伯本人為要保人、被保險人、生存年金受益人，以及死亡理賠金受益人是女兒林美的保險單，其他就是現金存款1,000萬元。贊顧問經過了解分析後，建議林伯伯分別將現金存款及保險與甲銀行簽約辦理A安養信託（自益型）及B保險金信託，同時再研究如何活化名下房屋，產生多餘現金可提供退休運用。請根據以上資料，依相關規定回答下列問題：

(　　)　**57** 因林伯伯尚未正式退休，所以他希望在A安養信託契約簽約時，無設立金額門檻，且信託成立後，暫時不需要動撥、不收取管理費，等啟動撥付與照顧機制後才收取管理費，贊顧問依據林伯伯的要求所提供最適合的安養信託類型，下列何者正確？(A)投資型安養信託　(B)預開型安養信託　(C)免費型安養信託　(D)無門檻型安養信託。

(　　)　**58** A安養信託中，通常約定信託資金可支付的項目包括下列何者？A.醫療救助金　B.看護費用　C.安養機構費用　(A)僅AB　(B)僅BC　(C)僅AC　(D)ABC。

(　　)　**59** 如果林伯伯提供名下房屋設定抵押權予甲銀行，由甲銀行每月平均撥付本金，作為林伯伯退休生活保障之補充金額。上述活化房屋的業務類型，下列何者正確？　(A)餘屋房貸　(B)理財型房貸　(C)銀行包租代管　(D)商業型逆向抵押貸款。

(　　)　**60** 如果B保險金信託的信託目的是確保林美可領得的保險金由甲銀行控管、保障，請問B保險金信託契約的委託人、受益人的組合，分別為下列何者？　(A)林美、林美　(B)林伯伯、林美　(C)林美、甲銀行信託專戶　(D)林伯伯、甲銀行信託專戶。

解答與解析

1 **(B)**。世界衛生組織定義，65歲以上老年人口占總人口比率達到7%時稱為「高齡化社會」，達到14%是「高齡社會」，若達20%則稱為「超高齡社會」。台灣於2018年超過14%成為高齡社會，預計將於2025年超過20%邁向超高齡社會。

2 **(A)**。世界衛生組織將慢性病定義為「一種長期、緩慢漸進的疾病」。世界衛生組織定義的慢性疾病大約有四種類型：心血管疾病（如心臟病、中風）、慢性呼吸道疾病（如慢性阻塞性肺疾病、氣喘）、癌症、糖尿病。

3 **(C)**。衛福部認知功能評估量表的「簡易心智量表（MMSE）」，簡易心智量表針對定向感、注意力及計算能力、記憶力、語言、口語理解及行為能力、建構力等六大項目，設計11個題目，個案須回答30個問題，評估過程沒有時間限制，答對1題得1分，答錯不計分，滿分為30分。通常來說，得分24～30分為認知功能完整，得分18～23分為輕度認知功能障礙，得分0～17分則為重度認知功能障礙。因此，分數越高代表認知功能越完整。

4 **(D)**。成功老化包含三個要件：降低疾病與失能（disability）之發生率；維持高度的認知與身體功能；積極參與日常活動。時序老化是對老化與年齡最傳統的看法，無法藉由其他方式減緩。

5 **(D)**。病人自主權利法第9條第1項，意願人為預立醫療決定，應符合下列規定：二、經公證人公證或有具完全行為能力者2人以上在場見證。

6 **(D)**。病人自主權利法第8條第1項，完全行為能力之人，得為預立醫療決定，並得隨時以書面撤回或變更之。

7 **(D)**。(A)養生村：以老人住宅的方式推動，在養生村居住的年長者們比較像房客，而不是受照顧者。(B)安養機構：以需他人照顧或無扶養義務親屬或扶養義務親屬無扶養能力，且日常生活能自理之老人為照顧對象。(C)養護中心：專門照顧長者的老人福利機構，全名為養護型的老人長期照顧中心，簡稱為養護中心。(D)護理之家：經過政府認可，為出院後仍須照護之恢復期病患、慢性病患或身心障礙的年長者，提供受專業訓練的人員之長期照護需求。故為(D)。

8 **(D)**。長期照顧服務法第40條，主管機關應依下列原則訂定長照服務品質基準：一、以服務使用者為中心，並提供適切服務。二、訊息公開透明。三、家庭照顧者代表參與。四、考量多元文化。五、確保照顧與生活品質。

9 **(C)**。小規模多機能提供失智失能長者三合一服務，有日間照顧、居家服務及臨時住宿。

10 (C)。中低收入老人特別照顧津貼發給辦法第2條，請領中低收入老人特別照顧津貼（以下簡稱本津貼）之受照顧者應符合下列規定：一、領有中低收入老人生活津貼。二、未接受機構收容安置、居家服務、未僱用看護（傭）、未領有政府提供之日間照顧服務補助或其他照顧服務補助。三、失能程度經直轄市、縣（市）主管機關指定或委託之評估單位（人員）作日常生活活動功能量表評估為重度以上，且實際由家人照顧。四、實際居住於戶籍所在地。

11 (A)。中低收入老人特別照顧津貼發給辦法第2條，請領中低收入老人特別照顧津貼（以下簡稱本津貼）之受照顧者應符合下列規定：一、領有中低收入老人生活津貼。二、未接受機構收容安置、居家服務、未僱用看護（傭）、未領有政府提供之日間照顧服務補助或其他照顧服務補助。三、失能程度經直轄市、縣（市）主管機關指定或委託之評估單位（人員）作日常生活活動功能量表評估為重度以上，且實際由家人照顧。四、實際居住於戶籍所在地。

12 (B)。(A)112年起調增「住宿式服務機構使用者補助方案」，補助額度由最高6萬元提高至12萬元，並取消排富規定。(B)長照服務額度分為個人長照服務額度及家庭照顧者支持性服務——喘息服務額度兩者不得流用。(C)連續2次複評等級8級，則複評調整為24個月。(D)輔具服務及居家無障礙環境改善服務自核定給付起每3年新臺幣4萬元整。

13 (D)。民法第15-2條第1項，受輔助宣告之人為下列行為時，應經輔助人同意。但純獲法律上利益，或依其年齡及身分、日常生活所必需者，不在此限：……。因此(D)正確。

14 (C)。民法第1187條，遺囑人於不違反關於特留分規定之範圍內，得以遺囑自由處分遺產。民法第1223條，繼承人之特留分，依左列各款之規定：一、直系血親卑親屬之特留分，為其應繼分二分之一。因此(C)正確，120萬/3×（1/2）=20萬。

15 (D)。民法第1050條，兩願離婚，應以書面為之，有二人以上證人之簽名並應向戶政機關為離婚之登記。

16 (B)。民法第15條，受監護宣告之人，無行為能力。民法第75條，無行為能力人之意思表示，無效。

17 (A)。商譽非可以被明確量化和管理的財產。商譽是指企業或個人在公眾中的聲譽和信譽，是一種主觀價值觀，無法被視為具體的財產，也無法被放入信託中作為管理和分配的對象。

18 (C)。遺囑信託屬單獨行為，於遺囑生效前，立遺囑人仍得自由處分其財產。遺囑信託之性質與契約信託不同，遺囑生效日即委託人死亡時成立。

19 **(C)**。信託業法第7條，本法稱信託業之利害關係人，指有下列情形之一者：一、持有信託業已發行股份總數或資本總額5%以上者。二、擔任信託業負責人。三、對信託財產具有運用決定權者。四、第一款或第二款之人獨資、合夥經營之事業，或擔任負責人之企業，或為代表人之團體。五、第一款或第二款之人單獨或合計持有超過公司已發行股份總數或資本總額10%之企業。六、有半數以上董事與信託業相同之公司。七、信託業持股比率超過5%之企業。

20 **(A)**。中央銀行已原則同意業者得憑中央銀行前述同意函、委託人出具之結匯授權書（若受託人與委託人簽訂之信託契約已明文授權受託人辦理結匯者，得以受託人出具已獲授權辦理結匯之聲明書代替）及相關證明文件，代老人及身心障礙之受益人辦理新臺幣結匯申報，並列計受益人結匯額度。

21 **(A)**。信託業法施行細則第8條，特定單獨管理運用金錢信託：指委託人對信託資金保留運用決定權，並約定由委託人本人或其委任之第三人，對該信託資金之營運範圍或方法，就投資標的、運用方式、金額、條件、期間等事項為具體特定之運用指示，並由受託人依該運用指示為信託資金之管理或處分者。

22 **(B)**。成立保險金信託，如保險公司同意保險理賠金可成為保險金信託契約之信託財產，則受益人可單獨以保單未來能領取之保險理賠金作為保險金信託之信託財產。

23 **(D)**。(A)員工儲蓄信託屬於金錢信託。(B)員工持股信託的適用範圍為企業之員工。(C)員工儲蓄信託投資標的可投資員工服務公司之股票外，還包含存款、國內外基金及其他國內外有價證券等其他投資標的。(D)由員工成立「員工持股信託持股會」，並選任委員會。委員會代表人代表員工簽訂信託契約。

24 **(D)**。7,500萬－7,500萬×0.8532＝1,101萬，(1,101萬－244萬)×10%＝857,000。

25 **(C)**。孳息他益的信託安排，於實際分配信託利益的時點及金額計算申報贈與稅。

26 **(D)**。以土地及其地上房屋為信託財產之遺囑信託，只要在生效時及信託關係存續中，受益人是委託人之繼承人且為其配偶或子女；該房屋供受益人本人、配偶或直系親屬居住使用且不違背該信託目的；信託關係消滅後，信託財產的歸屬權利人為受益人者，該受益人視同房地所有權人；該土地及其地上房屋其他要件符合自住規定。自住要件包含必須辦理戶籍登記，且無出租或供營業用，都市土地未超過3公畝、非都市土地未超過7公畝等要件；另外，依照房屋稅條例規定，房屋無出租使用，必須供本人、配偶或直系親屬實際居住，且本人、配偶及未成年子女全國合計3戶以內，可適用自住稅率，可申請按自住稅率課徵房屋稅及地價稅。

27 **(C)**。遺產及贈與稅法第16條，左列各款不計入遺產總額：一、遺贈人、受遺贈人或繼承人捐贈各級政府及公立教育、文化、公益、慈善機關之財產。二、遺贈人、受遺贈人或繼承人捐贈公有事業機構或全部公股之公營事業之財產。三、遺贈人、受遺贈人或繼承人捐贈於被繼承人死亡時，已依法登記設立為財團法人組織且符合行政院規定標準之教育、文化、公益、慈善、宗教團體及祭祀公業之財產。四、遺產中有關文化、歷史、美術之圖書、物品，經繼承人向主管稽徵機關聲明登記者。但繼承人將此項圖書、物品轉讓時，仍須自動申報補稅。五、被繼承人自己創作之著作權、發明專利權及藝術品。六、被繼承人日常生活必需之器具及用品，其總價值在72萬元以下部分。七、被繼承人職業上之工具，其總價值在40萬元以下部分。八、依法禁止或限制採伐之森林。但解禁後仍須自動申報補稅。九、約定於被繼承人死亡時，給付其所指定受益人之人壽保險金額、軍、公教人員、勞工或農民保險之保險金額及互助金。十、被繼承人死亡前5年內，繼承之財產已納遺產稅者。十一、被繼承人配偶及子女之原有財產或特有財產，經辦理登記或確有證明者。十二、被繼承人遺產中經政府闢為公眾通行道路之土地或其他無償供公眾通行之道路土地，經主管機關證明者。但其屬建造房屋應保留之法定空地部分，仍應計入遺產總額。十三、被繼承人之債權及其他請求權不能收取或行使確有證明者。遺產及贈與稅法第15條第1項，被繼承人死亡前2年內贈與下列個人之財產，應於被繼承人死亡時，視為被繼承人之遺產，併入其遺產總額，依本法規定徵稅：一、被繼承人之配偶。二、被繼承人依民法第1138條及第1140條規定之各順序繼承人。三、前款各順序繼承人之配偶。

28 **(C)**。(A)乙方案為金錢信託。(B)甲方案股東名冊為信託業。(D)甲方案須通知發行公司，乙方案無需通知。

29 **(D)**。長期照顧保險單示範條款，被保險人因下列原因所致之「長期照顧狀態」者，本公司不負給付第十條及第十一條保險金的責任。一、被保險人之故意行為（包括自殺及自殺未遂）。二、被保險人之犯罪行為。三、被保險人非法施用防制毒品相關法令所稱之毒品。

30 **(B)**。「免責期」，保戶發生保險事故，且符合理賠條件時，必須維持該狀態達到一定天數後，保險公司才會依約定給付相關理賠金。免責期不得超過6個月，所以多數長照險的免責期間為90-180天，在免責期間所產生的費用，保險公司皆不予理賠。

31 (B)。信託公會提出五大建議，希望強化預售屋履約擔保機制，(1)預售屋買賣價金除收取的訂金外，限制由買方直接匯付至信託帳戶；(2)建置預售屋資訊統一平台，優化買方查詢機制，增加買方通知事項；(3)建議不動產開發信託中「買方所繳價金」專戶的動支項目，以「有關工程款交付、繳納各項稅費及工程所需費用」為限，以避免被建商拿去花在管理銷售、建築師、設計費，建商未開工即倒閉。(4)建議訂定明確可動支「買方所繳價金」專戶的時點，以提升「買方所繳價金」專戶的保障功能；(5)建議應將「買方所繳價金」設置獨立的子帳戶，與其他興建資金之信託專戶相區隔，以利針對「買方所繳價金」專戶之動用範圍可與其他興建資金為不同的規範，強化買方所繳價金的控管機制。

32 (C)。民法第758條，不動產物權，依法律行為而取得、設定、喪失及變更者，非經登記，不生效力。前項行為，應以書面為之。

33 (C)。土地登記規則第126條第1項，信託以遺囑為之者，信託登記應由繼承人辦理繼承登記後，會同受託人申請之；如遺囑另指定遺囑執行人時，應於辦畢遺囑執行人及繼承登記後，由遺囑執行人會同受託人申請之。

34 (C)。民國111年8月4日金管會金管銀票字第1110272235號，信託業辦理對信託財產具有運用決定權之公益信託或安養信託，其運用方式屬下列四種態樣者，非屬信託業法第18條第1項，及證券投資信託及顧問法第65條第1項所稱信託業務經營涉及信託業得全權決定運用標的，且將信託財產運用於證券交易法第6條規定之有價證券之範圍，無須向本會申請兼營全權委託投資業務：(1)為支應信託契約各項公益或安養所需相關支出，受託人將信託財產之有價證券出售變現。(2)受託人將信託財產運用於國內貨幣市場基金及債券附買回交易。(3)受託人參與信託財產為有價證券之現金增資。(4)受託人辦理委託人對信託財產具運用決定權之安養信託，並與委託人事先於信託契約約定，於信託存續期間內，委託人有經醫院或法院認定為失能、失智、心神喪失、精神耗弱或聲請監護、輔助宣告之相關證明文件，或因疾病、事故致失去意識或昏迷等情事發生，致委託人無法對信託財產運用於特定投資標的之交易條件為具體指示時，受託人於契約約定之一定區間、範圍或方式之交易條件內具有一定運用決定權，並依前開原則性約定之交易日期、數量或價格，為委託人指示之特定投資標的執行交易。

35 (C)。信託法第30條，受託人因信託行為對受益人所負擔之債務，僅於信託財產限度內負履行責任。

36 (D)。信託業建立非專業投資人商品適合度規章應遵循事項第6條，信託業訂定商品風險等級分類時，應就商品特性考量下列事項，綜合評估及確認該商品之風險程度，且至少區分為三個等級：一、商品之特性。二、保本程度。三、商品設計之複雜度。四、投資地區市場風險。五、商品期限。

37 (B)。民法第1113-3條第1項，意定監護契約之訂立或變更，應由公證人作成公證書始為成立。公證人作成公證書後放7日內，以書面通知本人住所地之法院。

38 (D)。可與社福、長照、安養、醫療、政府機構及非金融業者等外部機構合作，但不包括信託業者本身內部單位。

39 (C)。在宅老化為老人居住型態大宗。根據衛福部公布的2022年「老人狀況調查報告」，全台將近9成8的老人住在家宅，生活在社區裡，只有2%住在機構。

40 (C)。(C)超過40年的老宅主要是早期規劃不佳、無電梯、缺乏適當修繕，有採光照明不足、通風條件欠佳、管線老舊，或有狹隘、動線不良，也難以加裝輔具或通行輪椅等問題。另台灣1974年以前的建築法規沒有抗震規範，老屋很大機率抗震能力弱。

41 (B)。機構服務屬長期照顧服務系統。

42 (D)。(A)民法第1095條，監護人有正當理由，經法院許可者，得辭任其職務。(B)民法第1113-2條，稱意定監護者，謂本人與受任人約定，於本人受監護宣告時，受任人允為擔任監護人之契約。(C)民法第1113-5條第2項，意定監護契約之撤回，應以書面先向他方為之，並由公證人作成公證書後，始生撤回之效力。公證人作成公證書後7日內，以書面通知本人住所地之法院。契約經一部撤回者，視為全部撤回。(D)民法第1097條第2項，監護人有數人，對於受監護人重大事項權利之行使意思不一致時，得聲請法院依受監護人之最佳利益，酌定由其中一監護人行使之。

43 (B)。在一方死亡時，生存的另一方配偶就可以在遺產開始分配前，行使剩餘財產分配請求權，但因是剩餘財產較少之一方先死亡，因此無法行使。

44 (D)。民法第1198條，下列之人，不得為遺囑見證人：一、未成年人。二、受監護或輔助宣告之人。三、繼承人及其配偶或其直系血親。四、受遺贈人及其配偶或其直系血親。五、為公證人或代行公證職務人之同居人助理人或受僱人。因此(D)可以。

45 (B)。民法第1147條規定：「繼承，因被繼承人死亡而開始。」所以在長輩尚未死亡的事實發生前，繼承就不會發生，更不會有先行辦理拋棄繼承權的可能。因此乙及A、B、C均能繼承。

46 (B)。信託法第6條第3項，信託成立後6個月內，委託人或其遺產受破產之宣告者，推定其行為有害及債權。

47 (D)。(D)金融服務業確保金融商品或服務適合金融消費者辦法第6條第1項，銀行業及證券期貨業提供投資型金融商品或服務前，應依各類金融商品或服務之特性評估金融商品或服務對金融消費者之適合度；銀行業並應設立商品審查小組，對所提供投資型金融商品進行上架前審查。

48 (B)。預收款信託是指發行/銷售遞延性商品服務（例如：發行禮券）的業者（委託人及受益人），為履行對消費者購買商品或提供服務之義務，與銀行（受託人）簽訂預收款信託契約，發行業者將收取到遞延性商品服務所對應金額（即消費者預付款項）存入信託專戶，由受託人依信託契約管理專款專用，所稱專用係指供發行業者履行交付商品或提供服務義務時提領信託資金，以保障消費者權益。禮券預收款信託。例如生前契約預收款信託、儲值卡預收款信託、會籍費用預收款信託、員工福利信託、不動產開發信託、財產交易安全信託等。(B)非屬預收款信託。

49 (D)。自112年5月1日起，金管會已放寬小額終老保險投保金額及件數限制，傳統型終身人壽保險主契約保額上限由70萬元提高至90萬元，有效契約件數由3件放寬為4件。因此可再投保2件，合計50萬元。

50 (A)。平準費率：會使用到平準費率的商品，大都是限定年期的商品，總保費平均分攤到每年繳交，就是平準費率。自然費率：保險費的計算是依照危險的大小來決定，一般是按死亡率、損失率的增加而逐年調高保費，因為與生命的自然衰老現象連動，因此保費也會隨人的年齡增加而保費慢慢增加，所以稱為自然費率。

51 (D)。視同贈與，因此不動產以土地公告現值及房屋評定標準價格計算應納的贈與稅。

52 (A)。都市更新條例第67條第1項，更新單元內之土地及建築物，依下列規定減免稅捐：一、更新期間土地無法使用者，免徵地價稅；其仍可繼續使用者，減半徵收。但未依計畫進度完成更新且可歸責於土地所有權人之情形者，依法課徵之。二、更新後地價稅及房屋稅減半徵收2年。三、重建區段範圍內更新前合法建築物所有權人取得更新後建築物，於前款房屋稅減半徵收二年期間內未移轉，且經直轄市、縣（市）主管機關視地區發展趨勢及財政狀況同意者，得延長其房屋稅減半徵收期間至喪失所有權止，但以十年為限。本條例中華民國107年12月28日修正之條文施行前，前款房屋稅減半徵收二年期間已屆滿者，不適用之。四、依權利變換取得之土地及建築物，於更新後第一次移轉時，減徵土地增值稅及契稅40%。五、不願參加權利變換而領取現金補償者，減徵土地增值稅40%。六、實施權利變換應分配之土地未達最小分配面積單元，而改領現金者，免徵土地增值稅。七、實施權利變換，以土地及建築物抵付權利變換負擔者，免徵土地增值稅及契稅。八、原所有權人與實施者間因協議合建辦理產權移轉時，經直轄市、縣（市）主管機關視地區發展趨勢及財政狀況同意者，得減徵土地增值稅及契稅40%。

53 **(A)**。所得稅法第6條之1：個人及營利事業成立、捐贈或加入符合所得稅法第4條之3各款規定之公益信託之財產，個人可列舉不超過綜合所得總額20%之捐贈扣除額（所得稅法第17條），營利事業可列為當年度費用或損失，以不超過所得額10%為限（所得稅法第36條）。

54 **(C)**。老人安養信託契約參考範本，信託契約存續期間屆滿前，委託人一方得隨時終止本契約；但應於預定終止日前十個銀行營業日以前，以書面通知受託人。委託人通知受託人終止時，如一、本條明定五款關於本契約終止之事項或程序。二、第(一)款明定委託人得否任意終止信託之二種選項，以供委託人擇一勾選。為配合第(一)款之修正，第(二)款明定受託人一方得隨時終止本契約之程序。第(三)款、第(四)款及第(五)款則配合第(一)款及第(二)款之修訂，調整其款次及文字。三、就第(一)款所約定二種選項而言，主要為尊重委託人成立信託時之意願而設計。若委託人選定信託契約存續期本契約設有信託監察人者，委託人並應檢附信託監察人之書面同意。但委託人終止本契約，應受本契約第17條第1項之限制。

55 **(B)**。打詐綱領1.5版，從「識詐、堵詐、阻詐、懲詐」四大面向積極打詐。(A)識詐：內政部結合各部會執行百工百業的宣導策略，打詐國家隊不只中央部會，也要與地方政府、公私協力合作，全力加強識詐宣導，讓全體國人都能提高警覺，相互提醒，慎防被騙，成為全民反詐騙運動。(B)堵詐：通傳會與電信業者公私協力，進行攔阻境外竄改來電詐騙及境外來電警示，數位發展部與電商平臺及物流業者共同推動電話隱碼服務，並建立政府公益簡訊專用代表門號。(C)阻詐：金管會透過各項精進措施與策略，如申請約定轉帳加強防詐措施、數位部建立遊戲點數防詐鎖卡及內控機制等，強化金流安全，保障合法經濟，持續督導金融機構落實臨櫃關懷提問，透過金融與司法合作，共同守護民眾財產，減少損害。(D)懲詐：法務部嚴懲詐欺犯罪，落實犯罪被害人保護，並與其他主管部會機關橫向聯繫，共同擬定查緝策略及防制規劃，強化行政監管作為，從來源端降低被害數量，遏止類似詐騙案件發生。

56 **(D)**。民法第1113-2條，稱意定監護者，謂本人與受任人約定，於本人受監護宣告時，受任人允為擔任監護人之契約。前項受任人得為一人或數人；其為數人者，除約定為分別執行職務外，應共同執行職務。

57 **(B)**。預開型安養信託，顧名思義，就是預先與信託業簽訂安養信託契約，個人的資產先撥入信託專戶進行財產的管理與運用，等到約定條件成就時才開始依照契約約定為客戶支付各種生活費用，例如安養機構費用、醫療費用、聘僱照護人員的費用等等，在未協助客戶進行費用給付或信託財產收益分配前，只收取微少或不收取信託管理費。

58 **(D)**。信託資金支付生活費、安養照護、安養機構費用及醫療費用，如需旅遊或祝壽金，亦可申請支付。答案為(D)。

59 **(D)**。商業型逆向抵押貸款：將自己既有之不動產設定抵押權予銀行，於貸款期間內，由銀行每月撥付養老金，保障退休後生活資金所需。

60 **(A)**。B保險金信託的信託目的是確保林美可領得的保險金由甲銀行控管、保障，因此委託人及受益人均為林美。

2F141121	防制洗錢與打擊資恐(重點整理+試題演練)	成琳	630元
2F151131	金融科技力知識檢定主題式題庫(含歷年試題解析) ♛榮登博客來、金石堂暢銷榜	黃秋樺	470元
2F161121	防制洗錢與打擊資恐7日速成 ♛榮登金石堂暢銷榜	艾辰	550元
2F171131	14堂人身保險業務員資格測驗課 ♛榮登博客來、金石堂暢銷榜	陳宣仲 李元富	490元
2F181111	證券交易相關法規與實務	尹安	590元
2F191121	投資學與財務分析 ♛榮登金石堂暢銷榜	王志成	570元
2F201121	證券投資與財務分析 ♛榮登金石堂暢銷榜	王志成	460元
2F211141	高齡金融規劃顧問師資格測驗一次過關 ♛榮登博客來、金石堂暢銷榜	黃素慧	560元
2F621131	信託業務專業測驗考前猜題及歷屆試題 ♛榮登金石堂暢銷榜	龍田	590元
2F791141	圖解式金融市場常識與職業道德 ♛榮登博客來、金石堂暢銷榜	金融編輯小組	550元
2F811131	銀行內部控制與內部稽核測驗焦點速成+歷屆試題 ♛榮登金石堂暢銷榜	薛常湧	590元
2F851121	信託業務人員專業測驗一次過關 ♛榮登博客來、金石堂暢銷榜	蔡季霖	670元
2F861121	衍生性金融商品銷售人員資格測驗一次過關 ♛榮登金石堂暢銷榜	可樂	470元
2F881121	理財規劃人員專業能力測驗一次過關 ♛榮登金石堂暢銷榜	可樂	600元
2F901131	初階授信人員專業能力測驗重點整理+歷年試題解析二合一過關寶典 ♛榮登金石堂暢銷榜	艾帕斯	590元
2F911131	投信投顧相關法規(含自律規範)重點統整+歷年試題解析二合一過關寶典	陳怡如	480元
2F951131	財產保險業務員資格測驗(重點整理+試題演練) ♛榮登金石堂暢銷榜	楊昊軒	530元
2F121121	投資型保險商品第一科7日速成	葉佳洺	590元
2F131121	投資型保險商品第二科7日速成	葉佳洺	570元
2F991141	企業內部控制基本能力測驗(重點統整+歷年試題) ♛榮登金石堂暢銷榜	高瀅	近期出版

千華數位文化股份有限公司

■新北市中和區中山路三段136巷10弄17號 ■千華公職資訊網 http://www.chienhua.com.tw
■TEL: 02-22289070 FAX: 02-22289076

最狂校長帶你邁向金榜之路

15招最狂國考攻略

謝龍卿 / 編著

獨創15招考試方法，以圖文傳授解題絕招，並有多張手稿筆記示範，讓考生可更直接明瞭高手做筆記的方式！

榮登博客來、金石堂暢銷排行榜

贏在執行力！吳盼盼一年雙榜致勝關鍵

吳盼盼 / 著

一本充滿「希望感」的學習祕笈，重新詮釋讀書考試的意義，坦率且饒富趣味地直指大眾學習的盲點。

更多產品資訊

http://0rz.tw/4UaQS

好評2刷！

金榜題名獨門絕活大公開

國考必勝的心智圖法

孫易新 / 著

全球第一位心智圖法華人講師，唯一針對國考編寫心智圖專書，公開國考準備心法！

熱銷2版！

江湖流傳已久的必勝寶典

國考聖經

王永彰 / 著

九個月就考取的驚人上榜歷程，及長達十餘年的輔考經驗，所有國考生的Q&A，都收錄在這本！

熱銷3版！

雙榜狀元讀書秘訣無私公開

圖解 最省力的榜首讀書法

賴小節 / 編著

榜首五大讀書技巧不可錯過，圖解重點快速記憶，答題技巧無私傳授，規劃切實可行的讀書計畫！

榮登金石堂暢銷排行榜

請問，國考好考嗎？

開心公主 / 編著

開心公主以淺白的方式介紹國家考試與豐富的應試經驗，與你無私、毫無保留分享擬定考場戰略的秘訣，內容囊括申論題、選擇題的破解方法，以及獲取高分的小撇步等，讓你能比其他人掌握考場先機！

推薦學習方法 影音課程

每天10分鐘！斜槓考生養成計畫

立即試看

斜槓考生 / 必學的考試技巧 / 規劃高效益的職涯生涯

看完課程後，你可以學到

講師 / 謝龍卿

1. 找到適合自己的應考核心能力
2. 快速且有系統的學習
3. 解題技巧與判斷答案之能力

國考特訓班 心智圖筆記術

立即試看

筆記術 + 記憶法 / 學習地圖結構

本課程將與你分享

講師 / 孫易新

1. 心智圖法「筆記」實務演練
2. 強化「記憶力」的技巧
3. 國考心智圖「案例」分享

頂尖名師精編紙本教材

超強編審團隊特邀頂尖名師編撰，
最適合學生自修、教師教學選用！

千華影音課程

超高畫質，清晰音效環
繞猶如教師親臨！

TTQS 銅牌獎

多元教育培訓

數位創新

現在考生們可以在「Line」、「Facebook」粉絲團、「YouTube」三大平台上，搜尋【千華數位文化】。即可獲得最新考訊、書籍、電子書及線上線下課程。千華數位文化精心打造數位學習生活圈，與考生一同為備考加油！

實戰面授課程

不定期規劃辦理各類超完美考前衝刺班、密集班與猜題班，完整的培訓系統，提供多種好康講座陪您應戰！

遍布全國的經銷網絡

實體書店：全國各大書店通路

電子書城：

Google play、Hami 書城 …

Pube 電子書城

網路書店：

千華網路書店、博客來

MOMO 網路書店…

書籍及數位內容委製服務方案

課程製作顧問服務、局部委外製作、全課程委外製作，為單位與教師打造最適切的課程樣貌，共創 1+1= 無限大的合作曝光機會！

多元服務專屬社群 @ f YouTube

千華官方網站、FB 公職證照粉絲團、Line@ 專屬服務、YouTube、考情資訊、新書簡介、課程預覽，隨觸可及！

國家圖書館出版品預行編目(CIP)資料

高齡金融規劃顧問師資格測驗一次過關/黃素慧編著. -- 第二版. -- 新北市 : 千華數位文化股份有限公司, 2024.09

面 ; 公分

金融證照

ISBN 978-626-380-694-8 (平裝)

1.CST: 財務金融 2.CST: 財務管理 3.CST: 高齡化社會

494.7 113013624

［金融證照］

高齡金融規劃顧問師資格測驗一次過關

編　著　者：黃　素　慧

發　行　人：廖　雪　鳳
登　記　證：行政院新聞局局版台業字第 3388 號
出　版　者：千華數位文化股份有限公司
地址：新北市中和區中山路三段 136 巷 10 弄 17 號
電話：(02)2228-9070　　傳真：(02)2228-9076
客服信箱：chienhua@chienhua.com.tw

法律顧問：永然聯合法律事務所
編輯經理：甯開遠
主　　編：甯開遠
執行編輯：蘇依琪
校　　對：千華資深編輯群
設計主任：陳春花
編排設計：翁以倢

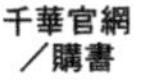

千華蝦皮

出版日期：2024 年 9 月 10 日　　第二版／第一刷

本書如有勘誤或其他補充資料，
將刊於千華官網，歡迎前往下載。